广东恩平植物

刘志荣　韦嘉怡　梁俊杰　吴国潮　邓焕然 ◎ 主编

中国林业出版社
China Forestry Publishing House

支持	广东恩平市林业局　广州林芳科技有限公司
主编	刘志荣　韦嘉怡　梁俊杰　吴国潮　邓焕然

图书在版编目（CIP）数据

广东恩平植物 / 刘志荣等主编． -- 北京 ：中国林业出版社，2022.12
ISBN 978-7-5219-2037-6

Ⅰ．①广… Ⅱ．①刘… Ⅲ．①植物—介绍—恩平 Ⅳ．① Q948.526.53

中国版本图书馆CIP数据核字(2022)第254193号

责任编辑　于界芬

出版发行	中国林业出版社（100009，北京市西城区刘海胡同7号，电话 010-83143549）
电子邮箱	cfphzbs@163.com
网　　址	www.forestry.gov.cn/lycb.html
印　　刷	北京博海升彩色印刷有限公司
版　　次	2022年12月第1版
印　　次	2022年12月第1次印刷
开　　本	635mm×965mm　1/8
印　　张	49
字　　数	1016千字
定　　价	398.00元

广东恩平植物

编委会

顾　问　郑伟峰　汪义祥

主　编　刘志荣　韦嘉怡　梁俊杰　吴国潮　邓焕然

副主编　汪惠峰　梁晋炜　余翠莹　黄萧洒　李永良　覃俏梅

编　委　（以姓氏笔画为序）

韦嘉怡　邓焕然　邓　斌　朱韦光　伍佩雯　刘钰循
江倩颖　吴宏杰　吴林芳　吴松晃　吴国潮　吴鸿君
岑伟宁　余翠莹　汪惠峰　张　蒙　陈小芸　陈家华
陈接磷　陈　程　卓书斌　冼华俊　冼晓雯　赵肖婷
赵艳梅　郭腾辉　黄萧洒　黄　毅　梁志鹏　梁俊杰
梁晋炜　梁晓燕　梁琼方　梁舒岚　谢凯宇　潘苑婧
戴石昌

主　审　叶华谷　曹洪麟

广东恩平植物

前 言

恩平市位于广东省西南部，地跨北纬 21°54′31″~22°29′44″，东经 111°59′51″~112°31′23″。市境周界 265.5 km，东至江门市辖属云开市和台山市，南邻阳江市，西接阳江市辖属阳春市，北与云浮市辖属新兴县接壤，全市土地面积 1693.60 km²；境地南北长 62.47 km，东西宽 50.24 km。

地貌属丘陵地带，地形复杂，地势西高东低，近海东南部 95% 的地区平均海拔 10 m 左右，西北部山区地势相对较高，形成向南开口的喇叭形山势；全市最高点为珠环山，海拔 1014 m；最低点为镇海湾。

恩平地处北回归线以南，属亚热带季风气候，受东南边海洋的暖湿气流及台风的影响，成为全国的暴雨中心之一。全市年平均降雨量 2613.1 mm；北部为少雨区，年平均降雨量约 2200 mm；中部、西部为多雨区，年平均降雨量约 2600 mm；东部、南部为适雨量区，年平均降雨量在 2200~2600 mm。年平均气温为 22.2 ℃。

恩平市境内森林覆盖率高，植物物种较为丰富。为全面梳理和展示恩平植物资源，我们在前人长期调查成果的基础上，开展了长达 2 年的植物资源本底调查。科考队栉霜沐露，栖风宿雨，行千里路，登千重山，全面摸清了恩平市野生植物资源现状，最终编辑出版《广东恩平植物》一书，以期为相关管理部门和广大科研工作者提供基础资料。本书详细介绍了物种科、属、种的主要识别特征，并配有精美的植物野外形态特征图片，是植物爱好者一本不可多得的植物识别手册。

本书所收集的植物种类包括恩平市范围内野生和栽培的维管植物，共 205

科 944 属 1971 种（包含种下等级，下同），其中野生维管植物 192 科 803 属 1694 种。野生维管植物中，石松类及蕨类植物含 26 科 65 属 146 种、裸子植物含 3 科 3 属 4 种、被子植物含 163 科 735 属 1544 种。植物的系统排列顺序及定名规范均依据最新的植物分子系统学的科研成果，即石松类与蕨类植物依据 PPG I 系统，裸子植物依据克氏裸子植物系统，被子植物依据 APG IV 系统。对栽培植物，在种名前用"*"符号标记。

本书能出版，得益于广东恩平市各级领导和社会各界人士对恩平市生物多样性的关心和支持，得益于各位专家、学者及科研工作者对恩平市科研工作的贡献，在此一并表示感谢！

由于编者水平有限，书中难免出现错误和不妥之处，恳请读者批评指正。

编 者

2022 年 9 月

目 录

前言

一、石松类及蕨类植物 LYCOPHYTES AND FERNS

（一）石松科 Lycopodiaceae 2
（二）卷柏科 Selaginellaceae 2
（三）木贼科 Equisetaceae 4
（四）瓶尔小草科 Ophioglossaceae 5
（五）合囊蕨科 Marattiaceae 5
（六）紫萁科 Osmundaceae 5
（七）膜蕨科 Hymenophyllaceae 5
（八）里白科 Gleicheniaceae 6
（九）海金沙科 Lygodiaceae 7
（十）槐叶苹科 Salviniaceae 8
（十一）苹科 Marsileaceae 8
（十二）金毛狗蕨科 Cibotiaceae 8
（十三）桫椤科 Cyatheaceae 8
（十四）鳞始蕨科 Lindsaeaceae 9
（十五）凤尾蕨科 Pteridaceae 10
（十六）碗蕨科 Dennstaedtiaceae 15
（十七）铁角蕨科 Aspleniaceae 17
（十八）乌毛蕨科 Blechnaceae 18
（十九）蹄盖蕨科 Athyriaceae 19
（二十）金星蕨科 Thelypteridaceae 20
（二十一）鳞毛蕨科 Dryopteridaceae 22
（二十二）肾蕨科 Nephrolepidaceae 24
（二十三）三叉蕨科 Tectariaceae 25
（二十四）条蕨科 Oleandraceae 26
（二十五）骨碎补科 Davalliaceae 26
（二十六）水龙骨科 Polypodiaceae 27

二、裸子植物 GYMNOSPERMAE

（一）苏铁科 Cycadaceae 32
（二）买麻藤科 Gnetaceae 32
（三）松科 Pinaceae 32
（四）南洋杉科 Araucariaceae 33
（五）罗汉松科 Podocarpaceae 33
（六）柏科 Cupressaceae 34
（七）红豆杉科 Taxaceae 35

三、被子植物 ANGIOSPERMAE

（一）莼菜科 Hydropeltidaceae 37
（二）睡莲科 Nymphaeaceae 37
（三）五味子科 Schisandraceae 37
（四）三白草科 Saururaceae 38
（五）胡椒科 Piperaceae 38
（六）马兜铃科 Aristolochiaceae 40
（七）木兰科 Magnoliaceae 41
（八）番荔枝科 Annonaceae 42
（九）莲叶桐科 Hernandiaceae 45
（十）樟科 Lauraceae 45
（十一）金粟兰科 Chloranthaceae 53
（十二）菖蒲科 Acoraceae 54
（十三）天南星科 Araceae 54
（十四）泽泻科 Alismataceae 58
（十五）水鳖科 Hydrocharitaceae 59
（十六）眼子菜科 Potamogetonaceae 59
（十七）薯蓣科 Dioscoreaceae 60
（十八）露兜树科 Pandanaceae 61
（十九）黑药花科 Melanthiaceae 62
（二十）秋水仙科 Colchicaceae 62
（二十一）菝葜科 Smilacaceae 62
（二十二）兰科 Orchidaceae 64
（二十三）仙茅科 Hypoxidaceae 69
（二十四）鸢尾科 Iridaceae 70
（二十五）日光兰科 Asphodelaceae 70
（二十六）石蒜科 Amaryllidaceae 71
（二十七）天门冬科 Asparagaceae 72
（二十八）棕榈科 Arecaceae 73
（二十九）鸭跖草科 Commelinaceae 76
（三十）田葱科 Philydraceae 79
（三十一）雨久花科 Pontederiaceae 79
（三十二）芭蕉科 Musaceae 80
（三十三）美人蕉科 Cannaceae 80
（三十四）竹芋科 Marantaceae 81
（三十五）闭鞘姜科 Costaceae 82
（三十六）姜科 Zingiberaceae 82
（三十七）凤梨科 Bromeliaceae 85
（三十八）黄眼草科 Xyridaceae 85
（三十九）谷精草科 Eriocaulaceae 86
（四十）灯心草科 Juncaceae 86

（四十一）莎草科 Cyperaceae 87
（四十二）禾本科 Poaceae 98
（四十三）竹亚科 Bambusoideae 118
（四十四）金鱼藻科 Ceratophyllaceae 119
（四十五）木通科 Lardizabalaceae 120
（四十六）防己科 Menispermaceae 120
（四十七）毛茛科 Ranunculaceae 122
（四十八）清风藤科 Sabiaceae 123
（四十九）莲科 Nelumbonaceae 124
（五十）山龙眼科 Proteaceae 124
（五十一）黄杨科 Buxaceae 125
（五十二）五桠果科 Dilleniaceae 125
（五十三）蕈树科 Altingiaceae 126
（五十四）金缕梅科 Hamamelidaceae 126
（五十五）虎皮楠科 Daphniphyllaceae 127
（五十六）鼠刺科 Iteaceae 127
（五十七）景天科 Crassulaceae 128
（五十八）小二仙草科 Haloragaceae 128
（五十九）葡萄科 Vitaceae 129
（六十）豆科 Fabaceae 132
（六十一）远志科 Polygalaceae 156
（六十二）蔷薇科 Rosaceae 157
（六十三）鼠李科 Rhamnaceae 162
（六十四）榆科 Ulmaceae 164
（六十五）桑科 Moraceae 166
（六十六）荨麻科 Urticaceae 173
（六十七）壳斗科 Fagaceae 177
（六十八）杨梅科 Myricaceae 180
（六十九）胡桃科 Juglandaceae 181
（七十）木麻黄科 Casuarinaceae 181
（七十一）葫芦科 Cucurbitaceae 181
（七十二）秋海棠科 Begoniaceae 185
（七十三）卫矛科 Celastraceae 186
（七十四）牛栓藤科 Connaraceae 188
（七十五）酢浆草科 Oxalidaceae 188
（七十六）杜英科 Elaeocarpaceae 189
（七十七）小盘木科 Pandaceae 190

（七十八）红树科 Rhizophoraceae 190
（七十九）古柯科 Erythroxylaceae 191
（八十）藤黄科 Clusiaceae 191
（八十一）红厚壳科 Calophyllaceae 192
（八十二）金丝桃科 Hypericaceae 192
（八十三）假黄杨科 Putranjivaceae 192
（八十四）金虎尾科 Malpighiaceae 192
（八十五）堇菜科 Violaceae 193
（八十六）杨柳科 Salicaceae 193
（八十七）大戟科 Euphorbiaceae 195
（八十八）粘木科 Ixonanthaceae 202
（八十九）叶下珠科 Phyllanthaceae 203
（九十）使君子科 Combretaceae 207
（九十一）千屈菜科 Lythraceae 208
（九十二）柳叶菜科 Onagraceae 209
（九十三）桃金娘科 Myrtaceae 210
（九十四）野牡丹科 Melastomataceae 214
（九十五）省沽油科 Staphyleaceae 218
（九十六）橄榄科 Burseraceae 218
（九十七）漆树科 Anacardiaceae 219
（九十八）无患子科 Sapindaceae 220
（九十九）芸香科 Rutaceae 222
（一百）楝科 Meliaceae 226
（一百零一）锦葵科 Malvaceae 227
（一百零二）瑞香科 Thymelaeaceae 234
（一百零三）辣木科 Moringaceae 234
（一百零四）番木瓜科 Caricaceae 235
（一百零五）山柑科 Capparaceae 235

（一百零六）白花菜科 Cleomaceae 235
（一百零七）十字花科 Brassicaceae 236
（一百零八）铁青树科 Olacaceae 237
（一百零九）蛇菰科 Balanophoraceae............238
（一百一十）檀香科 Santalaceae 238
（一百一十一）青皮木科 Schoepfiaceae..........238
（一百一十二）桑寄生科 Loranthaceae 238
（一百一十三）白花丹科 Plumbaginaceae.....240
（一百一十四）蓼科 Polygonaceae 240
（一百一十五）茅膏菜科 Droseraceae 244
（一百一十六）石竹科 Caryophyllaceae 244
（一百一十七）苋科 Amaranthaceae 245
（一百一十八）商陆科 Phytolaccaceae 249
（一百一十九）紫茉莉科 Nyctaginaceae 249
（一百二十）粟米草科 Molluginaceae..........250
（一百二十一）落葵科 Basellaceae 250
（一百二十二）马齿苋科 Portulacaceae........250
（一百二十三）仙人掌科 Cactaceae 251
（一百二十四）绣球花科 Hydrangeaceae 252
（一百二十五）山茱萸科 Cornaceae 253
（一百二十六）凤仙花科 Balsaminaceae 253
（一百二十七）五列木科 Pentaphylacaceae..254
（一百二十八）山榄科 Sapotaceae 258
（一百二十九）柿科 Ebenaceae....................259
（一百三十）报春花科 Primulaceae 260
（一百三十一）山茶科 Theaceae 264
（一百三十二）山矾科 Symplocaceae 268
（一百三十三）安息香科 Styracaceae 270
（一百三十四）猕猴桃科 Actinidiaceae 271
（一百三十五）杜鹃花科 Ericacea 273
（一百三十六）茶茱萸科 Icacinaceae 274
（一百三十七）丝缨花科 Garryaceae 274
（一百三十八）茜草科 Rubiaceae 274
（一百三十九）龙胆科 Gentianaceae 289
（一百四十）马钱科 Loganiaceae 289
（一百四十一）钩吻科 Gelsemiaceae............290

（一百四十二）夹竹桃科 Apocynaceae.........290
（一百四十三）紫草科 Boraginaceae 297
（一百四十四）旋花科 Convolvulaceae 298
（一百四十五）茄科 Solanaceae 301
（一百四十六）木樨科 Oleaceae....................305
（一百四十七）苦苣苔科 Gesneriaceae 307
（一百四十八）车前科 Plantaginaceae...........309
（一百四十九）玄参科 Scrophulariaceae.......312
（一百五十）母草科 Linderniaceae 313
（一百五十一）胡麻科 Pedaliaceae 315
（一百五十二）爵床科 Acanthaceae 315
（一百五十三）紫葳科 Bignoniaceae 319
（一百五十四）狸藻科 Lentibulariaceae 320
（一百五十五）马鞭草科 Verbenaceae...........321
（一百五十六）唇形科 Lamiaceae 322
（一百五十七）通泉草科 Mazaceae................334
（一百五十八）透骨草科 Phrymaceae............334
（一百五十九）泡桐科 Paulowniaceae 335
（一百六十）列当科 Orobanchaceae.............335
（一百六十一）冬青科 Aquifoliaceae 336
（一百六十二）桔梗科 Campanulaceae 337
（一百六十三）五膜草科 Pentaphragmataceae 339
（一百六十四）花柱草科 Stylidiaceae...........339
（一百六十五）睡菜科 Menyanthaceae 339
（一百六十六）菊科 Compositae 340
（一百六十七）南鼠刺科 Escalloniaceae 356
（一百六十八）五福花科 Adoxaceae 356
（一百六十九）忍冬科 Caprifoliaceae 357
（一百七十）海桐科 Pittosporaceae 358
（一百七十一）五加科 Araliaceae 359
（一百七十二）伞形科 Apiaceae 362

中文名索引..364
学名索引..372

一、石松类及蕨类植物
LYCOPHYTES AND FERNS

（一）石松科 Lycopodiaceae

叶螺旋状排列，钻形、线形至披针形。孢子囊穗圆柱形或柔荑花序状，通常生于孢子枝顶端或侧生，囊无柄，肾形。孢子球状四面形。

1. 藤石松属 Lycopodiastrum Holub ex R. D. Dixit

孢子叶阔卵形，覆瓦状排列，具膜质长芒，边缘具不规则钝齿，厚膜质；孢子囊生于孢子叶腋，圆肾形，黄色。

（1）藤石松 Lycopodiastrum casuarinoides (Spring) Holub ex R. D. Dixit

地生植物。地上主茎木质藤状，伸长攀缘达数米；叶螺旋状排列，卵状披针形至钻形；孢子叶阔卵形；孢子囊生于孢子叶腋。

分布华南、华东、西南地区。

2. 石松属 Lycopodium L.

叶螺旋状排列，线形、钻形或狭披针形，纸质至革质。孢子囊穗单生或聚生于孢子枝顶端，圆柱形，孢子圆肾形，黄色。

（1）垂穗石松 Lycopodium cernuum L.

地生；高 30~50cm。地上分枝密集呈树状。叶螺旋状排列，稀疏，钻形至线形，长 3~4mm。孢子囊穗单生于小枝顶端，熟时下垂，淡黄色。

分布华南、华东、西南地区。

3. 马尾杉属 Phlegmariurus (Herter) Holub

叶螺旋状排列，披针形、椭圆形、卵形或鳞片状，革质或近革质，全缘。孢子叶较小，孢子囊生在孢子叶腋。孢子囊肾形；2 瓣开裂。孢子球状四面形。

（1）广东马尾杉 Phlegmariurus guangdongensis Ching

中型附生蕨类。茎簇生，直立而略下垂，叶螺旋状排列，明显为二型。营养叶斜展，阔披针形，孢子囊穗顶生，长线形。

分布华南地区。

（2）马尾杉 Phlegmariurus phlegmaria (L.) Holub

附生蕨类。茎簇生，四至六回二叉分枝；叶二型，螺旋状排列；营养叶卵状三角形；孢子囊穗顶生，长线形。孢子叶卵状；孢子囊肾形。

分布华南、西南地区。

（二）卷柏科 Selaginellaceae

叶螺旋排列或排成 4 行，单叶，具叶舌，主茎上的叶通常排列稀疏，一型或二型，在分枝上通常成 4 行排列。

1. 卷柏属 Selaginella Beauv.

叶螺旋排列或排成 4 行，单叶，具叶舌，主茎上的叶通常排列稀疏，一型或二型，在分枝上通常成 4 行排列。

（1）二形卷柏 Selaginella biformis A. Braun. ex Kuhn

土生或石生，草本。主茎斜升。叶螺旋状互生；能育叶一型，在枝顶聚生成穗。枝、叶轴及小枝下面被柔毛，侧叶无耳。

分布华南、西南地区。

（2）双沟卷柏 Selaginella bisulcata Spring

土生，匍匐。根多分叉。一至二回羽状分枝或三回羽状分枝。叶全部交互排列，二型。孢子叶穗紧密，单生于小枝末端；孢子叶明显二型。

分布华南、西南地区。

（3）薄叶卷柏 Selaginella delicatula (Desv. ex Poir.) Alston

土生草本。主茎斜升，枝光滑。茎生叶两侧不对称；能育叶一型，在枝顶聚生成穗。大孢子白色或褐色；小孢子橘红色或淡黄色。

分布华南、华中、华东地区。

（4）深绿卷柏 Selaginella doederleinii Hieron.

多年生常绿草本；高约 40 cm。主茎倾斜或直立，常在分枝处生不定根，侧枝密集。侧生叶大而阔，近平展；中间的贴生于茎、枝上。

分布华东、华南、西南地区。

（5）兖州卷柏 Selaginella involvens (Sw.) Spring

石生直立草本。主茎斜升，枝光滑。茎生叶两侧对称，下部叶彼此覆盖；中叶无白边；能育叶一型，相间排列。大孢子白色或褐色，小孢子橘黄。

分布华东、华南、华中、西南、西北地区。

（6）耳基卷柏 Selaginella limbata Alston.

土生匍匐草本。主茎分枝，不呈"之"字形。叶交互排列，二型，具白边。孢子叶卵形，具白边。大孢子深褐色；小孢子浅黄色。

分布华南、华东地区。

（7）江南卷柏 Selaginella moellendorffii Hieron.

土生或石生草本。主茎斜升，枝光滑。茎生叶两侧对称，

下部叶疏离；中叶具小齿；能育叶一型。大孢子浅黄色；小孢子橘黄色。

分布华南、华中、西南部分。

（8）黑顶卷柏 Selaginella picta A. Braun. ex Baker

土生近直立草本。主茎斜升，枝光滑，茎顶端干后变黑色。叶草质，光滑，略具白边；能育叶一型。大孢子褐色；小孢子淡黄色。

分布华南、西南地区。

（9）粗叶卷柏 Selaginella trachyphylla A. Braun ex Hieron.

土生。主茎自下部开始羽状分枝。叶上表面有刺突，不具白边。孢子叶穗四棱柱形；孢子叶一型，边缘有细齿。大孢子白色；小孢子淡黄色。

分布华南地区。

（10）翠云草 Selaginella uncinata (Desv. ex Poir.) Spring

匍匐草本。植株整体呈翠绿色。叶交互排列，草质，光滑，具虹彩，边缘明显具白边。大孢子灰白色或暗褐色；小孢子淡黄色。

分布华南、西南、华东、华中地区。

（三）木贼科 Equisetaceae

地上枝直立，圆柱形，有节，中空有腔，表皮常有矽质小瘤，单生或在节上有轮生的分枝；节间有纵行的脊和沟。叶鳞片状，轮生。

1. 木贼属 Equisetum L.

地上枝直立，圆柱形，有节，中空有腔，表皮常有矽质小瘤，单生或在节上有轮生的分枝；节间有纵行的脊和沟。叶鳞片状，轮生。

（1）节节草 Equisetum ramosissimum Desf.

中小型植物。枝一型，高 20~60cm，节间长 2~6cm。孢子囊穗短棒状，长 0.5~2.5cm，中部直径 0.4~0.7cm，顶端有小尖突。

分布全国各地。

（2）笔管草 Equisetum ramosissimum Desf. subsp. **debile** (Roxb. ex Vaucher) Hauke

土生草本。茎发达，有节，中空，具纵棱；主枝鞘筒短，长宽近相等。叶退化，于节上轮生；能育叶盾形，于枝顶集合

成孢子囊穗。

分布华南、西南、华中、华东、西北地区。

（四）瓶尔小草科 Ophioglossaceae

营养叶单一，全缘，披针形或卵形，叶脉网状，中脉不明显；孢子叶有柄，自总柄或营养叶的基部生出。

1. 瓶尔小草属 Ophioglossum L.

营养叶 1~2 片，有柄，单叶，全缘，披针形或卵形，叶脉网状，网眼内无内藏小脉，中脉不明显；孢子囊穗自营养叶的基部生出，有长柄。

（1）瓶尔小草 Ophioglossum vulgatum L.

草本。具一簇肉质粗根。不育叶为单叶，卵形，长 4~6cm，叶脉网状。孢子囊单穗状，两侧各有 1 行在而陷入囊托的孢子囊，横裂。成孢子囊穗。

分布华南、西北、西南地区。

（五）合囊蕨科 Marattiaceae

叶片二至四回羽状；叶脉分离。孢子囊群两排汇合成聚合囊群，沿叶脉着生，成熟后两瓣开裂，露出孢子囊群。孢子椭圆形，单裂缝。

1. 莲座蕨属 Angiopteris Hoffm.

根状茎肥大，辐射对称。叶大，二回羽状（偶为一回羽状），有粗长柄，基部有肉质托叶状的附属物；叶脉分离；孢子囊群靠近叶边。

（1）福建莲座蕨 Angiopteris fokiensis Hieron.

植株高大。根状茎直立。奇数羽状复叶互生；羽片 5~7 对；小羽片 35~40 对，具短柄，叶脉下面明显。孢子囊群近叶缘条状排列。

分布华南、西南、华东、华中地区。

（六）紫萁科 Osmundaceae

叶柄基部膨大，两侧有狭翅如托叶状的附属物，不以关节着生；叶片一至二回羽状，二型或一型，或往往同叶上的羽片为二型。

1. 紫萁属 Osmunda L.

叶柄基部膨大，叶大，簇生。能育叶或羽片紧缩，不具叶缘质。孢子囊圆球形，有柄，边缘着生，自顶端纵裂。孢子为球圆四面形。

（1）华南紫萁 Osmunda vachellii Hook.

草本。叶簇生，一回羽状；羽片 15~20 对，二型，羽片宽大于 10mm；能育叶生于羽轴下部。能育叶中肋两侧密生圆形孢子囊穗。

分布华南、西南地区。

（七）膜蕨科 Hymenophyllaceae

叶由全缘的单叶至扇形分裂，或为多回两歧叉至多回羽裂，直立或有时下垂，叶片膜质；叶脉分离，二叉分枝或羽状分枝。

1. 长片蕨属 Abrodictyum C. Presl

叶簇生，全缘，叶脉叉状。孢子囊群生在向轴的短裂片顶端；囊苞漏斗状或管状，全缘；囊群托长而突出，纤细，比囊苞长 3 倍或过之。

（1）广西长筒蕨 Abrodictyum obscurum (Blume) Ebihara & K. Iwats var. siamense (Christ) K.Iwats.

陆生小型；高 10~12cm。叶密，长圆状卵形，长 4~6cm，宽 2~2.5cm，三回羽状分裂；羽片相距约 10mm。通常每一羽片有 2~3 个孢子囊群。

分布华南地区。

多年生草本。叶远生，棕禾秆色，裂片宽2~4mm；叶轴各回分叉处有一对托叶状的羽片。孢子囊群圆形，沿羽片下部中脉两侧各一列。

分布华东、华南、西南地区。

（3）铁芒萁 **Dicranopteris linearis** (Burm.) Underw.

植株蔓延生长。根状茎横走。叶远生；叶轴五至八回两叉分枝，全缘。叶坚纸质，上面绿色，下面灰白色，无毛。孢子囊群圆形，一列。

分布华南、西南地区。

（八）里白科 Gleicheniaceae

叶为纸质或近革质，下面灰白色或灰绿色；叶轴及叶下面幼时被星状毛或有睫毛的鳞片或二者混生。孢子囊为陀螺形。

1. 芒萁属 Dicranopteris Bernh.

根状茎细长而横走。叶远生，主轴常多回二叉或假二叉分枝。叶纸质到近革质，下面通常为灰白色，幼时多少被星状毛。孢子囊群生于叶下面小脉的背上，圆形，无囊群盖，通常由6~10个无柄的孢子囊组成。

（1）大芒萁 **Dicranopteris ampla** Ching & P. S. Chiu

植株高1~1.5m。叶轴3~4次两叉分枝；芽苞卵形，长1.7~2.2cm。叶上面深绿色，下面灰绿色，无毛。孢子囊沿中脉两侧为不规则的2~3列。

2. 里白属 Diplopterygium (Diels) Nakai

叶厚纸质，下面为灰白色或灰绿色。孢子囊群小，圆形，无盖，位于中脉和叶边中间，生于每组脉的上侧小脉背上。孢子四面形，无周壁。

（1）中华里白 **Diplopterygium chinense** (Rosenst.) De Vol

多年生草本；株高约3m。根状茎密被棕色鳞片。叶片巨大，二回羽状；羽片长约1m，宽约20cm。孢子囊群圆形，生叶背中脉和叶缘之间各一列。

分布华南、华东地区。

（2）芒萁 **Dicranopteris pedata** (Houtt.) Nakaike

（2）光里白 **Diplopterygium laevissimum** (Christ) Nakai

草本；株高约1.5m。主轴通直，单一。羽轴、小羽轴无鳞片，成45°~60°；小羽片全裂至小羽轴；叶脉一次分叉。孢子囊群为圆形。

分布华南、西南地区。

（3）广东里白 Diplopterygium cantonense (Ching) Nakai

根状茎横走。一回羽片对生,渐尖,基部阔楔形。叶轴淡红色。腋芽球形。孢子囊群中生,着生于基部上侧小脉上。

分布华南地区。

3. 假芒萁属 Sticherus C. Presl

叶纸质,下面为灰白或灰绿色。孢子囊群小,生于每组叶脉的上侧小脉,一般由4个（少有6个）无柄孢子囊组成。孢子为两面形。

（1）假芒萁 Sticherus truncatus (Willd.) Nakai

草本。根状茎顶端被鳞片。顶生一对分叉羽片阔披针形,篦齿形深裂,叶脉有规则的二叉。孢子囊群位于主脉与叶边之间,孢子囊4~5个。

分布华南地区。

（九）海金沙科 Lygodiaceae

叶远生或近生,单轴型,叶轴为无限生长,缠绕攀缘。不育小羽片边缘为全缘或有细锯齿,能育羽片通常比不育羽片狭小。

1. 海金沙属 Lygodium Sw.

能育羽片通常比不育羽片为狭,边缘生有流苏状的孢子囊穗,由两行并生的孢子囊组成,孢子囊生于小脉顶端。孢子四面形。

（1）曲轴海金沙 Lygodium flexuosum (L.) Sw.

陆生攀缘;高达7m。三回羽状,长16~25cm,宽15~20cm;一回小羽片3~5对,无关节;末回裂片1~3对。孢子囊穗长3~9mm,线形。

分布华南、西南地区。

（2）海金沙 Lygodium japonicum (Thunb.) Sw.

草质藤本;植株长达1~4m。叶纸质,二回羽状,对生于叶轴短距上;不育叶末回羽片3裂。孢子囊穗排列稀疏,暗褐色,无毛。

分布华南、西南、华中、华东、西北地区。

（3）小叶海金沙 Lygodium microphyllum (Cav.) R. Br.

草质藤本;高达5m。二回奇数羽状复叶;羽片对生,顶端密生红棕色毛;不育羽片长7~8cm,柄长1~1.2cm。孢子囊穗排列于叶缘,黄褐色。

分布华南、华东地区。

（4）柳叶海金沙 Lygodium salicifolium C. Presl

土生攀缘植物。羽片多数，对生，常为二回二叉分裂或二叉掌状深裂；能育叶长 8~12cm。孢子囊穗沿叶缘从基部向上分布，棕色。

分布华南地区。

（十）槐叶苹科 Salviniaceae

水生浮水植物。具须根或有由叶变成的须状假根。单叶，羽状分枝或 3 片轮生，全缘或为 2 深裂。孢子囊果簇生于茎下端。

1. 满江红属 Azolla Lam.

水生浮水植物。具须根或有由叶变成的须状假根。单叶，羽状分枝或 3 片轮生，全缘或为 2 深裂。孢子囊果簇生于茎下端。

（1）满江红 Azolla pinnata R. Brown subsp. asiatica R. M. K. Saunders & K. Fowler

小型漂浮植物。叶小，互生，覆瓦状 2 列，深裂，上表面密被乳状瘤突。孢子果双生于分枝处，小孢子果球形，大孢子果卵形。

分布华南地区。

（十一）蘋科 Marsileaceae

不育叶为单叶，线形或 2~4 片羽片对生于具有长柄的顶端；能育叶为有柄或无柄的孢子果；孢子囊无环带。

1. 蘋属 Marsilea L.

叶片十字形。孢子果圆形或椭圆状肾形；孢子囊线形或椭圆状圆柱形。孢子囊均无环带。大孢子卵形，小孢子近球形。

（1）蘋 Marsilea quadrifolia L.

浅水生蕨类。叶十字形排列；叶等腰三角形，长 9~13mm，宽 7~10mm。孢子果双生或单生于短柄上；大孢子卵圆形，小孢子近球形。

分布华南、华北、东北、西南地区。

（十二）金毛狗蕨科 Cibotiaceae

根状茎密被长柔毛；叶一型；叶片卵型，多回羽状分裂，末回裂皮线型。孢子囊群着生叶边，囊群盖两瓣状，形如蚌壳。

1. 金毛狗属 Cibotium Kaulf.

根状茎密被柔软锈黄色长茸毛。叶同型，孢子囊群着生叶边，囊群盖两瓣状，形如蚌壳。孢子囊梨形；孢子为三角状的四面形，无周壁。

（1）金毛狗 Cibotium barometz (L.) J. Sm

大型草本。根状茎基部被有一大丛垫状的金黄色茸毛。叶片三回羽状分裂；叶脉隆起，在不育羽片为二叉。孢子囊群叶边，囊群盖如蚌壳。

分布华南、华东、华中地区。

（十三）桫椤科 Cyatheaceae

乔木状或灌木状，茎被鳞片。叶片通常为二至三回羽状，或四回羽状，被多细胞的毛，或有鳞片混生。叶脉通常分离，单一或分叉。

1. 桫椤属 Alsophila R. Br.

叶大型，孢子囊群圆形，背生于叶脉上，囊托凸出，半圆形或圆柱形；囊无群盖，孢子钝三角形，周壁半透明或不透明，外壁表面光滑。

（1）大叶黑桫椤 Alsophila gigantea Wall. ex Hook.

灌木状。叶柄密被鳞片；叶片三回羽裂，厚纸质，干后疙面深褐色，两面均无毛。孢子囊群位于主脉与叶缘之间，排列成"V"字形。

分布华南地区。

（2）黑桫椤 **Alsophila podophylla** Hook.

灌木状。叶片有棕色鳞片，一型；小羽片裂片较浅，深不超过1/2。孢子囊群圆形，着生于小脉背面近基部处，无囊群盖。

分布华南、华东、西南地区。

（3）桫椤 **Alsophila spinulosa** (Wall. ex Hook.) R. M. Tryon

灌木状；高可达10m。叶螺旋状排列于茎顶端，可达3m，三回羽状深裂；叶轴和羽轴有刺状突起。孢子囊群盖球形，膜质，成熟时反折。

分布华南、西南、华中、西南地区。

（十四）鳞始蕨科 Lindsaeaceae

叶同型，有柄，羽状分裂，草质，光滑。叶脉分离，或少有为稀疏的网状。孢子囊群为叶缘生的汇生囊群。

1. 鳞始蕨属 Lindsaea Dry

叶近生或远生，叶柄基部不具关节；叶为一回或二回羽状，不具主脉。孢子囊群沿上缘及外缘着生；孢子为长圆形或四面形。

（1）剑叶鳞始蕨 **Lindsaea ensifolia** Sw.

草本；高约40cm。根状茎被鳞片。叶近生，奇数一回羽状；羽片4~5对，线状披针形，长6~13cm，宽1~2cm；不育羽片有锯齿。孢子囊群线形。

分布华南地区。

一、石松类及蕨类植物 LYCOPHYTES AND FERNS

（2）异叶鳞始蕨 Lindsaea heterophylla Dryand.

草本；高约 35cm。根状茎密被褐色鳞片。叶近生；羽片约 10 对；叶片阔披针形，边缘有锯齿；叶柄长 12~22cm。孢子囊群线形。

分布华南、华东地区。

（3）团叶鳞始蕨 Lindsaea orbiculata (Lam.) Mett. ex Kuhn

草本；高达 30cm。根状茎短，密生褐色披针形鳞片。叶近生，一回羽状复叶，下部常为二回羽状复叶；叶片线状披针形。孢子囊群长线形。

分布华南、西南、东南地区。

2. 乌蕨属 Odontosoria (Pr.) Fée

叶近生，三至五回羽状。叶脉分离。孢子囊群近叶缘着生，顶生脉端；囊群盖卵形；孢子长圆形或球状长圆形，少有为球状四面形的。

（1）乌蕨 Odontosoria chinensis (L.) J. Sm.

土生草本；高达 65cm。根状茎短而横走。叶近生，三至四回羽状细裂；羽片 15~20 对；叶披针形，长 20~40cm。孢子囊群常顶生一小脉上。

分布华南地区。

（十五）凤尾蕨科 Pteridaceae

叶一型，少为二型或近二型；柄通常为禾秆色，光滑；叶片长圆形或卵状三角形，一回羽状或二至三回羽裂，草质、纸质或革质。

1. 卤蕨属 Acrostichum L.

叶二型，或一型仅顶部羽片能育，奇数一回羽状。孢子囊沿网脉着生，并头状而分裂的隔丝混生，无盖。孢子四面型，表面具颗拉状纹饰。

（1）卤蕨 Acrostichum aureum L.

草本；高可达 2m。叶片长 60~140cm，宽 30~60cm，基数一回羽状，羽片多达 30 对，顶端圆钝。孢子囊满布能育羽片下面，无盖。

分布华南地区。

2. 铁线蕨属 Adiantum L.

叶一型。孢子囊群着生在叶片或羽片顶部边缘的叶脉上，无盖；孢子囊为圆球形；孢子四面型，淡黄色，透明，光滑，不具周壁。

（1）团羽铁线蕨 Adiantum capillus-junonis Rupr.

根状茎短而直立，被褐色披针形鳞片。叶簇生，奇数一回羽状，两侧全缘，叶脉多回二歧分叉，直达叶边，两面均明显。

分布华南、西南、华北、西北地区。

（2）鞭叶铁线蕨 Adiantum caudatum L.

土生。叶轴延伸呈鞭，叶轴、叶柄密被长硬毛；叶披针形，一回羽状，羽片分裂；基部1对羽片最小。孢子囊群盖圆形，褐色，被毛。

分布华南、西南地区。

（3）扇叶铁线蕨 Adiantum flabellulatum L.

土生；高20~45cm。叶簇生，扇形，二至三回羽状，具不对称的二叉分枝；小羽片扇形，8~15对。孢子囊群以缺刻分开；囊群盖褐黑色。

分布华南、西南地区。

（4）假鞭叶铁线蕨 Adiantum malesianum J. Ghatak

根状茎短而直立。叶簇生；叶片线状披针形，一回羽状。叶脉多回二歧分叉。叶轴先端往往延长成鞭状，落地生根。囊群盖圆肾形。

分布华南、华中、西南部分地区。

（5）半月形铁线蕨 Adiantum philippense L.

根状茎短而直立，被鳞片。叶簇生；奇数一回羽状。叶脉多回二歧分叉，叶轴先端往往延长成鞭状，着地生根，无性繁殖。

分布华南、西南地区。

3. 粉背蕨属 Aleuritopteris Fée

旱生常绿中小型植物。叶簇生；叶柄和叶轴黑色、栗色或红棕色；叶片五角形，三角状卵圆形或三角状长圆形，二至三回羽状分裂，羽片无柄或几无柄，对生或近对生。孢子囊群近边生，圆形，生于叶脉顶端。

（1）粉背蕨 Aleuritopteris anceps (Blanf.) Panigrahi

植株高15~40cm。根状茎密被鳞片。叶片长4~17cm，宽2~7cm，基部三回羽状深裂，中部二回羽状深裂，顶端羽裂渐尖。叶下面被白色粉末。

分布云南、贵州、广西、香港、福建、江西、湖南。

4. 水蕨属 Ceratopteris Brongn.

鳞片为阔卵形。叶簇生,二型;在羽片基部上侧的叶腋间常有一个圆卵形棕色的小芽胞,成熟后脱落,进行无性繁殖。孢子囊群沿主脉两侧生。

(1) 水蕨 Ceratopteris thalictroides (L.) Brongn.

草本。叶簇生,二型。不育叶狭长圆形,长 6~30cm,宽 3~15cm;能育叶长 15~40cm,宽 10~22cm。孢子囊沿能育叶主脉两侧着生。

分布华南、华东、华中、西南地区。

5. 碎米蕨属 Cheilanthes Sw.

叶簇生,草质,通常无毛或有短节状毛或腺毛,披针形至长圆披针形,或卵状五角形,二至三回羽状细裂。孢子囊群小,圆形,生小脉顶端。

(1) 薄叶碎米蕨 Cheilanthes tenuifolia (Burm. f.) Sw.

中生中小型植物;高 10~40cm。叶轴及羽轴有纵沟;叶柄基部密被鳞片;叶片三角卵形;小脉单一或分叉。孢子囊群生上半部叶脉顶端。

分布华南、华中地区。

6. 凤丫蕨属 Coniogramme Fée

中等大的陆生喜阴植物。叶远生或近生,有长柄;柄为禾秆色或饰有棕色,或栗棕色;叶片大,卵状长圆形、卵状三角形或卵形,一至二回奇数羽状,罕为三出或三回羽状。孢子囊群沿侧脉着生,线形或网状,不到叶边,无盖。

(1) 凤了蕨 Coniogramme japonica (Thunb.) Diels

植株高 60~120cm。叶柄长 30~50cm;叶片和叶柄等长或稍长,宽 20~30cm,二回羽状。叶脉网状,在羽轴两侧形成 2~3 行狭长网眼。孢子囊群沿叶脉分布。

7. 书带蕨属 Haplopteris C. Presl

叶近生,单叶,具柄或近无柄;叶片狭线形,全缘,无毛,表皮有骨针状细胞。孢子囊群为线形的汇生囊群,着生于叶下面中肋两侧叶缘内或生于叶缘双唇状夹缝中。

(1) 剑叶书带蕨 Haplopteris amboinensis (Fée) X. C. Zhang

根状茎横走，密被鳞片。叶片先端长渐尖，基部沿叶柄下延。叶坚纸质或近革质。孢子囊群线形靠近叶缘着生，孢子长椭圆形。

分布华南、西南地区。

（2）唇边书带蕨 **Haplopteris elongata** (Sw.) E. H. Crane

根状茎长而横走，密被须根和鳞片；叶近革质，线形或带状，全缘，侧脉多数。孢子囊群线着生于叶缘的双唇状夹缝中。

分布华南、西南地区。

（3）书带蕨 **Haplopteris flexuosa** (Fée) E. H. Crane

根状茎横走，密被鳞片。叶近生，常密集成丛。叶片线形，长 15~40cm 或更长，宽 4~6mm；叶薄草质，叶边反卷，遮盖孢子囊群。

分布香港、福建、台湾、江西、湖南、贵州、四川、云南、广西。

8. 金粉蕨属 **Onychium** Kaulf.

叶远生或近生，一型或近二型，叶片通常为卵状三角形或少为狭长披针形，三至四回或五回羽状细裂，罕为二回羽状，末回裂片狭小，披针形。

（1）野雉尾金粉蕨 **Onychium japonicum** (Thunb.) Kunze

根状茎长而横走。叶散生，线状披针形；无毛；叶片几和叶柄等长，三回羽裂，各回小羽片彼此接近；囊群盖线形或短长圆形。

分布华东、华中、东南及西南地区。

9. 粉叶蕨属 **Pityrogramma** Link

叶簇生，叶片卵形至长圆形，渐尖头，二至三回羽状复叶；羽片多数，披针形。孢子囊群沿叶脉着生，不到顶部。

（1）粉叶蕨 **Pityrogramma calomelanos** (L.) Link

叶簇生；叶片狭长圆形，一至二回羽状复叶；近对生至互生。叶脉在小羽片上羽状，两白色蜡质粉末；叶轴及羽轴亮紫黑色。

分布华南、西南部分地区。

10. 凤尾蕨属 Pteris L.

鳞片狭披针形或线形，棕色或褐色。叶簇生；叶柄面有纵沟；叶片一回羽状或为篦齿状的二至三回羽裂。孢子囊群线形，沿叶缘连续延伸。

（1）狭眼凤尾蕨 Pteris biaurita L.

土生；植株高达1m。叶簇生，二回深羽裂，裂片20~25对，长1.8~3.5cm；叶柄长40~60cm。囊群线形；囊群盖同形，浅褐色，膜质。

分布华南地区。

（2）刺齿半边旗 Pteris dispar Kunze

土生；植株高30~80cm。叶簇生，二回羽状；侧生羽片于羽轴两侧不对称。孢子囊群线形，仅裂片先端及缺刻不育；囊群盖线形。

分布华东、华中、西南地区。

（3）剑叶凤尾蕨 Pteris ensiformis Burm. f.

土生；植株高30~50cm。叶密生，奇数二回羽状；羽片2~4对，小羽片1~4对；叶柄、叶轴禾秆色。孢子囊群线形，沿叶缘连续延伸。

分布华东、华南、西南地区。

（4）傅氏凤尾蕨 Pteris fauriei Hieron

土生；株高90cm。叶簇生，一型，二回羽裂，卵状三角形，长25~45cm；侧生羽片近对生，3~6对，长13~23cm。孢子囊群线形。

分布华南、华中地区。

（5）百越凤尾蕨 Pteris fauriei Wall. ex J. Agardh var. chinensis Ching & S. H. Wu

土生。叶簇生，二回羽裂；基部1对羽片与上方的不同形；侧生羽片阔披针形，中部宽4~6mm；叶脉分离。孢子囊群线形，先端不育。

分布华南、西南地区。

（6）井栏边草 Pteris multifida Poir.

土生。根状茎先端被黑褐色鳞片。叶密而簇生，一回羽状；羽片常分叉，基部下延呈翅状；叶脉分离。囊群盖线形，灰棕色，膜质。

分布华南、华北、华中、西南、西北地区。

（7）半边旗 Pteris semipinnata L.

土生；株高35~80cm。叶簇生，近一型，叶片长圆状披针形；侧生羽片4~7对；不育裂片有尖锯齿，能育裂片顶端有尖刺或具2~3尖齿。

分布华南地区。

（8）蜈蚣凤尾蕨 Pteris vittata L.

土生。叶簇生，一型，倒披针状长圆形，奇数一回羽状；侧生羽片30~40对；不育叶叶缘有细锯齿。孢子囊群线形；囊群盖同形。

（十六）碗蕨科 Dennstaedtiaceae

叶同型，叶一至四回羽状细裂，草质或厚纸质，有粗糙感觉。孢子囊群圆形，叶缘生或近叶缘顶生于一条小脉上。

1. 碗蕨属 Dennstaedtia Bernh.

叶同型，有柄，基部不以关节着生。叶片为三角形至长圆形，多回羽状细裂。孢子囊群圆形，叶缘着生，顶生于每条小脉，分离。

（1）碗蕨 Dennstaedtia scabra (Wall. ex Hook.) T. Moore

土生草本。根状茎红棕色，密被毛。叶疏生，三角状披针形，叶脉羽状分叉。孢子囊群圆形；囊群盖半杯形或肾圆形。孢子四面形。

分布华南、西南、华东、华中地区。

2. 栗蕨属 Histiopteris (J. Agardh) J. Sm.

根状茎粗长而横走，密被披针形厚质的栗色鳞片。叶柄栗红色，有光泽，光滑；羽轴与叶柄同色；叶片三角形，二至三回羽状，羽片对生，通常无柄。叶无毛，下面常呈灰白色。孢子囊群沿叶边成线形分布，生于叶缘内的一条连接脉上。

（1）栗蕨 Histiopteris incisa (Thunb.) J. Sm.

植株高约2m。叶大；柄长约1m；叶片长50~100cm，二至三回羽状；羽片对生，基部有托叶状的小羽片1对。叶脉网状，网眼角形或六角形。

3. 姬蕨属 Hypolepis Bernh.

根状茎长而横走，无鳞片。叶大型，柄往往粗大；叶片为多回羽状韧裂，各回羽片偏斜，有毛，尤以叶轴及羽轴为多，少有光滑无毛。叶脉分离，羽状分枝。孢子囊群圆形，近叶边着生于一条小脉顶端，一般位于裂片缺刻处。

（1）姬蕨 **Hypolepis punctata** (Thunb.) Mett.

叶疏生，柄长 22~25cm。叶片长 35~70cm，宽 20—28cm，三至四回羽状深裂，顶部为一回羽状；羽片 8~16 对，柄长 7~25mm，密生灰色腺毛。

4. 鳞盖蕨属 Microlepia C. Presl

根状茎无鳞片。叶片从长圆形至长圆状卵形，一至四回羽状复叶，小羽片或裂片偏斜。孢子囊群圆形，边内（即离叶边稍远）着生于一条小脉的顶端。

（1）华南鳞盖蕨 **Microlepia hancei** Prantl.

土生；高达 1.5 m。根茎横走，密被茸毛。叶片卵状长圆形，三回羽状深裂，羽状深裂几达小羽轴。孢子囊群圆形，囊群盖近肾形。

分布华南地区。

（2）虎克鳞盖蕨 **Microlepia hookeriana** (Wall. ex Hook) C. Presl

植株高达 80cm。根状茎长而横走。叶柄长 20~30cm；叶片长 40~50cm，宽 11~15cm，一回羽状；羽片 23~28 对，对生或上部互生。孢子囊群生于细脉顶端，近边缘着生，囊群盖杯形。

分布香港、台湾、福建、海南、广西、云南。

5. 蕨属 Pteridium Gled. ex Scop.

根状茎黑褐色，密被浅锈黄色柔毛，无鳞片。叶远生；叶片大，通常卵形或卵状三角形，三回羽状。孢子囊群沿叶边成线形分布，着生于叶边内的一条联结脉上。

（1）蕨 **Pteridium aquilinum** (L.) Kuhn var. **latiusculum** (Desv.) Underw. ex A. Heller

多年生草本；植株高可达 1m。叶具长柄；各回羽轴上面纵沟内无毛，末回羽片椭圆形。孢子囊群线形；囊群盖双层，孢子囊柄细长。

分布全国各地。

（2）毛轴蕨 Pteridium revolutum (Blume) Nakai

植株高达 1m 以上。叶柄长 35~50cm；叶片长 30~80cm，宽 30~50cm，三回羽状；羽片 4~6 对，对生。叶轴、羽轴及小羽轴的下面和上面的纵沟内均密被灰白色或浅棕色柔毛。

分布亚洲其他热带和亚热带地区。

（十七）铁角蕨科 Aspleniaceae

叶远生、近生或簇生，草质、革质或近肉质；叶柄上面有纵沟。孢子囊群多为线形。

1. 铁角蕨属 Asplenium L.

鳞片黑褐色或深棕色，披针形。叶远生、近生或簇生，有柄；孢子囊群通常线形（有时近椭圆形），沿每组叶脉的上侧一脉的一侧（大都为上侧）着生。

（1）毛轴铁角蕨 Asplenium crinicaule Hance

中型草本。根状茎短而直立，密被鳞片。叶披针形，一回羽状；羽片主两侧各有多行孢子囊，羽片间无芽孢；叶轴和叶柄被黑色鳞片。

分布华南地区。

（2）剑叶铁角蕨 Asplenium ensiforme Wall. ex Hook. & Grev.

根状茎短而直立，密被鳞片。单叶，簇生；叶片披针形，全缘，主脉明显，叶革质，上面光滑。孢子囊群及囊群盖线形。

分布华南、华中、西南地区。

（3）巢蕨 Asplenium nidus L.

中型附生；株高 1~1.2m。根状茎先端密被鳞片。叶簇生，阔披针形，全缘并有软骨质狭边，干后反卷。孢子囊群线形；囊群盖线形，浅棕色。

分布华南、西南地区。

（4）倒挂铁角蕨 Asplenium normale D. Don

草本；株高 15~40cm。叶簇生，披针形，12~24cm，一回羽状；羽片 20~30 对，主轴两侧各有 1 行孢子囊。孢子囊群椭圆形；囊群盖椭圆形。

分布华东、华中、华南、西南地区。

（5）镰叶铁角蕨 Asplenium polyodon G. Forst.

根状茎短而直立，密被鳞片。叶椭圆形，簇生，奇数一回羽状。叶脉明显，革质，干后褐棕色。孢子囊群狭线形，囊群盖狭线形，宿存。

分布华南、西南部分地区。

（6）长叶铁角蕨 Asplenium prolongatum Hook.

草本。叶二回羽状；末回小羽片线形，仅1脉；叶轴顶端延长成鞭着地生根。孢子囊群狭线形，深棕色；囊群盖狭线形，灰绿色。

分布西北、华东、华中、华南、西南地区。

（7）假大羽铁角蕨 Asplenium pseudolaserpitiifolium Ching

根状茎先端密被鳞片。叶簇生，椭圆形，三回羽状，近革质。叶脉两面均明显，隆起呈沟脊状。孢子囊群狭线形，排列不整齐；囊群盖宿存。

分布华南、西南部分地区。

（8）铁角蕨 Asplenium trichomanes L.

草本。叶多数，密集簇生，一回羽状；羽片主两侧各有1行孢子囊；叶轴栗褐色，两侧有膜质翅。孢子囊群阔线形；囊群盖灰白色变棕色。

分布华北、西北、华东、华南、西南地区。

（9）狭翅铁角蕨 Asplenium wrightii D. C. Eaton ex Hook.

植株高达1m。根状茎密被鳞片。叶簇生；叶柄长20~32cm；叶片椭圆形，长30~80cm，宽16~25（~30）cm，一回羽状；羽片16~24对。孢子囊群线形。

分布江苏、浙江、江西、福建、台湾、湖南、香港、广西、四川、贵州。

2. 膜叶铁角蕨属 Hymenasplenium Hayata

草本，附生或陆生。叶柄通常暗紫色或黑色，很少灰绿色，背面半圆柱状，正面具槽；叶片一回羽状。叶脉离生，很少网结。孢子囊单生，线形到近椭圆形，具硬毛。

（1）切边膜叶铁角蕨 Hymenasplenium excisum (C. Presl) S. Lindsay

植株高40~60cm。根状茎横走。叶柄长15~32cm；叶片披针状椭圆形，长22~40cm，基部宽（9~）12~16（~18）cm，一回羽状；羽片18~20（~25）对。

分布华南、西南、华东、华中地区。

（十八）乌毛蕨科 Blechnaceae

叶一型或二型；叶片一至二回羽裂，罕为单叶，厚纸质至革质，无毛或常被小鳞片。叶脉分离或网状。孢子囊群为长的汇生囊群，或为椭圆形。

1. 乌毛蕨属 Blechnum L.

鳞片狭披针形，全缘，深棕色。叶簇生，一型；叶柄粗硬，叶片通常革质，无毛，一回羽状，羽片线状披针形，两边平行，全缘或具锯齿。孢子囊群线形。

（1）乌毛蕨 Blechnum orientale L.

土生。根状茎短粗直立，木质。叶簇生，卵状披针形，一回羽状复叶；羽片互生，非鸡冠状。孢子囊群紧贴羽片中脉；囊群盖线形。

分布华南、西南、华东、华中地区。

2. 狗脊属 Woodwardia Sm.

根状茎密被棕色、厚膜质的披针形大鳞片。叶片椭圆形，二回深羽裂，裂片边缘有细锯齿。叶纸质至近革质。孢子囊群粗线形或椭圆形。

（1）崇澍蕨 Woodwardia harlandii Hook.

植株高达 1.2m。叶主脉两面均隆起，沿主脉两侧各具 1 行狭部网眼，向外有 2~3 行斜部六角形网眼。孢子囊群粗线形，紧靠主脉并与主脉平行。

分布海南、广西、湖南、香港、福建、台湾。

（2）狗脊 Woodwardia japonica (L. f.) Sm.

草本。根状茎横卧，与叶柄基部密被鳞片。叶近生，近革质，二回羽裂；小羽片有密细齿；叶脉隆起。孢子囊群线形；囊群盖线形。

分布华南地区。

（十九）蹄盖蕨科 Athyriaceae

叶簇生、近生或远生。叶柄上面有 1~2 条纵沟，下面圆，基部有时加厚变尖削呈纺锤形。孢子囊群圆形、椭圆形、线形、新月形。

1. 对囊蕨属 Deparia Hook & Grev.

根状茎具黑色或棕色，披针形，全鳞或近全鳞。叶柄基部有棕色，卵形到披针形鳞片；叶片羽状或 2 羽状，披针形，线状披针形，长圆形，或卵状长圆形。

（1）单叶对囊蕨 Deparia lancea (Thunb.) Fraser

根状茎横走，鳞片被披针形；叶柄基部被褐色鳞片；叶片披针形，两端渐狭；中脉两面均明显。孢子囊群线形，常分布于叶片上半部。

分布华南、华中、华东、西南地区。

（2）东洋对囊蕨 Deparia japonica (Thunb.) M. Kato

叶远生至近生。能育叶长可达 1m；叶柄长 10~50cm，叶片长 15~50cm，宽 6~22cm。孢子囊群短线形，大多单生于小脉中部上侧。

2. 双盖蕨属 Diplazium Sw.

鳞片黑色，披针形；叶通常簇生或近生，罕为远生。叶片椭圆形，奇数一回羽状或间为三出复叶或披针形的单叶。孢子囊群线形。

（1）食用双盖蕨 Diplazium esculentum (Retz.) Sw.

根状茎直立，密被鳞片；叶簇生。叶片三角形或阔披针形；叶脉在裂片上羽状。叶坚草质，叶轴平滑，无毛。孢子囊群多数，线形，达叶缘。

分布华南、华中、华东、西南地区。

（2）深绿双盖蕨 Diplazium viridissimum Christ

根状茎先端密被蓬松的长鳞片；叶簇生，长可达 2m 以上；叶柄常短于叶片。叶片三角形，二回羽状，小羽片羽状深裂。孢子囊群短线形。

分布华南、西南地区。

（二十）金星蕨科 Thelypteridaceae

鳞片基生，披针形，背面常灰白色短刚毛或边缘有睫毛。叶簇生，近生或远生；叶一型，罕近二型，多为长圆披针形或倒披针形。

1. 毛蕨属 Cyclosorus Link

鳞片披针形或卵状披针形。叶疏生或近生，长圆形、三角状长圆披针形或倒披针形。孢子囊群大，圆形，背生于侧脉中部。

（1）渐尖毛蕨 Cyclosorus acuminatus (Houtt.) Nakai

土生；株高 70~80cm。根状茎密被鳞片。叶二列远生，坚纸质；二回羽裂；羽片 13~18 对；羽片上面被极短的糙毛。孢子囊群圆形。

分布西北、华东、华中、西南地区。

（2）鳞柄毛蕨 Cyclosorus crinipes (Hook.) Ching

土生。叶簇生，叶片长 40~100cm，中部宽 25~45cm，二回羽裂；叶柄密被鳞片，脱落后留下褐色瘤状突起。孢子囊群圆形，每裂片 6~8 对。

分布华南地区。

（3）异果毛蕨 Cyclosorus heterocarpus (Blume) Ching

植株高达 1m。叶簇生；叶柄长约 30cm；叶片长 60~70cm。二回羽裂；羽片 40 对左右。孢子囊群圆形，生于侧脉中部，每裂片 4~8 对。

分布福建、香港、海南。

（4）毛蕨 Cyclosorus interruptus (Willd.) H. Itô

根状茎横走。叶近生，叶柄基部黑褐色，向上为禾秆色；叶近革质，卵状披针形，二回羽裂；叶脉下面明显。孢子囊群圆形，生于侧脉中部。

分布华南、华东部分地区。

（5）阔羽毛蕨 Cyclosorus macrophyllus Ching & Z. Y. Liu

根状茎短，横卧，先端被鳞片。叶簇生，纸质，羽轴下面被柔毛；叶片长圆形，二回羽裂，全缘。孢子囊群生于侧脉中部。

分布西南地区。

（6）华南毛蕨 Cyclosorus parasiticus (L.) Farw.

土生草本；植株高达 70cm。叶近生，长 35cm，二回羽裂；羽片 12~16 对，羽片披针形，羽裂达 1/2 或稍深。孢子囊群圆形；囊群盖小。

分布华东、华南、华中、西南地区。

（7）截裂毛蕨 Cyclosorus truncatus (Poir.) Farw.

根状茎短而直立，先端疏被鳞片。叶多数，簇生，草质至纸质，长圆披针形，二回羽裂，羽片35对以上，两侧全缘。孢子囊群生于侧脉中部稍下处。

分布华南、西南部分地区。

（8）宽羽毛蕨 Cyclosorus latipinnus (Benth.) Tardieu

根状茎短，先端及叶柄基部疏被鳞片。叶簇生；叶片披针形，二回羽裂。叶脉两面清晰，侧脉平展。叶纸质，干后绿色。孢子囊群圆形。

分布华东、华南、西南部分地区。

2. 针毛蕨属 Macrothelypteris (H. Itô) Ching

根状茎粗被棕色的披针形长鳞片。叶簇生；叶片大，卵状三角形，三至四回羽裂。孢子囊群小，生于侧脉的近顶部。

（1）普通针毛蕨 Macrothelypteris torresiana (Gaudich) Ching

土生；高0.6~1.5cm。叶簇生，三角状卵形，长30~80cm；羽片约15对，基部1对最大，长10~30cm；叶柄长30~70cm。孢子囊群圆形。

分布华南地区。

3. 金星蕨属 Parathelypteris (H. Itô) Ching

根状茎光滑或被有鳞片或被锈黄色毛；叶远生、近生或簇生；叶片卵状长圆形、长圆状披针形或披针形。孢子囊群圆形，背生于侧脉中部或近顶部。

（1）金星蕨 Parathelypteris glanduligera (Kunze) Ching

植株高35~50cm。叶近生；叶柄长15~20cm；叶片长18~30cm，宽7~13cm；二回羽状深裂；羽片约15对。孢子囊群圆形，每裂片4~5对，背生于侧脉的近顶部，靠近叶边。

分布长江流域以南地区、北达河南伏牛山。

（2）光脚金星蕨 Parathelypteris japonica (Baker) Ching

根状茎短，横卧或斜升。叶近生；叶片卵状长圆形，二回羽状深裂，全缘。叶脉明显。叶草质，干后褐绿色，下面有大腺体。孢子囊群圆形。

分布华南、华中、华东、西南地区。

4. 新月蕨属 Pronephrium C. Presl

根状茎通常带毛的棕色鳞片。叶远生或近生；叶柄基部以上无鳞片；叶片为奇数一回羽状、单叶或三出。孢子囊群圆形，在侧脉间排成2行，背生于小脉上（每小脉1枚）。

（1）微红新月蕨 Pronephrium megacuspe (Baker) Holttum

中型土生；株高50~90cm。叶远生，奇数一回羽状；侧生羽片2~6对，互生；小脉顶端汇聚膨大成水囊。孢子囊群在侧脉等距横列，无盖。

分布华南、华中、华南地区。

（2）单叶新月蕨 Pronephrium simplex (Hook.) Holttum

中型土生。根状茎横走，略被鳞片。叶疏生，单叶，二型；叶片椭圆状披针形；侧脉基部有一近长方形网眼。孢子囊群圆形，无盖。

分布华南、西南地区。

（3）三羽新月蕨 Pronephrium triphyllum (Sw.) Holttum

土生；植株高 20~50cm。叶疏生，顶生羽片远较大，长 15~18cm；叶柄长 10~40cm。孢子囊群双汇合；无盖；孢子囊体上有 2 根钩状毛。

分布华南、西南地区。

5. 假毛蕨属 Pseudocyclosorus Ching

根状茎基部疏生披针形的棕色鳞片。叶远生、近生或簇生；叶片二回深羽裂，下部羽片通常逐渐缩成耳状、蝶形或突然收缩成瘤状。孢子囊群圆形，通常生于侧脉中部。

（1）溪边假毛蕨 Pseudocyclosorus ciliatus (Wall. ex Benth.) Ching

湿生中型草本。根状茎直立。叶簇生，叶片椭圆状披针形，一回羽状；羽片 7~10 对；叶轴密被柔毛。孢子囊群生小脉中部，囊群盖被毛。

分布华南地区。

（2）镰片假毛蕨 Pseudocyclosorus falcilobus (Hook.) Ching

湿生中型；株高 60~80cm。叶簇生，叶片椭圆状披针形，长 60~70cm，二回深羽裂；下部有 3~6 对羽片退化为小耳状；裂片 22~35 对。

分布华东、华南地区。

（3）阔片假毛蕨 Pseudocyclosorus latilobus (Ching) Ching

湿生大型。叶远生，二回深羽裂；羽片较宽，达 3cm，下部羽片不缩短；裂片长圆形，全缘或呈浅波状，长 1.2~1.7cm，宽达 6mm。

分布西南地区。

（二十一）鳞毛蕨科 Dryopteridaceae

鳞片狭披针形至卵形，基部着生，棕色或黑色。叶簇生或散生；叶柄上面有纵沟；叶片一至五回羽状，极少单叶，纸质或革质，光滑。

1. 复叶耳蕨属 Arachniodes Blume

鳞片棕色、褐棕色、黑褐色或黑色，披针形、线状披针形或钻形；叶远生或近生，叶片三角形、五角形、卵形或长圆形。孢子囊群顶生或近顶生小脉上。

（1）大片复羽耳蕨 Arachniodes cavaleriei (Christ) Ohwi

植株高达 1m。叶柄基部疏被深棕色、披针形鳞片。叶椭圆形，基部楔形，三回羽状。孢子囊群中等大小；囊群盖深棕色。

分布华南地区。

2. 实蕨属 Bolbitis Schott.

根状茎被黑色鳞片，全缘。叶通常近生，一回羽状，叶缘具钝锯齿或深裂或撕裂，孢子囊群满布于能育羽片下面，无囊群盖及隔丝。

（1）刺蕨 Bolbitis appendiculata (Willd.) K. Iwats.

土生。叶一回羽状，二型：不育叶披针形，边缘波状并具尖锐齿；能育叶羽片狭缩，卵状椭圆形。孢子囊群满布于能育羽片下面。

分布华南、西南地区。

（2）华南实蕨 Bolbitis subcordata (Copel.) Ching

草本。根状茎密被鳞片。叶簇生；不育叶一回羽状；侧生羽片阔披针形，叶缘深波状裂片，缺刻内有 1 尖刺。孢子囊群满布羽片下面。

分布华南、华中地区。

3. 贯众属 Cyrtomium C. Presl

根状茎连同叶柄基部，密被鳞片。叶簇生，叶片卵形或矩圆披针形少为三角形，奇数一回羽状或一回羽状。孢子囊群圆形，背生于内含小脉上，在主脉两侧各 1 至多行。

（1）贯众 Cyrtomium fortunei J. Sm.

根茎直立，密被棕色鳞片。叶簇生，叶柄禾秆色，密生鳞片；叶片矩圆披针形，奇数一回羽状。孢子囊群遍布羽片背面。

分布长江流域以南地区。

4. 鳞毛蕨属 Dryopteris Adanson

根状茎顶端密被红棕色、褐棕色或黑色鳞片。叶片阔披针形、长圆形、三角状卵形，有时五角形，一回羽状或二至四回羽状或四回羽裂。孢子囊群圆形。

（1）阔鳞鳞毛蕨 Dryopteris championii (Benth.) C. Chr. ex Ching

植株高约 50~80cm。叶柄长约 30~40cm；叶片长约 40~60cm，宽约 20~30cm，二回羽状；小羽片羽状浅裂或深裂；羽片约 10~15 对。囊群盖圆肾形。

分布长江流域以南地区，北达河南。

（2）黑足鳞毛蕨 Dryopteris fuscipes C. Chr.

常绿草本；株高50~80cm。叶簇生，长20~40cm，二回羽状；羽片约10~15对，披针形；小羽片三角状卵形。孢子囊群大；囊群盖圆肾形。

分布长江流域以南地区。

（3）平行鳞毛蕨 Dryopteris indusiata (Makino) Makino & Yamam.

植株高40~60cm。叶柄长约20~35cm；叶片长约25~40cm，宽约20~25cm，二回羽状，羽片羽状深裂；羽片约10~15对。孢子囊群盖圆肾形，红棕色。

分布浙江、江西、福建、湖南、广西、四川、贵州、云南。

（2）变异鳞毛蕨 Dryopteris varia (L.) Kuntze

土生中型；植株高50~70cm。叶簇生，五角状卵形，三回羽状；羽片10~12对，披针形；小羽片6~10对。孢子囊群较大；囊群盖圆肾形。

分布华南、西南、华中地区。

5. 耳蕨属 Polystichum Roth

根状茎连同叶柄基部通常被鳞片。叶片线状披针形、卵状披针形、矩圆形，一回羽状、二回羽裂至二回羽状。孢子囊群圆形，着生于小脉顶端。

（1）灰绿耳蕨 Polystichum scariosum (Roxb.) C. V. Morton.

草本。叶簇生，变化大；叶柄上面有深沟槽；叶轴有1或2枚密被鳞片的大芽孢。孢子囊群生于小脉背部或顶端；孢子具刺状突起。

分布华东、华南、华中、西南地区。

（二十二）肾蕨科 Nephrolepidaceae

叶一型，簇生，草质或纸质；叶片披针形或椭圆披针形，一回羽状，全缘或多少具缺刻。囊群盖圆肾形或少为肾形；孢子椭圆形或肾形。

1. 肾蕨属 Nephrolepis Schott

根状茎及叶柄有鳞片。叶长而狭，叶片一回羽状；羽片多数（通常40~80对），披针形或镰刀形。孢子囊群圆形，生于每组叶脉的上侧一小脉顶端。

（1）毛叶肾蕨 Nephrolepis brownii (Desv.) Hovenkamp & Miyam.

草本。叶密集簇生，披针形，一回羽状；中部羽片长

4~8cm，尖头；下面沿脉有线形鳞片。孢子囊群圆形；囊群盖圆肾形，红棕色。

分布华南、西南地区。

（2）肾蕨 **Nephrolepis cordifolia** (L.) C. Presl.

土生。匍匐茎铁丝状。叶簇生，长30~70cm，一回羽状；羽片互生，45~120对；中部羽片长约2cm，钝头。孢子囊群肾形；囊群盖肾形。

分布华东、华南、华中、西南地区。

（二十三）三叉蕨科 Tectariaceae

叶簇生；叶柄基部无关节，上面有浅沟。叶为一型或有时二型，通常一回羽状至多回羽裂，少为单叶，叶薄草质至厚纸质。

1. 黄腺羽蕨属 Pleocnemia C. Presl

根状茎顶端与叶柄基部均密被鳞片。叶簇生，叶片近五角形，二回羽状至三回羽裂。孢子囊群圆形，位于分离的小脉顶端或很少着生于小脉中部。

（1）黄腺羽蕨 **Pleocnemia winitii** Holttum.

叶簇生；叶片四回羽裂，叶脉两面均稍隆起，下面与主脉及小羽轴均疏被黄色至橙黄色的圆柱状腺毛。孢子囊群圆形，被黄色的圆柱状腺毛。

分布华南、西南部分地区。

2. 三叉蕨属 Tectaria Cav.

鳞片披针形，褐棕色。叶簇生；叶片通常为三角形，一回羽状至三回羽裂。孢子囊群通常圆形，生于网眼联结处或内藏小脉的顶部或中部。

（1）沙皮蕨 **Tectaria harlandii** (Hook.) C. M. Kuo.

土生。不育叶叶柄长10~25cm，能育叶叶柄长达40cm；叶脉联结成近六角形网眼，有分叉的内藏小脉。孢子囊群沿叶脉网眼着生。

分布华南、西南地区。

（2）条裂叉蕨 **Tectaria phaeocaulis** (Rosenst.) C. Chr.

植株高60~140cm。叶簇生；叶柄长30~80cm；叶片椭圆形，长45~60cm，基部宽30~40cm；叶轴、羽轴及小羽轴暗褐色，上面均密被有关节的淡棕色短毛。

（3）燕尾叉蕨 **Tectaria simonsii** (Baker) Ching.

植株高80~100cm。根状茎短而直立，被鳞片。叶簇生，奇数一回羽状至二回羽状；顶生羽片三叉，孢子囊群圆形，囊群盖圆盾形。

分布华南、西南地区。

（4）三叉蕨 **Tectaria subtriphylla** (Hook. & Arn.) Copel.

草本；高50~70cm。叶近生，二型，不育叶一回羽状，能育叶近同形但各部均缩狭；侧生羽片1~2对。孢子囊群圆形；囊群盖圆肾形。

分布华南地区。

（二十四）条蕨科 Oleandraceae

遍体密被覆瓦状的红棕色厚鳞片，鳞片长披针形；叶通常一型，单叶；叶片披针形或线状披针形，全缘或有时为波状。孢子囊群圆形。

1. 条蕨属 Oleandra Cav.

根状茎密被覆瓦状的红棕色厚鳞片，鳞片长披针形，叶通常为一型，单叶；叶片披针形或线状披针形，全缘或有时为波状。孢子囊群圆形，位于小脉的近基部。

（1）波边条蕨 Oleandra undulata (Willd.) Ching

草本。叶二列疏生或近生，阔披针形，全缘而有软骨质狭边，常呈波状起伏。孢子囊群近圆形；囊群盖肾形，红棕色，略被短毛。

分布西南地区及渤海湾。

（二十五）骨碎补科 Davalliaceae

根茎通常密被鳞片，鳞片以伏贴的阔腹部盾状着生，罕为基部着生。叶远生，叶片通常为三角形，二至四回羽状分裂，草质至坚革质。

1. 骨碎补属 Davallia Sm.

根状茎被覆瓦状的鳞片。叶远生；叶片五角形至卵形，一型或少为近二型。孢子囊群着生于小脉顶端。

（1）大叶骨碎补 Davallia divaricata Blume

中型附生；株高达 1m。叶近生，无毛，叶片三角形，先端渐尖并为羽裂；叶柄长 30~60cm。孢子囊群生于小脉基部；囊群盖盅形。

分布华南、西南地区。

（2）杯盖阴石蕨 Davallia griffithiana Hook.

植株高达 40cm。根状茎长而横走。叶远生；柄长 10~15cm；叶片三角状卵形，长 16~25cm，宽 14~18cm。孢子囊群生于裂片上侧小脉顶端，每裂片 1~3 枚。

2. 阴石蕨属 Humata Cav.

根状茎密被鳞片。叶远生；叶片通常为一型或近二型，常为三角形，多回羽裂，少为披针形的单叶。孢子囊群生于小脉顶端，通常近于叶缘。

（1）阴石蕨 Humata repens (L. f.) Small ex Diels

草本；植株高 10~20cm。叶远生，三角状卵形，二回羽状深裂；羽片 6~10 对，以狭翅相连。孢子囊群沿叶缘着生，常仅于羽片上部有 3~5 对。

分布华南、西南地区。

（二十六）水龙骨科 Polypodiaceae

鳞片盾状着生。叶一型或二型，单叶，全缘，或分裂，或羽状，草质或纸质。孢子囊群通常为圆形或近圆形，或为椭圆形，或为线形。

1. 连珠蕨属 Aglaomorpha Schott

根状茎被薄而狭的鳞片。叶疏生，一型，通常无柄，基部不以关节着生于根状茎上。孢子囊群初为脉叉处生，后扩展成片。

（1）崖姜 Aglaomorpha coronans (Wall. ex Mett.) Copel.

附生。根状厚肉质。叶大、一型，长圆状倒披针形，不育叶长达 30cm；裂片多数，披针形。孢子囊群生小脉交叉处，汇成囊群线。

分布华南、西南地区。

2. 槲蕨属 Drynaria (Bory) J. Sm.

根状茎密被披针形鳞片。叶二型，偶有一型，叶片羽状或深羽裂至几达羽轴，孢子囊群着生于叶脉交叉处，圆形，一般着生于叶表面。

（1）槲蕨 Drynaria roosii Nakaike

常附生岩石上，匍匐；或附生树干上，螺旋状攀缘。叶二型；基生不育叶卵形，长达 30cm；能育叶深羽裂，披针形。孢子囊群圆形。

分布华东、华南、华中、西南地区。

3. 棱脉蕨属 Goniophlebium (Blume) C. Presl

附生植物。根状茎长而横走，密被粗筛孔状鳞片。叶远生，叶柄基部以关节着生于根状茎上；叶片大，奇数一回羽状。叶脉明显，在侧脉之间小脉连结成 2~3 个网眼。孢子囊群圆形，在羽片中脉两侧各 1 行，生于靠近中脉的 1 行网眼的内藏小脉顶端。

（1）友水龙骨 Goniophlebium amoenum (Wall. ex Mett.) Ching

附生植物。叶柄长约 30~40cm；叶片长约 40~50cm，宽约 20~25cm，羽状深裂；裂片约 20~25 对，长约 10~13cm，宽约 1.5~2cm。孢子囊群圆形，在裂片中脉两侧各 1 行。

分布云南、西藏、四川、贵州、广西、湖南、湖北、江西、浙江、安徽、台湾、山西。

4. 伏石蕨属 Lemmaphyllum C. Presl

根状茎卵状披针形。叶二型；不育叶倒卵形或椭圆形，全缘；能育叶线形或线状倒披针形。孢子囊群线形，与主脉平行，连续。

（1）披针骨牌蕨 Lemmaphyllum diversum (Rosenst.) Tagawa

小型附生。叶远生，不育叶有时与能育叶无大区别，通常为阔卵状披针形，主脉两面明显隆起。孢子囊群圆形，在主脉两侧各成一行。

分布华南、华东、西南地区。

（2）抱石莲 Lemmaphyllum drymoglossoides (Baker) Ching

小型附生。根状茎被钻状鳞片。叶远生，二型；不育叶长圆形至卵形；能育叶舌状或倒披针形。孢子囊群圆形，沿主脉两侧各成一行。

分布华南、西南、西北地区。

（3）伏石蕨 Lemmaphyllum microphyllum C. Presl

小型附生。叶疏生，二型；不育叶近无柄，近圆形或卵圆形，长 1.6~2.5cm；能育叶舌状或窄披针形，叶柄 3~8mm；孢子囊群线形。

分布华南、华东、华中、西南地区。

（4）骨牌蕨 Lemmaphyllum rostratum (Bedd.) Tagawa

附生；株高 10cm。叶近二型，具短柄；不育叶阔披针形，长 6~10cm，先端鸟嘴状；能育叶长而狭。孢子囊群圆形，在主脉两侧各一行。

分布华东、华南、西南地区。

5. 鳞果星蕨属 Lepidomicrosorium Ching

根状茎密被深棕色披针形鳞片。叶疏生，近二型；能育叶披针形或三角状披针形；不育叶远较短，卵状三角形，全缘。孢子囊群星散分布于主脉下面两侧。

（1）鳞果星蕨 Lepidomicrosorium buergerianum (Miq.) Ching & K. H. Shing ex S. X. Xu

植株高达 20cm。根状茎攀缘，被鳞片。叶疏生，叶柄长 6~9cm；能育叶长 8~12cm，不育叶长约 4cm。主脉两面隆起，小脉不显。孢子囊群小。

分布华东、华南、西南地区。

6. 瓦韦属 Lepisorus (J. Sm.) Ching

根状茎横走，密被黑褐色鳞片。单叶，远生或近生，一型；叶片多为披针形，少为狭披针形或近带状，边缘全缘或呈波状。孢子囊群大，圆形或椭圆形。

（1）阔叶瓦韦 Lepisorus tosaensis (Makino) H. Itô

草本。根状茎密被披针形鳞片。叶簇生或近生，披针形，叶片中下部最宽，主脉上下均隆起。孢子囊群圆形，聚生于叶片上半部。

分布华东、华中、华南、西南地区。

7. 薄唇蕨属 Leptochilus Kaulf.

叶远生，二型；不育叶为单叶，披针形或卵形，边缘全缘，很少呈撕裂状；能育叶狭缩成线形。孢子囊满布能育叶下面，靠近主脉两侧，形成汇生囊群。

（1）掌叶线蕨 **Leptochilus digitatus** (Baker) Noot.

根状茎暗褐色，密生鳞片；叶柄圆柱形，淡禾秆色，上面有狭沟，基部有关节；叶片通常为掌状深裂，有时为2~3裂或单叶。孢子囊群线形。

分布华南、西南地区。

（2）线蕨 **Leptochilus ellipticus** (Thunb. ex Murray) Noot.

土生；株高20~60cm。叶远生，近二型；不育叶叶片长圆状卵形，长20~70cm，一回羽裂深达叶轴；羽片或裂片4~11对。孢子囊群线形。

分布华东、华南、华中、西南地区。

（3）宽羽线蕨 **Leptochilus ellipticus** (Thunb. ex Murray) Noot. var. **pothifolius** (Buch.-Ham. ex D. Don) X. C. Zhang

草本；植株高60~100cm。叶远生，能育叶与不育叶近同形，羽状深裂，裂片4~10对，线状披针形。孢子囊群线形；孢子表面具颗粒。

分布华东、华南、西南地区。

（4）断线蕨 **Leptochilus hemionitideus** (C. Presl) Noot.

根状茎红棕色，密生红棕色鳞片。叶远生；叶柄暗棕色至红棕色，有狭翅；叶片阔披针形至倒披针形。孢子囊群近圆形、长圆形至短线形。

分布华南、西南、华中地区。

8. 星蕨属 Microsorum Link

根状茎被棕褐色鳞片。叶远生或近生；叶柄基部有关节；单叶，披针形，少为戟形或羽状深裂。孢子囊群圆形，着生于网脉连接处。

（1）羽裂星蕨 **Microsorum insigne** (Blume) Copel.

附生；株高40~100cm。叶疏生或近生，长20~50cm，羽状深裂；裂片1~12对，对生。孢子囊群近圆形，着生网脉连接处；孢子豆形。

分布华南、西南地区。

（2）膜叶星蕨 Microsorum membranaceum (D. Don) Ching

附生；植株高 50~80cm。根状茎密被鳞片。叶片阔披针形至椭圆披针形，长 50~80cm；叶柄短，1~2cm，具棱。孢子囊群小，圆形。

分布华南、西南地区。

（3）有翅星蕨 Microsorum pteropus (Blume) Copel.

草本；高 15~30cm。叶远生；全缘叶的叶片为披针形，长 6~15cm，宽 1.5~2.5cm。孢子囊群圆形，散生于大网眼内，具颗粒。

分布华南、华中、西南地区。

（4）星蕨 Microsorum punctatum (L.) Copel.

附生。根状茎常光秃，被白粉，偶有鳞片。叶近簇生，纸质，线状披针形，近无柄或具短柄。孢子囊群小而密，不规则散生；孢子豆瓣型。

分布华南、西南、华中、西北地区。

9. 石韦属 Pyrrosia Mirbel

根状茎密被棕色鳞片。叶一型或二型；叶片线形至披针形，或长卵形，全缘，或罕为戟形或掌状分裂。孢子囊群近圆形，着生于内藏小脉顶端。

（1）贴生石韦 Pyrrosia adnascens (Sw.) Ching.

附生。根状茎密被鳞片。叶二型，肉质；不育叶关节连接处被鳞片；能育叶线状舌形，远长于不育叶。孢子囊群圆形，无囊群盖。

分布华南、西南地区。

（2）石韦 Pyrrosia lingua (Thunb.) Farw.

附生；株高 10~30cm。根状茎长而横走，密被鳞片。叶远生，近二型；不育叶长圆形；能育叶较不育叶长且窄。孢子囊群近椭圆形。

分布华南、西北、西南地区。

（3）抱树石韦 Pyrrosia piloselloides (L.) M. G. Price

根状茎横走，密被鳞片。叶远生，二型。不育叶近圆形，基部渐狭，下延，疏被星状毛；能育叶线形，长 3~12cm，基部渐狭，长下延。孢子囊群线形。

分布华南、西南地区。

二、裸子植物
GYMNOSPERMAE

（一）苏铁科 Cycadaceae

叶螺旋状排列，有鳞叶及营养叶。雌雄异株，雄球花单生于树干顶端。

1. 苏铁属 Cycas L.

叶有鳞叶与营养叶两种；鳞叶小，褐色，密被粗糙的毡毛；营养叶大，羽状深裂，革质，集生于树干上部。雌雄异株，雄球花（小孢子叶球）长卵圆形或圆柱形。

（1）*苏铁 Cycas revoluta Thunb.

常绿木本植物。叶背被毛，中部羽片长9~18cm，宽4~6mm。雄球花序着生茎顶，圆柱形，长30~70cm。种子径1.5~3cm，密生短茸毛。

分布华南、华中、西南、华北地区。

（2）*仙湖苏铁 Cycas szechuanensis Cheng & L. K. Fu

树干圆柱形，高2~5m。羽状叶长1~3m，集生于树干顶部；羽状裂片条形或披针状条形，长18~34cm，宽1.2~1.4cm。大孢子叶扁平，有黄褐色或褐红色茸毛。

分布华南、华中部分地区。

（二）买麻藤科 Gnetaceae

叶片革质或半革质。花单性，雌雄异株。雄球花穗单生或数穗组成顶生及腋生聚伞花序；雌球花穗单生或数穗组成聚伞圆锥花序。种子核果状。

1. 买麻藤属 Gnetum L.

叶片革质或半革质。花单性，雌雄异株。雄球花穗单生或数穗组成顶生及腋生聚伞花序；雌球花穗单生或数穗组成聚伞圆锥花序。种子核果状。

（1）买麻藤 Gnetum montanum Markgr.

大藤本；高达10m以上。叶形大小多变，通常呈矩圆形，长10~25cm，宽4~11cm，侧脉8~13对。雄球花序一至二回三出分枝。种子径1~1.2cm。

分布西南、华南、东南亚地区。

（2）小叶买麻藤 Gnetum parvifolium (Warb.) C. Y. Cheng ex Chun

常绿缠绕藤本。叶椭圆形或长倒卵形，宽约3cm，侧脉下面稍隆起。雌球花序的每总苞内有雌花5~8朵。成熟种子长椭圆形。

分布华南地区。

（三）松科 Pinaceae

叶条形或针形；条形叶扁平；针形叶2~5针（稀1针或多至81针）成一束，基部包有叶鞘。花单性，雌雄同株。

1. 松属 Pinus L.

叶有两型：鳞叶（原生叶）单生，螺旋状着生；针叶（次生叶）螺旋状着生，辐射伸展，常2针、3针或5针一束，生于苞片状鳞叶的腋部。

（1）* 湿地松 **Pinus elliottii** Engelm.

常绿乔木。树皮纵裂成鳞状块片剥落；2~9 个树脂道。针叶 2~3 针一束并存，稍粗壮。球果圆锥形或窄卵圆形；种子卵圆形。

原产美国东南部。西南、华南、华东地区有栽培。

（2）马尾松 **Pinus massoniana** Lamb.

常绿乔木。树皮裂成不规则的鳞状块片。针叶 2 针一束，稀 3 针一束。球果卵圆形或圆锥状卵圆形；种子长卵圆形，具翅。

分布华中、西北、华南地区。

（四）南洋杉科 Araucariaceae

叶螺旋状着生或交叉对生。球花单性，雌雄异株或同株；雄球花圆柱形，单生或簇生叶腋，或生枝顶；雌球花单生枝顶。

1. 南洋杉属 Araucaria Juss.

叶螺旋状排列，鳞形、钻形、针状镰形、披针形或卵状三角形。雌雄异株；雄球花圆柱形，单生或簇生叶腋，或生枝顶；雌球花椭圆形或近球形，单生枝顶。

（1）* 南洋杉 **Araucaria cunninghamii** Aiton ex D. Don

树皮灰褐色或暗灰色，横裂；大枝平展或斜伸，幼树冠尖塔形，老则成平顶状，侧生小枝密生，下垂，近羽状排列。球果卵形或椭圆形，种子椭圆形。

原产澳大利亚。广东、海南、福建有栽培。

（五）罗汉松科 Podocarpaceae

常绿乔木或灌木。叶多型，螺旋状散生、近对生或交叉对生。球花单性，雌雄异株；雄球花穗状。种子核果状或坚果状。

1. 竹柏属 Nageia Gaertn.

叶无明显的中脉，具多数平行细脉，对生或近对生；种子生于不肥厚的种托上。

（1）* 竹柏 **Nageia nagi** (Thunb.) Kuntze

乔木；高达 20m。叶对生，长 4~9cm，宽 1.2~1.5cm。雄球花穗状圆柱形，单生于叶腋；雌球花基部有数枚苞片。种子圆球形，有白粉。

分布华东、华南、西南地区。

2. 罗汉松属 Podocarpus L' Hér. ex Pers.

叶条形、披针形、椭圆状卵形或鳞形，螺旋状排列，近对生或交叉对生。雌雄异株；雄球花穗状，单生或簇生叶腋；雌球花常单生叶腋或苞腋。

（1）* 罗汉松 **Podocarpus macrophyllus** (Thunb.) Sw.

树皮灰色或灰褐色，浅纵裂，成薄片状脱落。叶螺旋状着生，条状披针形，微弯，上面深绿色，有光泽，下面带白色、灰绿色或淡绿色。

分布华南、西南、华东、华中地区。

（2）* 百日青 Podocarpus neriifolius D. Don

常绿乔木。叶螺旋状着生，披针形，厚革质，有短柄。雄球花穗状，单生或2~3个簇生。种子卵圆形，熟时肉质假种皮紫红色。

分布华东、华中、西南、华南地区。

（3）* 小叶罗汉松 Podocarpus wangii C. C. Chang

树皮不规则纵裂，赭黄带白色或褐色；小枝淡褐色，无毛。叶革质或薄革质，窄椭圆形、窄矩圆形或披针状椭圆形，上面绿色，下面色淡。

分布华南、西南部分地区。

（六）柏科 Cupressaceae

叶交叉对生或3~4片轮生，稀螺旋状着生，鳞形或刺形。球花单性，雌雄同株或异株，单生枝顶或叶腋。球果圆球形、卵圆形或圆柱形。

1. 柳杉属 Cryptomeria D. Don

树皮红褐色，裂成长条片脱落；枝近轮生。叶螺旋状排列略成五行列，腹背隆起呈钻形。雌雄同株；雄球花单生小枝上部叶腋，常密集成短穗状花序状；雌球花近球形。

（1）* 柳杉 Cryptomeria fortunei Hooibr. ex Otto & Dietrich

树皮红棕色，纤维状，裂成长条片脱落。叶钻形略向内弯曲，先端内曲，四边有气孔线。球果圆球形或扁球形。

分布华南、华中、西南、华东部分地区。

2. 杉木属 Cunninghamia R. Br. ex A. Rich.

叶螺旋状着生，披针形或条状披针形，边缘有细锯齿，上下两面均有气孔线。雌雄同株，雄球花多数簇生枝顶；雌球花单生或2~3个集生枝顶，球形或长圆球形。

（1）* 杉木 Cunninghamia lanceolata (Lamb.) Hook.

常绿乔木。叶2列状，披针形或线状披针形，扁平；叶和种鳞螺旋状排列。雄球花多数，簇生于枝顶端，每种鳞有种子3颗。

分布长江流域、秦岭以南地区。

3. 侧柏属 Platycladus Spach

常绿乔木；生鳞叶的小枝直展或斜展，排成一平面，扁平，两面同型。叶鳞形，二型，交叉对生，排成四列，基部下延生长，背面有腺点。

（1）*侧柏 **Platycladus orientalis** (L.) Fracno

树皮薄，浅灰褐色，纵裂成条片；枝条向上伸展或斜展，幼树树冠卵状尖塔形，老树树冠则为广圆形；叶鳞形，先端微钝。球果近卵圆形。

全国各地区均有栽培。

4. 落羽杉属 Taxodium Rich.

叶螺旋状排列。雌雄同株；雄球花卵圆形，在球花枝上排成总状花序状或圆锥花序状；雌球花单生于去年生小枝的顶端。球果球形或卵圆形，具短梗或几无梗。

（1）*落羽杉 **Taxodium distichum** (L.) Rich.

落叶乔木；树皮棕色，裂成长条片脱落。叶条形，扁平，上面淡绿色，下面黄绿色或灰绿色。球果球形或卵圆形，有短梗。

原产北美东南部地区。西南、华南、华东地区有栽培。

（2）*池杉 **Taxodium distichum** (L.) Rich. var. **imbricatum** (Nutt.) Croom

乔木，树干基部膨大，屈膝状呼吸根，树皮褐色，枝条向上伸展。叶钻形，螺旋状伸展。球果圆球形，熟时褐黄色；种子不规则三角形，红褐色。

原产北美东南部地区。西南、华南、华东有地区栽培。

（七）红豆杉科 Taxaceae

叶条形或披针形，螺旋状排列或交叉对生，上面中脉明显、微明显或不明显，下面沿中脉两侧各有1条气孔带。球花单性，雌雄异株。

1. 穗花杉属 Amentotaxus Pilg.

叶交叉对生，厚革质，条状披针形、披针形或椭圆状条形，下面有两条白色、淡黄白色或淡褐色的气孔带。雌雄异株，雄球花多数，组成穗状花序。

（1）穗花杉 **Amentotaxus argotaenia** (Hance) Pilg.

灌木或小乔木。叶成两列，条状披针形，叶柄极短。雄球花穗1~3（多为2）穗，雄蕊有2~5。种子椭圆形，成熟时假种皮鲜红色，宿存苞片，梗长扁四棱形。

分布华南、华中、西南地区。为中国特有树种。

二、裸子植物 GYMNOSPERMAE

三、被子植物
ANGIOSPERMAE

（一）莼菜科 Hydropeltidaceae

多年生水生草本。叶二型；沉水叶细裂；浮水叶盾状，叶柄长；花单生，伸出水面，辐射对称；花被片6，2轮，花瓣状，宿存。

1. 水盾草属 Cabomba Aublet

花很小，有3片萼片、3片白色或黄色的花瓣和3~6根雄蕊。

（1）*红水盾草 Cabomba furcata Schult. & Schult. f.

茎、叶、花均为紫红色。叶二型，沉水叶3片轮生，掌状分裂；浮水叶全缘，盾状着生。花单生于浮水叶叶腋；花3基数。

原产南美洲。广东引进栽培。

（二）睡莲科 Nymphaeaceae

叶常二型：漂浮叶或出水叶互生，心形至盾形；沉水叶细弱，有时细裂。花两性，辐射对称，单生在花梗顶端。果为坚果或浆果。

1. 萍蓬草属 Nuphar Sm.

多年水生草本；根状茎肥厚，横生。叶漂浮或高出水面，圆心形或窄卵形，基部箭形，具深弯缺，全缘；叶柄在叶片基部着生。

（1）萍蓬草 Nuphar pumila (Timm.) DC.

根状茎直径2~3cm。叶纸质，宽卵形或卵形，少数椭圆形，基部具弯缺，心形，上面光亮，无毛，下面密生柔毛；叶柄有柔毛。浆果卵形；种子矩圆形。

分布华南、华中、华东、华北、东北地区。生在湖沼中。

2. 睡莲属 Nymphaea L.

多年生水生草本；根状茎肥厚。叶二型：浮水叶圆形或卵形，基部具弯缺，心形或箭形，常无出水叶。花大形、美丽，浮在或高出水面。

（1）*红睡莲 Nymphaea alba L. var. rubra Lönnr.

根状茎匍匐；叶纸质，近圆形，全缘或波状，两面无毛，有小点。花瓣红色，卵状矩圆形。浆果扁平至半球形；种子椭圆形。

原产瑞典。各地广泛栽培。

（2）*睡莲 Nymphaea tetragona Georgi

叶纸质，心状卵形或卵状椭圆形，全缘，上面光亮，下面带红色或紫色，两面皆无毛，具小点；花瓣白色，宽披针形、长圆形或倒卵形。浆果球形。

全国广泛分布。

（3）*伊斯兰达睡莲 Nymphaea 'Islamorada'

根状茎短粗。叶纸质，叶片圆形，边缘有不规则锯齿状，叶片形状为箭头形，叶柄光滑无毛。花朵星形。

（三）五味子科 Schisandraceae

单叶互生，常有透明腺点。花序腋生；花两性或单性同株或异株，辐射对称；雄蕊多数，离生。蓇葖聚合果或肉质聚合果。

1. 八角属 Illicium L.

全株无毛，有芳香气味。叶为单叶，互生，常在小枝近顶端簇生，有时假轮生或近对生，革质或纸质，全缘，花两性，红色或黄色，少数白色。

（1）*八角 Illicium verum Hook. f.

树皮深灰色。叶不整齐互生，革质，厚革质，倒卵状椭圆形，倒披针形或椭圆形。花粉红至深红色，单生叶腋或近顶生。聚合果，蓇葖多为8，呈八角形。

分布华南地区。

三、被子植物 ANGIOSPERMAE 37

2. 南五味子属 Kadsura Kaempf. ex Juss.

叶纸质，全缘或具锯齿，叶缘膜质下延至叶柄；叶面中脉及侧脉常不明显。小浆果肉质，基部插入果轴，排成密集球形或椭圆体形的聚合果。

（1）黑老虎 **Kadsura coccinea** (Lem.) A. C. Sm.

木质藤本。叶厚革质，长圆形至卵状披针形，全缘。花单生叶腋，雌雄异株；花被片红色，肉质。聚合果近球形，果大，直径 6~10cm。

分布华东、华中、西南、华南地区。

（2）异形南五味子 **Kadsura heteroclita** (Roxb.) Craib

常绿木质大藤本。叶纸质，边缘具疏齿，侧脉 7~11 条。花单生叶腋，雌雄异株；白色或浅黄色。聚合果近球形，较小，直径 2.5~5cm。

分布华中、西南、华南地区。

（四）三白草科 Saururaceae

茎具明显的节。叶互生，单叶；托叶贴生于叶柄上。花两性，聚集成稠密的穗状花序或总状花序。果为分果爿或蒴果顶端开裂。

1. 蕺菜属 Houttuynia Thunb.

叶全缘，具柄；托叶贴生于叶柄上，膜质。花小，聚集成顶生或与叶对生的穗状花序。蒴果近球形，顶端开裂。

（1）蕺菜 **Houttuynia cordata** Thunb.

腥臭草本；高 30~60cm。茎下部伏地。单叶互生叶心形，长 4~10cm。总状花序，长约 2cm；子房上位。蒴果长 2~3cm，顶端宿存花柱。

分布中南地区，北至陕西、甘肃。

2. 三白草属 Saururus L.

多年生草本，具根状茎。叶全缘，具柄；托叶着生在叶柄边缘上。花小，聚集成与叶对生或兼有顶生的总状花序。果实分裂为 3~4 分果爿。

（1）三白草 **Saururus chinensis** (Lour.) Baill.

湿生草本；茎粗壮，有纵长粗棱和沟槽。叶纸质，密生腺点，阔卵形至卵状披针形，两面均无毛。果近球形，表面多疣状凸起。

分布华北、河南及长江流域以南地区。

（五）胡椒科 Piperaceae

叶互生，少有对生或轮生，单叶，两侧常不对称，具掌状脉或羽状脉；托叶多少贴生于叶柄上或否，或无托叶。花小，两性。

1. 草胡椒属 Peperomia Ruiz & Pav.

一年生或多年生草本，茎通常矮小，带肉质，常附生于树上或石上；维管束全部分离，散生。叶互生、对生或轮生，全缘，无托叶。浆果小，不开裂。

（1）草胡椒 Peperomia pellucida (L.) Kunth

一年生肉质草本；高 20~40cm。叶互生，长 2~4cm，宽 1~2cm。穗状花序顶生或与叶对生；花小，稀疏，苞片盾状。浆果球形，顶端具尖。

原产热带美洲。华南、华中地区逸为野生。

2. 胡椒属 Piper L.

灌木或攀缘藤本，稀有草本或小乔木；茎、枝有膨大的节，揉之有香气。叶互生，全缘。浆果倒卵形、卵形或球形，稀长圆形，红色或黄色。

（1）华南胡椒 Piper austrosinense Y. C. Tseng

木质攀缘藤本。叶卵状披针形，基部心形，长 8~11cm，宽 6~7cm。穗状花序；雌雄异株；雄花序长 3~6.5cm。浆果球形，基部嵌生于花序轴。

分布华南地区。

（2）华山蒌 Piper cathayanum M. G. Gilbert & N. H. Xia

攀缘藤本。叶纸质，卵形、卵状长圆形或长圆形，基部深心形；叶柄密被毛。花单性，雌雄异株，聚集成与叶对生的穗状花序。总花梗短于叶柄，被粗毛。

分布广西、贵州、四川。

（3）山蒟 Piper hancei Maxim.

攀缘藤本。叶互生，披针形，长 6~12cm，宽 2.5~4.5cm，基部楔形。穗状花序，花单性，雌雄异株，雄花序长 6~10cm。浆果球形，黄色。

分布华中、华南、西南地区。

（4）毛蒟 Piper hongkongense C. DC.

攀缘藤本。叶硬纸质，卵状披针形，两面被柔软的短毛。花单性，雌雄异株，穗状花序与叶对生。总花梗比叶柄稍长，子房近球形。浆果球形。

分布华南地区。

（5）假蒟 Piper sarmentosum Roxb.

多年生直立草本。叶互生，背面沿脉被毛。穗状花序与叶对生；花单性，雌雄异株。浆果近球形，具4角棱，与花序轴合生。

分布华南、西南地区。

（6）小叶爬崖香 Piper sintenense Hatusima

藤本。叶长圆形，长7~11cm，宽3~4.5cm，不对称，具细腺点。穗状花序与叶对生；雌雄异株；雄花序长5~13cm。浆果倒卵形，离生。

分布东起台湾至西南以南地区。

（7）缘毛胡椒 Piper semiimmersum C. DC.

攀缘藤本；枝具粗沟纹。叶纸质，有细腺点，长圆状卵形或卵状披针形，枝端的稀为长圆形，顶端短渐尖，基部心形。浆果下部埋藏于花序轴中。

分布华南、西南地区。

（六）马兜铃科 Aristolochiaceae

草质藤本。叶纸质，卵状三角形、长圆状卵形或戟形。蒴果近球形，顶端圆形而微凹，具6棱。

1. 马兜铃属 Aristolochia L.

草质或木质藤本，稀亚灌木或小乔木。叶互生，全缘或3~5裂，基部常心形；羽状脉或掌状3~7出脉。花排成总状花序，稀单生，腋生或生于老茎上。

（1）广防己 Aristolochia fangchi Y. C. Wu ex L. D. Chow & S. M. Hwang

木质藤本。叶长圆状卵形，长6~16cm，宽3.5~5.5cm，基部圆形。花被管中部弯曲；檐部盘状，直径4~6cm，暗紫色具黄斑。蒴果圆柱形。

分布华南、西南地区。

2. 细辛属 Asarum L.

多年生草本。叶仅1~2或4枚，基生、互生或对生，叶片通常心形或近心形，全缘；叶柄基部常具薄膜质芽苞叶。花单生于叶腋，多贴近地面。

（1）地花细辛 Asarum geophilum Hemsl.

多年生草本，全株散生柔毛。叶圆心形、卵状心形或宽卵形，长5~10cm，宽5.5~12.5cm；叶柄长3~15cm，密被黄棕色柔毛。花紫色；花梗长5~15mm。

（2）小叶马蹄香 Asarum ichangense C. Y. Cheng & C. S. Yang

多年生草本。叶心形，长3~6cm，宽3.5~7.5cm，两侧裂片长2~4cm，宽2.5~6cm。花梗长约1cm；花被裂片三角卵形，紫色。

分布华东、华中、华南地区。

（3）慈菇叶细辛 Asarum sagittarioides C. F. Liang

多年生草本。叶片长卵形、阔卵形或近三角状卵形，长15~25cm，宽11~14cm，先端渐尖，基部耳状心形或耳形，两侧裂片长6~11cm，宽4~6cm，通常外展。

（七）木兰科 Magnoliaceae

叶互生、簇生或近轮生，单叶不分裂，罕分裂。花顶生、腋生，罕成为2~3朵的聚伞花序。花被片通常花瓣状。

1. 长喙木兰属 Lirianthe Spach

叶螺旋排列，全缘。花顶生在顶生短梗上，单生。佛焰苞片1到数个。花被片9~12，每轮3，通常白色。果通常椭圆形，两端锐尖。

（1）香港木兰 Lirianthe championii N. H. Xia & C. Y. Wu.

常绿灌木或小乔木。叶淡绿色，椭圆形，侧脉8~12对。开花前花梗直立；花被片9，外轮3片淡绿色，中、内轮白色。聚合果，蓇葖具喙。

分布华南地区。

2. 木莲属 Manglietia Blume

常绿乔木。叶革质，全缘。花单生枝顶，两性。聚合果紧密，球形、卵状球形、圆柱形、卵圆形或长圆状卵形。

（1）木莲 Manglietia fordiana Oliv.

叶革质、狭倒卵形、狭椭圆状倒卵形，或倒披针形，下面疏生红褐色短毛；叶柄基部稍膨大；托叶痕半椭圆形，花被片纯白色。聚合果褐色，卵球形。

分布华南、西南、华中部分地区。

（2）*灰木莲 Manglietia glauca Blume

树皮灰白平滑。单叶互生薄革质，倒卵形，窄椭圆形或窄倒卵形。花被9片，乳白色或乳黄色。聚合果卵形，有种子5~6枚。

原产印度尼西亚、越南。华南、华中地区有栽培。

3. 含笑属 Michelia L.

叶革质，单叶，互生，全缘。小枝具环状托叶痕。成熟蓇葖革质或木质，全部宿存于果轴，无柄或有短柄，背缝开裂或腹背为2瓣裂。

（1）*白兰 Michelia × alba DC.

树皮灰色。叶薄革质，长椭圆形或披针状椭圆形，上面无毛，下面疏生微柔毛；叶柄疏被微柔毛，托叶痕几达叶柄中部。花白色。蓇葖熟时鲜红色。

长江流域以南地区多有栽培。

（2）乐昌含笑 Michelia chapensis Dandy

树皮灰色至深褐色。叶薄革质，倒卵形、狭倒卵形或长圆状倒卵形，上面深绿色，有光泽；叶柄无托叶痕。花被片淡黄色，蓇葖长圆体形或卵圆形。

分布华南、华中地区。

（3）含笑花 Michelia figo (Lour.) Spreng.

常绿灌木，高2~3m。叶柄，花梗均密被黄褐色茸毛。花淡黄色而边缘有时红色或紫色。聚合果长2~3.5cm。

（4）金叶含笑 Michelia foveolata Merr. ex Dandy

乔木；高达30m。叶大，不对称，长17~23cm，宽6~11cm。花被片9~12片，基部带紫，外轮3片阔倒卵形。蓇葖长圆状椭圆体形。

分布西南、华中、华南、西南地区。

（5）醉香含笑 Michelia macclurei Dandy

乔木；高达30m。叶中部以上最宽，椭圆形。2~3朵组成聚伞花序；花被片9，匙状倒卵形，白色。蓇葖长圆体形，疏生白色皮孔。

分布华南地区。

（6）深山含笑 Michelia maudiae Dunn

乔木；高达20m。叶背灰绿色，被白粉。叶柄长1~3cm，无托叶痕。花被片9片，纯白色，基部稍呈淡红色。聚合果长7~15cm。

分布浙江、福建、湖南、香港、广西、贵州。

（7）观光木 Michelia odora (Chun) Noot. & B. L. Chen

树皮淡灰褐色。叶片厚膜质，倒卵状椭圆形，上面绿色，有光泽；叶柄基部膨大，托叶痕达叶柄中部。花被片象牙黄色，有红色小斑点。聚合果长椭圆体形。

分布华南、华中部分地区。

（八）番荔枝科 Annonaceae

单叶互生。花辐射对称，单生或几朵至多朵组成团伞花序、圆锥花序、聚伞花序或簇生，顶生、与叶对生、腋生或腋外生，或生于老枝上。

1. 鹰爪花属 Artabotrys R. Br. ex Ker

攀缘灌木。叶互生；羽状脉，有叶柄。两性花，花通常单生于木质钩状的总花梗上；萼片3，镊合状排列，基部合生；花瓣6，2轮，镊合状排列，外轮花瓣与内轮花瓣等大或较大。成熟心皮浆果状，椭圆状倒卵形或圆球状。

（1）香港鹰爪花 Artabotrys hongkongensis Hance

攀缘灌木，长达6m；小枝被黄色粗毛。叶椭圆状长圆形至长圆形，长6~12cm，宽2.5~4cm，两面无毛；叶柄长2~5mm，被疏柔毛。花单生；花梗稍长于钩状的总花梗，被疏柔毛。果椭圆状，长2~3.5cm，直径1.5~3cm，干时黑色。

分布湖南、广西、云南、贵州。

2. 皂帽花属 Dasymaschalon (Hook. f. & Thoms) Dalle Torre & Harms

灌木或小乔木。叶互生；羽状脉；有叶柄。花单朵腋生与叶对生，或顶生；萼片3，镊合状排列；花瓣3，1轮，镊合状排列，边缘黏合呈尖帽状。

（1）皂帽花 Dasymaschalon trichophorum Merr.

攀缘灌木；高1~3m。植株密被长柔毛。单叶互生，长7~15cm，宽2.5~4cm。花单朵腋生；花瓣3片，1轮，红色。果念珠状，萼片宿存。

分布华南地区。

3. 假鹰爪属 Desmos Lour.

叶互生，羽状脉。花单朵腋生或与叶对生，或2~4朵簇生。成熟心皮多数，通常伸长而在种子间缢缩成念珠状；每节种子1颗；果托圆球状。

（1）假鹰爪 Desmos chinensis Lour.

攀缘或直立灌木。叶长圆形，基部圆形，长4~13cm，宽2~5cm。花瓣镊合状排列，6片，2轮，外轮较内轮大。果念珠状长 2~5cm，具柄。

分布华南、西南地区。

4. 异萼花属 Disepalum Hook. f.

乔木或灌木。花序顶生或有时叶对生，1~3 花。花梗纤细，下垂，没有小苞片。萼片 2 或 3。花瓣 4~6，或 2 轮。

（1）斜脉异萼花 Disepalum plagioneurum (Diels) D. M. Johnson

叶纸质，长圆状倒披针形、长圆形至狭椭圆形，叶面无毛，亮绿色。花大型，黄绿色，单朵生于枝端与叶对生。果卵状椭圆形。

分布华南地区。

5. 瓜馥木属 Fissistigma Griff.

攀缘灌木。单叶互生。花蕾卵圆状或长圆锥状；花单生或多朵集成密伞花序、团伞花序和圆锥花序。成熟心皮卵圆状或圆球状或长圆状，被短柔毛或茸毛。

（1）白叶瓜馥木 Fissistigma glaucescens (Hance) Merr.

攀缘灌木；长达 3m。叶近革质，长圆状椭圆形，背白色。总状花序顶生，被黄色茸毛；花瓣 6 片，2 轮，均被毛。果圆球状，无毛。

分布华南地区。

（2）瓜馥木 Fissistigma oldhamii (Hemsl.) Merr.

攀缘灌木。叶倒卵状椭圆形，长 6~13cm，宽 2~5cm，叶面侧脉不凹陷。1~3 朵组成聚伞花序；花瓣 6 片，2 轮。果圆球状，密被黄棕色茸毛。

分布华南、西南、华中、华东地区。

（3）天堂瓜馥木 Fissistigma tientangense Tsiang & P. T. Li

叶革质，长圆形至椭圆状长圆形，叶面除中脉被疏柔毛外无毛，有光泽，叶背被黄灰色柔毛。花黄白色果圆球状，密被黄色柔毛。

分布华南地区。

（4）香港瓜馥木 Fissistigma uonicum (Dunn) Merr.

攀缘灌木。小枝无毛。叶长圆形，叶背淡黄色。花序有花 1~2 朵，总花梗伸直；花瓣 6 片，2 轮，外轮比内轮长。果圆球状，熟时变黑。

分布华南、西南地区。

6. 野独活属 Miliusa Lesch. ex A. DC.

叶互生；羽状脉。花绿色或红色，腋生或腋上生，单生或簇生或集成密伞花序。成熟心皮圆球状或圆柱状。

（1）野独活 Miliusa balansae Finet & Gagnep.

灌木；高 2~5m。叶长 7~15cm，宽 2.5~4.5cm，基部偏斜，叶背被毛。花瓣镊合状排列，外轮远比内轮小；内轮花瓣有爪，基部囊状。果圆球状。

分布华南、西南地区。

7. 暗罗属 Polyalthia Blume

叶互生，有柄；羽状脉。花两性，少数单性，腋生或与叶对生，单生或数朵丛生，有时生于老干上。成熟心皮浆果状，圆球状或长圆状或卵圆状。

（1）细基丸 Polyalthia cerasoides (Roxb.) Chaowasku

乔木；高达 20m。枝、叶背、叶柄被柔毛。叶纸质，长 6~19cm，宽 2.5~6cm，背淡黄。花单生叶腋；外轮花瓣与内轮近等长。果粗厚，红色。

分布华南、西南地区。

8. 紫玉盘属 Uvaria L.

全株通常被星状毛。叶互生。花单生至多朵集成密伞花序或短总状花序，通常与叶对生或腋生、顶生或腋外生，少数生于茎上或老枝上。成熟心皮多数，长圆形或卵圆形或近圆球形。

（1）光叶紫玉盘 Uvaria boniana Finet & Gagnep.

攀缘灌木。除花外全株无毛。叶纸质，长圆形。花瓣革质，紫红色，6 片排成 2 轮，覆瓦状排列。果球形，熟时紫红色；果柄细长。

分布华南、西南地区。

（2）山椒子 Uvaria grandiflora Roxb. ex Hornem.

攀缘灌木。叶纸质，长圆状倒卵形，长 7~30cm，宽 3.5~12.5cm。花大，直径达 9cm，与叶对生，紫红色或深红色。果无刺，长圆柱状。

分布华南地区。

（3）紫玉盘 Uvaria macrophylla Roxb.

直立灌木；高达 2m。叶长倒卵形，叶背被毛。花小，直径 2.5~3.5cm，常 1~2 朵与叶对生，暗紫红色。果卵圆形，暗紫褐色。

顶端尖。

分布华南地区。

（九）莲叶桐科 Hernandiaceae

单叶或指状复叶。花两性或单性或杂性，辐射对称，排列成腋生和顶生的伞房花序或聚伞状圆锥花序。果为核果，多少具纵肋。

1. 青藤属 Illigera Blume

叶互生，有3小叶（稀5小叶），小叶全缘。花序为腋生的聚伞花序组成的圆锥花序。果具2~4翅。

（1）小花青藤 Illigera parviflora Dunn

藤本。指状复叶互生，3小叶，具小叶柄。腋生的聚伞花序组成圆锥花序，密被柔毛；花绿白色，雄蕊长不超过花瓣的2倍。核果，具4翅。

分布华南、西南地区。

（2）红花青藤 Illigera rhodantha Hance

藤本。指状复叶互生，3小叶，长6~11cm，宽3~7cm，基部多少心形。聚伞状圆锥花序腋生；花瓣玫瑰红色。果具4翅，翅较大的呈舌形。

分布华南、西南地区。

（十）樟科 Lauraceae

叶互生、对生、近对生或轮生，羽状脉，三出脉或离基三出脉，上面具光泽，下面常为粉绿色。

1. 琼楠属 Beilschmiedia Nees

叶对生，近对生或互生，革质、厚革质、坚纸质、全缘，羽状脉，网脉通常明显。果浆果状，椭圆形、卵状椭圆形、圆柱形、倒卵形或近球形。

（1）山潺 Beilschmiedia appendiculata (C. K. Allen) S. K. Lee & Y. T. Wei

乔木。顶芽被毛。叶对生或互生，具腺状小点。圆锥花序腋生；花被裂片椭圆形，黄色。果椭圆形，长1~1.8cm，常具小瘤。

分布华南地区。

（2）网脉琼楠 Beilschmiedia tsangii Merr.

乔木；高可达25m，胸径达60cm。叶椭圆形，中脉于叶面凹陷，网脉在两面呈蜂窝状突起。圆锥花序腋生；花白。果椭圆形。

分布华南、西南地区。

2. 无根藤属 Cassytha L.

多黏质的寄生缠绕草本，借盘状吸根攀附于寄主植物上。茎线形，分枝，绿色或绿褐色。叶退化为很小的鳞片。

（1）无根藤 Cassytha filiformis L.

寄生缠绕藤本，借盘状吸根攀附。叶退化成鳞片状。穗状花序；花被裂片6，2轮，外轮较内轮小。果小，卵球形，花被片宿存。

分布华南、西南、华东、华中地区。

3. 樟属 Cinnamomum Schaeff.

叶互生、近对生或对生，有时聚生于枝顶，革质，离基三出脉或三出脉，亦有羽状脉。花黄色或白色。果肉质，果托杯状、钟状或圆锥状，截平或边缘波状。

（1）阴香 Cinnamomum burmannii (Nees & T. Nees) Blume

乔木。叶互生或兼近对生，长 5.5~10.5cm，宽 2~5cm，离基三出脉，叶上常有虫瘿。圆锥花序；花疏散。果卵球形，果托杯状。

分布华南、华东、西南地区。

（2）樟 Cinnamomum camphora (L.) Presl

乔木；高可达 30m。树皮纵裂。叶互生，离基三出脉，边缘波状，脉腋窝明显。圆锥花序腋生；花绿白色。果球形，熟时紫黑。

分布长江流域以南地区。

（3）肉桂 Cinnamomum cassia (L.) D. Don

叶互生或近对生，长椭圆形至近披针形，革质，上面绿色，有光泽，无毛，下面淡绿色，晦暗，疏被黄色短茸毛，离基三出脉。花白色。果椭圆形。

华南、西南、中国台湾及亚洲热带地区广为栽培。

（4）软皮桂 Cinnamomum liangii C. K. Allen

乔木。枝具棱，有香气。叶对生，椭圆状披针形，长 5.5~11cm，宽 1.6~4cm，离基三出脉。圆锥花序近总状。果椭圆形。

分布华南地区。

（5）黄樟 Cinnamomum parthenoxylon (Jack) Meisn.

常绿乔木。树皮小片剥落。叶互生，羽状脉，脉腋窝明显；有各种味。圆锥花序腋生或近顶生。果倒卵形，长约 2cm，黑色。

分布华南、西南、华中地区。

4. 厚壳桂属 Cryptocarya R. Br.

叶互生，很少近对生，通常具羽状脉，很少离基三出脉。芽鳞少数，叶状。果核果状，球形、椭圆形或长圆形，全部包藏于肉质或硬化的增大的花被筒内。

（1）黄果厚壳桂 Cryptocarya concinna Hance

乔木。叶互生，椭圆形，长 5~10cm，宽 2~3cm，羽状脉；叶柄被毛。圆锥花序腋生及顶生；花被筒钟形。果椭圆形，熟时黑色。

分布华南、华中地区。

5. 山胡椒属 Lindera Thunb.

叶互生，全缘或三裂，羽状脉、三出脉或离基三出脉。伞形花序在叶腋单生或在腋生缩短短枝上 2 至多数簇生。果圆形或椭圆形，浆果或核果。

（1）乌药 Lindera aggregata (Sims) Kosterm.

茎密丛生。叶基生和茎生；叶片扁圆筒形；叶耳明显。头状花序排列成顶生复聚伞花序。蒴果三棱状长卵形，光亮。种子卵圆形。

分布华南、西南、华北、华中、西北等地区。

（2）鼎湖钓樟 Lindera chunii Merr.

灌木或小乔木。叶互生，椭圆形，长 5~10cm，宽 1.5~4cm，三出脉，背面贴伏毛。雌雄异株；伞形花序；花被片条形。果椭圆形。

分布华南地区。

（3）香叶树 Lindera communis Hemsl.

常绿灌木或小乔木。叶互生，卵形，长 4~5cm，宽 1.5~3.5cm，羽状脉，背疏被柔毛。伞形花序生于叶腋；花被片 6。果卵形。

分布华南、西南、华中、华东、西北地区。

（4）广东山胡椒 Lindera kwangtungensis (H. Liu) C. K. Allen

树皮淡灰褐色，有粗纵裂纹。叶互生，椭圆状披针形，纸质偶或稍革质，上面绿色，有光泽，下面苍白绿色，两面无毛。果球形。

分布华南、西南地区。

（5）滇粤山胡椒 Lindera metcalfiana C. K. Allen

树皮灰黑或淡褐色。叶互生，椭圆形或长椭圆形，革质，上面黄绿色，下面灰绿色，干时上面灰褐色，叶柄被黄褐色柔毛。果球形。

分布华南、西南地区。

（6）绒毛山胡椒 Lindera nacusua (D. Don) Merr.

三、被子植物 ANGIOSPERMAE

常绿灌木或小乔木。叶卵形,长6~11cm,宽3.5~6cm,羽状脉,背密被长柔毛。伞形花序单生或2~4簇生叶腋;花黄色。果球形。

分布华南、西南、华中地区。

6. 木姜子属 Litsea Lam.

叶互生,很少对生或轮生,羽状脉。伞形花序或为伞形花序式的聚伞花序或圆锥花序,单生或簇生于叶腋。果着生于多少增大的浅盘状或深杯状果托上。

(1) 尖脉木姜子 Litsea acutivena Hayata

常绿乔木。叶互生或聚生枝顶,披针形,长4~11cm,宽2~4cm。伞形花序簇生;花被裂片6。果椭圆形,长1~1.2cm。

分布华南地区。

(2) 大萼木姜子 Litsea baviensis Lecomte

常绿乔木。枝被毛。叶互生,椭圆形,长10~24cm,宽3~7.5cm。伞形花序腋生;花被裂片6,边缘有睫毛。果椭圆形,长2.5~3cm。

分布华南、西南、华东、华中地区。

(3) 豹皮樟 Litsea coreana H. Lév. var. sinensis (C. K. Allen) Yen C. Yang & P. H. Huang

常绿灌木或小乔木,高可达3m。叶片卵状长圆形,长2.5~5.5cm,宽1~2.2cm,上面绿色下面粉绿色。伞形花序常3个簇生叶腋。

分布香港、澳门、海南、广西、湖南、江西、福建、台湾、浙江。

(4) 山鸡椒 Litsea cubeba (Lour.) Pers.

落叶小乔木。枝具芳香味。叶互生,披针形或长圆形,羽脉。伞形花序,有花4~6朵;花被片6,宽卵形。果近球形,熟时黑色。

分布华南、华东地区。

(5) 黄丹木姜子 Litsea elongata (Wall. ex Nees) Benth. & Hook. f.

常绿小乔木。叶互生,长圆形,长6~22cm,宽2~6cm;叶柄密被茸毛。伞形花序单生,少簇生;花被裂片卵形。果长圆形,长7~8mm。

分布华南、西南、华中、华东、华南地区。

(6) 潺槁木姜子 Litsea glutinosa (Lour.) C. B. Rob.

常绿乔木。树皮灰色，内皮有黏质。叶革质，倒卵状长圆形，长 6.5~15cm，宽 5~11cm。伞形花序；能育雄蕊 15 枚。果球形。

分布华南、西南地区。

（7）华南木姜子 Litsea greenmaniana C. K. Allen

常绿小乔木。叶互生，椭圆形，长 4~13.5cm，宽 2~3.5cm。伞形花序；花被裂片 6，被柔毛；能育雄蕊 9。果椭圆形，宽 8mm。

分布华南、西南地区。

（8）假柿木姜子 Litsea monopetala (Roxb.) Pers

常绿乔木。叶互生，阔卵形或卵状长圆形，长 8~20cm，宽 4~12cm。伞形花序簇生叶腋；花被裂片 6；能育雄蕊 9。果长圆形。

分布华南、西南地区。

（9）红皮木姜子 Litsea pedunculata (Diels) Yang & P. H. Huang

常绿灌木或小乔木。叶互生，长圆状披针形。伞形花序单生，花序梗长；花被裂片 6，有时 3 或 4。果长圆形，果托盘状。

分布华中、西南、华南地区。

（10）圆叶豺皮樟 Litsea rotundifolia Nees

常绿灌木或小乔木。树皮常有褐色斑块。叶互生，圆形，羽状脉。头状花序状聚伞花序腋生；花被裂片 6，明显。果球形。

分布华南地区。

（11）黑木姜子 Litsea salicifolia (Roxb. ex Nees) Hook. f.

树皮灰褐或黑褐色。叶互生，长椭圆形，薄革质，上面深绿色，光亮，下面粉绿色，初时有黄褐色微柔毛，羽状脉，果长圆形，果托与果梗相连成倒圆锥状。

分布华南、西南地区。

（12）轮叶木姜子 Litsea verticillata Hance

常绿灌木或小乔木。叶轮生，披针形，下面被毛。伞形花序；能育雄蕊9枚。果卵圆形，果托碟状，边缘常残留有花被片。

分布华南、华中地区。

7. 润楠属 Machilus Rumph. ex Nees

叶互生，全缘，具羽状脉。圆锥花序顶生或近顶生，密花而近无总梗或疏松而具长总梗。果下有宿存反曲的花被裂片。

（1）短序润楠 Machilus breviflora (Benth.) Hemsl.

乔木。叶小，略聚生枝顶，倒卵形。圆锥花序顶生，总花梗长3~5cm；外轮花被片略小，绿白色。果球形，花被裂片宿存。

分布华南地区。

（2）浙江润楠 Machilus chekiangensis S. K. Lee

乔木。枝散布唇形皮孔。叶常聚生小枝枝梢，倒披针形，长6.5~13cm，宽2~3.6cm。花两性，花药4室。果较小，直径约6mm。

分布华南、华东地区。

（3）华润楠 Machilus chinensis (Champ. ex Benth.) Hemsl.

乔木。树皮薄片状剥落。叶倒卵状长椭圆形，长5~10cm，宽2~4cm，侧脉约8条。圆锥花序顶生。果球形，直径8~10mm。

分布华南地区。

（4）黄绒润楠 Machilus grijsii Hance

乔木。叶倒卵状长圆形，长7.5~14cm，宽3.7~6.5cm，下面具茸毛。花序丛生；花被裂片长椭圆形。果球形，直径约10mm。

分布华南、华中、华东地区。

（5）宜昌润楠 Machilus ichangensis Rehder & E. H. Wilson

乔木。树皮老时剥落。叶纸质，长圆状倒披针形，较狭小。花序生小枝基部；花白色。果球形，有小尖头，果序梗鲜红。

分布华南、西南、华中、西北地区。

（6）广东润楠 **Machilus kwangtungensis** Yen C. Yang

乔木。叶革质，顶端渐尖，长 6~11 cm，宽 2~4.5cm。圆锥花序具柔毛；花被裂片近等长，长圆形。果较小，直径 8~9mm。

分布华南、西南地区。

（7）薄叶润楠 **Machilus leptophylla** Hand.-Mazz

树皮灰褐色。叶互生或在当年生枝上轮生，倒卵状长圆形，坚纸质，幼时下面全面被贴伏银色绢毛，老时上面深绿色，无毛，下面带灰白色。果球形。

分布华南、华东、西南地区。

（8）木姜润楠 **Machilus litseifolia** S. K. Lee

乔木。叶常集生枝梢，倒披针形，叶背被短柔毛，侧脉 6~8 对。聚伞状圆锥花序；花被片等长，外面无毛。果球形，幼果粉绿色。

分布华南、西南、华东地区。

（9）刨花润楠 **Machilus pauhoi** Kaneh.

乔木。树皮浅裂。叶窄长圆形，长 7~15cm，宽 2~5cm，背面被绢毛。花序生枝条下部；花被片两面有柔毛。果球形，直径约 10mm。

分布华南、华中、华东地区。

（10）柳叶润楠 **Machilus salicina** Hance

灌木。叶常生枝端，披针形，长 4~16m，宽 1~2.5cm，背面有时被柔毛。聚伞圆锥花序；花被裂片长圆形。果直径 7~10mm。

分布华南、西南地区。

（11）红楠 **Machilus thunbergii** Siebold & Zucc.

常绿乔木；高达 15m。叶长 4.5~9cm，宽 1.7~4.2cm，无毛，

侧脉7~12对。花序顶生；花被裂片长圆形。果扁球形，果梗鲜红色。

分布华东、华南、华中地区。

（12）绒毛润楠 Machilus velutina Champ. ex Benth.

乔木。叶狭倒卵形，长5~11cm，宽2~5.5cm，背面被锈色茸毛。花序单独顶生或数个密集在小枝顶端；有香味。果球形，紫红色。

分布华南、华东地区。

（13）润楠 Machilus nanmu (Oliver) Hemsley

叶薄革质，倒卵状阔披针形或长圆状倒披针形，上面无毛或沿中脉有毛，下面被黄褐色短柔毛；叶柄粗，被毛。果卵形，无毛。

分布华南、西南地区。

8. 新木姜子属 Neolitsea (Benth. & Hook. f.) Merr.

叶互生或簇生成轮生状。花单性，雌雄异株，伞形花序。雄花：能育雄蕊6。雌花：退化雄蕊6，棍棒状；子房上位，柱头盾状。

（1）云和新木姜子 Neolitsea aurata (Hayata) Koidz. var. paraciculata (Nakai) Yen C. Yang & P. H. Huang

幼枝、叶柄均无毛，叶片通常略较窄，下面疏生黄色丝状毛，易脱落，近于无毛，具白粉

分布华中、华南、华东地区。

（2）锈叶新木姜子 Neolitsea cambodiana Lecomte

叶3~5片近轮生，长圆状披针形、长圆状椭圆形或披针形，革质，上面暗绿色，有光泽，下面苍白色，羽状脉或近似远离基三出脉。果球形。

分布华南、华中地区。

（3）香港新木姜子 Neolitsea cambodiana Lecomte var. glabra C. K. Allen

幼枝有贴伏黄褐色短柔毛；叶长圆状披针形，倒卵形或椭圆形，先端渐尖或突尖，基部狭窄或楔形，两面无毛，下面具白粉；叶柄有贴伏黄褐色短柔毛。

分布华南地区。

（4）鸭公树 Neolitsea chui Merr.

乔木。叶椭圆形，长8~16cm，宽2.7~9cm，离基三出脉，背无毛。伞形花序腋生或侧生；花被裂片4。果近球形，直径约8mm。

分布华南、西南地区。

（5）簇叶新木姜子 Neolitsea confertifolia (Hemsl.) Merr.

小乔木。小枝被短柔毛。叶簇生，羽状脉，叶背被柔毛。伞形花序常3~5个簇生；花被裂片黄色。果卵形或椭圆形，长5~6mm。

分布广东北部、广西东北部、四川、贵州、陕西东南部、河南西南部、湖北、湖南南部、江西西部。

（6）广西新木姜子 Neolitsea kwangsiensis H. Liu

灌木或小乔木。叶卵形，长11~19cm，宽6.5~12.5cm，背无毛，有白粉。伞形花序；花被裂片4。果大，球形，直径15~16mm。

分布华南地区。

（7）大叶新木姜子 Neolitsea levinei Merr.

乔木，高达22m。叶轮生，4~5片一轮，长圆状披针形至长圆状倒披针形或椭圆形，长15~31cm，宽4.5~9cm，下面带绿苍白色；叶柄长1.5~2cm，密被黄褐色柔毛。

（8）显脉新木姜子 Neolitsea phanerophlebia Merr.

小乔木。叶较小，长6~13cm，宽2~4.5cm，叶脉明显，离基三出脉。伞形花序；花被裂片4，卵形。果球形，直径5~9mm。

分布华南、华中地区。

（9）美丽新木姜子 Neolitsea pulchella (Meissn.) Merr.

小乔木。叶较小，长4~6cm，宽2~3cm，离基三出脉，叶背被褐柔毛。伞形花序腋生；花被裂片4。果球形，直径4~6mm。

分布华南地区。

9. 楠属 Phoebe Nees

叶互生，羽状脉。花两性；能育雄蕊9枚，三轮；子房多为卵珠形及球形，花柱直或弯。果卵珠形、椭圆形及球形；果梗不增粗或明显增粗。

（1）楠木 Phoebe zhennan S. Lee & F. N. Wei

叶革质，椭圆形，少为披针形或倒披针形，上面光亮无毛或沿中脉下半部有柔毛，下面密被短柔毛。果椭圆形。

分布华南、华中、西南地区。

（十一）金粟兰科 Chloranthaceae

单叶对生，具羽状叶脉，边缘有锯齿；叶柄基部常合生；托叶小。花小，排成穗状花序、头状花序或圆锥花序，核果卵形或球形。

1. 草珊瑚属 Sarcandra Gardner

叶对生。穗状花序顶生；花两性；雄蕊1枚；子房卵形，含1颗下垂的直生胚珠，柱头近头状。核果球形或卵形；种子含丰富胚乳，胚微小。

（1）草珊瑚 Sarcandra glabra (Thunb.) Nakai

亚灌木；高 50~120cm。茎与枝均有膨大的节。叶对生，极多，椭圆形至卵状披针形，长 6~17cm。穗状花序顶生。果球形。

分布东南至西南以南地区。

（十二）菖蒲科 Acoraceae

叶二列，基生而嵌列状，形如鸢尾，无柄，箭形，具叶鞘。花序生于当年生叶腋，柄长，全部贴生于佛焰苞鞘上，常为三棱形。

1. 菖蒲属 Acorus L.

叶二列，具叶鞘。佛焰苞很长部分与花序柄合生。花序生于当年生叶腋；花密。花两性；雄蕊 6；子房倒圆锥状长圆形。浆果长圆形。

（1）金钱蒲 Acorus gramineus Soland.

直立草本。叶线形，宽 5~12mm，无叶片与叶柄之分。佛焰苞与叶同形；肉穗花序黄绿色；花两性，有花被。果黄绿色。

分布华南、华东、西北、西南地区。

（十三）天南星科 Araceae

草本植物，具块茎或伸长的根茎；稀为攀缘灌木或附生藤本，富含苦味水汁或乳汁。叶单 1 或少数。

1. 海芋属 Alocasia (Schott) G. Don

肉穗花序短于佛焰苞，雌花序短；能育雄花序圆柱形。花单性，无花被。能育雄花为合生雄蕊柱，不育雄花为合生假雄蕊。浆果大都红色。

（1）尖尾芋 Alocasia cucullata (Lour.) G. Don

地上茎圆柱形，黑褐色，具环形叶痕。叶柄绿色；叶片膜质至亚革质，深绿色，宽卵状心形。佛焰苞近肉质，管部长圆状卵形，淡绿色至深绿色。浆果近球形。

分布华南、华东、西南地区。

（2）海芋 Alocasia odora (Roxb.) K. Koch

大型草本。叶盾状着生，箭状卵形，长 0.5~1m，宽 40~90cm。佛焰苞管喉部闭合；肉穗花序顶端有附属体；雄蕊合生。浆果卵状。

分布华南、华中、西南地区。

2. 魔芋属 Amorphophallus Blume ex Decne.

叶 1。花序 1。肉穗花序直立，下为雌花序，上接能育雄花序，最后为增粗或延长的附属器。花单性，无花被。浆果具 1 个或少数种子。

（1）南蛇棒 Amorphophallus dunnii Tutcher

叶柄长 50~90cm。叶片 3 全裂，裂片离基 10cm 以上 2 次分叉。花序柄长 23~60cm。佛焰苞绿色、浅绿白色，长 12~26cm，宽 14cm。浆果蓝色。

分布广东、香港、海南、湖南、广西、云南等。

（2）疣柄磨芋 Amorphophallus paeoniifolius (Dennst.) Nicolson

草本。叶片 3 裂，裂片长 30~40cm，宽 20~30cm；叶柄密生疣状凸起。花序柄长 2.5cm，粗 1.5cm；雌蕊花柱比子房长 1~3 倍。浆果。

分布华南、西南地区。

（3）花魔芋 Amorphophallus konjac K. Koch

块茎扁球形，暗红褐色。叶柄黄绿色，光滑，有绿褐色或白色斑块。叶片绿色，二歧分裂，长圆状椭圆形。佛焰苞漏斗形。浆果球形或扁球形。

自西北地区至江南地区都有。

3. 雷公连属 Amydrium Schott

攀缘藤本，叶常远离。叶柄基部或几全部鞘状；叶片全缘，具穿孔或羽状分裂，穿孔如存在则常大，圆形或卵形。花序柄单生。佛焰苞卵形，反折。肉穗花序具长梗或无梗。花两性，无花被。浆果近球形。

（1）雷公连 Amydrium sinense (Engl.) H. Li

附生藤本。叶柄上面具槽；叶片表面亮绿色，背面黄绿色，长 13~23cm，宽 5~8cm。花序柄淡绿色，长 5.5cm。佛焰苞肉质，长 7cm。浆果绿色，成熟黄色、红色。

附生于常绿阔叶林中树干上或石崖上。

4. 天南星属 Arisaema Mart.

雌花序花密；雄花序花疏。花单性。雄花有雄蕊 2~5。雌花密集，子房 1 室。浆果倒卵圆形、倒圆锥形，1 室。种子球状卵圆形，具锥尖。

（1）陈氏南星 Arisaema chenii Z. X. Ma & Yi Jun Huang

叶柄灰棕色或深绿色，略带紫色和黑色斑点。叶片具 3 小叶；花序单生；花序梗绿色，略带白霜。佛焰苞正面有光泽，背面有纹理。

5. 芋属 Colocasia Schott

叶柄下部鞘状；叶片盾状着生，卵状心形或箭状心形，后裂片浑圆。浆果绿色，倒圆锥形或长圆形。

（1）野芋头 Colocasia esculenta var. antiquorum (Schott) Hubbard & Rehder

块茎球形。叶柄肥厚；叶片薄革质，表面略发亮，盾状卵形。佛焰苞苍黄色；管部淡绿色，长圆形；檐部狭长的线状披针形。肉穗花序短于佛焰苞。

分布长江流域以南地区。

（2）*芋 Colocasia esculenta (L.) Schott

湿生草本。块茎通常卵形。叶片卵状；叶柄常紫色。佛焰苞管喉部闭合；肉穗花序顶端附属体长 1cm。浆果绿色。

各地广泛栽培。

6. 隐棒花属 Cryptocoryne Fisch. ex Wydl.

叶柄具长鞘，叶片心形，椭圆形，披针形，或无叶柄而为线形。果聚合，由浆果合生而成，瓣裂，背部外果皮撕裂状。

（1）北越隐棒花 Cryptocoryne crispatula Engl. var. tonkinensis (Gagnep.) N. Jacobsen

多年生沉水植物。叶狭带形，绿色、淡褐色或有时略带红色，光滑或稍波浪状，边缘起伏、卷曲。佛焰苞外侧绿色至淡褐色。

分布华南地区。

7. 麒麟尾属 Epipremnum Schott

叶全缘或羽状分裂，沿中肋两侧常有小孔，叶柄具鞘，上端有关节。花序柄粗壮，佛焰苞卵形，多少渐尖。肉穗花序无柄，全部具花。

（1）麒麟叶 **Epipremnum pinnatum** (L.) Engl.

茎圆柱形，粗壮。叶柄上部有膨大关节；叶鞘膜质；叶片薄革质，幼叶狭披针形或披针形长圆形。佛焰苞外面绿色，内面黄色。肉穗花序圆柱形，钝。

分布华南、西南、台湾等热带地域。

8. 刺芋属 Lasia Lour.

叶柄基部具鞘，疏具皮刺。幼叶箭形或箭状戟形，不裂，成年叶鸟足—羽状分裂，下部裂片再次分裂。

（1）刺芋 **Lasia spinosa** (L.) Thwaites

具刺草本；高可达 1m。叶形状多变，成年植株为鸟足羽状深裂，长、宽 20~60cm。肉穗花序。序柄长 6~8cm；浆果倒卵圆状。

分布华南、西南地区。

9. 浮萍属 Lemna L.

飘浮或悬浮水生草本。叶状体扁平，两面绿色，具 1~5 脉。果实卵形，种子 1，具肋突。

（1）*浮萍 **Lemna minor** L.

叶状体对称，表面绿色，背面浅黄色或绿白色或常为紫色，近圆形，倒卵形或倒卵状椭圆形，全缘，上面稍凸起或沿中线隆起。果实无翅，近陀螺状。

各地广泛栽培。

10. 龟背竹属 Monstera Adans.

叶密二列。叶柄具鞘，一叶片异向旋转。叶片全缘，长圆形，不等侧，有时具空洞，稀羽状分裂；叶柄上叶鞘达中部或中部以上。

（1）*龟背竹 **Monstera deliciosa** Liebm.

叶片大，轮廓心状卵形，厚革质，表面发亮，淡绿色，背面绿白色，边缘羽状分裂。佛焰苞厚革质，宽卵形，舟状，苍白带黄色。肉穗花序近圆柱形。

华南、西南、华中地区有栽培。

11. 大薸属 Pistia L.

水生飘浮草本。叶螺旋状排列，淡绿色，两面密被细毛；叶脉 7~13~15，纵向，近平行；叶鞘托叶状，几从叶的基部与叶分离，极薄。

（1）大薸 Pistia stratiotes L.

叶簇生成莲座状，叶片常因发育阶段不同而形异：倒三角形、倒卵形、扇形、以至倒卵状长楔形，两面被毛，基部尤为浓密。佛焰苞白色，外被茸毛。

分布华南、华中、华东、华北、西南等地区，野生或栽培。

12. 石柑属 Pothos L.

叶柄叶状，上端呈耳状。叶片线状披针形、披针形或卵状披针形、椭圆形、卵状长圆形，多少不等侧，侧脉全部基出。浆果红色。

（1）石柑子 Pothos chinensis (Raf.) Merr.

攀缘植物。叶椭圆形，宽 1.5~5.6cm，叶柄翅状。佛焰苞卵状；肉穗状花序椭圆形；花被分离。浆果黄绿色至红色，卵形。

分布华南、西南地区。

（2）百足藤 Pothos repens (Lour.) Druce

攀缘植物。营养枝常曲折。叶披针形，宽 5~7mm；叶柄无翅。佛焰苞披针形；肉穗状花序细圆柱形；花被片 6。浆果卵形。

分布华南、西南地区。

13. 崖角藤属 Rhaphidophora Hassk.

叶二列；叶柄长，具关节，多少具鞘，叶片披针形或长圆形，全缘，羽状深裂或全裂，上部的裂片较宽，常镰状渐狭。

（1）狮子尾 Rhaphidophora hongkongensis Schott

藤本。叶片无穿孔，镰状披针形，宽常在 15cm 以内。佛焰苞卵形；肉穗花序无花序梗，粉绿色或淡黄色；无花被。浆果相互黏合。

分布华南、西南地区。

14. 紫萍属 Spirodela Schleid.

水生飘浮草本。叶状体盘状，具 3~12 脉，背面的根多数，束生。花序藏于叶状体的侧囊内。佛焰苞袋状。果实球形，边缘具翅。

（1）紫萍 Spirodela polyrhiza (L.) Schleid.

叶状体扁平，阔倒卵形，表面绿色，背面紫色，具掌状脉 5~11 条，背面中央生 5~11 条根，根长 3~5cm，白绿色，根冠尖，脱落。

分布南北各地。

15. 合果芋属 Syngonium Schott

草本植物，具块茎或伸长的根茎。茎节具气生根。叶为箭形、戟形；网状脉。花小或微小，排列为肉穗花序；花序外面有佛焰苞包围。

（1）*合果芋 Syngonium podophyllum Schott

攀缘植物。叶两型，幼叶箭形或戟形，成长叶掌状 5~9 裂。肉穗花序花顶端无附属体；花单性。浆果联合成一聚合果。

16. 犁头尖属 Typhonium Schott

叶多数，和花序柄同时出现。叶片箭状戟形或 3~5 浅裂、3 裂或鸟足状分裂。花序柄短，稀伸长；佛焰苞管部席卷。浆果卵圆形。

（1）犁头尖 Typhonium blumei Nicolson & Sivadasan

多年生草本。叶 4~8 片，长 5~10cm。佛焰苞管喉部张开，檐部卷曲长鞭状；肉穗花序顶端有附属体；雄蕊分离。浆果卵圆形。

分布华南、华东、华中、西南地区。

（十四）泽泻科 Alismataceae

沼生或水生草本；具根状茎、匍匐茎、球茎、珠芽。叶披针形、卵形、椭圆形、箭形等，全缘。花序总状、圆锥状或呈圆锥状聚伞花序，稀 1~3 花单生或散生。

1. 黄花蔺属 Limnocharis Bonpl.

水生草本，具丛生挺水叶。花两性；外轮萼片状花被片 3 枚；内轮花瓣状花被片 3 枚。果多环形，聚集成头状，背壁厚。

（1）黄花蔺 Limnocharis flava (L.) Buchenau

叶丛生；叶片卵形至近圆形，亮绿色，先端圆形或微凹，基部钝圆或浅心形，背面近顶部具 1 个排水器；叶柄粗壮，三棱形。果圆锥形。

分布华南、西南地区。

2. 慈姑属 Sagittaria L.

叶片条形、披针形、深心形、箭形，箭形叶有顶裂片与侧裂片之分。花序总状、圆锥状；花和分枝轮生。瘦果通常具翅，或无。

（1）*欧洲慈姑 Sagittaria sagittifolia L.

挺水植物。叶箭形，飞燕状，裂片特大，宽 9~16cm；叶柄基部鞘状。花葶直立，挺出水面，高 20~90cm；花后萼片反折。瘦果。

分布西北地区。

（2）野慈姑 Sagittaria trifolia L.

挺水植物。叶箭形，飞燕状，裂片较大，宽 1.5~6cm；叶柄基部鞘状。苞片 3 枚，基部多少合生；花后萼片反折。瘦果压扁，长约 4mm。

分布东北、华北、西北、华东、华中、华南地区。

（3）华夏慈姑 Sagittaria trifolia L. subsp. leucopetala (Miq.) Q. F. Wang

叶片宽大、肥厚，顶裂片先端钝圆，卵形至宽卵形；匍匐茎末端膨大呈球茎，球茎卵圆形或球形；果期花托扁球形。种子褐色，具小凸起。

长江流域以南地区广泛栽培。

（十五）水鳖科 Hydrocharitaceae

一年生或多年生淡水和海水草本，沉水或漂浮水面。根扎于泥里或浮于水中。茎短缩，直立，少有匍匐。叶基生或茎生，基生叶多密集，茎生叶对生、互生或轮生；叶形、大小多变。

1. 黑藻属 Hydrilla Rich.

沉水草本。叶 3~8 片轮生，近基部偶有对生；叶片线形、披针形或长椭圆形，无柄。花单性，腋生。

（1）黑藻 **Hydrilla verticillata** (L. f.) Royle

直立沉水草。叶 3~8 枚轮生，线形或长条形，长 7~17mm，宽 1~1.8mm，边缘有齿。花单性；苞片内仅 1 花。果圆柱形，2~9 个刺状凸起。

分布华南、华东、华中、华北、西南地区。

2. 虾子草属 Nechamandra Planch.

叶互生，下部叶常对生，侧枝顶端叶丛生；叶片线形，无毛或具短刚毛，边缘有细锯齿；叶脉平行。花单性，雌雄异株。

（1）虾子菜 **Nechamandra alternifolia** (Roxb.) Thwaites.

茎纤细，淡紫红色，表面光滑。叶互生，常于侧枝顶端丛生，绿色，线形，边缘有锯齿，基部膨大成鞘；叶脉平行。花单性腋生。果实圆柱形。

分布华南地区。

3. 苦草属 Vallisneria L.

沉水草本。叶基生，线形或带形，基部稍呈鞘状，边缘有细锯齿或全缘；基出叶脉 3~9 条。果实圆柱形或三棱长柱形，光滑或有翅。

（1）密刺苦草 **Vallisneria denseserrulata** (Makino) Makino

多年生沉水草本。匍匐茎黄白色，节间具微刺。叶基生，线形，长 20~70cm，叶缘具密钩刺。雄佛焰苞三角形；雌佛焰苞圆筒状。果三棱状圆棱形。

分布华南地区。

（2）苦草 **Vallisneria natans** (Lour.) H. Hara

沉水草本。匍匐茎白色。叶基生，长 20~200cm，宽 0.5~2cm。花单性；雄佛焰苞卵状圆锥形；雌佛焰苞筒状；雌花单生。果实圆柱形，长 5~30cm。

分布大部分地区。

（十六）眼子菜科 Potamogetonaceae

叶沉水、浮水或挺水，或两型，兼具沉水叶与浮水叶，互生或基生，稀对生或轮生；叶片形态各异；花小或极简化，辐射对称或两侧对称，3、2 或 4 基数。

1. 眼子菜属 Potamogeton L.

叶互生；叶片卵形、披针形、椭圆形、矩圆形、条形或线形；托叶鞘多为膜质，稀草质。穗状花序顶生或腋生。

(1) 竹叶眼子菜 Potamogeton wrightii Morong

根茎发达。茎圆柱形。叶长椭圆形或披针形，无柄，边缘浅波状；托叶抱茎，托叶鞘开裂，厚膜质。穗状花序腋生。果实为不对称卵形。

分布南北各地。

（十七）薯蓣科 Dioscoreaceae

缠绕草质或木质藤本，少数为矮小草本。叶为单叶或掌状复叶，单叶常为心形或卵形、椭圆形，掌状复叶的小叶常为披针形或卵圆形。果实为蒴果、浆果或翅果，蒴果三棱形，每棱翅状。

1. 薯蓣属 Dioscorea L.

单叶或掌状复叶，互生，有时中部以上对生，基出脉3~9，侧脉网状。叶腋内有珠芽或无。花单性，雌雄异株。蒴果三棱形，每棱翅状。

(1) *参薯 Dioscorea alata L.

缠绕藤本。块茎形状各异。茎有4翅。叶下部互生，中上部对生。花单性，雌雄异株。蒴果三棱形，每棱翅状，熟后顶端开裂。

分布华南、华东、华中、西南地区。

(2) 黄独 Dioscorea bulbifera L.

无刺藤本。叶互生，卵状心形，长8~15cm，宽7~14cm；叶腋内有珠芽。雌雄异株；雄蕊全部能育。蒴果密被紫色小斑点。

分布华南、华东、华中、西北、西南地区。

(3) 薯莨 Dioscorea cirrhosa Lour.

缠绕藤本；长可达20m。块茎鲜时断面红色，直径可达20cm。叶下部互生，中上部对生，卵形，长5~10cm。雌雄异株。蒴果三棱形。

分布华南、华东、华中、西南地区。

(4) 白薯莨 Dioscorea hispida Dennst.

有刺藤本。掌状复叶有3小叶复叶，顶生小叶卵形，长6~12cm，宽4~12cm。雄蕊6，有时不全部发育。蒴果三棱状长椭圆形。

分布华南、西南地区。

(5) 日本薯蓣 Dioscorea japonica Thunb.

草质藤本。茎圆柱形，无刺，块茎长圆柱形。叶下部互生，中上部对生，纸质，三角状披针形，长3~13cm，宽2~5cm。穗状花序。蒴果。

分布华南、华东、华中、西南地区。

（6）五叶薯蓣 Dioscorea pentaphylla L.

茎有皮刺。掌状复叶有3~7小叶；小叶片常为倒卵状椭圆形、长椭圆形或椭圆形，全缘。叶腋内有珠芽。蒴果三棱状长椭圆形。

分布华南、华中、西南地区。

（7）*薯蓣 Dioscorea polystachya Turcz.

缠绕藤本。块茎圆柱形；茎常紫红色。叶卵状三角形，常3浅裂或深裂。花序轴明显曲折；花被片具紫褐色斑点。蒴果不反折。

分布华北、华中、华东、华南、西南、西北地区。

（8）*甘薯 Dioscorea esculenta (Lour.) Burkill

茎左旋，基部有刺，被丁字形柔毛。单叶互生，阔心脏形，被丁字形长柔毛；叶柄基部有刺。蒴果三棱形，顶端微凹，基部截形。

华南地区有野生或栽培。

2. 裂果薯属 Schizocapsa Hance

叶基生，全缘或羽状分裂至掌状分裂；叶脉羽状或掌状。伞形花序顶生。果为浆果；种子多数，肾形、卵形至椭圆形，有条纹。

（1）裂果薯 Schizocapsa plantaginea Hance

叶窄椭圆形或窄椭圆状披针形，先端渐尖，基部下延，沿叶柄两侧成窄翅；叶柄基部有鞘；蒴果近倒卵圆形，3瓣裂。

分布华南、西南、华中地区。

（十八）露兜树科 Pandanaceae

叶狭长，带状，硬革质，3~4列或螺旋状排列，聚生于枝顶；叶缘和背面脊状凸起的中脉上有锐刺。果实为卵球形或圆柱状聚花果。

1. 露兜树属 Pandanus Parkinson

叶常聚生于枝顶；叶片革质，狭长呈带状，边缘及背面沿中脉具锐刺，无柄，具鞘。花序穗状、头状或圆锥状。

（1）露兜草 Pandanus austrosinensis T. L. Wu

多年生常绿大草本。叶带状，长 2~5m，宽 4~5cm，具细齿。雌雄异株；雄花有 5~9 枚雄蕊，柱头分叉。聚花果近圆球形。

分布华南、西南地区。

（2）露兜树 Pandanus tectorius Parkinson

乔木状。叶条形，长 0.8~1.5m，宽 2~5cm。雄花穗状花序；雌花头状花序；雄蕊 10~25 枚；心皮 5~12 枚合生束。聚花果悬垂。

分布华南、西南地区。

（3）分叉露兜 Pandanus urophyllus Hance

乔木状。叶聚生茎端，带状长 1~2m，宽 3~4cm。雄花有雄蕊 3~5 枚；心皮单生；柱头 2 叉。聚花果椭圆形；核果或核果束骨质，1~2 室。

分布华南、西南地区。

（十九）黑药花科 Melanthiaceae

叶基生或茎生，或数枚轮生于茎顶；花序总状、穗状、圆锥状、伞形，或花单生；花被片 6，稀 3~多枚，离生或基部合生；雄蕊与花被片同数。

1. 丫蕊花属 Ypsilandra Franch.

叶基生，莲座状，匙形、倒披针形至近条形，基部渐狭成柄。花葶从叶簇的侧面腋部抽出；总状花序顶生。蒴果深 3 裂，三棱状。

（1）小果丫蕊花 Ypsilandra cavaleriei H. Lév. & Vaniot

多年生草本。叶基生，狭椭圆形，长 3~13cm，宽 2~4.6cm，弧形脉。总状花序，具梗；花被裂片肾形；子房顶端 3 裂。蒴果。

分布华南、西南地区。

（二十）秋水仙科 Colchicaceae

鳞茎近球形，叶近基生，阔披针形至卵状披针形，全缘。花单生，淡紫红色。蒴果。

1. 万寿竹属 Disporum Salisb. ex D. Don

叶互生，有 3~7 主脉。伞形花序着生于茎和分枝顶端，或着生于与中上部叶相对生的短枝顶端。浆果通常近球形，熟时黑色。

（1）南投万寿竹 Disporum nantouense S. S. Ying

草本。叶茎生，披针形，4~15cm，宽 1.5~5（~9）cm，基部不套叠。花序顶生；花被裂片分离，上部具有紫色斑点。浆果球状。

分布于北美洲至亚洲东南部。

（二十一）菝葜科 Smilacaceae

叶互生，具 3~7 主脉和网状细脉；叶柄两侧常有翅状鞘，有卷须或无，柄上有脱落点；花常单性，雌雄异株，稀两性；伞形花序或伞形花序组成复花序。果为浆果。

1. 菝葜属 Smilax L.

叶为二列的互生，全缘，具3~7主脉和网状细脉；叶柄两侧边缘常具或长或短的翅状鞘，鞘的上方有一对卷须或无卷须。

（1）菝葜 Smilax china L.

攀缘灌木。枝有刺。叶卵形或近圆，长3~9cm，宽2~9cm，顶端急尖。伞形花序；花被片6；雄花有雄蕊6枚。果具粉霜。

分布华南、华东、华中、华北、西南地区。

（2）筐条菝葜 Smilax corbularia Kunth

叶革质，卵状矩圆形、卵形至狭椭圆形，基部近圆形，下面苍白色。伞形花序腋生；花序托膨大，具多数宿存的小苞片；花绿黄色。浆果熟时暗红色。

分布华南、华东、西南、华东地区。

（3）小果菝葜 Smilax davidiana A. DC.

攀缘灌木。茎长1~2m，少数可达4m。叶椭圆形，长3~10cm，宽2~7cm；叶柄较短，5~7mm，具鞘，有细卷须。伞形花序。浆果红色。

分布华南、华东地区。

（4）土茯苓 Smilax glabra Roxb.

攀缘灌木。枝无刺。叶椭圆状披针形，长5~15cm，宽1.5~7cm；叶柄长0.5~2.5cm。伞形花序；花六棱状球形。浆果具粉霜。

分布西北、华南、西南地区。

（5）粉背菝葜 Smilax hypoglauca Benth.

攀缘灌木。叶卵状长圆形，背面灰白。总花梗很短，长1~5mm，通常不到叶柄长度的一半；花被片6。浆果直径8~10mm。

分布华南、西南地区。

（6）肖菝葜 Smilax japonica (Kunth) P. Li & C. X. Fu.

攀缘灌木。小枝有钝棱，茎无毛。叶纸质，近心形。伞形花序有花20~50朵；花被片合生，裂齿3枚。浆果球形而稍扁。

分布华南、华东、西北、西南地区。

（7）马甲菝葜 Smilax lanceifolia Roxb.

攀缘灌木。茎长1~2m，枝常无刺，小枝弯曲不明显。叶长圆状披针形，长6~17cm，宽2~7cm。总花梗长1~2cm。浆果有1~2颗种子。

分布华南、华中、西南地区。

（8）折枝菝葜 Smilax lanceifolia Roxb. var. **elongata** (Warburg) F. T. Wang & T. Tang

叶厚纸质或革质，长披针形或矩圆状披针形，小枝迥折状；总花梗比叶柄长；花药近圆形；浆果熟时黑紫色。

分布华南、华中、西南部分地区。

（9）暗色菝葜 Smilax lanceifolia Roxb. var. **opaca** A. DC.

攀缘灌木。叶通常革质，较短，呈卵状，表面有光泽。伞状花序，总花梗一般长于叶柄；花药近矩圆形。浆果熟时黑色。

分布华南、华东、西南地区。

（10）大果菝葜 Smilax megacarpa A. DC.

攀缘灌木。茎可达10m。枝生疏刺。叶卵形、卵状长圆形，长5~20cm，宽3~12cm。伞形花序组成圆锥花序。果直径15~25mm，黑色。

分布华南、西南地区。

（11）牛尾菜 Smilax riparia A. DC.

藤本。茎草质。叶形变化较大，长7~15cm；叶柄长7~20mm，通常在中部以下有卷须。伞形花序；雌花比雄花略小。浆果。

分布华南、华东、西北、西南地区。

（二十二）兰科 Orchidaceae

地生、附生或较少为腐生草本，极罕为攀缘藤本；地生与腐生种类常有块茎或肥厚的根状茎，附生种类常有由茎的一部分膨大而成的肉质假鳞茎。

1. 金线兰属 Anoectochilus Blume

叶互生，常稍肉质，部分种的叶片上面具杂色的脉网或脉纹，基部通常偏斜。

（1）金线兰 Anoectochilus roxburghii (Wall.) Lindl.

地生草本。叶卵形，长2~3.5cm，宽1~3cm，金红色网脉。总状花序；唇瓣顶端2裂，两侧各有6~8条长4~6mm流苏状裂条。蒴果。

分布华南、华东、华中、西南地区。

2. 竹叶兰属 Arundina Blume

叶二列，禾叶状，基部具关节和抱茎的鞘。花序顶生，不分枝或稍分枝，具少数花。

（1）竹叶兰 *Arundina graminifolia* (D. Don) Hochr.

地生草本。合轴生长，茎直立，如竹竿。叶2列，禾叶状。总状花序；花瓣粉红色带紫色或白色；唇瓣无距。蒴果近长圆形。

分布华南、华东、华中、西南地区。

3. 虾脊兰属 Calanthe R. Br.

假鳞茎通常粗短，圆锥状。叶少数，全缘或波状，基部收窄为长柄或近无柄，柄下为鞘，在叶柄与鞘相连接处有一个关节或无。

（1）棒距虾脊兰 *Calanthe clavata* Lindl.

地生草本。叶狭椭圆形，长达65cm；叶柄与鞘连接处有关节。总状花序；花黄色；唇瓣中裂片近圆形，蕊喙不裂。蒴果。

分布华南、西南地区。

（2）二列叶虾脊兰 *Calanthe speciosa* (Blume) Lindl.

叶二列，长圆状椭圆形，基部收窄为长柄；叶柄粗壮，对折，基部扩大成鞘；鞘大型，合抱。花鲜黄色。

分布华南地区。

4. 贝母兰属 Coelogyne Lindl.

根状茎密生节，节上被鳞片状鞘。假鳞茎常较粗厚，顶端生（1~）2枚叶。叶常长圆形至椭圆状披针形。蒴果有棱或狭翅。

（1）流苏贝母兰 *Coelogyne fimbriata* Lindl.

附生草本。叶长圆形，先端急尖。花瓣丝状披针形，宽不达2mm；唇瓣3裂，具红色斑纹，中裂片边缘有流苏。蒴果倒卵形。

分布华南、西南地区。

5. 石斛属 Dendrobium Sw.

叶互生，扁平，圆柱状或两侧压扁，先端不裂或2浅裂，基部有关节和通常具抱茎的鞘。总状花序或有时伞形花序。

（1）聚石斛 *Dendrobium lindleyi* Steud.

叶革质，长圆形，先端钝并且微凹，基部收狭，边缘多少波状。总状花序从茎上端发出；花橘黄色。

分布华南、西南地区。

（2）钩状石斛 *Dendrobium aduncum* Wall ex Lindl.

茎下垂，圆柱形，长50~100cm。叶长圆形或狭椭圆形，长7~10.5cm，宽1~3.5cm，先端急尖并且钩转。花开展，萼片和花瓣淡粉红色。

6. 蛇舌兰属 Diploprora Hook. f.

叶扁平，狭卵形至镰刀状披针形，先端急尖或稍钝并且具2~3尖裂，基部具关节和抱茎的鞘。总状花序侧生于茎，下垂。

（1）蛇舌兰 Diploprora championi (Lindl. ex Benth.) Hook. f.

附生草本。叶扁平，2列。总状花序；花瓣淡黄色；唇瓣带玫瑰色，基部无囊无距；每个花粉团裂成2片。蒴果圆柱形。

分布华南、西南地区。

7. 毛兰属 Eria Lindl.

叶1至数枚，通常生于假鳞茎顶端或近顶端的节上，较少在不膨大的茎上呈二列排列或散生于茎上。花序侧生或顶生，常排列成总状。

（1）半柱毛兰 Eria corneri Rchb. f.

附生草本。假鳞茎长2~5cm，直径1~2.5cm，有2~3片叶。叶椭圆状披针形，长15~45cm，宽1.5~6cm。有花10余朵。蒴果开裂。

分布华南、西南地区。

8. 钳唇兰属 Erythrodes Blume

叶稍肉质，互生。总状花序顶生，直立，具多数密生的花，似穗状；花较小，倒置（唇瓣位于下方）；萼片离生，背面常有毛。

（1）钳唇兰 Erythrodes blumei (Lindl.) Schltr.

叶卵形、椭圆形或卵状披针形，基部宽楔形或钝圆，上面暗绿色，背面淡绿色；叶柄下部扩大成抱茎的鞘。总状花序顶生；花较小，花瓣红褐色或褐绿色。

分布华南、西南地区。

9. 斑叶兰属 Goodyera R. Br.

叶互生，稍肉质，具柄，上面常具杂色的斑纹。花序顶生，具少数至多数花，总状。蒴果直立，无喙。

（1）高斑叶兰 Goodyera procera (Ker Gawl.) Hook.

地生草本；株高达 80cm。叶长圆形，长 7~15cm，宽 2~5.5cm。总状花序花多朵；花白色带淡绿；萼片背面无毛。蒴果。

分布华南、华东、西南地区。

（2）多叶斑叶兰 Goodyera foliosa (Lindl.) Benth. ex C．B．Clarke

茎直立，长 9~17cm，具 4~6 枚叶。叶疏生于茎上或集生于茎的上半部；总状花序具几朵至多朵密生而常偏向一侧的花；花白带粉红色、白带淡绿色或近白色。

分布台湾、香港、福建、广西、云南、四川、西藏东南部。

10. 玉凤花属 Habenaria Willd.

地生草本。茎直立，基部常具 2~4 枚筒状鞘，鞘以上具 1 至多枚叶，向上有时还有数枚苞片状小叶。叶散生或集生于茎的中部、下部或基部，稍肥厚，基部收狭成抱茎的鞘。花序总状，顶生，具少数或多数花。

（1）橙黄玉凤花 Habenaria rhodocheila Hance

植株高 8~35cm。茎下部具 4~6 枚叶，向上具 1~3 枚苞片状小叶。花中等大，萼片和花瓣绿色，唇瓣橙黄色、橙红色或红色。

分布香港、海南、福建、江西、湖南、广西、贵州。

11. 翻唇兰属 Hetaeria Blume

叶稍肉质，互生，上面绿色或沿中肋具 1 条白色的条纹，具柄，叶柄基部扩大成抱茎的鞘。花茎直立，常被毛；花序顶生，总状。蒴果直立。

（1）白肋翻唇兰 Hetaeria cristata Blume

地生小草本。叶斜卵形或卵状披针形，长 3~9cm，宽 1.5~4cm，面沿中肋常具 1 条白色的条纹。总状花序；唇瓣前部 3 裂。蒴果。

分布华南地区。

12. 羊耳蒜属 Liparis L. C. Rich.

假鳞茎密集或疏离，外面常被有膜质鞘。叶 1 至数枚，基生或茎生，或生于假鳞茎顶端或近顶端的节上。花葶顶生；总状花序疏生或密生多花。

（1）镰翅羊耳蒜 Liparis bootanensis Griff.

附生草本。假鳞茎长 0.8~1.8cm，直径 4~8mm，顶生叶 1 枚。叶倒披针形，长 8~22cm，宽 1~3.3cm。总状花序外弯或下垂。蒴果。

分布华南、西南地区。

（2）见血青 Liparis nervosa (Thunb.) Lindl.

地生草本。茎肉质圆柱形，竹茎状。叶卵形，长 5~11cm，宽 3~8cm。总状花序；花紫色。蒴果倒卵状长圆形或狭椭圆形。

分布华南、华东、西南地区。

（3）长茎羊耳蒜 **Liparis viridiflora** (Blume) Lindl.

附生草本。假鳞茎长 4~18cm，直径 3~8mm，顶生叶 2 枚。叶线状倒披针形，长 8~25cm，宽 1.2~3cm；叶柄有关节。花密集。蒴果。

分布华南、西南地区。

15. 石仙桃属 **Pholidota** Lindl. ex Hook.

假鳞茎密生或疏生于根状茎上，卵形至圆筒状。叶 1~2 枚，生于假鳞茎顶端，基部多少具柄。总状花序常多少弯曲，具数朵或多朵花。

（1）石仙桃 **Pholidota chinensis** Lindl.

附生草本。叶少数，倒卵状椭圆形，长 5~22cm，宽 2~6cm。总状花序；唇瓣基部凹成囊。蒴果有 6 棱，3 个棱上有狭翅。

分布华南、华东、西南地区。

13. 阔蕊兰属 **Peristylus** Blume

叶散生或集生于茎上或基部，基部具 2~3 枚圆筒状鞘。总状花序顶生，常具多数花，有时密生呈穗状，罕近头状。蒴果长圆形，常直立。

（1）触须阔蕊兰 **Peristylus tentaculatus** (Lindl.) J. J. Sm.

草本；高 20~60cm。叶基生，卵状长椭圆形，长 4~7.5cm，宽 0.8~1.5cm，基部成鞘抱茎。总状花序；距末端 2 浅裂。蒴果。

分布华南地区。

14. 鹤顶兰属 **Phaius** Lour.

假鳞茎丛生，具节，常被鞘。叶互生于假鳞茎上部，基部收狭为柄并下延为长鞘；叶鞘紧抱于茎或互相套叠而形成假茎。

（1）鹤顶兰 **Phaius tancarvilleae** (L' Hér.) Blume

地生草本。假鳞茎圆锥形，长约 6cm，直径 4~6cm。叶数枚，长圆形或椭圆形。花茎长达 1m；唇瓣位于上方。蒴果。

分布华南、西南地区。

16. 绶草属 **Spiranthes** L. C. Rich.

叶基生，叶片线形、椭圆形或宽卵形，罕为半圆柱形，基部下延成柄状鞘。总状花序顶生，似穗状，常多少呈螺旋状扭转。

（1）绶草 **Spiranthes sinensis** (Pers.) Ames

地生小草本。叶数片近基生，线状披针形。总状花序螺旋状扭曲；花小，紫红色；花序轴、苞片、萼片、子房无毛。蒴果。

分布全国各地。

17. 带唇兰属 Tainia Blume

假鳞茎肉质，卵球形、狭卵状圆柱形，长纺锤形或长圆柱形，具单节间，顶生1枚叶。叶纸质，折扇状，具长柄；叶柄具纵条棱。

（1）带唇兰 Tainia dunnii Rolfe

假鳞茎暗紫色，圆柱形，被膜质鞘，顶生1枚叶。叶狭长圆形或椭圆状披针形，先端渐尖；总状花序，花序轴红棕色，疏生多数花；花苞片红色。

分布华南、华中、华东、西南地区。

（2）香港带唇兰 Tainia hongkongensis Rolfe

地生草本。假鳞茎卵球形，直径1~2cm，顶端有1片叶。叶椭圆形，长约26cm，宽3~4cm，折扇状脉。总状花序；唇瓣不裂。蒴果。

分布华南地区。

18. 线柱兰属 Zeuxine Lindl.

叶互生，宽者具叶柄，狭窄者无柄，上面绿色或沿中肋具1条白色的条纹，部分种的叶在花开放时凋萎，垂下。总状花序顶生。

（1）宽叶线柱兰 Zeuxine affinis (Lindl.) Benth. ex Hook. f.

叶片卵形、卵状披针形或椭圆形。花茎淡褐色，具1~2枚鞘状苞片，鞘状苞片背面被柔毛；总状花序；花苞片卵状披针形，背面和边缘具柔毛；花较小，黄白色。

分布华南、西南地区。

（2）线柱兰 Zeuxine strateumatica (L.) Schltr.

茎淡棕色。叶淡褐色，无柄，具鞘抱茎，叶片线形至线状披针形。总状花序几乎无花序梗；花苞片卵状披针形，红褐色；花白色或黄白色。蒴果椭圆形，淡褐色。

分布华南、华中、西南地区。

（二十三）仙茅科 Hypoxidaceae

草本，有块状根或球茎；叶常基生，有明显的纵脉；花两性或单性，辐射对称，常黄色，单生或排成稠密的头状花序；果为一环裂或纵裂的蒴果或肉质浆果。

1. 仙茅属 Curculigo Gaertn.

叶基生，革质或纸质，披针形，具折扇状脉。花茎从叶腋抽出，直立或俯垂；花两性，通常黄色，单生或排列成总状或穗状花序。

（1）大叶仙茅 Curculigo capitulata (Lour.) Kuntze

叶纸质，长圆状披针形或近长圆形，全缘，顶端长渐尖；

叶柄上面有槽,侧背面均密被短柔毛。总状花序强烈缩短成头状、球形或近卵形。浆果近球形,白色。

分布华南、西南地区。

2. 华仙茅属 Sinocurculigo Z. J. Liu, L. J. Chen & Ke Wei Liu

多年生草本。叶基生,革质或纸质,通常披针形,有柄或无柄。花茎从叶腋抽出;花两性,通常黄色,单生或排列成总状或穗状花序。

(1) 台山华仙茅 Sinocurculigo taishanica Z. J. Liu, L. J. Chen & K. Y. Liu

叶基生,狭椭圆形披针形,黄褐色,被茸毛具长柔毛。花序直立,总状,有4~6朵花;花近对生,黄色。花梗很短。花瓣长椭圆形。

(二十四) 鸢尾科 Iridaceae

地下部分通常具根状茎、球茎或鳞茎。叶多基生,少为互生,条形、剑形或为丝状,基部成鞘状,互相套叠,具平行脉。花两性,辐射对称。

1. 射干属 Belamcanda Adans.

叶剑形,扁平,互生,嵌迭状2列。二歧伞房花序顶生。花橙红色;花被管甚短。蒴果倒卵形,黄绿色,成熟时3瓣裂。

(1) 射干 Belamcanda chinensis (L.) Redouté

叶互生,嵌迭状排列,剑形,基部鞘状抱茎,顶端渐尖,无中脉。花序顶生,叉状分枝;花橙红色,散生紫褐色的斑点。

蒴果倒卵形或长椭圆形。

各地广泛栽培。

2. 鸢尾属 Iris L.

叶多基生,相互套叠,排成2列,剑形、条形或丝状,基部鞘状。花蓝紫色、紫色、红紫色、黄色、白色。蒴果椭圆形、卵圆形或圆球形。

(1) * 黄菖蒲 Iris pseudacorus L.

基生叶灰绿色,宽剑形,基部鞘状,色淡,中脉较明显。花茎粗壮有明显的纵棱,上部分枝;苞片膜质,绿色,披针形,顶端渐尖;花黄色。

全国各地常见栽培。

(二十五) 日光兰科 Asphodelaceae

叶长线条状,丛生在茎的顶端或两列基生,叶鞘闭合。花序具明显花葶,花梗具关节,顶生圆锥花序、总状花序或穗状花序。

1. 芦荟属 Aloe L.

叶肉质,呈莲座状簇生或有时二列着生,先端锐尖,边缘常有硬齿或刺。花葶从叶丛中抽出;花多朵排成总状花序或伞形花序。

(1) * 芦荟 Aloe vera (L.) Burm. f.

茎较短。叶近簇生,肥厚多汁,条状披针形,粉绿色,长15~35cm,基部宽4~5cm。总状花序;花淡黄色而有红斑。

南部地区和温室常见栽培。

2. 山菅兰属 Dianella Lam. ex Juss.

叶近基生或茎生,二列。花常排成顶生的圆锥花序,花梗上端有关节;花被片离生,有3~7脉。浆果常蓝色。

(1) 山菅 Dianella ensifolia (L.) DC.

多年生草本。叶茎生,狭条状披针形,叶鞘套叠。圆锥花序;花被裂片分离,条状披针形,5脉。浆果球色,熟时蓝色。

分布西南、华南地区。

（二十六）石蒜科 Amaryllidaceae

具鳞茎、根状茎或块茎。叶多数基生，多少呈线形，全缘或有刺状锯齿。花单生或排列成伞形花序、总状花序、穗状花序、圆锥花序。花两性，辐射对称或为左右对称。

1. 葱属 Allium L.

叶形多样，从扁平的狭条形到卵圆形，从实心到空心的圆柱状。花葶上不具叶或叶状苞片；伞形花序生于花葶顶端。

（1）*葱 Allium fistulosum L.

草本。鳞茎单生，狭卵形，外皮白色。叶中空，圆柱形。花葶从叶丛中抽出；伞形花序球状；花白色。蒴果室背开裂。

全国各地广泛栽培。

（2）*蒜 Allium sativum L.

草本。鳞茎近球形，6~13 枚小瓣。叶实心，扁平。花葶实心，圆柱状；伞形花序密具珠芽；花被片披针形。蒴果室背开裂。

各地广泛栽培。

（3）*韭 Allium tuberosum Rottl. ex Spreng.

草本。鳞茎近圆柱状，外皮暗黄且破裂成纤维状，网状。叶实心，扁平。伞形花序半球状；子房外壁具疣状突起。蒴果。

各地广泛栽培。

2. 文殊兰属 Crinum L.

叶基生，带形或剑形。花茎实心；伞形花序有花数朵至多朵，罕有 1 朵；花被辐射对称或稍两侧对称。蒴果近球形，不规则开裂。

（1）*文殊兰 Crinum asiaticum L. var. sinicum (Roxb. ex Herb.) Baker.

草本。叶多列，带状披针形。花茎实心，直立，几与叶等长；伞形花序；花被裂片线形，宽一般不及1cm，渐狭。蒴果近球形。

分布华南地区。

3. 水鬼蕉属 Hymenocallis Salisb.

鳞茎球形。叶线形、带形、阔椭圆形或阔倒披针形。花茎实心；伞形花序有花数朵，下有佛焰苞状总苞，总苞片卵状披针形。

（1）* 水鬼蕉 Hymenocallis littoralis (Jacq.) Salisb.

草本。叶10~12枚，剑形，长45~75cm，宽2.5~6cm。花茎扁平，高30~80cm；花茎顶端生花3~8朵，白色。蒴果多数背裂。

各地引种栽培。

（二十七）天门冬科 Asparagaceae

根在中部或近末端成纺锤状膨大。叶状枝通常每3枚成簇，扁平或由于中脉龙骨状而略呈锐三棱形，稍镰刀状。花通常每2朵腋生，淡绿色。

1. 天门冬属 Asparagus L.

小枝近叶状，扁平、锐三棱形或近圆柱形而有几条棱或槽，常多枚成簇。叶退化成鳞片状，基部多少延伸成距或刺。浆果较小，球形。

（1）天门冬 Asparagus cochinchinensis (Lour.) Merr.

攀缘植物。叶状枝线形或因中脉凸起而略呈三棱形，镰状弯曲。花单性，1~2朵簇生于叶腋；花被片淡绿色。浆果熟时红色。

分布从河北、山西、陕西、甘肃等省的南部至华东、中南、西南地区。

2. 蜘蛛抱蛋属 Aspidistra Ker Gawl.

根状茎横走，细长或粗短，圆柱状或不规则的圆柱状，节上有覆瓦状鳞片。叶单生或2~4枚簇生于根状茎上。总花梗从根状茎上长出。

（1）九龙盘 Aspidistra lurida Ker Gawl.

草本。叶单生，狭披针形，宽3~8cm。花被片淡紫色或紫黑色，上部6~8裂，裂片内面有2~4条不明显的隆起。浆果球形。

分布华南、华东、西南地区。

3. 开口箭属 Campylandra Baker

根密生白色绵毛。叶通常基生 或聚生于短茎上，窄椭圆形、披针形至带形，抱茎。穗状花序具密集的花。

（1）开口箭 Campylandra chinensis (Baker) M. N. Tamura, S. Y. Liang & Turland

多年生草本。根状茎短。叶不套叠，基部抱茎，排列紧密。密集的穗状花序；花辐射对称，花被片明显，近等大。浆果。

分布华南、华东、西北、西南地区。

4. 吊兰属 Chlorophytum Ker Gawl.

叶基生，通常长条形、条状披针形至披针形。花常白色，单生或几朵簇生于一枚苞片内；花梗具关节。蒴果锐三棱形。

（1）小花吊兰 Chlorophytum laxum R. Br.

多年生草本。叶基生，排成两列，禾叶状，常弧曲，长10~20cm，宽3~5mm。花序顶端不生成小植株。蒴果三棱状扁

球形。

分布华南地区。

5. 朱蕉属 Cordyline Comm. ex R. Br.

叶常聚生于枝的上部或顶端，有柄或无柄，基部抱茎。圆锥花序生于上部叶腋；花梗短或近于无，关节位于顶端。

（1）* 朱蕉 Cordyline fruticosa (L.) A. Chev.

灌木状，直立。叶聚生于茎或枝的上端，叶披针状椭圆形，宽 5~10cm，绿色带紫红色；叶柄具槽，抱茎。圆锥花序。浆果。

分布华南地区。

6. 山麦冬属 Liriope Lour.

叶基生，密集成丛，禾叶状，基部常为具膜质边缘的鞘所包裹。总状花序具多数花；浆果早期绿色，成熟后常呈暗蓝色。

（1）禾叶山麦冬 Liriope graminifolia (L.) Baker

叶长 20~50 cm，宽 2~3mm，具 5 条脉。种子卵圆形或近球形，直径 4~5mm，初期绿色，成熟时蓝黑色。

分布海南、台湾、福建、江西、浙江、江苏、安徽、湖北、河南、河北、山西、陕西、甘肃、广西、贵州、四川。

（2）山麦冬 Liriope spicata (Thunb.) Lour.

草本。叶基生，线形，宽 2~4mm，具细锯齿。总状花序；花葶短于叶，花药长约 1mm。果未熟前形裂，露出浆果状种子。

除东北、内蒙古、青海、新疆、西藏外，其他地区广泛分布和栽培。

7. 沿阶草属 Ophiopogon Ker Gawl.

叶基生成丛或散生于茎上，或为禾叶状，叶上面绿色，背面常为粉绿色或具粉白色条纹，有时边缘具细锯齿。

（1）长茎沿阶草 Ophiopogon chingii F. T. Wang & T. Tang

草本。叶基生，剑形，稍呈镰刀状，宽 3~4mm。总状花序，花生于苞片腋内；苞片长 4~6mm；花梗长 5~8mm。种子浆果状。

分布华南、西南地区。

8. 黄精属 Polygonatum Mill.

叶互生、对生或轮生，全缘。花生叶腋间，通常集生似成伞形、伞房或总状花序；花被片 6，下部合生成筒。浆果近球形。

（1）多花黄精 Polygonatum cyrtonema Hua

草本。根状茎粗大，念珠状，直径达 2cm。叶茎生，长椭圆形，宽 2~7cm。伞形花序；花被长 1.8~2.5cm，无色斑。浆果黑色。

分布华南、华东、华中、西南地区。

（二十八）棕榈科 Arecaceae

叶互生，在芽时折叠，羽状或掌状分裂，稀为全缘或近全缘；叶柄基部通常扩大成具纤维的鞘。花小，单性或两性，雌雄同株或异株。果实为核果或硬浆果。

1. 假槟榔属 Archontophoenix H. Wendl. & Drude

叶生于茎顶，整齐的羽状全裂，裂片线状披针形，先端渐尖或具 2 齿，叶面绿色，其背面由于被极小的银色鳞片而呈灰色。

三、被子植物 ANGIOSPERMAE

（1）＊假槟榔 Archontophoenix alexandrae (F. Muell.) H. Wendl. & Drude

乔木。叶一回羽状全裂，裂片线披针形，背面密被灰白色鳞秕；叶鞘边缘无纤维。圆锥花序，略弯曲。果小，直径约1cm，红色。

华南、西南等热带、亚热带地区有栽培。

2. 省藤属 Calamus L.

叶鞘通常为圆筒形，常具刺；叶轴具刺；叶羽状全裂。果实球形、卵球形或椭圆形，顶端具短的宿存花柱。

（1）大喙省藤 Calamus macrorrhynchus Burret.

茎直立至半攀缘。叶羽状全裂，叶轴每侧有羽片10~15片，羽片线状披针形，果实卵球形。种子卵状半球形。

分布华南地区。

（2）杖藤 Calamus rhabdocladus Burret.

攀缘灌木。茎连叶鞘直径4~5cm。叶羽状全裂，长2~3m，裂片30~40对。肉穗花序纤鞭状，长达7m。果椭圆形，长10~15mm。

分布华南、西南地区。

（3）白藤 Calamus tetradactylus Hance.

攀缘藤本，丛生。叶羽状全裂，长圆状披针形，雄花序部分三回分枝。果实球形。种子为球形。

分布华南地区。

（4）毛鳞省藤 Calamus thysanolepis Hance.

直立灌木状。叶背无鳞秕和针状小钩刺，常2~6片叶紧靠成束。雄花序三回分枝，雌花序二回分枝。果具圆锥状的喙。

分布华南、华东地区。

3. 鱼尾葵属 Caryota L.

叶大，聚生于茎顶，回羽状全裂；羽片菱形、楔形或披针形，先端极偏斜而有不规则的齿缺，状如鱼尾；叶柄基部膨大。

（1）鱼尾葵 Caryota maxima Blume ex Mart.

单杆大乔木；高达20m，径15~26cm。茎具环状叶痕。叶羽状全裂，裂片菱形。肉穗花序长达3m；黄色。果球形，红色。

分布华南、西南地区。

（2）短穗鱼尾葵 Caryota mitis Lour.

丛生，小乔木状；茎绿色。叶长 3~4m。佛焰苞与花序被糠秕状鳞秕，花序短，长 25~40cm，具密集穗状的分枝花序。

分布华南地区。

4. 椰子属 Cocos L.

叶羽状全裂，簇生于茎顶，羽片多数。花序生于叶丛中，圆锥花序式。花单性，雌雄同株。果实阔卵球状，具三棱。

（1）* 椰子 Cocos nucifera L.

植株高大，乔木状，茎粗壮，有环状叶痕。叶羽状全裂；革质，线状披针形。花序腋生；佛焰苞纺锤形。果卵球状。

分布华南、西南地区。

5. 油棕属 Elaeis Jacq.

叶簇生于茎顶，羽状全裂，裂片外向折叠，线状披针形，叶轴下部的羽片退化为针刺。花序腋生，总花梗短。果实卵球形或倒卵球形。

（1）* 油棕 Elaeis guineensis

直立乔木状，叶羽状全裂，簇生于茎顶，长 3~4.5m，羽片线状披针形。雄穗状花序；雌花序近头状。果实卵球形，熟时橙红色。

原产热带非洲。华东、华中、华南地区有栽培。

6. 轴榈属 Licuala Wurmb

叶片多少呈圆形或扇形，掌状深裂；叶柄边缘具刺。花序生于叶腋。核果球形至椭圆形，罕为狭长形，平滑。

（1）* 刺轴榈 Licuala spinosa Thunb.

丛生灌木。叶掌状，裂达基部，主脉 3 条以上，顶端啮蚀状；叶柄有刺。花螺旋状排列。果实球形，熟时橙黄至紫红。

分布华南地区。

7. 蒲葵属 Livistona R. Br.

叶大，阔肾状扇形或几圆形，扇状折叠，辐射状或掌状；叶柄长，两侧无刺或多少具刺或齿。花序生于叶腋，结果时下垂。

（1）* 蒲葵 Livistona chinensis (Jacq.) R. Br. ex Mart.

乔木状。叶阔肾状扇形，掌状裂达中部，裂片线状披针形，丝状下垂。花序呈圆锥状；花两性。果实椭圆形，长 1.8~2cm。

分布南部地区。

8. 海枣属 Phoenix

叶羽状全裂，羽片狭披针形或线形。花序生于叶间，直立或结果时下垂。果实长圆形或近球形。

（1）* 江边刺葵 Phoenix roebelenii O'Brien

茎丛生，具宿存的三角状叶柄基部。叶羽片线形，较柔软，两面深绿色，背面沿叶脉被灰白色的糠秕状鳞秕，下部羽片变成细长软刺。果实长圆形。

华南、西南地区地区引种栽培。

9. 山槟榔属 Pinanga Blume

茎直立，灌木状，有环状叶痕。叶羽状全裂，上部的羽片合生，或罕为单叶。花序生于叶丛之下，佛焰苞单生，花雌雄同序，每 3 朵（2 朵雄花之间有 1 朵雌花）沿着花序轴上聚生，排成 2~4 或 6 纵列。果实卵形、椭圆形或近纺锤形。

（1）变色山槟榔 Pinanga baviensis Becc.

丛生灌木，高3m或更高。叶鞘、叶柄及叶轴上均被褐色鳞秕。叶羽状，长65~100cm，约有7~10对对生的羽片。果实近纺锤形，长约2~2.2cm，直径7~9mm。

分布海南、广东、广西、云南。

10. 棕竹属 Rhapis L. f. ex W. T. Aiton

叶聚生于茎顶，叶扇状或掌状深裂几达基部；叶柄两面凸起或上面扁平无凹槽，边缘无刺或具微锯齿。果实球形或卵球形。

（1）棕竹 Rhapis excelsa (Thunb.) A. Henry

灌木，高达3m。茎圆柱形，有节。掌状叶，裂片5~10片，不均等，边缘具锐锯齿。花螺旋状着生。果实球状倒卵形。

分布南部至西南地区。

11. 王棕属 Roystonea O. F. Cook

叶羽状全裂，呈2列或数列，羽片多数狭长，中脉突起，中脉背面常被鳞片。果实倒卵形至长圆状椭圆形或近球形。

（1）* 王棕 Roystonea regia (Kunth) O. F. Cook

单杆大乔木状。茎基部膨大后变小，中部再膨大渐变小，形如花瓶。叶羽状全裂，4列。雌雄同株。果暗红色至淡紫色。

南方各地区常见栽培。

12. 丝葵属 Washingtonia H. Wendl.

叶为具肋掌状叶；叶片不整齐地分裂；叶柄上面平扁至稍凹，背面圆，边缘具明显的弯齿，向上部齿变小而稀疏。

（1）* 大丝葵 Washingtonia robusta H. Wendl.

树干基部膨大，叶基成交叉状。叶柄粗壮，上面凹，边缘薄，具粗壮钩刺，叶柄渐尖地延伸至叶片。果实椭圆形，亮黑色，顶端具宿存的刚毛状花柱。

南方引种栽培。

（二十九）鸭跖草科 Commelinaceae

叶互生，有明显的叶鞘。花通常在蝎尾状聚伞花序上，聚伞花序单生或集成圆锥花序。顶生或腋生。花两性，极少单性。果实大多为室背开裂的蒴果。

1. 穿鞘花属 Amischotolype Hassk.

叶常大型，椭圆形。花序在茎中部每节一个，穿透叶鞘基部而出，无总梗，由多个聚伞花序组成，伞房状或圆锥状，具短总梗。

（1）穿鞘花 Amischotolype hispida (Less. & A. Rich.) D. Y. Hong

多年生草本。叶椭圆形，基部成带翅的柄。花序密集成头状，自叶鞘基部处穿鞘而出；花瓣长圆形。蒴果卵球状三棱形。

分布华南、西南地区。

2. 鸭跖草属 Commelina L.

蝎尾状聚伞花序藏于佛焰苞状总苞片内；总苞片基部开口或合缝而成漏斗状、僧帽状。萼片3枚；花瓣3枚，蓝色。

（1）饭包草 Commelina benghalensis L.

多年生披散草本植物。叶片卵形，长 3~7cm，宽 1.5~3.5cm。总苞片漏斗状，与叶对生，常数个集于枝顶。花瓣蓝色，圆形，长 3~5mm；内面 2 枚具长爪。

分布香港、海南、台湾、福建、江西、浙江、江苏、安徽、湖南、山东、湖北、河南、河北、陕西、广西、云南、四川。

（2）鸭跖草 Commelina communis L.

一年生草本。茎匍匐生根，长可达 1m。叶披针形。蝎尾状聚伞花序顶生；总苞片心形，长 1.2~2.5cm；深蓝色。蒴果 2 爿裂。

分布华南、西南、西北地区。

（3）竹节菜 Commelina diffusa N. L. Burm.

叶披针形或在分枝下部的为长圆形，无毛或被刚毛；叶鞘上常有红色小斑点。蝎尾状聚伞花序通常单生于分枝上部叶腋，有时呈假顶生。蒴果矩圆状三棱形。

分布华南、西南地区。

（4）大苞鸭跖草 Commelina paludosa Blume

植株高大，可达 1m。叶片披针形至卵状披针形，长 7~20cm，宽 2~7cm。总苞片大，长达 2cm。蒴果卵 3 室，3 爿裂，每室有 1 颗种子。

分布华南、华中西南地区。

3. 聚花草属 Floscopa Lour.

聚伞花序多个，组成单圆锥花序或复圆锥花序，圆锥花序顶生，或兼腋生于茎顶端的叶中，常在茎顶端呈扫帚状。

（1）聚花草 Floscopa scandens Lour.

直立草本；高 30~60cm。叶椭圆形至披针形，长 4~12cm，上有鳞片状突起。花聚生于茎端，圆锥花序。蒴果卵圆形，侧扁。

分布华南、华东、西南地区。

4. 水竹叶属 Murdannia Royle

通常具狭长、带状的叶子。茎花葶状或否。蝎尾状聚伞花序单生或复出而组成圆锥花序；萼片 3 枚；花瓣 3 枚。蒴果 3 室，室背 3 爿裂。

（1）大苞水竹叶 Murdannia bracteata (C. B. Clarke) Kuntze ex J. K. Morton

草本。叶莲座状，剑形，长20~30cm，宽12~18mm。花紧密，呈头状；能育雄蕊2枚。蒴果宽椭圆状三棱形，每室2颗种子。

分布华南、西南地区。

（2）牛轭草 Murdannia loriformis (Hassk.) R. S. Rao & Kammathy

主茎有莲座状叶丛。蝎尾状聚伞花序单支顶生或有2~3支集成圆锥花序；花瓣紫红色或蓝色，倒卵圆形；能育雄蕊2枚。蒴果卵圆状三棱形。

分布华南、华中、华东西南地区。

（3）裸花水竹叶 Murdannia nudiflora (L.) Brenan

草本。叶茎生，披针形，长3~10cm，宽5~10mm。蝎尾状聚伞花序组成圆锥花序顶生；能育雄蕊2枚。蒴果每室2颗种子。

分布华南、华东、华中、西南地区。

（4）矮水竹叶 Murdannia spirata (L.) G. Brückn

叶长卵形至披针形，基部平钝而稍抱茎，边缘皱波状，两面无毛。蝎尾状聚伞花序1~4个；花瓣淡蓝色或几乎白色，倒卵圆形。蒴果长圆状三棱形。

分布华南、西南地区。

（5）水竹叶 Murdannia triquetra (Wall. ex C. B. Clarke) G. Brückn.

草本。根状茎具叶鞘，节上具须状根。叶片竹叶形。花常单花，顶生并兼腋生；花瓣分离，倒卵圆形。蒴果卵圆状三棱形。

分布华南、华东、西南地区。

5. 杜若属 Pollia Thunb.

圆锥花序顶生，粗大而坚挺，或披散成伞状。蝎尾状聚伞花序有花数朵；总苞片下部的近叶状，上部的很小；萼片3枚；花瓣3枚。

（1）长柄杜若 Pollia siamensis (Craib) Faden ex D. Y. Hong

草本。叶片椭圆形，长10~25cm，宽2.5~8cm，无毛；柄长2~4cm。花序比上部叶短，总花梗长5~12cm；能育雄蕊3枚。

分布华南、华中、西南地区。

6. 吊竹梅属 Tradescantia L.

叶片卵状心形或心形，互生，全缘，基部鞘状；叶面银白色，中部及边缘为紫色，叶背紫色。花小，紫红色。

（1）* 吊竹梅 Tradescantia zebrina Heynh. ex Bosse

叶互生，无柄，椭圆状卵形或长圆形，先端尖锐，基部钝，全缘；表面紫绿色或杂以银白色条纹，中部和边缘有紫色条纹，叶背紫红色。

南方部分城市栽培。

（三十）田葱科 Philydraceae

直立多年生草本；根状茎短，具簇生根。叶基生和茎生；茎生叶互生；基生叶二列，线形，扁平，平行脉。花序为单或复穗状花序。

1. 田葱属 Philydrum Banks & Sol. ex Gaertn.

叶剑形，二列。穗状花序顶生；花两性，两侧对称，黄色。蒴果室背开裂。种子狭卵形呈花瓶状；种皮上有螺旋状条纹。

（1）田葱 **Philydrum lanuginosum** Banks & Sol. ex Gaertn.

叶剑形，顶端渐狭，绿色，无毛，海绵质柔软；穗状花序单一，有时分枝；苞片卵形，顶端具尾状渐尖，背面有绵毛；花两性，黄色；蒴果三角状长圆形。

分布华南地区。

（三十一）雨久花科 Pontederiaceae

多年生或一年生的水生或沼泽生草本。叶通常二列，叶片宽线形至披针形、卵形或甚至宽心形，具平行脉，浮水、沉水或露出水面。

1. 凤眼蓝属 Eichhornia Kunth

叶基生，莲座状或互生；叶片宽卵状菱形或线状披针形；叶柄常膨大，基部具鞘。花序顶生；花两侧对称或近辐射对称。

（1）凤眼蓝 **Eichhornia crassipes** (Mart.) Solms

多年生浮水草本。叶莲座状排列，圆形；叶柄近基部膨大成气囊。穗状花序；花被片基部合生成管；雄蕊3长3短。蒴果卵形。

广布长江、黄河流域及华南各地。

2. 雨久花属 Monochoria Presl

叶基生或单生于茎枝上。花序排列成总状或近伞形状花序；花被片6枚，深裂几达基部，白色、淡紫色或蓝色。蒴果室背开裂成3瓣。

（1）鸭舌草 **Monochoria vaginalis** (Burm. f.) C. Presl ex Kunth

多年生水生草本；高12~35cm。叶披针形，长2~6cm，宽1~4cm。总状花序有花2~10朵，花期直立；蓝色。蒴果卵圆形。

全国广布。

3. 梭鱼草属 Pontederia L.

多年生挺水或者湿生草本植物，株高在150cm左右。叶子大，深绿色。花葶直立，一般都会高出叶面。穗状花序，花色为蓝紫色。

（1）*梭鱼草 Pontederia cordata L.

基生叶广卵圆状心形，顶端急尖或渐尖，基部心形，全缘；由十余朵花组成总状花序，顶生，花蓝色。

原产热带美洲。华东、华中、华南、西南地区有栽培。

（三十二）芭蕉科 Musaceae

多年生草本。叶通常较大，螺旋排列或两行排列；叶脉羽状。花两性或单性，两侧对称，常排成顶生或腋生的聚伞花序，生于一大型而有鲜艳颜色的苞片（佛焰苞）中。

1. 芭蕉属 Musa L.

叶大型，叶片长圆形，叶柄下部增大成一抱茎的叶鞘。花序直立，下垂或半下垂。浆果伸长，肉质，有多数种子。

（1）*大蕉 Musa × paradisiaca L.

草本。叶基部近心形或耳状。花序直立，直接生于假茎上，密集如球穗状，无毛。浆果无香味，无种子。

分布华南、西南地区。

（2）*香蕉 Musa acuminata Colla

草本。叶基部近圆形。花序直立，直接生于假茎上，密集如球穗状，被毛；下部苞片内的花为两性花或雌花。果有香味，无种子。

华南、西南地区有栽培。

（3）野蕉 Musa balbisiana Colla

直立散生草本。叶卵状长圆形，几对称，无白粉。花序半下垂，被毛；合生花被片齿裂。浆果；种子陀螺状，直径2~3mm。

分布华南、西南地区。

（三十三）美人蕉科 Cannaceae

多年生草本，有块状的地下茎。叶大，互生，有明显的羽状平行脉，具叶鞘。花两性，大而美丽，不对称，排成顶生的穗状花序、总状花序或狭圆锥花序。

1. 美人蕉属 Canna L.

多年生草本，有块状的地下茎。叶大，互生，有明显的羽状平行脉，具叶鞘。花两性，大而美丽，不对称，排成顶生的穗状花序、总状花序或狭圆锥花序。

（1）* 蕉芋 Canna edulis Ker Gawl.

草本。根状茎肥大。茎被白粉。叶长圆形；叶鞘边缘紫色。总状花序；花鲜红色；退化雄蕊狭小，宽约 1cm。蒴果，3 瓣裂。

南部及西南地区有栽培。

（2）* 柔瓣美人蕉 Canna flaccida Salisb.

叶片长圆状披针形，顶端渐尖，具线形尖头。总状花序直立，花少而疏；苞片极小；花黄色。蒴果椭圆形。

南北各地均有栽培。

（3）* 粉美人蕉 Canna glauca L.

叶片披针形，顶端急尖，基部渐狭，绿色，被白粉；总状花序疏花，单生或分叉，稍高出叶上；苞片圆形，褐色；花黄色，无斑点。蒴果长圆形。

南北各地均有栽培。

（4）* 美人蕉 Canna indica L.

直立草本。茎和叶全部绿色，无白粉。叶片卵状长圆形。总状花序；花鲜红色；退化雄蕊狭小，宽 5~7mm。蒴果有软刺。

南北各地常有栽培。

（5）* 兰花美人蕉 Canna orchioides L. H. Bailey

叶片椭圆形至椭圆状披针形，顶端具短尖头，基部渐狭，下延，绿色。总状花序通常不分枝；花大，直径 10~15cm；花萼长圆形。

各大城市公园常有栽培。

（三十四）竹芋科 Marantaceae

多年生草本，有根茎或块茎。叶通常大，具羽状平行脉。花两性，不对称，常成对生于苞片中，组成顶生的穗状、总状或疏散的圆锥花序，或花序单独由根茎抽出。

1. 竹芋属 Maranta L.

叶基生或茎生，柄基部鞘状。花少数，成对，排成总状花序或 2 歧状的圆锥花序。果倒卵形或矩圆形，坚果状，不开裂；种子 1 枚。

（1）* 竹芋 Maranta arundinacea L.

草本。茎柔弱，2 歧分枝。叶茎生，卵形。总状花序顶生，疏散；苞片线状披针形，内卷；花小，白色。果长圆形。

南方地区有栽培。

2. 柊叶属 Phrynium Willd.

叶基生，长圆形，具长柄及鞘。穗状花序集成头状，由叶鞘内或直接由根茎生出。果球形，果皮坚硬，不裂或迟裂。

（1）尖苞柊叶 Phrynium placentarium (Lour.) Merr.

叶基生，叶片长圆状披针形或卵状披针形，顶端渐尖，基部圆形而中央急尖，薄革质，两面均无毛。头状花序无总花梗，球形；花白色。果长圆形。

分布华南、西南地区。

（2）柊叶 Phrynium rheedei Suresh & Nicolson

草本；高 1~2m。叶长圆形，长 25~50cm；叶枕长 3~7cm；叶柄长达 60cm。头状花序直径 5cm；花冠深红。果梨形，具 3 棱。

分布华南、西南地区。

3. 水竹芋属 Thalia L.

一年生草本，高 150~200cm。全株被白粉。叶卵状披针形，浅灰蓝色，先端突出，边缘紫色，叶柄极长，全缘。

（1）*再力花 Thalia dealbata

叶卵状披针形，浅灰蓝色，边缘紫色，复总状花序，花小，紫堇色；蒴果近圆球形或倒卵状球形。

原产美国南部和墨西哥。华南地区有栽培。

（三十五）闭鞘姜科 Costaceae

植株地上部分无香味；叶螺旋状互生或 4 列，叶鞘闭合呈管状；侧生退化雄蕊无或齿状。

1. 闭鞘姜属 Costus L.

叶螺旋状排列，叶片长圆形至披针形；叶鞘封闭。穗状花序密生多花，球果状，顶生或稀生于自根茎抽出的花葶上。

（1）闭鞘姜 Costus speciosus (J. Koenig.) Sm.

草本。叶鞘闭合；叶螺旋状排列，叶背密被绢毛。穗状花序从茎端生出；花冠裂片白色或顶部红色。蒴果稍木质，红色。

分布华南、西南地区。

（三十六）姜科 Zingiberaceae

通常具有芳香的根状茎。叶基生或茎生，叶片较大，通常为披针形或椭圆形；叶鞘顶端有明显的叶舌。花单生或组成穗状、总状或圆锥花序。

1. 山姜属 Alpinia Roxb.

叶片长圆形或披针形。花序通常为顶生的圆锥花序、总状花序或穗状花序。果为蒴果，干燥或肉质，通常不开裂或不规则开裂。

（1）红豆蔻 Alpinia galanga (L.) Willd.

草本。叶长圆形或披针形，长 25~35cm，宽 6~10cm。圆锥花序；苞片与小苞片相似；花绿白色，有异味。果长圆形，棕红。

分布华南、西南地区。

（2）*海南山姜 Alpinia hainanensis K. Schum.

草本。叶线状披针形，长 50~65cm，宽 6~9cm。总状花序，长达 20cm，花序轴"之"字形；花萼顶端具 2 齿。果球形，直径 3cm。

分布华南地区。

（3）山姜 Alpinia japonica (Tunb.) Miq.

叶披针形，倒披针形或狭长椭圆形，两端渐尖，顶端具小尖头，两面被短柔毛；叶舌 2 裂，被短柔毛。总状花序顶生。果球形或椭圆形，被短柔毛。

分布华南、华中、华东、西南等地区。

（4）华山姜 **Alpinia oblongifolia** Hayata

草本。叶披针形或卵状披针形，长 20~30cm，宽 3~10cm，无毛。狭窄圆锥花序；花白色，萼管状。果球形，直径 5~8mm。

分布东南至西南地区。

2. 豆蔻属 **Amomum** Roxb.

茎基部略膨大成球形。叶片长圆状披针形、长圆形或线形，叶舌不裂或顶端开裂，具长鞘。穗状花序，稀为总状花序由根茎抽出。

（1）* 海南砂仁 **Amomum longiligulare** T. L. Wu

叶片线形或线状披针形顶端具尾状细尖头，基部渐狭，两面均无毛；叶舌披针形，薄膜质，无毛。蒴果卵圆形，具钝三棱。

分布华南地区。

（2）* 白豆蔻 **Amomum kravanh** Pierre ex Gagnep.

叶片卵状披针形，顶端尾尖，两面光滑无毛；叶舌圆形，叶鞘口及密被长粗毛。穗状花序自近茎基处的根茎上发出，圆柱形。蒴果近球形，白色或淡黄色。

华南地区有少量引种栽培。

（3）* 砂仁 **Amomum villosum** Lour.

草本。叶披针形，长 20~30cm，宽 3~7cm；叶舌长 3~5mm。穗状花序；花白色；唇瓣顶端反卷。果皮有长 1~1.5mm 的软刺。

分布华南、西南地区。

3. 姜黄属 **Curcuma** L.Curcuma kwangsiensis

叶大型，通常基生，叶片阔披针形至长圆形，稀为狭线形。穗状花序具密集的苞片，呈球果状。蒴果球形，藏于苞片内，3瓣裂。

（1）郁金 **Curcuma aromatica** Salisb.

草本。叶椭圆形或长椭圆形，长 30~60cm，宽 10~20cm，

三、被子植物 ANGIOSPERMAE　83

背面被糙伏毛。穗状花序圆柱形；唇瓣黄色，微2裂。蒴果球形。

分布东南至西南地区。

（2）广西莪术 Curcuma kwangsiensis S. G. Lee & C. F. Liang

根茎卵球形；叶基生，椭圆状披针形，先端短渐尖至渐尖，两面被柔毛；叶舌边缘有长柔毛；叶柄及叶鞘有短柔毛。

分布华南、西南地区。

4. 姜花属 Hedychium

叶片通常为长圆形或披针形；叶舌显著。穗状花序顶生，密生多花；苞片覆瓦状排列或疏离。蒴果球形，室背开裂为3瓣。

（1）姜花 Hedychium coronarium J. Koenig.

叶长圆状披针形或披针形，顶端长渐尖，基部急尖，叶面光滑，叶背被短柔毛；无柄；叶舌薄膜质。穗状花序顶生。

分布华南、西南地区。

5. 山奈属 Kaempferia L.

叶2~多片基生，2列；叶柄短；叶舌不显著。花通常1至数朵组成头状或穗状花序。蒴果球形或椭圆形，3瓣裂。

（1）*山奈 Kaempferia galanga L.

根茎块状，淡绿色或绿白色。叶近圆形，无毛或于叶背被稀疏的长柔毛。花顶生，半藏于叶鞘中；苞片披针形；花白色；果为蒴果。

华南、西南等地区有栽培。

（2）海南三七 Kaempferia rotunda L.

草本。先开花，后出叶。叶长椭圆形，长17~27cm，宽7.5~9.5cm，叶背紫色。花冠裂片线形，长约5cm，白色。蒴果3瓣裂。

分布华南、西南地区。

6. 姜属 Zingiber Boehm.

叶二列，叶片披针形至椭圆形。穗状花序球果状，生于由根茎发出的总花梗上，花序贴近地面，罕见花序顶生于具叶的茎上。

（1）珊瑚姜 Zingiber corallinum Hance

叶长圆状披针形或披针形，叶面无毛，叶背及鞘上被疏柔毛或无毛；无柄。总花梗被紧接鳞片状鞘；穗状花序长圆形；苞片卵形，红色。

分布华南地区。

（2）蘘荷 Zingiber mioga (Thunb.) Roscoe

叶披针状椭圆形或线状披针形，上面无毛，背面无毛或被稀疏的长柔毛；叶舌膜质，2裂。穗状花序椭圆形；总花梗被长圆形鳞片状鞘；苞片椭圆形，红绿色；果倒卵形。

分布华中、华东、华南、西南地区。

（3）*姜 Zingiber officinale Roscoe

草本。叶线状披针形，长 15~30cm，宽 2~2.5cm。穗状花序球果状；花冠黄绿色，裂片披针形；唇瓣带紫色脉纹。蒴果。

全世界热带、亚热带地区均有栽培。

（4）阳荷 Zingiber striolatum Diel

草本。叶披针形，长 25~35cm，宽 3~6cm。花序近卵形；花冠管白色；唇瓣倒卵形，浅紫色，3裂。蒴果熟时开裂成3瓣。

分布华南、华中、西南地区。

（5）红球姜 Zingiber zerumbet (L.) Roscoe ex Sm.

草本。叶长圆状披针形，长 15~40cm，宽 3~8cm。总花梗直立；苞片覆瓦状排列；花冠管裂片披针形；唇瓣淡黄。蒴果椭圆形。

分布华南、西南地区。

（三十七）凤梨科 Bromeliaceae

陆生或附生草本。单叶互生，狭长，常基生，莲座式排列，全缘或有刺状锯齿。花序为顶生的穗状、总状、头状或圆锥花序。

1. 凤梨属 Ananas Tourm. ex L.

叶莲座式排列，全缘或有刺状锯齿。头状花序顶生；花无柄，紫红色，生于苞腋内；果肉质，球果状。

（1）*凤梨 Ananas comosus (L.) Merr.

草本。叶多数，莲座式排列，剑形，边缘有齿。花序于叶丛中抽出，状如松球；花瓣上部紫红色，下部白色。聚花果肉质。

分布华南、西南地区。

（三十八）黄眼草科 Xyridaceae

多年生稀为一年生草本。叶常丛生于基部，二列或少数作螺旋状排列；叶片扁平，套折成剑形或丝状，稀近圆柱形或稍扁，基部鞘状，花序为单一、伸长或呈球形的头状花序或穗状花序。

1. 黄眼草属 Xyris L.

叶基生，二列，剑状，线形或丝状；叶片无毛或具多数小乳状突起。头状花序由少数至多数花组成；花冠辐射对称，黄色或白色。

（1）黄眼草 Xyris indica L.

草本。叶丛生于基部，剑状线形，海绵质，叶干后有明显突起的横脉。头状花序；花葶具明显的沟槽。蒴果室背开裂为3瓣。

分布南部地区。

（三十九）谷精草科 Eriocaulaceae

沼泽生或水生草本。叶狭螺旋状着生在茎上，常成一密丛，叶质薄常半透明。花序为头状花序，通常小、白色、灰色或铅灰色。

1. 谷精草属 Eriocaulon L.

叶丛生狭窄。头状花序；总苞片覆瓦状排列；苞片与花被常有短白毛或细柔毛；花3或2基数。蒴果，室背开裂。

（1）谷精草 Eriocaulon buergerianum Körn.

草本；高10~35cm。叶丝形，长3~16cm，宽2~5mm，透明。花序熟时近球形，直径4~6mm；花冠裂片3，近锥形。蒴果室背开裂。

分布华南、华东、华中、西南地区。

（2）华南谷精草 Eriocaulon sexangulare L.

草本；高20~60cm。叶线形，长10~32cm，宽4~10mm，对光能见横格。花序球形，直径6.5mm；花瓣3枚，膜质，线形。蒴果。

分布华南地区。

（四十）灯心草科 Juncaceae

茎多丛生，圆柱形或压扁，表面常具纵沟棱，内部具充满或间断的髓心或中空；叶片线形、圆筒形、披针形，扁平或稀为毛鬃状。

1. 灯心草属 Juncus L.

草本。复聚伞花序；花雌蕊先熟；花被片6枚，2轮；雄蕊6枚；子房3或1室；柱头3；胚珠多数。蒴果三棱状卵形或长圆形。种子多数。

（1）灯心草 Juncus effusus L.

多年生草本，高27~91cm。茎圆柱形，具纵条纹。叶全部为低出叶，呈鞘状或鳞片状，包围在茎的基部，长1~22cm，基部红褐至黑褐色。聚伞花序假侧生，含多花。

分布香港、台湾、福建、江西、浙江、江苏、安徽、湖南、湖北、河南、河北、山东、陕西、甘肃、吉林、辽宁、黑龙江、广西、贵州、云南、四川、西藏。

（2）小花灯心草 Juncus articulatus L.

茎密丛生。叶基生和茎生；叶片扁圆筒形；叶耳明显。头状花序排列成顶生复聚伞花序。蒴果三棱状长卵形，光亮。种子卵圆形。

分布华南、西南、华北、华中、西北等地区。

（3）笄石菖 Juncus prismatocarpus R. Br.

多年生草本；高30~50cm。叶线形，宽2~3mm，扁平。头状花序顶生组成聚伞花序；总苞片叶状；雄蕊3。蒴果三棱状圆锥形。

分布华南、华东、华中、西南地区。

（4）圆柱叶灯心草 Juncus prismatocarpus R. Br. subsp. teretifolius K. F. Wu

多年生草本。叶具隔膜，圆柱形。头状花序顶生组成聚伞花序；总苞片叶状；花被片绿色或淡红褐色。蒴果三棱状圆锥形。

分布华南、西南地区。

（5）野灯心草 Juncus setchuensis Buchenau

多年生草本。茎细小，直径 1~1.5mm。叶退化，仅具叶鞘包围茎基部。聚伞花序假侧生；花被片卵状披针形。蒴果卵形，1室。

分布华南、华东、华中、西南地区。

（四十一）莎草科 Cyperaceae

大多数具有三棱形的秆。叶基生和秆生，一般具闭合的叶鞘和狭长的叶片，或有时仅有鞘而无叶片。果实为小坚果，三棱形，双凸状，平凸状，或球形。

1. 球柱草属 Bulbostylis Kunth

秆丛生。叶基生；叶鞘顶端有长柔毛或长丝状毛。长侧枝聚伞花序简单或复出或呈头状。小坚果倒卵形、三棱形。

（1）球柱草 Bulbostylis barbata (Rottb.) C. B. Clarke

秆丛生，无毛。叶纸质、线形、全缘，背面叶脉间疏被微柔毛；叶鞘薄膜质；小穗披针形或卵状披针形；鳞片膜质，卵形或近宽卵形。小坚果倒卵形、三棱形，白色或淡黄色。

分布东北、华北、华中、华南、华东地区。

2. 薹草属 Carex L.

秆三棱形，基部常具无叶片的鞘。叶基生或兼具秆生叶，条形或线形，披针形，基部通常具鞘。小坚果三棱形或平凸状。

（1）广东薹草 Carex adrienii E. G. Camus

草本。茎生叶佛焰苞状；基生叶 2~4 片簇生根状茎节上，芦叶状，宽 10mm 以上。圆锥花序；小穗雌雄顺序，雄花长于雌花。

分布华南、西南地区。

（2）团穗薹草 Carex agglomerata C. B. Clarke

秆锐三棱形，棱上粗糙，基部具紫褐色、无叶片的鞘。叶短于或近等长于秆，边缘粗糙，具淡红棕色叶鞘。小坚果倒卵形、三棱形，淡黄色。

分布华南、西南、西北地区。

（3）浆果薹草 Carex baccans Nees

草本。茎中生。茎生叶发达，枝先出、囊状。圆锥花序复出；总苞片叶状；小穗雄雌顺序。果囊成熟时红色，有光泽。

分布华南、西南地区。

（4）中华薹草 Carex chinensis Retz.

草本。茎中生。叶有小横脉。花单性；顶生小穗雄性。果囊被毛，有长喙；小坚果棱上中部不缢缩，与花柱之间界线明显。

分布西南、华南地区。

（5）十字薹草 Carex cruciata Wahl.

草本。茎中生。茎生叶发达。总苞片叶状；小穗雄雌顺序；雌花鳞片有芒。果囊成熟时绯红色；小坚果三棱形，熟时暗褐色。

分布华东、华南、西南地区。

（6）隐穗薹草 Carex cryptostachys Brongn.

草本。茎侧生。叶两面平滑，边缘粗糙。小穗两性，单1小穗在苞鞘内，排成总状；柱头3枚。果囊具短喙；小坚果三棱形。

分布华南、西南地区。

（7）条穗薹草 Carex nemostachys Steud.

草本。茎中生。叶有小横脉。小穗聚生茎端，顶生小穗雄性。果囊被毛，有长喙；小坚果中部不缢缩，与花柱界线不明显。

分布华东、华中、华南地区至云贵一带。

（8）镜子薹草 Carex phacota Spreng.

秆丛生，锐三棱形，基部具淡黄褐色或深黄褐色的叶鞘，细裂成网状。叶与秆近等长，边缘反卷。小坚果近圆形或宽卵形，褐色。

分布华南、华中、华东、西南地区。

（9）花葶薹草 Carex scaposa C. B. Clarke

秆侧生，三棱形，基部具淡褐色无叶的鞘。叶基生和秆生。小坚果椭圆形、三棱形，成熟时褐色。

分布华东、华南、华中、西南地区。

3. 莎草属 Cyperus L.

秆直立，丛生或散生，仅于基部生叶。叶具鞘。长侧枝聚伞花序简单或复出，或有时短缩成头状，基部具叶状苞片数枚。小坚果三棱形。

（1）扁穗莎草 Cyperus compressus L.

一年生草本。基部具较多叶，叶灰绿。长侧枝聚伞花序简单，穗状花序轴短；小穗长 1~3cm，小穗轴有翅。小坚果表面具细点。

分布华东、华南、西南地区。

（2）莎状砖子苗 Cyperus cyperinus (Retz.) Valck. Sur.

草本。基部不膨大。叶坚挺。长侧枝聚伞花序简单，伞梗长短不等，穗状花序卵形，每伞梗顶端 1 个穗状花序，穗状花序长 8~15m。

分布华南地区。

（3）砖子苗 Cyperus cyperoides (L.) Kuntze

草本。叶下部常折合。长侧枝聚伞花序简单；每伞梗顶端 1 个穗状花序，穗状花序圆柱形，宽 6~8mm。小坚果狭长圆形。

分布西北、华中、华南、西南地区。

（4）异型莎草 Cyperus difformis L.

一年生草本。长侧枝聚伞花序舒展，有长短不等伞梗；小穗多数，放射状排列；鳞片顶端短直；雄蕊 1~2 枚。小坚果淡黄色。

分布东北、华北、华东、华南、西南地区。

（5）多脉莎草 Cyperus diffusus Vahl

一年生草本。叶片一般较宽，最宽达 2cm，粗糙。长侧枝聚伞花序多次复出；小穗数目较多，轴具狭翅。小坚果深褐色。

分布华南、西南地区。

（6）疏穗莎草 Cyperus distans L. f.

多年生草本。叶片多而长，平张，稍粗糙。长侧枝聚伞花序多次复出；小穗少数，圆柱形。坚果黑褐色，具稍突起细点。

分布华南、西南地区。

（7）高秆莎草 Cyperus exaltatus Retz.

秆粗壮，钝三棱形，平滑，基部生较多叶。叶几与秆等长，边缘粗糙；叶鞘长，紫褐色。小坚果倒卵形或椭圆形、三棱形。

分布华南、华东地区。

（8）畦畔莎草 Cyperus haspan L.

一年生草本；高 10~40cm。叶短，2~3 片。长侧枝聚伞花序复出，8~12 伞梗；小穗多数；雄蕊 3（~1）枚。坚果具疣状小突起。

分布华南、西南地区。

（9）*风车草 Cyperus involucratus Rottb.

秆稍粗壮，近圆柱状，上部稍粗糙，基部包裹以无叶的鞘，鞘棕色。小坚果椭圆形，近于三棱形，褐色。

原产非洲。全国南北各地均有栽培。

（10）碎米莎草 Cyperus iria L.

一年生草本。叶少数。长侧枝聚伞花序复出；穗状花序轴伸长，小穗长 3~10mm，小穗轴无翅。坚果具密的微突起细点。

分布东北、华北、华中、西北、华南、西南地区。

（11）羽状穗砖子苗 Cyperus javanicus Houtt.

草本。茎基部不膨大。叶稍硬，边缘具锐刺。长侧枝聚伞花序扩展；小穗长圆状披针形，轴有翅，鳞片顶端急尖。坚果黑褐色。

分布广东、海南。

（12）茳芏 Cyperus malaccensis Lam.

秆锐三棱状，平滑，基部具 1~2 叶及长鞘。叶鞘长，棕色。坚果窄长圆形，三棱状，与鳞片近等长，成熟时暗褐色。

分布华南、西南地区。

（13）短叶茳芏 Cyperus malaccensis Lam. subsp. monophyllus (Vahl) T. Koyama

草本。叶片短或有时极短，宽 3~8mm，平张。苞片 3 枚，叶状，短于花序；小穗线形，宽约 1.5mm，具 10~42 朵花。小坚果三棱形。

分布华南地区。

（14）旋鳞莎草 Cyperus michelianus (L.) Link.

秆密丛生，扁三棱形，平滑。叶长于或短于秆，平张或有时对折；基部叶鞘紫红色。小坚果狭长圆形、三棱形。

分布华南、东北、华中、华东地区。

（15）矮莎草 Cyperus pygmaeus Rottb.

秆扁锐三棱形，三面均下凹，基部具少数叶。叶平张，上部边缘及背面中肋上具疏小刺；叶鞘红棕色。小坚果狭长圆形，近于三棱形，表面具很细小的六角形网纹。

分布华南地区。

（16）香附子 Cyperus rotundus L.

多年生草本。叶片多而长。长侧枝聚伞花序简单或复出，穗状花序轮廓为陀螺形；小穗少数，压扁。小坚果长圆状倒卵形。

分布西北、华中、华北、华东、华南、西南地区。

（17）水莎草 **Cyperus serotinus** Rottb.

草本。叶片少，宽3~10mm，基部折合，上面平张。苞片常3枚，叶状；每一穗状花序具5~17个小穗。小坚果椭圆形，长约为鳞片的4/5。

分布东北、华北、西北、华中、华东、华南、西南地区。

（18）苏里南莎草 **Cyperus surinamensis** Rott.

秆丛生，三棱形，微糙，具倒刺。叶短于秆。球形头状花序，一级辐射枝4~12，微糙，具倒刺。小坚果具柄，长椭圆状。

（19）广东高秆莎草 **Cyperus exaltatus** var. **tenuispicatus** L.K.Dai

秆高100~150cm。叶几与秆等长。长侧枝聚伞花序多次复出；小穗排列较密，长圆形，具4~6朵花。小坚果倒卵形、三棱形。

分布华南地区。

（20）白鳞莎草 **Cyperus nipponicus** Franch. & Savat.

一年生草本。苞片3~5枚，叶状，较花序长数倍；小穗无柄，长3~8mm，宽1.5~2mm，具8~30朵花。小坚果长圆形，长约为鳞片的1/2。

分布华东、华北地区。

（21）断节莎 **Cyperus odoratus** Linnaeus

秆三棱形，具纵槽，平滑，下部具叶，基部膨大呈块茎。叶短于秆，平张，稍硬，叶鞘长，棕紫色。小坚果长圆形或倒卵状长圆形、三棱形，红色或黑色。

分布华南地区。

4. 荸荠属 Eleocharis R. Br.

小穗一个，顶生；鳞片螺旋状排列；雄蕊1~3个；花柱细；柱头2~4个，丝状。小坚果倒卵形或圆倒卵形、三棱形或双凸状，平滑或有网纹。

（1）荸荠 **Eleocharis dulcis** (Burm. f.) Trin. ex Hensch

秆圆柱状。叶鞘膜质，紫红色、微红色、深、淡褐色或麦秆黄色，光滑，无毛，鞘口斜，顶端急尖。小穗圆柱状；小坚果宽倒卵形，扁双凸状，黄色。

全国各地均有栽培。

（2）龙师草 **Eleocharis tetraquetra** Nees

秆锐四棱柱状，无毛。叶鞘下部紫红色，上部灰绿色，鞘口近平截，顶端短三角形具短尖；小坚果倒卵形或宽倒卵形，微扁三棱状，淡褐色。

除青藏高原、新疆、甘肃等地外，各地都有分布。

5. 飘拂草属 Fimbristylis Vahl

秆丛生或不丛生。叶通常基生，有时仅有叶鞘而无叶片。花序顶生。小穗单生或簇生。小坚果倒卵形、三棱形或双凸状。

（1）披针穗飘拂草 **Fimbristylis acuminata** Vahl.

秆稍扁，具纵沟，无毛，平滑，基部具叶鞘而无叶片，下面的叶鞘鳞片状，上面的叶鞘筒状，顶端斜截形。小坚果圆倒卵形，双凸状，具褐色短柄。

分布华南地区。

（2）夏飘拂草 **Fimbristylis aestivalis** (Retz.) Vahl.

秆扁三棱形，平滑，基部具少数叶。叶短于秆，丝状，平张，边缘稍内卷，两面被疏柔毛；叶鞘短，棕色，外面被长柔毛。小坚果倒卵形，双凸状，黄色。

分布华东、华南、西南地区。

（3）复序飘拂草 Fimbristylis bisumbellata (Forssk.) Bubani

秆扁三棱形，平滑。叶短于秆，平展，顶端边缘具小刺；叶鞘短，黄绿色，具锈色斑纹，被白色长柔毛。小坚果宽倒卵形，双凸状，黄白色。

分布华南、华北、华中、西南地区。

（4）两歧飘拂草 Fimbristylis dichotoma (L.) Vahl

多年生草本。根状茎短。茎基部的叶鞘无叶片；叶舌为1圈短毛。长侧枝简单；小穗长圆形；鳞片螺旋状排列；花柱扁平，柱头2枚。坚果具7~9显著纵肋。

分布东北、华北、华东、华南、西南地区。

（5）拟二叶飘拂草 Fimbristylis diphylloides Makino

秆由叶腋间抽出，扁四棱形，具纵槽。叶短于或几等长于秆，平张，顶端急尖，边缘具疏细齿。小坚果宽倒卵形、三棱形或为不等的双凸状，褐色。

分布华中、华东、华南、西南地区。

（6）起绒飘拂草 Fimbristylis dipsacea (Rottb.) Benth. ex C. B. Clarke

秆丛生，无毛。叶常与秆等长或短于秆，毛发状。苞片数枚，毛发状，往往高出花序；小穗近于球形。小坚果狭长圆形，扁，稍短于鳞片，淡褐色。

分布华中、华南、西南地区。

（7）知风飘拂草 Fimbristylis eragrostis (Nees) Hance

叶略似镰刀状，无毛，顶部急尖，边缘粗糙；鞘革质，顶端斜裂，裂口处有淡棕色的膜质边缘。小坚果宽倒卵形、三棱形，白色或稍带棕色，有疣状突起。

分布华东、华中、华南地区。

（8）水虱草 Fimbristylis littoralis Gamdich

草本。叶侧扁，套褶。苞片2~4枚，刚毛状；小穗单生，近球形，长1.5~5mm，宽1.5~2mm。小坚果长1mm，具疣状突起和网纹。

分布东部、南部地区。

（9）褐鳞飘拂草 Fimbristylis nigrobrunnea Thwaites

叶线形，边缘粗糙，顶端急尖，具短尖或无；鞘革质，顶端斜裂，裂口处为膜质并呈浅棕色。小坚果倒卵形，扁三棱形，白色，表面有疣状突起和近似六角形的网纹。

分布华南、西南地区。

（10）独穗飘拂草 Fimbristylis ovata (Burm. f.) Kern

草本。叶狭窄，顶端急尖。长枝聚伞花序开展，有伞梗；小穗单个顶生，两侧压扁；鳞片2列。小坚果密被疣状突起。

分布华南、西南地区。

（11）少穗飘拂草 Fimbristylis schoenoides (Retz.) Vahl.

秆丛生，稍扁，平滑，具纵槽。叶短于秆，两边常内卷，上部边缘具小刺。小坚果圆倒卵形或近于圆形，双凸状，具短柄，黄白色，表面具六角形网纹。

分布华南、华中、西南地区。

（12）畦畔飘拂草 Fimbristylis squarrosa Vahl

多年生草本。无根状茎。茎基部的叶鞘无叶片；叶舌为1圈短毛。长侧枝简单；3~6小穗，长圆形；鳞片螺旋状排列；雄蕊1枚。小坚果倒卵形，双凸状。

分布华北、华东、华南、西南地区。

（13）四棱飘拂草 Fimbristylis tetragona R. Br.

多年生草本。根状茎短，茎四棱形。叶鞘具棕色膜质的边；无叶片。小穗单生顶端；鳞片紧密地螺旋状排列，淡棕黄色。坚果表面具六角形网纹。

分布华南地区。

6. 芙兰草属 Fuirena Rottb.

植株被毛。秆丛生或近丛生。叶狭长，鞘具膜质叶舌。长侧枝聚伞花序简单或复出；小穗聚生成圆簇。小坚果三棱形。

（1）芙兰草 Fuirena umbellata Rottb.

多年生草本。茎纤细。叶面被短硬毛。小穗上的鳞片螺旋状排列，有多数结实的两性花；外轮花被片刚毛状，内轮花瓣状。小坚果具柄。

分布华南、西南地区。

7. 黑莎草属 Gahnia J. R. Forst. &. G. Forst.

叶有背、腹之分，有明显的中脉。圆锥花序硕大而松散或紧缩呈穗状。小穗具 1~2 朵花。小坚果成熟时常有光泽。

（1）散穗黑莎草 Gahnia baniensis Benl

草本。植株基部黄绿色；茎圆柱形。叶有背、腹之分，有明显的中脉。花序散生；花两性；雄蕊 3 枚。小坚果骨质，有光泽。

分布华南地区。

（2）黑莎草 Gahnia tristis Nees

草本。植株基部黑褐色；茎圆柱形。叶有背、腹之分，中脉明显。花序穗状；小穗有 1~3 能结实的两性花。小坚果骨质。

分布华南地区。

8. 割鸡芒属 Hypolytrum L. C. Rich.

叶基生者两行排列，互相稍紧抱，近革质，具 3 条脉。穗状花序少数或多数。小坚果双凸状，顶端具圆锥状或卵球形的喙。

（1）割鸡芒 Hypolytrum nemorum (Vahl.) Spreng.

草本。叶片正常发育。花单性；最下一片苞片远长于花序，长 15~30cm；雌花下无空鳞片，柱头 2 枚。小坚果基部无基盘。

分布华南、西南地区。

9. 水蜈蚣属 Kyllinga Rottb.

秆丛生或散生，基部具叶。穗状花序1~3个，头状，无总花梗，具多数密聚的小穗；小穗轴基部上面具关节。小坚果扁双凸状。

（1）短叶水蜈蚣 **Kyllinga brevifolia** Rottb.

草本；株高5~50cm。根状茎延长。叶片长5~15cm。穗状花序单生，鳞片2行排列，背面的龙骨状凸起有翅。小坚果褐色。

分布南北各地。

（2）无刺鳞水蜈蚣 **Kyllinga brevifolia** var. **leiolepis** (Franch. et Savat.) Hara

叶柔弱，平张。穗状花序单个，小穗较宽，稍肿胀。鳞片背面的龙骨状突起上无刺，顶端无短尖或具直的短尖。小坚果扁双凸状，表面具密的细点。

分布华南、华东、西北、华北、东北地区。

（3）单穗水蜈蚣 **Kyllinga nemoralis** (J. R. Forster & G. Forster) Dandy ex Hutch.

多年生草本。叶平张，柔弱。穗状花序常1个，具极多数小穗；小穗压扁，具1朵花；鳞片舟状。小坚果较扁，顶端短尖。

分布华南、西南地区。

10. 鳞籽莎属 Lepidosperma Labill.

多年生草本，丛生，匍匐根状茎粗壮，刚硬，无毛。秆圆柱状，直立，粗壮。叶基生，有叶鞘，叶片圆柱状。圆锥花序具多数小穗；小穗密聚，具5~10片鳞片。小坚果三棱形，平滑，无喙，基部通常为硬化的鳞片所包。

（1）鳞籽莎 **Lepidosperma chinense** Nees & Meyen ex Kunth

多年生草本。秆丛生，高45~90cm，圆柱状或近圆柱状。叶圆柱状，基生，较秆稍短，直径2~3mm。圆锥花序紧缩成穗状，长3~10cm；小穗密集。

分布香港、福建、湖南、海南。

11. 湖瓜草属 Lipocarpha R. Br.

叶基生。穗状花序2~5个簇生呈头状；穗状花序具多数鳞片和小穗。小坚果三棱形、双凸状或平凸状，顶端无喙，为小鳞片所包。

（1）华湖瓜草 **Lipocarpha chinensis** (Osbeck) J. Kern

矮小草本。叶线形，宽2~4mm。穗状花序3~7个簇生，银白色；小总苞片具直立的短尖头；花被鳞片状。小坚果微弯。

分布东北至西南地区。

（2）湖瓜草 **Lipocarpha microcephala** (R. Br.) Kunth

草本。叶狭线形，宽 0.7~1.5mm。穗状花序 2~4 个簇生，绿色或紫褐色；小总苞片尾状尖，外弯；花被鳞片状。小坚果草黄色。

分布东北、东部、南部和西南地区。

12. 擂鼓艻属 Mapania Vahl

草本。穗状花序聚生成头状；小穗两性，具 5~6 片小鳞片和 3~4 朵单性花。小坚果干骨质或多汁，具喙或不具喙。

（1）华擂鼓艻 Mapania silhetensis C. B. Clarke

叶基生，带形，向顶端渐狭而呈尾状渐尖，长达 130cm 或更长，宽 2.5~3.5cm，具 3 条脉。头状花序由 4 个穗状花序所组成，长 3.5~4cm。

（2）单穗擂鼓荔 Mapania wallichii C. B. Clarke

草本。秆高 25~54cm。叶带形，向顶端渐狭呈鞭状，长 120cm 或更长，宽 2~3.5cm。穗状花序 1 个，椭圆形或略带倒卵形，长 2~3.5cm。

分布华南地区。

13. 扁莎属 Pycreus P. Beauv.

草本。头状花序；鳞片二列，最下面 1~2 个鳞片内无花，其余均具 1 朵两性花；柱头 2。小坚果两侧压扁。

（1）球穗扁莎 Pycreus flavidus (Retz.) T. Koyama

根状茎短，具须根。秆丛生；叶少，短于秆；简单长侧枝聚伞花序具 1~6 个辐射枝；小穗密聚于辐射枝上端呈球形。小坚果倒卵形，双凸状。

分布东北各省、陕西、山西、山东、河北、江苏、浙江、安徽、福建、海南、香港、云南、四川、贵州。

（2）多枝扁莎 Pycreus polystachyos (Rottb.) P. Beauv.

草本。植株高 20~60cm。叶平张，稍硬。长侧枝聚伞花序简单，伞梗 5~8 枚；小穗宽 1~2mm，直立；小坚果两面无凹槽。

分布华南地区。

（3）矮扁莎 Pycreus pumilus (L.) Nees

草本；高 2~20cm。叶少，宽约 2mm，折合或平张。苞片 3~5 枚，叶状；小穗宽 1~2mm，鳞片两侧无槽，稍向外弯。小坚果双凸状。

分布华南、西南地区。

14. 刺子莞属 Rhynchospora Vahl

草本。圆锥花序，上面的 1~3 片鳞片内各具 1 朵两性花；通常具下位刚毛，下位刚毛具刺或不具刺；雄蕊 3；花柱长，柱头 2。小坚果扁。

（1）三俭草 Rhynchospora corymbosa (L.) Britton

秆三棱形，兼具基生叶和秆生叶。叶鞘管状，抱秆，鞘口有短而宽的膜质叶舌；叶狭长，线形，边缘粗糙，顶端渐狭。小坚果长圆倒卵形，褐色。

分布华南、西南地区。

（2）刺子莞 Rhynchospora rubra (Lour.) Makino

草本。叶全部基生，钻状线形。头状花序单个顶生；小穗钻状披针形；花柱基部膨大而宿存。小坚果阔倒卵形，长约1.5mm。

分布长江流域以南各地。

15. 水葱属 Schoenoplectus (Rech.) Palla

秆散生或丛生，无节；叶通常简化成鞘；长侧枝聚伞花序假侧生；小穗多花；鳞片边缘具缺刻和微毛；小坚果双凸状，平滑。

（1）萤蔺 Schoenoplectus juncoides (Roxb.) Palla

丛生草本。头状花序假侧生，由2~7小穗组成，总苞片圆柱形；小穗卵形，具多数花。小坚果宽倒卵形，熟时黑褐色，具光泽。

分布东北地区。

（2）水毛花 Schoenoplectus mucronatus (L.) Palla subsp. robustus (Miq.) T. Koyama

秆三棱形，棱呈翅状，秆上横脉明显；叶鞘上具明显的横脉。小穗数较少，披针形；鳞片上部边缘呈暗紫红色，具多数脉。

分布华南、华中、华东、西南地区。

（3）三棱水葱 Schoenoplectus triqueter (L.) Palla

秆三棱形，基部具2~3个鞘，鞘膜质，横脉明显隆起，最上一个鞘顶端具叶片。叶片扁平。小坚果倒卵形，平凸状，成熟时褐色，具光泽。

分布全国各地。

（4）猪毛草 Schoenoplectus wallichii (Nees) T. Koyama

草本。茎4~5棱，高10~40cm。鞘长3~9cm；叶缺。头状花序假侧生，由2~5小穗组成。小坚果倒卵形，下位刚毛4~5条，有倒刺。

分布华南、西南地区。

16. 藨草属 Scirpus L.

草本。圆锥花序；小穗具少数至多数花，每鳞片内均具1朵两性花；雄蕊3~1个；花柱与子房连生，柱头2~3个。小坚果三棱形或双凸状。

（1）东方藨草 Scirpus orientalis Ohwi

秆粗壮靠近花序部分为三棱形。叶等长或短于花序，叶片边缘和背面中肋上常有锯齿，叶鞘和叶片背面有隆起的横脉。小坚果倒卵形或宽倒卵形，扁三棱形，淡黄色。

分布大部分地区。

17. 珍珠茅属 Scleria P. J. Bergius

草本。圆锥花序顶生；单性；雄小穗通常具数朵雄花；雌小穗仅具1朵雌花；两性小穗则在下面1朵为雌花。小坚果球形或卵形。

（1）二花珍珠茅 Scleria biflora Roxb.

秆三棱形，无毛。叶秆生，线形，纸质，边缘粗糙，两面被毛或仅叶背两侧的脉上被疏短硬毛；秆基部的叶鞘无毛，小坚果近球形或倒卵状圆球形。

分布华南、华东、西南地区。

（2）黑鳞珍珠茅 Scleria hookeriana Boeckeler

秆三棱形。叶线形，纸质，无毛或多少被疏柔毛；叶鞘纸质，有时被疏柔毛；叶舌半圆形，被紫色髯毛。小坚果卵珠形、钝三棱形，白色。

分布华南、华中、西南地区。

（3）毛果珍珠茅 Scleria levis Retz.

多年生草本。茎三棱形。叶舌半圆形；叶鞘有翅。圆锥花序顶生和侧生；小穗多为单性花。坚果表面具隆起的横皱纹。

分布华南、西南地区。

（4）光果珍珠茅 Scleria radula Hance

草本。叶片线形，宽1.2~1.5cm。圆锥花序长2.5~6cm；小穗披针形，长8~10mm。小坚果呈不甚明显的三棱，长3~3.5mm。

分布华南地区。

（5）高秆珍珠茅 Scleria terrestris (L.) Fass.

多年生草本。茎三棱形。叶舌紫红色，半圆形；叶鞘有翅。圆锥花序，多为单性花；小总苞刚毛状，长达4cm。小坚果球形。

分布华南、西南地区。

（四十二）禾本科 Poaceae

植物体木本或草本。根的类型绝大多数为须根。茎多为直立，但亦有匍匐蔓延乃至如藤状。叶为单叶互生。

1. 看麦娘属 Alopecurus L.

草本。圆锥花序圆柱形；小穗含 1 小花；外稃膜质，具不明显 5 脉，中部以下有芒，其边缘于下部连合；内稃缺；子房光滑。颖果与稃分离。

（1）看麦娘 Alopecurus aequalis Sobol.

一年生。高 15~40cm。叶片扁平，长 3~10cm，宽 2~6mm。圆锥花序圆柱状，灰绿色，长 2~7cm。花药橙黄色。

分布大部分地区。

（2）日本看麦娘 Alopecurus japonicus Steud.

一年生草本。叶无横脉。圆锥花序穗状。外稃无芒，小穗脱节于颖之下，长 5~6cm，两侧压扁；1 朵能育小花。颖果半椭圆形。

分布西北、华东、华南地区。

2. 水蔗草属 Apluda L.

草本。花序顶生，圆锥状。有柄小穗之一退化至仅存微小外颖，另 1 枚含 2 小花。无柄小穗两性，2 小花；雄蕊 3；花柱仅基部近合生。颖果卵形。

（1）水蔗草 Apluda mutica L.

多年生草本。秆高 50~300cm。叶片扁平，长 10~35cm。圆锥花序；小穗成对着生；有 2 朵小花，能育小花具芒。颖果卵形。

分布西南、华南地区。

3. 荩草属 Arthraxon Beauv.

草本。总状花序；小穗雄性或中性；第一小花退化；第二小花两性；雄蕊 2 或 3；柱头 2；鳞被 2。颖果细长而近线形。

（1）荩草 Arthraxon hispidus (Thunb.) Makino

一年生草本。秆细弱，高 30~60cm。叶片卵状披针形，长 2~4cm。总状花序，2~10 枚指状排列或簇生秆顶。颖果长圆形。

遍布全国各地。

4. 野古草属 Arundinella Raddi

草本。圆锥花序，小穗含 2 小花；第一小花常为雄性或中性；第二小花两性，短于第一小花，鳞被 2 枚；雌蕊 3；柱头 2 枚。颖果长卵形至长椭圆形。

（1）毛节野古草 Arundinella barbinodis Keng ex B. S. Sun & Z. H. Hu

草本。秆草质，节上密被毛。小穗柄顶无白色长刺毛，脱节于颖之上；有小花2朵。第二外稃顶端具芒，芒刺两侧有一条刚毛。

分布华南、西南地区。

5. 芦竹属 Arundo L.

草本。圆锥花序，具多数小穗。小穗含2~7花；雄蕊3，花药长2~3mm。颖果较小，纺锤形。

（1）芦竹 Arundo donax L.

多年生大草本。秆高3~6m。叶长30~50cm，宽3~5cm。圆锥花序极大型，长30~60cm，宽3~6cm；小穗含2~4小花。颖果细小。

分布华东、华南、西南地区。

6. 地毯草属 Axonopus P. Beauv.

草本。穗形总状花序，2至数枚；小穗有1~2小花；第二小花两性；鳞被2；雄蕊3；花柱基分离。种脐点状。

（1）地毯草 Axonopus compressus (Sw.) P. Beauv.

多年生草本；高8~60cm。节密被灰白色柔毛。叶薄，宽6~12mm。总状花序2~5枚；小穗单生，长2.2~2.5mm；柱头白色。

分布华南、西南地区。

7. 孔颖草属 Bothriochloa Kuntze

草本。总状花序；小穗孪生，两性；鳞被2枚；雄蕊3枚，子房光滑；花柱2，柱头帚状。有柄小穗雄性或中性；第一外稃和内稃通常缺。

（1）白羊草 Bothriochloa ischaemum (L.) Keng

多年生草本。叶线形，长5~16cm，宽2~3mm。总状花序呈指状或伞房状，长3~7cm；小穗有2朵小花；能育小花具1膝曲的芒。

几乎遍布全国。

8. 臂形草属 Brachiaria Griseb.

草本。圆锥花序顶生，由2至数枚总状花序组成；小穗有1~2小花；第一小花雄性或中性；第二小花两性；鳞被2。

（1）四生臂形草 Brachiaria subquadripara (Trin.) Hitchc.

节上生根，节膨大而生柔毛，节间具狭糟。叶鞘松弛，被疣基毛或边缘被毛；叶片披针形至线状披针形，无毛或稀生短毛，边缘增厚而粗糙，常呈微波状。

分布华南、华中地区。

9. 细柄草属 Capillipedium Stapf

多年生草本。秆细弱或强壮似小竹。叶鞘光滑或有毛；叶舌膜质，具纤毛；叶片线形。圆锥花序由具1至数节的总状花序组成；小穗孪生，一无柄，另一有柄，或3枚同生于每一总状花序之顶端，其一无柄，另2枚有柄；花序分枝与小穗柄纤细。

（1）细柄草 Capillipedium parviflorum (R. Br.) Stapf

多年生，簇生草本。高50~100cm。叶鞘无毛或有毛；

叶片线形，长15~30cm，宽3~8mm。圆锥花序长圆形，长7~10cm。

分布华东、华中以至西南地区。

10. 酸模芒属 Centotheca Desv.

草本。叶鞘光滑；叶舌膜质。顶端圆锥花序开展。小穗含2至数小花，上部小花退化；雄蕊2枚。颖果与内、外稃分离。

（1）酸模芒 **Centotheca lappacea** (L.) Desv.

小草本。叶片长椭圆状披针形，有明显小横脉，上面疏生硬毛。圆锥花序；小穗有2~7朵小花，外稃有7脉。颖果椭圆形。

分布华南、西南地区。

11. 虎尾草属 Chloris Sw.

草本。叶鞘常于背部具脊；叶舌短小，膜质。穗状花序；小穗含2~3(~4)小花，第一小花两性，上部其余诸小花退化不孕。颖果长圆柱形。

（1）虎尾草 **Chloris virgata** Sw.

草本。叶线形，长3~25cm，宽3~6mm。穗状花序5~10枚；小穗1朵能育小花；不育小花外稃顶端阔而截平；小穗除颖外有2芒。

遍布全国各地。

12. 金须茅属 Chrysopogon Trin.

草本。圆锥花序顶生；小穗通常3枚，1无柄而为两性，另2枚有柄而为雄性或中性；鳞被2；雄蕊3枚；花柱2，柱头帚状。颖果线形。

（1）竹节草 **Chrysopogon aciculatus** (Retz.) Trin.

多年生草本；高20~50cm。叶片披针形，宽4~6mm，边缘具小刺毛。圆锥花序只由顶生3小穗组成；有柄小穗基盘被短柔毛。

分布华南、西南地区。

13. 小丽草属 Coelachne R. Br.

草本。圆锥花序。小穗含2小花，均为两性，或第二小花为雌性；雄蕊2~3枚；花柱2，分离，柱头帚状。颖果卵状椭圆形。

（1）小丽草 **Coelachne simpliciuscula** (Wight & Arn. ex Steud.) Munro ex Benth.

秆纤细，节处生根。叶鞘无毛或上部边缘具微毛，无叶舌；叶柔软，披针形。圆锥花序窄狭；小穗淡绿色或微带紫色。颖草质；外稃纸质。颖果棕色，卵状椭圆形。

分布华南、西南地区。

14. 薏苡属 Coix L.

草本。总状花序腋生。小穗单性；雄小穗含2小花；雌小穗2~3枚，仅1枚发育，孕性小穗之第一颖宽。颖果大，近圆球形。

（1）薏苡 Coix lacryma-jobi L.

一年生粗壮草本。秆高1~2m，具10节以上。叶片宽1.5~3cm。总状花序腋生成束；总苞珐琅质，坚硬，有光泽。颖果不饱满。

分布东北、华中、西北、华北、华东、华南、西南地区。

15. 香茅属 Cymbopogon Spreng.

草本。总状花序具3~6节。无柄小穗两性；鳞被2，楔形，雄蕊3枚；花柱2，柱头羽毛状。颖果长圆状披针形，胚大型，约为果体的1/2。

（1）*柠檬草 Cymbopogon citratus (DC.) Stapf

节下被白色蜡粉。叶鞘无毛，不向外反卷，内面浅绿色；叶舌质厚，顶端长渐尖，平滑或边缘粗糙。伪圆锥花序具多次复合分枝；无柄小穗线状披针形。

华南地区有栽培。

16. 狗牙根属 Cynodon Rich.

草本。穗状花序，含1~2小花；第一小花外稃舟形；鳞被甚小；子房无毛，柱头红紫色。颖果长圆柱形或稍两侧压扁。

（1）狗牙根 Cynodon dactylon (L.) Pers.

多年生草本。具根茎或匍匐茎。节生不定根。叶舌有一轮纤毛，叶线形。穗状花序；小穗灰绿色或紫色。颖果长圆柱形。

广布于黄河以南各地，北京也有栽培。

17. 弓果黍属 Cyrtococcum Stapf

草本。圆锥花序；小穗有2小花，第一小花不孕，第二小花两性；鳞被褶叠，很薄，具3脉，在基部有一舌状突起；花柱基分离；种脐点状。

（1）弓果黍 Cyrtococcum patens (L.) A. Camus

一年生草本。叶披针形，长3~8cm，宽3~10mm。圆锥花

序长不超过 15cm，宽不过 6cm；小穗柄长于小穗；外稃背部弓状隆起。

分布华中、华南地区。

（2）散穗弓果黍 Cyrtococcum patens (L.) A. Camus var. latifolium (Honda) Ohwi

一年生草本。植株被毛。叶长 7~15cm，宽 1~2cm，脉间具小横脉。圆锥花序长达 30cm，宽超过 15cm；小穗柄远长于小穗。

分布华中、华南、西南地区。

18. 龙爪茅属 Dactyloctenium Willd.

草本。穗状花序；外稃具 3 脉；内稃较短，具 2 脊。鳞被 2；雄蕊 3；子房球形，花柱 2。囊果椭圆形，圆柱形或扁。种子近球形。

（1）龙爪茅 Dactyloctenium aegyptium (L.) Willd.

一年生草本。秆高 15~60cm。叶舌具纤毛；叶扁平，两面被毛。总状或指状花序；外稃 1 至 3 脉；小穗 3~4 朵小花。囊果球形。

分布华东、华南和中南等地区。

19. 牡竹属 Dendrocalamus Nees

乔木状竹类。箨鞘脱性；箨舌较明显；箨片常外翻。圆锥花序；雄蕊 11；子房球形或卵形；花柱与柱头单一。果卵形或长椭圆形。

（1）* 麻竹 Dendrocalamus latiflorus Munro

节间无毛，仅在节内具一圈棕色茸毛环。箨鞘厚革质，宽圆铲形；箨耳小；箨舌边缘微齿裂；箨片外翻，卵形至披针形。果实为囊果状，卵球形，淡褐色。

分布华南、西南地区。

20. 马唐属 Digitaria Hill.

草本。总状花序。小穗含 1 两性花，2 或 3~4 枚着生于穗轴之各节；雄蕊 3；柱头 2；鳞被 2；颖果长圆状椭圆形，约占果体的 1/3，种脐点状。

（1）十字马唐 Digitaria cruciata (Nees ex Steud.) A. Camus

一年生。节生髭毛。叶片线状披针形，边缘较厚成微波状，稍粗糙。总状花序广开展，腋间生柔毛；小穗孪生，同型。

分布华中、西南、华南地区。

（2）亨利马唐 Digitaria henryi Rendle

一年生。叶鞘无毛。叶片狭披针形，长 3~8cm，宽 2~5mm。小穗孪生，同型，长 2.5mm；第一颖脉平滑；第一外稃有等距的 7 脉。

分布华南地区。

（3）马唐 Digitaria sanguinalis (L.) Scop.

一年生。叶片线状披针形，长 5~15cm。总状花序 4~12 枚成指状着生；小穗孪生，同型，椭圆状披针形；第二颖具柔毛。

分布西南、西北、华北、华中、华南、华东地区。

（4）升马唐 Digitaria ciliaris (Retz.) Koel.

叶鞘常短于其节间，多少具柔毛；叶片线形或披针形，上面散生柔毛，边缘稍厚，微粗糙。总状花序呈指状排列于茎顶。

分布南北各地。

21. 觿茅属 Dimeria R. Br.

草本。总状花序；小穗含 1 两性小花和 1 退化的小花；第一小花的外稃较小；第二小花的外稃透明膜质；鳞被 2；雄蕊 2。

（1）觿茅 Dimeria ornithopoda Trin.

顶生叶鞘紧包秆；叶舌边缘破裂状；叶片线形。总状花序，呈指状着生于秆顶或分枝顶；小穗两侧极压扁，芒柱棕褐色。颖果线状长圆形。

分布华南、西南地区。

22. 稗属 Echinochloa P. Beauv.

草本。圆锥花序；小穗含 1~2 小花；第一小花中性或雄性；第二小花两性。鳞被 2；花柱基分离；种脐点状。

（1）光头稗 Echinochloa colona (L.) Link

草本。秆直立，高 10~60cm。叶线形，长 3~20cm，宽 3~7mm。小穗阔卵形或卵形，顶端急尖或无芒；第一颖长为小穗的 1/2。

分布华北、华中、华东、西南、华南地区。

（2）稗 Echinochloa crusgalli (L.) P. Beauv.

一年生。秆基部倾斜或膝曲。叶鞘疏松裹秆；叶片扁平，线形。圆锥花序直立，分枝柔软；小穗卵形；芒长 0.5~1.5cm。

分布几遍全国以及全世界温暖地区。

（3）短芒稗 Echinochloa crusgalli (L.) P. Beauv. var. **breviseta** (Döll) Podp.

植株高 30~70cm。叶片长 8~15cm，宽 4~6mm。圆锥花序较狭窄，长 8~10cm；小穗卵形，顶端具小尖头或具短芒，芒长通常不超过 0.5cm。

分布华南、华中、西南地区。

（4）无芒稗 Echinochloa crusgalli (L.) P. Beauv. var. mitis (Pursh) Peterm.

秆高 50~120cm；叶片长 20~30cm，宽 6~12mm。圆锥花序直立，分枝斜上举而开展；小穗卵状椭圆形，无芒或具极短芒，芒长常不超过 0.5mm。

分布东北、华北、西北、华东、西南及华南等地区。

（5）水田稗 Echinochloa oryzoides (Ard.) Fritsch.

秆粗壮直立，高达 1m 许。叶鞘及叶片均光滑无毛。叶片扁平，线形。圆锥花序；小穗卵状椭圆形，通常无芒或具长不达 0.5cm 的短芒。

分布华南、华北、华东、华中、西南等地区。

23. 穇属 Eleusine Gaertn.

草本。穗状花序；小穗轴脱节于颖上或小花之间；小花数朵紧密地覆瓦状排列于小穗轴上。鳞被 2；雄蕊 3。囊果宽椭圆形。

（1）牛筋草 Eleusine indica (L.) Gaertn.

一年生草本。秆丛生。叶鞘压扁而具脊；叶片平展，线形。穗状花序 2~7 个指状着生于秆顶，弯曲，宽 8~10mm。囊果卵形。

分布全国南北各地。

24. 画眉草属 Eragrostis Wolf

草本。圆锥花序；小穗有数个至多数小花；颖不等长，通常短于第一小花，具 1 脉。颖果与稃体分离、球形或压扁。

（1）鼠妇草 Eragrostis atrovirens (Desf.) Trin. ex Steud.

多年生草本。叶鞘光滑，鞘口有毛；叶扁平或内卷，上面近基部疏生长毛。圆锥花序开展；小花外稃和内稃同时脱落。

分布华南、西南地区。

（2）大画眉草 Eragrostis cilianensis (All.) Vignolo ex Janch.

一年生草本。植株具腺体。叶片线形，扁平。圆锥花序，腋间具柔毛；小穗长 2~3mm；小花不随小穗脱落。颖果近圆形。

分布全国各地。

（3）乱草 Eragrostis japonica (Thunb.) Trin.

一年生。叶鞘松裹茎；叶片平展。圆锥花序长圆形；小穗卵圆形，成熟后紫色；小花随小穗轴关节自上而下逐节脱落。

分布华中、华东、华南地区。

（4）小画眉草 Eragrostis minor Host.

一年生草本。植株具腺体。叶舌为一圈长柔毛；叶片线形。圆锥花序开展而疏松；小穗长 1.5~2mm；小花不随小穗轴脱落。

分布全国各地。

（5）疏穗画眉草 Eragrostis perlaxa Keng ex Keng f. & L. Liu

多年生草本。叶鞘口有毛；叶片内卷，直立，上面疏生长柔毛。圆锥花序扩展；无毛；小花不随小穗轴脱落；内稃宿存。

分布华南地区。

（6）画眉草 Eragrostis pilosa (L.) P. Beauv.

一年生草本；高 10~60cm。秆通常具 4 节。叶片线形，无毛。圆锥花序，分枝腋间有毛；小穗有花 3~14 朵；第一颖无脉。

分布全国各地。

（7）鲫鱼草 Eragrostis tenella (L.) P. Beauv. ex Roem. & Schult.

小型草本。秆具条纹。叶舌为一圈短纤毛。圆锥花序开展；小穗柄上有腺点；内稃脊具长纤毛。颖果长圆形，深红色。

分布华中、华南地区。

（8）牛虱草 Eragrostis unioloides (Retz.) Nees. ex Steud.

草本。叶片平展，近披针形。圆锥花序开展；小穗长圆形或锥形；小花覆瓦状排列，成熟时开展并呈紫色。颖果椭圆形。

分布华南各地、西南、华中、华南地区。

25. 蜈蚣草属 Eremochloa Buse

草本。总状花序单生；第一小花雄蕊 3；雌蕊不存在；第二小花两性或雌性，外稃透明膜质；内稃较狭窄。颖果长圆形。

（1）蜈蚣草 Eremochloa ciliaris (L.) Merr.

多年生草本。叶鞘互相跨生；叶片常直立。总状花序单生，常弓曲；无柄小穗覆瓦状排列；有柄小穗完全退化。颖果长圆形。

分布秦岭以南地区。

27. 黄金茅属 Eulalia Kunth

多年生直立草本。叶片线形或披针形。总状花序数枚呈指状排列于秆顶，总状花序轴节间易折断；孪生小穗同形，一无柄，一有柄，其基盘常短钝；颖草质或厚纸质，第一颖背部微凹或扁平，第二颖两侧压扁，具脊。

（1）金茅 Eulalia speciosa (Debeaux) Kuntze

秆高70~120cm，节常被白粉；叶片长25~50cm，宽4~7mm，扁平或边缘内卷。总状花序5~8枚，淡黄棕色至棕色。

分布陕西南部、华东、华中、华南以及西南地区。

28. 耳稃草属 Garnotia Brongn.

多年生或一年生草本。叶片扁平或内卷，常被疣基长柔毛。圆锥花序开展或紧缩；小穗含1小花，基部多具短毛；颖几等长，具3脉；外稃无毛，先端渐尖或具2齿，顶端或齿间常有芒，稀无芒；内稃透明膜质，具2脉，两侧边缘在中部以下具耳。

（1）耳稃草 Garnotia patula (Munro) Benth.

多年生。秆丛生，高60~130cm。叶片线形至线状披针形，长15~60cm，宽4~9mm。圆锥花序疏松开展，长15~40cm。

分布福建、香港、海南、广西。

（2）假俭草 Eremochloa ophiuroides (Munro) Hack.

多年生草本。叶鞘多密集跨生于秆基；叶片条形。总状花序顶生，稍弓曲，花序轴节间具短柔毛；第一颖顶端两侧有宽翅。

分布华东、华中、华南、西南地区。

26. 鹧鸪草属 Eriachne R. Br.

草本。圆锥花序顶生；小穗含2两性小花，小穗轴极短，脱节于颖之上及2小花之间；鳞被2；雄蕊2~3；雌蕊具分离花柱和帚刷状柱头。

（1）鹧鸪草 Eriachne pallescens R. Br.

丛生状小草本。叶片多纵卷成针状，被疣毛。圆锥花序稀疏；小穗有2至多朵能育小花，小穗轴不延伸。颖果长圆形。

分布华南、华中地区。

29. 牛鞭草属 Hemarthria R. Br.

草本。总状花序；小穗孪生。无柄小穗嵌生于总状花序轴凹穴中；雄蕊3，花药常红色。颖果卵圆形或长圆形，胚长约达颖果的2/3。

(1) 大牛鞭草 **Hemarthria altissima** (Poir.) Stapf & C. E. Hubb.

多年生草本。秆一侧有槽。叶片线形。总状花序背腹压扁；无柄小穗卵状披针形，长 5~7mm；有柄小穗第二颖顶端急尖。

分布东北、华北、华中、华南、西南地区。

(2) 牛鞭草 **Hemarthria sibirica** (Gand.) Ohwi

多年生草本。秆一侧有槽。叶片线形。总状花序单生或簇生。无柄小穗卵状披针形。有柄小穗第二颖完全游离于总状花序轴。

分布东北、华北、华中、华南、西南地区。

30. 白茅属 **Imperata** Cyrillo

草本。圆锥花序顶生。小穗含 1 两性小花；第一内稃不存在；第二内稃包围雌、雄蕊；鳞被不存在；雄蕊 2 或 1；柱头 2。颖果椭圆形。

(1) 大白茅 **Imperata cylindrica** (L.) P. Beauv. var. **major** (Nees) C. E. Hubb.

多年生草本。秆节具白柔毛。叶舌具毛；叶片线形，上面被细柔毛。圆锥花序呈白色狗尾状；小穗披针形。颖果椭圆形。

分布华北、华中、华东、华南、西南、西北地区。

31. 柳叶箬属 **Isachne** R. Br.

草本。圆锥花序；小穗含 2 小花，均为两性或第一小花为雄性，第二小花为雌性；鳞被 2；雄蕊 3 枚，花柱 2。颖果椭圆形或近球形。

(1) 柳叶箬 **Isachne globosa** (Thunb.) Kuntze

多年生。叶片披针形，边缘软骨质。圆锥花序卵圆形，分枝具黄色腺斑；小穗椭圆状球形，长 2~1.2mm。颖果近球形。

分布东北、华东、华中、华南、西南地区。

(2) 平颖柳叶箬 **Isachne truncata** A. Camus

多年生。节具茸毛。叶片披针形，被细毛。圆锥花序开展，分枝有腺斑，常蛇形弯曲；小穗两花同质同形。颖果近球形。

分布华东、华中、华南、西南地区。

32. 鸭嘴草属 **Ischaemum** L.

草本。总状花序；小穗孪生，一有柄，一无柄，各含 2 小花；第一小花雄性或中性；第二小花两性；鳞被 2；雄蕊 3。颖果长圆形。

(1) 有芒鸭嘴草 **Ischaemum aristatum** L.

草本。叶线状被针形，长可达 18cm，宽 4~8mm。总状花

序长 4~6cm；无柄小穗第一颖边缘宽，不内弯，有时具曲膝状芒。

分布华东地区。

（2）鸭嘴草 Ischaemum aristatum L. var. glaucum (Honda) T. Koyama

叶舌长 3~4mm；叶片线状被针形。总状花序轴节间和小穗柄的外棱上无纤毛；无柄小穗第一颖无翅或仅有极窄的翅；芒隐藏于小穗内或稍露出。

分布华南、华东地区。

（3）粗毛鸭嘴草 Ischaemum barbatum Retz.

草本。节上被髯毛。叶片线状披针形。总状花序孪生于秆顶，相互紧贴成圆柱状；无柄小穗第一颖脊背有瘤。颖果卵形。

分布华东、华北、华中、华南、西南地区。

（4）细毛鸭嘴草 Ischaemum indicum (Houtt.) Merr.

多年生草本。节上密被白色髯毛。叶片线形。总状花序 2（3~4）枚孪生，常分离；小穗具芒，无柄小穗第一颖脊上有翅。

分布华东、华南、西南地区。

33. 假稻属 Leersia Soland. ex Swartz

草本。圆锥花序顶生；小穗含 1 小花；鳞被 2；雄蕊 6 枚或 1~3 枚，花药线形。颖果长圆形，压扁，胚长约为果体之 1/3。种脐线形。

（1）李氏禾 Leersia hexandra Swartz

草本。叶披针形，长 5~12cm，宽 3~6mm。圆锥花序分枝多，无小枝；雄蕊 6 枚；花药长 2.5~3mm；小穗具长约 0.5mm 的短柄。

分布华南地区。

34. 千金子属 Leptochloa P. Beauv.

草本。圆锥花序小穗含 2 至数小花；颖不等长，通常短于第一小花；外稃具 3 脉，通常无芒；内稃与外稃等长或较之稍短，具 2 脊。

（1）千金子 Leptochloa chinensis (L.) Nees

一年生小草本。叶舌常撕裂具小纤毛；叶片扁平或卷折。圆锥花序，分枝及主轴微粗糙；小穗多带紫色。颖果长圆球形。

分布西北、华北、华中、华东、华南、西南地区。

（2）虮子草 Leptochloa panicea (Retz.) Ohwi

一年生小草本。秆高 30~60cm。叶片扁平，长 6~18cm。圆锥花序长 10~30cm，分枝细弱；小穗灰绿或带紫色。颖果圆球形。

分布西北、华中、华东、华南、西南地区。

35. 淡竹叶属 Lophatherum Brongn

草本。圆锥花序；小穗圆柱形，含数小花，第一小花两性，其他均为中性小花；雄蕊 2 枚，自小花顶端伸出。颖果与内、外分离。

（1）淡竹叶 Lophatherum gracile Brongn.

多年生草本。秆高 40~80cm，具 5~6 节。叶披针形，长 6~20cm。圆锥花序；小穗线状披针形。颖果长椭圆形，熟后易刺黏。

分布长江流域和华南、西南地区。

37. 莠竹属 Microstegium Nees

蔓性草本。总状花序。小穗两性，孪生；第一小花雄性；鳞被 2，楔形；柱头帚刷状，自小穗上部之两侧伸出。颖果长圆形。

（1）刚莠竹 Microstegium ciliatum (Trin.) A. Camus

多年生蔓生草本。叶披针形，中脉白色。总状花序 5~15；无柄小穗披针形，长 2~4mm；有柄小穗边缘密生纤毛。颖果长圆形。

分布华中、华南、西南地区。

（2）蔓生莠竹 Microstegium fasciculatum (L.) Henrard

多年生草本。秆下部节生根并分枝。叶片不具柄，无毛。总状花序 3~5 枚；无柄小穗长 2~4mm；第二颖顶端尖。颖果长圆形。

分布东北、华东、华南、西南地区。

36. 糖蜜草属 Melinis P. Beauv.

草本。圆锥花序；小穗含 2 小花；第一小花退化至仅留 1 外稃；第二小花两性；鳞被 2，具 3 脉，雄蕊 3，花柱 2。颖果长圆形。

（1）红毛草 Melinis repens (Willd.) Zizka

秆常分枝，节间具疣毛，节具软毛。叶鞘短于节间；叶舌为长约 1mm 的柔毛组成；叶片线形。圆锥花序开展；小穗柄纤细弯曲；小穗被粉红色绢毛。

分布华南地区。

三、被子植物 ANGIOSPERMAE

38. 芒属 Miscanthus Andersson

高大草本。圆锥花序顶生。小穗含一两性花，具不等长的小穗柄；鳞被2，雄蕊3枚，先雌蕊而成熟；花柱2；柱头帚刷状。颖果长圆形。

（1）五节芒 Miscanthus floridulus (Labill.) Warb. ex K. Schum. & Lauterb.

多年生草本。叶披针状线形，中脉隆起。圆锥花序，花序轴长达花序的2/3以上，长于总状花序分枝；雄蕊3枚。颖果长圆形。

分布华东、华中、华南、西南地区。

（2）芒 Miscanthus sinensis Andersson

多年生草本。叶片下面疏生柔毛及被白粉。圆锥花序，花序轴长达花序的1/2以下，短于总状花序分枝；雄蕊3枚。颖果长圆形。

分布几遍全国各地。

39. 类芦属 Neyraudia Hook. f.

草本。圆锥花序。小穗含3~8花，第一小花两性或不孕，第二小花正常发育，上部渐小或退化；颖短于其小花；鳞被2枚；雄蕊3。

（1）类芦 Neyraudia reynaudiana (Kunth) Keng ex Hitchc.

多年生。具木质根状茎。秆节间被白粉。叶片扁平或卷折。圆锥花序开展或下垂；小穗第一小花不育；外稃长4mm。

分布长江流域以南地区。

40. 求米草属 Oplismenus P. Beauv.

草本。圆锥花序；小穗含2小花；第一小花中性；第二小花两性；鳞被2，薄膜质，折叠，3脉；花柱基分离；种脐椭圆形。

（1）竹叶草 Oplismenus compositus (L.) P. Beauv.

草本。叶片披针形至卵状披针形，长3~9cm，具横脉。圆锥花序，分枝互生而疏离，长于2cm；小穗孪生。颖草质，近等长。

分布华中、华东、华南、西南地区。

41. 稻属 Oryza L.

草本。圆锥花序顶生。小穗含一两性小花；鳞被2；雄蕊6枚；柱头2，帚刷状，自小穗两侧伸出。颖果长圆形，平滑，胚小，长为果体的1/4。

（1）* 稻 Oryza sativa L.

一年生水生草本。叶舌披针形，长15~20mm，具2枚镰形抱茎的叶耳；叶线状披针形。圆锥花序大型；小穗长8~10mm。

全世界广为栽培。

42. 露籽草属 Ottochloa Dandy

草本。圆锥花序顶生；每小穗有2小花，第一小花不育；第二小花发育，外稃质地变硬；鳞被薄，具5脉；花柱自基部即分离，种脐点状。

（1）露籽草 Ottochloa nodosa (Kunth) Dandy

多年生蔓生草本。叶披针形，边缘稍粗糙。圆锥花序多少开展；小穗有短柄，椭圆形，长2.8~3.2mm。颖草质，不等长。

分布华南地区。

（2）小花露籽草 Ottochloa nodosa (Kunth) Dandy var. micrantha (Balansa ex A. Camus) S. M Phillips & S. L. Chen

多年生；蔓生草本。叶鞘短于节间，叶舌膜质；叶片披针形，先端长渐尖。圆锥花序多少开展，小穗顶端近短尖，第一颖卵形；第一外稃椭圆形。

分布华南、西南地区。

43. 黍属 Panicum L.

草本。圆锥花序，含2小花；第一小花雄性或中性；第二小花两性；鳞被2；雄蕊3；花柱1，分离，柱头帚状。

（1）糠稷 Panicum bisulcatum Thunb.

一年生草本；高达1m。叶片狭披针形。圆锥花序分枝纤细；第一颖长为小穗的1/3~1/2。颖果平滑，浆片蜡质，具3~5脉。

分布南部和东北地区。

（2）短叶黍 Panicum brevifolium L.

一年生草本。叶舌顶端被纤毛；叶片两面疏被粗毛。圆锥花序分枝具黄色腺点；小穗椭圆形，具蜿蜒长柄。颖果有乳突。

分布华南、华中、西南地区。

（3）大罗湾草 Panicum luzonense J. Presl

秆单生或丛生，节上密生硬刺毛。植株除小穗外，多少被疣基毛。叶鞘松弛，短于或下部的长于节间；叶舌极短，顶端被睫毛；叶片披针形至线状披针形。

分布华南地区。

（4）铺地黍 Panicum repens L.

多年生草本。秆高50~100cm。叶片质硬，长5~25cm。圆锥花序开展，长5~20cm；第一颖长为小穗1/3以下。颖果浆片纸质，多脉。

分布东南地区。

（5）细柄黍 **Panicum sumatrense** Roth ex Roem. & Schult.

秆叶鞘松弛，无毛，压扁，下部的常长于节间；叶舌膜质，截形，顶端被睫毛；叶片线形，两面无毛。圆锥花序开展；小穗卵状长圆形。

分布东南、西南地区。

44. 雀稗属 Paspalum L.

穗形总状花序；小穗含一成熟小花在上，第一小花中性，内稃缺；鳞被2；雄蕊3；柱头帚刷状，自顶端伸出；胚大；种脐点状。

（1）两耳草 **Paspalum conjugatum** P. J. Bergius.

多年生草本。叶舌极短顶端具纤毛；叶片质薄。总状花序2枚，长6~12cm；小穗卵形，长1.5~1.8mm。颖果长约1.2mm。

分布华南、西南地区。

（2）双穗雀稗 **Paspalum distichum** L.

草本。匍匐茎横走，长达1m。叶披针形，长5~15cm，宽3~7mm。小穗长3~3.5mm，椭圆形；总状花序长3~5cm；穗轴硬直。

分布华中、华东、华南地区。

（3）鸭嘴草 **Paspalum scrobiculatum** L.

草本。秆高30~90cm。叶线状披针形，长10~20cm。总状花序2~5（8）枚，长3~10cm，互生于长2~6cm的主轴上；小穗长2.5~3mm。

分布华南、西南地区。

（4）圆果雀稗 Paspalum scrobiculatum L. var. orbiculare (G. Forst.) Hack.

多年草本生。叶长披针形至线状。总状花序；小穗椭圆形，长2~2.2mm；第二颖与第一颖外稃等长，第二外稃等长于小穗。

分布华南、西南地区。

（5）雀稗 Paspalum thunbergii Kunth ex Steud.

多年生。节被长柔毛。叶片线形，两面被柔毛。总状花序3~6枚，互生形成圆锥花序；第二颖与第一外稃皆生微柔毛。

45. 狼尾草属 Pennisetum Rich.

草本。圆锥花序紧缩呈穗状圆柱形；小穗有1~2小花；第一小花雄性或中性；第二小花两性；鳞被2；雄蕊3。颖果长圆形或椭圆形。

（1）狼尾草 Pennisetum alopecuroides (L.) Spreng.

叶鞘光滑，两侧压扁，主脉呈脊；叶舌具纤毛；叶片线形，先端长渐尖，基部生疣毛。圆锥花序直立；小穗通常单生，偶有双生，线状披针形。

分布东北、华北、华东、华南、中南及西南地区。

（2）牧地狼尾草 Pennisetum polystachion (L.) Schult.

叶鞘疏松，有硬毛，边缘具纤毛；叶舌披纤毛；叶片线形。圆锥花序为紧圆柱状，黄色至紫色；小穗卵状披针形，成熟时常反曲。

华南地区已引种归化。

（3）* 象草 Pennisetum purpureum Schumach.

叶鞘光滑或具疣毛；叶舌短小，具纤毛；叶片线形，扁平，上面疏生刺毛，近基部有小疣毛，下面无毛，边缘粗糙。小穗通常单生或2~3簇生，披针形。

华南、华中、西南等地区有栽培。

46. 芦苇属 Phragmites Adans.

草本。圆锥花序；小穗含3~7小花；第一外稃通常不孕，含雄蕊或中性；内稃狭小，甚短于其外稃；鳞被2，雄蕊3。

（1）芦苇 Phragmites australis (Cav.) Trin. ex Steud.

多年生草本；2m以上。叶片披针状，顶端长渐尖成丝形。圆锥花序大型，着生稠密下垂的小穗；小穗长6~10mm。颖果。

分布东北、华北、华中、华东、华南、西北、西南地区。

47. 苦竹属 Pleioblastus Nakai

竿小型至大型，散生或少数种类可丛生成群，直立；节间圆筒形或在其有分枝之节间下部一侧微扁平，节下方的白粉环明显；竿环隆起，高于箨环；箨环常具一圈箨鞘基部残留物。每小枝通常生 3~5 叶，少数种类多可多达 13 叶。

（1）苦竹 **Pleioblastus amarus** (Keng) Keng f.

竿高 3~5m，具白粉；节间圆筒形，在分枝一侧的下部稍扁平，通常长 27~29cm，节下方粉环明显；节内长约 6mm；竿环隆起，高于箨环。

分布长江流域以南地区。

48. 早熟禾属 Poa L.

草本。圆锥花序；小穗含 2~8 小花；两颖不等或近相等；鳞被 2；雄蕊 3；花柱 2，柱头羽毛状；子房无毛。颖果长圆状纺锤形。

（1）早熟禾 **Poa annua** L.

秆无毛。叶鞘稍压扁，中部以下闭合；叶舌圆头；叶片扁平或对折，顶端急尖呈船形。圆锥花序宽卵形；小穗卵形，绿色；颖质薄，花药黄色。颖果纺锤形。

分布东北、华中、华东、华南、西南、西北等地区。

49. 金发草属 Pogonatherum Beauv.

草本。穗形总状花序单；小穗孪生，无柄小穗有 1~2 小花，第一小花雄性，第二小花两性；雄蕊 1 或 2 枚，花柱 2。颖果长圆形。

（1）金丝草 **Pogonatherum crinitum** (Thunb.) Kunth

矮小草本；高约 20cm。秆具纵条纹，节上被髯毛。叶片线形。穗形总状花序单生于秆顶；小穗同形同性。颖果卵状长圆形。

分布华南、云南地区。

50. 筒轴茅属 Rottboellia L. f.

草本。总状花序；小穗孪生。无柄小穗两性，第一小花中性或雄性；第二小花两性；雄蕊 3，花柱分离。颖果卵形或长圆形。

（1）筒轴茅 **Rottboellia cochinchinensis** (Lour.) Clayton

一年生草本。叶片线形。总状花序粗壮直立，花序轴节间肥厚，易逐节断落；无柄小穗嵌生于凹穴中。颖果长圆状卵形。

分布华中、华南、西南地区。

51. 甘蔗属 Saccharum L.

草本。顶生圆锥花序大型稠密，由多数总状花序组成；小穗孪生，均含 1 两性小花；雄蕊 3 枚；柱头自小穗中部之两侧伸出，花柱短。

（1）斑茅 **Saccharum arundinaceum** Retz.

高大丛生草本。叶线状披针形，长 1~2m，宽 2~5cm。圆锥花序大型，长 30~80cm。第一颖被长于小穗 2~3 倍的白色柔毛。

分布华中、西北、华东、华南、西南地区。

一年生草本。秆高20~100cm。叶线形，长5~20cm。圆锥花序；小穗斜披针形，长2~2.5mm；第一颖为小穗长的1/3~2/3。颖果椭圆形。

分布华南、华东、中南地区。

53. 狗尾草属 Setaria P. Beauv.

草本。秆直立或基部膝曲。圆锥花序呈穗状或总状圆柱形；小穗1~2小花；第一小花雄性或中性；第二小花两性；鳞被2；雄蕊3；花柱2。

（1）大狗尾草 Setaria faberi R. A. W. Herrm.

秆粗壮而高大，高50~120cm；圆锥花序紧缩呈圆柱状；小穗椭圆形，具1~3枚较粗而直的刚毛；第一外稃与小穗等长。

分布华南、东北、华东、华中、西南地区。

（2）*甘蔗 Saccharum officinarum L.

多年生草本。秆粗壮，节下被蜡粉。叶线形宽大，中脉粗壮。顶生圆锥花序大型稠密；小穗孪生，两颖近等长。颖果卵圆形。

分布全世界热带和亚热带地区。

（2）棕叶狗尾草 Setaria palmifolia (J. Koenig) Stapf

高大草本。叶片纺锤状宽披针形，宽2~7cm，具纵深皱折。圆锥花序疏松；部分小穗下有1条刚毛。颖果卵状披针形。

分布华中、华东、华南、西南地区。

（3）*竹蔗 Saccharum sinense Roxb.

秆实心，具多数节，灰褐色，节下被蜡粉。叶鞘较长于节间，鞘口具长柔毛；叶舌背部密生细毛；叶线状披针形，无毛，灰白色，边缘具锯齿状粗糙。

分布江西、湖南、福建、广西、云南、四川。

52. 囊颖草属 Sacciolepis Nash

草本。圆锥花序紧缩成穗状，小穗有2小花；颖不等长；第一小花雄性或中性；第二小花两性。鳞被2；种脐点状。

（1）囊颖草 Sacciolepis indica (L.) Chase

（3）幽狗尾草 Setaria parviflora (Poir.) Kerguélen

叶鞘龙骨状，无毛；叶片硬，平的或内卷。圆锥花序圆柱体；分枝退化至被刚毛被着的小穗；小穗椭圆形；成熟时的刚毛金色或紫色棕色。

分布华南、华中地区。

（4）皱叶狗尾草 Setaria plicata (Lam.) T. Cooke

多年生草本。叶宽 1~3cm。圆锥花序狭长圆形或线形；小穗披针形，部分小穗下有 1 条刚毛。颖果狭长卵形，先端具尖头。

分布华中、华东、华南、西南地区。

（5）狗尾草 Setaria viridis (L.) P. Beauv

一年生草本。秆直立或基部膝曲。叶片扁平，线状披针形。圆锥花序呈圆柱状；每小穗下有 1 至数条刚毛。颖果灰白色。

原产欧亚大陆的温带和暖湿地区。全国大部分地区逸为野生。

54. 高粱属 Sorghum Moench

草本。圆锥花序；小穗孪生，一无柄，一有柄；无柄小穗两性，有柄小穗雄性或中性；第二颖舟形，具脊；第一外稃膜质，第二外稃全缘。

（1）*高粱 Sorghum bicolor (L.) Moench

叶鞘无毛或稍有白粉；叶舌硬膜质，先端圆，边缘有纤毛；叶片线形至线状披针形，表面暗绿色，背面淡绿色或有白粉，两面无毛，边缘软骨质。

南北各地均有栽培。

55. 稗荩属 Sphaerocaryum Nees ex Hook. f.

具卵状心形叶片和小型圆锥花序。小穗卵圆形，含 1 小花，两性。颖透明膜质，无毛。颖果卵圆形，与稃体分离。

（1）稗荩 Sphaerocaryum malaccense (Trin.) Pilger.

一年生草本。叶鞘被柔毛；叶片卵状心形，基部抱茎，疏生硬毛。圆锥花序卵形；小穗具 1 小花。颖果卵圆形，棕褐色。

分布华东、华南、西南地区。

56. 鬣刺属 Spinifex L.

叶片线形，边缘折卷呈针状。花单性，雌雄异株；小穗披针形；雄小穗有 1~2 小花，单生于具柄的穗状花序上；颖草质，具数脉。

（1）老鼠芳 Spinifex littoreus (Burm. f.) Merr.

秆表面被白蜡质。叶鞘宽阔，边缘具缘毛；叶舌顶端有不整齐白色纤毛；叶片线形，下部对折，上部卷合如针状，常呈弓状弯曲，边缘粗糙，无毛。

分布华南地区。

57. 鼠尾粟属 Sporobolus R. Br.

一年生或多年生草本。叶舌纤毛状；叶片狭披针形或线形，通常内卷。小穗含 1 小花，两性。囊果成熟后裸露，易从稃体间脱落。

（1）鼠尾粟 **Sporobolus fertilis** (Steud.) Clayton

多年生丛状草本。叶长15~45cm，通常内卷。圆锥花序长19~44cm；小穗具1小花；第二颖长约为小穗的1/2~2/3。囊果红褐色。

分布华中、华北、华东、华南、西南地区。

（2）盐地鼠尾粟 **Sporobolus virginicus** (L.) Kunth

多年生。秆基部节上生根。叶鞘紧裹茎；叶舌纤毛状；叶片质较硬，长3~10cm。圆锥花序紧缩穗状，分枝直立且贴生；小穗披针形，排列较密。

分布华南、华中地区。

58. 菅属 **Themeda** Forssk.

多年生或一年生草本。秆近圆形，实心。叶鞘具脊；叶舌膜质；叶片线形，长而狭，边缘常粗糙。颖果线状倒卵形，具沟。

（1）苞子草 **Themeda caudata** (Nees) A. Camus

多年生草本。高1~2.5m。叶片线形，长20~60cm，被毛。带佛焰苞的总状花序组成圆锥花序；小穗线状披针形；芒长2~8cm。

分布华东、华中、华南、西南地区。

（2）菅 **Themeda villosa** (Poir.) A. Camus

多年生草本。秆粗壮，两侧压扁或具棱。多大型伪圆锥花序；每总状花序由9~11小穗组成；芒短于1cm。颖果线状倒卵形。

分布华中、华东、华南、西南地区。

59. 棕叶芦属 **Thysanolaena** Nees

多年生草本。秆丛生。叶鞘平滑；叶舌短；叶片宽广，披针形。顶生圆锥花序大型；小穗微小，含2小花。颖果小，与内外稃分离。

（1）棕叶芦 **Thysanolaena latifolia** (Roxb. ex Hornem.) Honda

多年生丛状草本。秆高2~3m。叶片披针形，长20~50cm。圆锥花序大型，长达50cm；小穗微小，具2小花。颖果长圆形。

分布华南、西南地区。

60. 玉蜀黍属 **Zea** L.

秆高大下部数节生有一圈支柱根。叶片阔线形。小穗单性，雌、雄异序；雌花序生于叶腋内，为多数鞘状苞片所包藏。

（1）* 玉蜀黍 **Zea mays** L.

一年生高大草本。叶片基部呈耳状。顶生雄性圆锥花序；雌花序被鞘状苞片所包藏；小穗孪生。颖果球形，成熟后露出。

全国各地均有栽培。

61. 结缕草属 Zoysia Willd.

叶常内卷而窄狭。总状花序穗形；小穗两侧压扁，以其一侧贴向穗轴，呈紧密的覆瓦状排列。颖果卵圆形，与稃体分离。

（1）沟叶结缕草 Zoysia matrella (L.) Merr.

叶鞘长于节间，鞘口具长柔毛；叶舌顶端撕裂为短柔毛；叶内卷，上面具沟，无毛。总状花序呈细柱形；小穗卵状披针形，黄褐色或略带紫褐色。颖果长卵形，棕褐色。

分布华南地区。

（2）结缕草 Zoysia japonica Steud.

叶鞘无毛；叶舌纤毛状；叶扁平或稍内卷，表面疏生柔毛，背面近无毛。总状花序呈穗状；小穗卵形，淡黄绿色或带紫褐色。颖果卵形。

分布华南、华中、华东、华北地区。

（四十三）竹亚科 Bambusoideae

乔木或灌木状。有秆，中空。叶2型；茎生叶单生在秆和大枝条的各节，称为秆箨、枝箨；营养叶二行排列互生于枝系中末级分枝的各节，叶鞘常彼此重叠覆盖，相互包卷。

1. 簕竹属 Bambusa Schreb.

灌木或乔木状竹类。花序为续次发生。小穗含2至多朵小花，顶端1或2朵小花常不孕；鳞被2或3；雄蕊5。颖果通常圆柱状。

（1）簕竹 Bambusa blumeana Schult. f.

尾梢下弯，下部略呈"之"字形曲折；箨鞘迟落，背面密被暗棕色刺毛；箨耳线状长圆形；箨舌条裂；箨片卵形至狭卵形。叶片线状披针形至狭披针形。

华南、西南地区均已栽培。

（3）青皮竹 Bambusa textilis McClure

乔木状。箨鞘顶端凸拱；箨耳非镰形，不被箨片掩盖，宽不达1cm。叶背绿色，先端具细尖头。小穗有柄。成熟颖果未见。

分布西南、华中、华东地区。

（4）*佛肚竹 Bambusa ventricosa McClure

秆二型：正常秆节间圆柱形；畸形秆节间短缩而其基部肿胀，呈瓶状。箨鞘早落；箨耳不相等；箨片易脱落。小穗轴节间形扁，顶端膨大呈杯状。颖果未见。

南方各地有引种栽培。

（2）*撑篙竹 Bambusa pervariabilis McClure

丛生乔木状。节间具黄绿色纵条纹。箨耳不相等；箨片基部与箨耳连接部分为3~7mm，箨片易脱落。颖果幼时宽卵球状。

分布华南地区。

（5）*黄金间碧竹 **Bambusa vulgaris** Schrader ex J. C. Wendl. f. **vittata** (Rivière & C. Rivière) T. P. Yi

秆黄色，节间正常，但具宽窄不等的绿色纵条纹，箨鞘在新鲜时为绿色而具宽窄不等的黄色纵条纹。

分布华南、西南地区。

（6）粉单竹 **Bambusa chungii** McClure

乔木状。秆节间幼时被白粉；箨片外反；箨鞘背面被刺毛。叶片较厚，披针形。小穗无柄。成熟颖果卵形，腹面有沟槽。

分布华南地区。

（7）车筒竹 **Bambusa sinospinosa** McClure

大乔木状。秆的下部分枝交织成网状。箨鞘背面基部被茸毛，箨鞘基部与箨耳有界限。秆下部节间无毛，箨耳等大。雄蕊6枚。

分布华南和西南地区。

2. 箬竹属 **Indocalamus** Nakai

灌木状或小灌木状竹类。竿箨宿存性；竿每节仅生1枝。花序总状或圆锥状；小穗含数朵至多朵小花；鳞被3；雄蕊3；花柱2枚。颖果。

（1）箬竹 **Indocalamus tessellatus** (Munro) Keng. f.

灌木状。竿箨宿存；箨鞘密被紫褐色伏贴疣基刺毛，具纵肋；箨耳无；箨片多变。叶大型。小穗小花多朵。子房和鳞被未见。

分布华东、华南、西南地区。

（2）半耳箬竹 **Indocalamus semifalcatus** (H. R. Zhao & Y. L. Yang) T. P. Yi

灌木状。节间暗绿色具白毛。与原种差别在于箨耳和叶耳均为半截的镰形；叶片下表面之中脉两侧均无成行的微毛。

分布华南、西南地区。

3. 箪竹属 **Schizostachyum** Nees

全竿通直或略呈"之"字形曲折；竿环不隆起。孕性小花的外秀圆卷；雄蕊6；子房具柄，花柱1，柱头3。颖果纺锤形。

（1）苗仔竹 **Schizostachyum dumetorum** (Hance) Munro

乔木状。箨鞘基部外缘有圆形耳垂体，顶端截平，两侧对称且不耸起；箨片长不超过箨鞘的1/2。果纺锤形，顶端具喙。

分布华南、华中地区。

（四十四）金鱼藻科 **Ceratophyllaceae**

多年生沉水草本；无根；茎漂浮。叶4~12轮生，条形，边缘一侧有锯齿或微齿。花单性，雌雄同株，单生叶腋。坚果革质，卵形或椭圆形。

1. 金鱼藻属 Ceratophyllum L.

茎漂浮，有分枝。叶4~12轮生，硬且脆，1~4次二叉状分歧，条形，边缘一侧有锯齿或微齿，先端有2刚毛；无托叶。

（1）金鱼藻 Ceratophyllum demersum L.

叶4~12轮生，1~2次二叉状分歧，裂片丝状，或丝状条形，先端带白色软骨质，边缘仅一侧有数细齿。坚果宽椭圆形，黑色，平滑，边缘无翅，有3刺。

全世界广布。

（四十五）木通科 Lardizabalaceae

茎缠绕或攀缘。叶互生，掌状或三出复叶，很少为羽状复叶，无托叶；叶柄和小柄两端膨大为节状。花辐射对称。果为肉质的蓇葖果或浆果。

1. 大血藤属 Sargentodoxa Rehder & E. H. Wilson

叶互生，三出复叶或单叶，具长柄；无托叶。花单性，排成下垂的总状花序。果实为多数小浆果合成的聚合果，每一小浆果具梗。

（1）大血藤 Sargentodoxa cuneata (Oliv.) Rehder & E. H. Wilson

落叶木质藤本；长达10m以上。藤径粗达9cm，全株无毛。三出复叶；小叶菱形，不对称。总状花序腋生。小浆果组成聚合果。

分布华中、华东、华南、西南地区。

2. 野木瓜属 Stauntonia DC.

叶互生，掌状复叶，具长柄，有小叶3~9片；小叶全缘。花单性，同株或异株，通常数朵至十余朵组成腋生的伞房式的总状花序。

（1）野木瓜 Stauntonia chinensis DC.

常绿木质藤本。掌状复叶有小叶5~7片，长圆形，网脉两面凸起。总状花序腋生，雌雄同株；具蜜腺状花瓣。浆果长圆形。

分布华东、西南地区。

（2）牛藤果 Stauntonia elliptica Hemsl.

叶具羽状3小叶；小叶纸质，椭圆形、长圆形、卵状长圆形或倒卵形，上面深绿，下面浅绿或灰绿色。总状花序数个簇生于叶腋；花淡绿色至近白色。果长圆形或近球形，淡褐色。

分布华南、华中、西南地区。

（3）斑叶野木瓜 Stauntonia maculata Merr.

木质藤本。掌状复叶通常有小叶5~7片；叶柄长3.5~9cm；小叶披针形至长圆状披针形，长5~10cm，宽1~3cm。

分布福建。

（4）尾叶那藤 Stauntonia obovatifoliola Hayata subsp. urophylla (Hand.-Mazz.) H. N.Qin

茎、枝和叶柄具细线纹。掌状复叶有小叶5~7片；叶柄纤细；小叶革质，倒卵形或阔匙形，总状花序数个簇生于叶腋，花淡黄绿色。果长圆形或椭圆形。

分布华南、华中、华东地区。

（四十六）防己科 Menispermaceae

叶螺旋状排列，无托叶，单叶，稀复叶，常具掌状脉，较少羽状脉；叶柄两端肿胀。聚伞花序。

1. 木防己属 Cocculus DC.

叶非盾状，全缘或分裂，具掌状脉。聚伞花序或聚伞圆锥花序，腋生或顶生。核果倒卵形或近圆形，稍扁，花柱残迹近基生。

（1）木防己 Cocculus orbiculatus (L.) DC.

木质藤本。叶片纸质至近革质，形状变异极大，掌状3~5脉。聚伞花序腋生；花瓣6；心皮6枚。核果近球形，红色至紫红色。

除西北部和西藏外，全国广布。

2. 轮环藤属 Cyclea Arn. ex Wight

叶具掌状脉，叶柄通常长而盾状着生。聚伞圆锥花序通常狭窄，很少阔大而疏松，腋生、顶生或生老茎上。核果倒卵状球形或近圆球形。

（1）粉叶轮环藤 Cyclea hypoglauca (Schauer) Diels

藤本。叶纸质，盾状着生，阔卵状三角形至卵形，长2.5~7cm，掌状脉5~7条。雄花序穗状；雌花序总状。核果红色。

分布华中、华南、西南地区。

3. 秤钩风属 Diploclisia Miers

叶柄非盾状着生，有时近盾状着生至明显盾状着生；叶具掌状脉。聚伞花序腋上生，或由聚伞花序组成的圆锥花序生于老枝或茎上。

（1）秤钩风 Diploclisia affinis (Oliv.) Diels

木质藤本，长可达7~8m。叶三角状扁圆形或菱状扁圆形，有时近菱形或阔卵形。聚伞花序腋生，有花3至多朵。核果红色，倒卵圆形，长8~10mm，宽约7mm。

分布湖北、四川、贵州、云南、广西、湖南、江西、福建、浙江。

（2）苍白秤钩风 Diploclisia glaucescens (Blume) Diels

木质大藤本。叶片下面常有白霜，掌状3~7脉。圆锥花序狭长，长10~20cm；花淡黄色。核果长圆状狭倒卵圆形，微弯。

分布西南、华南地区。

4. 天仙藤属 Fibraurea Lour.

叶柄基部和顶端均肿胀；叶卵形或长圆形，离基3~5出脉。圆锥花序通常生老茎上，阔大而疏散。核果的外果皮平滑。

（1）天仙藤 Fibraurea recisa Pierre

茎褐色，具深沟状裂纹，小枝和叶柄具直纹。叶革质，长圆状卵形，有时阔卵形或阔卵状近圆形，两面无毛。核果长圆状椭圆形，黄色。

分布华南、西南地区。

5. 夜花藤属 Hypserpa Miers

叶全缘，掌状脉常3条，很少5~7条。聚伞花序或圆锥花序腋生。核果稍扁的倒卵形至近球形。

（1）夜花藤 Hypserpa nitida Miers

木质藤本。叶片卵状椭圆形至长椭圆形，长4~10cm，掌状脉3条。聚伞花序腋生；花瓣4~5；雌花1~2朵；雄蕊5~10。核果近球形。

分布西南、华南地区。

6. 细圆藤属 Pericampylus Miers

叶非盾状或稍呈盾状，具掌状脉。聚伞花序腋生，单生或 2~3 个簇生。核果扁球形，花柱残迹近基生。

（1）细圆藤 Pericampylus glaucus (Lam.) Merr.

木质藤本。叶三角状卵形，长 3.5~8cm，掌状 3~5 脉，顶端有小凸尖。聚伞花序伞房状腋生；花瓣 6，楔形。核果红色或紫色。

分布长江流域以南地区。

7. 千金藤属 Stephania Lour.

叶柄两端肿胀，盾状着生于叶片的近基部至近中部；叶三角形、三角状近圆形或三角状近卵形；叶脉掌状，自叶柄着生处放射伸出。

（1）血散薯 Stephania dielsiana Y. C. Wu

草质、落叶藤本，长 2~3m，枝、叶含红色液汁。叶三角状近圆形，长 5~15cm，宽 4.5~14cm。核果红色，倒卵圆形，甚扁，长约 7mm。

分布广西、贵州、湖南。

（2）粪箕笃 Stephania longa Lour.

草质藤本。叶三角状卵形，盾状着生，掌状脉 10~11 条。聚伞花序腋生；花瓣 4（3）。核果红色，长 5~6mm，果核背部 2 行小横肋。

分布华南、西南地区。

8. 青牛胆属 Tinospora Miers

叶具掌状脉，基部心形，有时箭形或戟形。花序腋生或生老枝上。总状花序、聚伞花序或圆锥花序，单生或几个簇生。

（1）中华青牛胆 Tinospora sinensis (Lour.) Merr.

草质藤本。叶纸质至薄革质，披针状箭形，基部弯缺常很深，掌状脉 5 条。花序腋生，常数个簇生。核果近球形，红色。

分布华南、西南地区。

（四十七）毛茛科 Ranunculaceae

叶通常互生或基生，少数对生，单叶或复叶，通常掌状分裂，无托叶。花单生或组成各种聚伞花序或总状花序。果实为蓇葖或瘦果，少数为蒴果或浆果。

1. 铁线莲属 Clematis L.

叶对生，或与花簇生，三出复叶至二回羽状复叶或二回三出复叶，少数为单叶；聚伞花序或为总状、圆锥状聚伞花序

（1）威灵仙 **Clematis chinensis** Osbeck

木质藤本。一回羽状复叶有5小叶，有时3或7，卵形。圆锥状聚伞花序，腋生或顶生；花白色。瘦果扁，卵形至宽椭圆形。

分布华南、西南、西北、华南、华东地区。

（2）厚叶铁线莲 **Clematis crassifolia** Benth.

茎带紫红色，圆柱形，有纵条纹。三出复叶；小叶片革质，长椭圆形、椭圆形或卵形。圆锥状聚伞花序腋生或顶生，花白色。瘦果镰刀状狭卵形。

分布华南、华中地区。

（3）柱果铁线莲 **Clematis uncinata** Champ. ex Benth.

藤本。羽状复叶有小叶5~15枚，叶全缘，两面网脉突出。

圆锥状聚伞花序腋生或顶生；萼片4，开展。瘦果圆柱状钻形。

分布华南、西南、西北、华东、华中、华南地区。

2. 锡兰莲属 **Naravelia** DC.

羽状复叶，顶端3小叶变成3条卷须，仅有基部2小叶存在。圆锥花序顶生或腋生；萼片4~5；花瓣6~12。瘦果狭长。

（1）两广锡兰莲 **Naravelia pilulifera** Hance

茎圆柱形，有明显的纵沟纹，被短柔毛或近于无毛。小叶片纸质，宽卵圆形，或近于圆形，边缘全缘，两面疏被短柔毛至近于无毛。圆锥花序腋生。

分布华南地区。

3. 毛茛属 **Ranunculus** L.

叶大多基生并茎生，单叶或三出复叶，3浅裂至3深裂，或全缘及有齿；叶柄基部扩大成鞘状。花单生或成聚伞花序。瘦果卵球形。

（1）禺毛茛 **Ranunculus cantoniensis** DC.

多年生草本；高25~80cm。三出复叶，叶边缘密生锯齿。多花，疏生；花瓣5，基部狭窄成爪。聚合果近球形，瘦果扁平。

分布西南、西南、华南、华东、华中等地区。

（四十八）清风藤科 Sabiaceae

叶互生，单叶或奇数羽状复叶；无托叶。花通常排成腋生或顶生的聚伞花序或圆锥花序，有时单生。核果由1或2个成熟心皮组成。

1. 泡花树属 Meliosma Blume

叶为单叶或具近对生小叶的奇数羽状复叶，叶片全缘或多少有锯齿。花组成顶生或腋生、多花的圆锥花序。核果小，近球形，梨形。

（1）香皮树 Meliosma fordii Hemsl.

乔木；高达10m。单叶倒披针形，长9~18cm，宽2.5~5cm，叶面光亮，背面被疏柔毛，侧脉10~20对。圆锥花序宽广。核果。

分布华南、西南地区。

（2）山檨叶泡花树 Meliosma thorelii Lecomte

乔木，高6~14m。叶倒披针状椭圆形或倒披针形，长15~25cm，宽4~8cm。圆锥花序顶生或生于上部叶腋，直立，长15~18cm。核果球形，直径6~9mm。

2. 清风藤属 Sabia Colebr.

叶为单叶，全缘。花单生于叶腋，或组成腋生的聚伞花序；萼片5~15片；花瓣通常5片，很少4片。果由2个心皮发育成2个分果爿。

（1）柠檬清风藤 Sabia limoniacea Wall. & Hook. f. & Thomson

常绿攀缘木质藤本。叶革质，椭圆形，宽4~6cm，侧脉每边6~7条，无毛。聚伞花序。核果近圆形或肾形，直径10~14mm。

分布华南、西南地区。

（四十九）莲科 Nelumbonaceae

多年生水生草本；根茎肥大，横走，具多节，节上生根，节间多孔；叶盾状，近圆形。花大，单生；花被片22~30，螺旋状着生。

1. 莲属 Nelumbo Adans.

叶漂浮或高出水面，近圆形，盾状，全缘，叶脉放射状。花萼4~5；花瓣黄色、红色、粉红色或白色；花托海绵质，果期膨大。

（1）*莲 Nelumbo nucifera Gaertn.

叶圆形，盾状，全缘稍呈波状，上面光滑，具白粉，下面叶脉从中央射出；叶柄圆柱形，外面散生小刺；花瓣红色、粉红色或白色。坚果椭圆形或卵形。

分布全国。

（五十）山龙眼科 Proteaceae

叶互生，稀对生或轮生，全缘或各式分裂；无托叶。花两性，稀单性，排成总状、穗状或头状花序，腋生或顶生，有时生于茎上。

1. 山龙眼属 Helicia Lour.

叶互生，稀近对生或近轮生，全缘或边缘具齿。总状花序，腋生或生于枝上，稀近顶生。花两性，辐射对称。

（1）小果山龙眼 Helicia cochinchinensis Lour.

乔木或灌木；高4~15m。无毛。叶长圆形，长5~11cm，宽2.5~4cm，网脉不明显；叶柄长5~15mm。总状花序腋生。果椭圆状。

分布华南、西南地区。

（2）网脉山龙眼 Helicia reticulata W. T. Wang

常绿乔木或灌木；高3~10m。叶长圆形、倒卵形或倒披针形，网脉两面突起。总状花序；花被管白色或浅黄。果椭圆状。

分布东南至西南地区。

（3）阳春山龙眼 Helicia yangchunensis H. S. Kiu

叶互生，少有近对生或轮生，全缘或有齿缺；花两性，排成腋生的总状花序，辐射对称；苞片小，凿形或有时呈叶状，宿存或早落。坚果，不分裂。

（五十一）黄杨科 Buxaceae

单叶，互生或对生，全缘或有齿牙，羽状脉或离基三出脉，无托叶。花序总状或密集的穗状。果实为室背裂开的蒴果，或肉质的核果状果。

1. 黄杨属 Buxus L.

小枝四棱形。叶对生，全缘，羽状脉，常有光泽。花序腋生或顶生，总状、穗状或密集的头状。蒴果球形或卵形。

（1）*雀舌黄杨 Buxus bodinieri H. Lév.

叶薄革质，匙形、狭卵形或倒卵形，先端圆或钝，基部狭长楔形，叶面绿色，光亮，叶背苍灰色。花序腋生，头状，花密集。蒴果卵形，宿存花柱直立。

分布长江流域及以南各地、西北至甘肃。

（五十二）五桠果科 Dilleniaceae

叶互生，偶为对生，全缘或有锯齿。托叶不存在，或在叶柄上有宽广或狭窄的翅。花白色或黄色，单生或排成总状花序，圆锥花序或歧伞花序。

1. 第伦桃属 Dillenia L.

单叶互生，边缘有锯齿或波状齿；叶柄基部略膨大。花单生或数朵排成总状花序，生于枝顶叶腋内，或生于老枝的短侧枝上。

（1）*大花五桠果 Dillenia turbinata Finet & Gagnep.

叶革质，倒卵形或长倒卵形，先端圆形或钝，有时稍尖，基部楔形，叶柄有窄翅被褐色柔毛，基部稍膨大。总状花序生枝顶。果实近于圆球形，不开裂。

分布华南、西南地区。

2. 锡叶藤属 Tetracera L.

单叶互生，粗糙或平滑，全缘或有浅钝齿。花放射对称，排成顶生或侧生圆锥花序。果实卵形，不规则裂开。

（1）锡叶藤 Tetracera sarmentosa (L.) Vahl.

常绿木质藤本。叶长圆形，侧脉10~15对，在下面显著突起。圆锥花序；萼片5，离生；花瓣通常3个。果熟时黄红色。

分布华南地区。

（五十三）蕈树科 Altingiaceae

叶革质，卵形至披针形，具羽状脉，全缘或有锯齿，有叶柄，托叶细小，早落。花单性，雌雄同株，无花瓣。雄花排成头状或短穗状花序。

1. 蕈树属 Altingia Noronha

叶卵形至披针形，全缘或有锯齿。花单性，雌雄同株，无花瓣。头状果序近于球形；蒴果室间裂开为 2 片。

（1）蕈树 Altingia chinensis (Champ. ex Benth.) Oliv. ex Hance

常绿乔木；高达 20m。叶倒卵状矩圆形，长 7~13cm，宽 3~4.5cm。雄花短穗状花序；雌花头状花序。头状果序有 15~26 颗果。

分布华南、西南地区。

（五十四）金缕梅科 Hamamelidaceae

叶互生，很少对生，全缘或有锯齿，或为掌状分裂。花排成头状花序、穗状花序或总状花序。果为蒴果，常室间及室背裂开为 4 片。

1. 檵木属 Loropetalum R. Brown

叶互生，卵形，全缘，稍偏斜。花 4~8 朵排成头状或短穗状花序，两性，4 数。蒴果卵圆形，被星毛，上半部 2 片裂开。

（1）*红花檵木 Loropetalum chinense (R. Br.) Oliv. var. rubrum Yieh

叶全缘，革质，卵形，先端尖锐，基部钝，上面略有粗毛或秃净，下面被星毛，稍带灰白色；花紫红色。蒴果卵圆形，被褐色星状茸毛。

华南、华中等地区有栽培。

2. 枫香树属 Liquidambar L.

叶互生，掌状分裂，具掌状脉，边缘有锯齿。花单性，雌雄同株，无花瓣。头状果序圆球形，有蒴果多数。

（1）枫香树 Liquidambar formosana Hance

落叶乔木；高达 30m。叶基部心形，掌状 3 裂。雄性短穗状花序；雌性头状花序；萼齿长 4~8mm。头状果序，直径 3~4cm。

分布华中、华北地区。

2. 红花荷属 Rhodoleia Champ. ex Hook. f.

叶互生，卵形至披针形，全缘，具羽状脉，基部常有不强烈的三出脉，下面有粉白蜡被，无托叶。花序头状，腋生，有花 5~8 朵。

（1）红花荷 Rhodoleia championii Hook. f.

常绿乔木。叶卵形，长 7~13cm，宽 4.5~6.5cm。头状花序，花瓣匙形，长 2.5~3.5 cm，宽 6~8mm，红色。头状果序有蒴果 5 个。

分布华南地区。

（五十五）虎皮楠科 Daphniphyllaceae

单叶互生，常聚集于小枝顶端，全缘，叶面具光泽，叶背被白粉或无，无托叶。花序总状，腋生。核果卵形或椭圆形，具1种子，被白粉或无。

1. 交让木属 Daphniphyllum Blume

小枝具叶痕和皮孔。单叶互生，常聚集于小枝顶端，全缘，叶面光泽，叶背被白粉或无，具细小乳突体或无。总状花序腋生或单生。

（1）牛耳枫 Daphniphyllum calycinum Benth.

灌木；高1~4m。叶阔椭圆形或倒卵形，长12~16cm。总状花序腋生；雄花花萼盘状，3~4浅裂；雌花萼片3~4。果卵圆形。

分布华南、华东、西南地区。

（2）虎皮楠 Daphniphyllum oldhamii (Hemsley) K. Rosenthal

乔木，高5~10m；小枝暗褐色，具稀疏皮孔。叶长圆状披针形，长11~13cm，宽3~4.5cm，叶背显著被白粉。果斜卵形，长10~12mm。

分布长江流域以南地区。

（3）假轮叶虎皮楠 Daphniphyllum subverticillatum Merr.

灌木，小枝暗褐色。叶在小枝先端近轮生，厚革质，长圆形或长圆状披针形，叶柄较短，上面具槽。果较小，卵圆形，先端具宿存柱头，基部具宿萼。

分布华南地区。

（五十六）鼠刺科 Iteaceae

单叶，互生，边缘通常具腺齿或刺齿。总状花序或短的聚伞花序顶生或腋生。蒴果狭或卵圆形，具2槽。

1. 鼠刺属 Itea L.

单叶互生，边缘常具腺齿或刺状齿，稀圆齿状或全缘。花白色，辐射对称，排列成顶生或腋生总状花序或总状圆锥花序。

（1）鼠刺 Itea chinensis Hook. & Arn.

常绿灌木或小乔木。叶薄革质，倒卵形，侧脉4~5对，边缘上部具小齿。总状花序腋生；花瓣披针形。蒴果长圆状披针形。

分布华南、西南地区。

（2）峨眉鼠刺 Itea omeiensis C. K. Schneid.

灌木或小乔木；高1.5~10m。叶长圆形，侧脉5~7对；叶柄长1~1.5cm。总状花序通常长于叶，长达12~13cm，单生或2~3簇生。蒴果被柔毛。

分布华东、华东、华南、西南地区。

（五十七）景天科 Crassulaceae

茎、叶，肥厚，肉质，无毛或有毛。叶不具托叶，互生、对生或轮生，常为单叶，全缘或稍有缺刻。常为聚伞花序，或为伞房状、穗状、总状或圆锥状花序。

1. 落地生根属 Bryophyllum Salisb.

叶对生或三叶轮生，单叶，有浅裂或羽状分裂，或为羽状复叶。花下垂，4基数，萼片常合生成钟状或圆柱形。

（1）*大叶落地生根 Kalanchoe daigremontiana Hamet & Perrier

叶对生或轮生，下部叶片较大，常抱茎；叶片肉质，长三角形，具不规则的褐紫色斑纹，叶缘有粗齿，锯齿处长出具有2~4片真叶的幼苗（不定芽）。

在热带地区常见栽培和归化。

（2）*棒叶落地生根 Bryophyllum delagoense (Eckl. & Zeyh.) Schinz

茎直立，粉褐色。叶圆棒状，上表面具沟槽，粉色，叶端锯齿上有许多已生根的小植株。花序顶生；小花红色。

在热带地区常见栽培和归化。

（3）*落地生根 Bryophyllum pinnatum (Lam.) Oken

肉质草本。叶对生，卵形或椭圆形。圆锥花序顶生；花冠高脚碟形，裂片4，淡红色或紫红色。菁葵包在花萼及花冠内。

原产非洲。华东、华中、华南、西南地区栽培或逸为野生。

2. 伽蓝菜属 Kalanchoe Adans.

叶对生，叶柄或叶基部抱茎，全缘或有齿，或羽状分裂。圆锥状聚伞花序；花白色、黄色或红色；花为4基数。菁葵有种子多数。

（1）*长寿花 Kalanchoe blossfeldiana Poelln.

叶肉质，交互对生，椭圆状长圆形，深绿色有光泽，边略带红色；圆锥状聚伞花序，花色有绯红、桃红、橙红、黄、橙黄和白等。

各地引种栽培。

3. 景天属 Sedum L.

叶各式，对生、互生或轮生，全缘或有锯齿，少有线形的。花序聚伞状或伞房状，腋生或顶生；花白色、黄色、红色、紫色。

（1）垂盆草 Sedum sarmentosum Bunge

多年生草本。匍匐而节上生根。3叶轮生，叶倒披针形至长圆形，有距。聚伞花序，有3~5分枝；花无梗；花瓣5，黄色。种子卵形。

分布华南、华中、华东、华北、东北地区。

（五十八）小二仙草科 Haloragaceae

叶互生、对生或轮生，沉水叶常篦齿状分裂；无托叶。花单生或腋生，或成顶生穗状花序、圆锥花序、伞房花序。果为坚果或核果状。

1. 小二仙草属 Haloragis J. R. Forst. & G. Forst.

下部和幼枝上的叶常对生，上部的有时互生，全缘或具锯齿。花小单生或簇生于上部叶腋。坚果不开裂，具纵条纹。

（1）黄花小二仙草 Gonocarpus chinensis (Lour.) Orchard

陆生喜湿草本。叶长椭圆形至线状披针形，叶面被紧贴柔毛。总状花序组成圆锥花序顶生；花瓣4。坚果极小，近球形。

分布华南、华中、华南、西南地区。

（2）小二仙草 Gonocarpus micranthus Thunb.

多年生陆生草本；茎具纵槽，多分枝，带赤褐色。叶对生，卵形或卵圆形。花序为顶生的圆锥花序；花两性，极小；萼筒宿存；花瓣4。坚果近球形，小型。

分布华南、华中、华东、西南、西北、华北部分地区。

2. 狐尾藻属 Myriophyllum L.

水生或半湿生草本。叶互生、轮生，线形至卵形，全缘，有锯齿、多蓖齿状分裂。花无柄，单生叶腋或轮生，或少有成穗状花序。

（1）*粉绿狐尾藻 Myriophyllum aquaticum (Vell.) Verdc.

叶轮生，多为5叶轮生，叶片圆扇形，一回羽状，两侧有8~10片淡绿色的丝状小羽片；雌雄异株，穗状花序，白色；果为分果。

（2）矮狐尾藻 Myriophyllum humile (Raf.) Morong

多年生水生草本。叶互生，有时假轮生，沉水叶羽状细裂、长3~3.5cm。花单生于叶腋内，常两性；萼管四方形；花瓣4，阔匙形。分果四方角柱状。

分布印度及北美。

（3）狐尾藻 Myriophyllum verticillatum L.

多年生粗壮沉水草本。叶常4片轮生，丝状全裂；水上叶互生，披针形。花单性，雌雄同株或杂性、单生于水上叶腋内。雌花生于水上茎下部叶腋中。果实广卵形。

分布全国南北各地。

（五十九）葡萄科 Vitaceae

攀缘木质藤本，稀草质藤本，具有卷须，或直立灌木，无卷须。单叶、羽状或掌状复叶，互生；托叶通常小而脱落，稀大而宿存。果实为浆果。

1. 蛇葡萄属 Ampelopsis Michx.

卷须2~3分枝。叶为单叶、羽状复叶或掌状复叶，互生。花5数，组成伞房状多歧聚伞花序或复二歧聚伞花序；花瓣5。

（1）广东蛇葡萄 Ampelopsis cantoniensis (Hook. & Arn.) Planch.

木质藤本。卷须2叉分枝。常二回羽状复叶，基部1对为3小叶。多歧聚伞花序与叶对生；花瓣5。浆果近球形，直径0.5~0.6cm。

分布华东、华南、华中、西南地区。

（2）羽叶蛇葡萄 Ampelopsis chaffanjonii (H. Lév.) Rehder

木质藤本。羽状复叶常具2或3对小叶。伞房状聚伞花序顶生或与叶对生；花瓣5，卵状椭圆形。浆果肉质，熟时由绿变红。

分布华东、华中、西南地区。

（3）光叶蛇葡萄 Ampelopsis glandulosa (Wall.) Momiy. var. hancei (Planch.) Momiy.

木质藤本。小枝被疏柔毛。卷须2~3叉分枝。叶为单叶，心形或卵形，3~5中裂，无毛；叶柄无毛；花瓣5。果实近球形；有种子2~4颗。

分布华南、华中、华东、华北、西南地区。

（4）牯岭蛇葡萄 Ampelopsis glandulosa (Wall.) Momiy. var. kulingensis (Rehder) Momiy.

木质藤本。卷须2~3叉分枝。单叶，五角形，不裂或3~5中裂。花序梗长1~2.5cm，被毛。果实近球形，直径0.5~0.8cm；种子2~4颗。

分布华东、华南、西南地区。

（5）显齿蛇葡萄 **Ampelopsis grossedentata** (Hand.-Mazz.) W. T. Wang

木质藤本。卷须长达 8cm，二叉状分枝，与叶对生。叶为二回羽状复叶，长 7~17cm；小叶边缘有稀疏牙齿或小牙齿。浆果近球形，直径约 7mm，幼时绿色，后变红色。

分布江西、福建、湖北、湖南、广西、贵州、云南。

（6）大叶蛇葡萄 **Ampelopsis megalophylla** Diels & Gilg

木质藤本。卷须 3 分枝。叶为二回羽状复叶。伞房状多歧聚伞花序或复二歧聚伞花序，顶生或与叶对生；花瓣 5，椭圆形。果实微呈倒卵圆形，有种子 1~4 颗。

分布华南、华中、华东、西南、华北地区。

2. 乌蔹莓属 Causonis Raf.

卷须通常 2~3 叉分枝，稀总状多分枝。叶为 3 小叶或鸟足状 5 小叶，互生。花 4 数，伞房状多歧聚伞花序或复二歧聚伞花序。

（1）角花乌蔹莓 **Cayratia corniculata** (Benth.) Gagnep.

草质藤本。小叶 5 指状，中央小叶长椭圆状披针形，长 3.5~9cm，宽 1.5~3cm。伞形花序；花瓣 4，三角状卵圆形。浆果圆形。

分布华南、华中地区。

（2）乌蔹莓 **Cayratia japonica** (Thunb.) Gagnep.

藤本。卷须 2~3 分枝。小叶 5 指状，中央小叶长圆形，长 2.5~4.5cm，宽 1.5~4.5cm。复二歧聚伞花序腋生；花瓣 4。果实近球形。

分布西北、华中、华北、华东、华南、西南地区。

3. 白粉藤属 Cissus L.

卷须不分枝或 2 叉分枝，稀总状多分枝。单叶或掌状复叶，互生。花 4 数，花序为复二歧聚伞花序或二级分枝集生成伞形，与叶对生。

（1）苦郎藤 **Cissus assamica** (M. A. Lawson) Craib

藤本。枝圆柱形，被丁字毛；卷须 2 分枝。叶阔心形，长 5~7cm，宽 4~14cm，顶端急尖，基部心形。花序与叶对生。肉质浆果；种子 1 颗。

分布华南、西南地区。

（2）鸡心藤 Cissus kerrii Craib

草质藤本。卷须不分枝。叶心形，长5~11cm，宽4~8cm，顶端渐尖，基部心形。花序顶生或与叶对生；花瓣4。果实近球形，有种子1颗。

分布华南、西南地区。

（3）翼茎白粉藤 Cissus pteroclada Hayata

草质藤本。枝具4翅棱，卷须2分枝。叶卵圆形，长5~12cm，宽4~9cm。花序顶生或与叶对生；花瓣4。果实倒卵椭圆形。

分布华南、西南地区。

（4）白粉藤 Cissus repens Lam.

草质藤本。枝被白粉；卷须2分枝。叶心状卵形，长5~13cm，宽4~9cm，顶端急尖，基部心形。花序顶生或与叶对生。

果有种子1颗。

分布华南、西南地区。

（5）四棱白粉藤 Cissus subtetragona Planch.

木质藤本。卷须不分枝。叶长椭圆形或三角状长椭圆形，长6~19cm，宽2~7cm。花序顶生或与叶对生，复二歧聚伞花序；花瓣4，三角状长圆形。果实近球形，有种子1颗。

分布华南、西南地区。

4. 地锦属 Parthenocissus Planch.

卷须总状多分枝。叶为单叶、3小叶或掌状5小叶，互生。花5数，组成圆锥状或伞房状疏散多歧聚伞花序。

（1）异叶地锦 Parthenocissus dalzielii Gagnep.

木质藤本。卷须总状5~8分枝，遇附着物扩大呈吸盘状。短枝上为3小叶，长枝上常为单叶。多歧聚伞花序，花瓣4。果实近球形，有种子1~4颗。

分布华南、华中、华东、西南地区。

5. 崖爬藤属 Tetrastigma (Miq.) Planch.

卷须不分枝或2叉分枝。叶通常掌状3~5小叶或鸟足状5~7小叶，稀单叶，互生。花4数，组成多歧聚伞花，或伞形或复伞形花序。

（1）三叶崖爬藤 Tetrastigma hemsleyanum Diels & Gilg

草质藤本。小枝，有纵棱纹。卷须不分枝。叶为3小叶，小叶披针形、长椭圆披针形或卵披针形，长3~10cm，宽1.5~3cm，边缘每侧有4~6个锯齿；叶柄长2~7.5cm。

三、被子植物 ANGIOSPERMAE

分布香港、海南、江西、福建、台湾、湖南、湖北、江苏、浙江、广西、云南、四川、贵州、西藏。

（2）扁担藤 Tetrastigma planicaule (Hook. f.) Gagnep.

木质大藤本。掌状 5 小叶，中央小叶披针形，长 9~16cm，宽 3~6cm，边缘有 5~9 个齿。花瓣 4。果实近球形，直径 2~3cm。

分布华南、西南地区。

6. 葡萄属 Vitis L.

木质藤本，有卷须。叶为单叶、掌状或羽状复叶。花 5 数，排成聚伞圆锥花序；萼呈碟状，萼片细小。

（1）小果葡萄 Vitis balansana Planch.

木质藤本。枝被毛；卷须 2 分枝。叶心状卵形，长 4~14cm，宽 3.5~9.5cm，基部心形，两侧裂片分开。圆锥花序；花瓣 5。果直 5~8mm。

分布华南地区。

（2）* 葡萄 Vitis vinifera L.

藤本。卷须 2 分枝。叶卵形，长 7~18cm，宽 6~16cm，顶端 3~5 浅裂，两侧裂片常靠合。圆锥花序；花瓣 5。果球形，直径 2cm。

全国各地有栽培。

（六十）豆科 Fabaceae

叶通常互生，稀对生，常为一回或二回羽状复叶，少数为掌状复叶或 3 小叶、单小叶，或单叶，罕可变为叶状柄。果为荚果。

1. 相思子属 Abrus Adans.

偶数羽状复叶；叶轴顶端具短尖；托叶线状披针形；小叶多对，全缘。总状花序腋生或与叶对。荚果长圆形。

（1）相思子 Abrus precatorius L.

藤本。羽状复叶；小叶 8~13 对，对生，近长圆形，长 1~2cm，宽 0.4~0.8cm。总状花序腋生；花冠紫色。荚果长圆形，长 2~3.5cm。

分布华南、西南地区。

（2）广州相思子 Abrus pulchellus Wall. ex Thwaites subsp. cantoniensis (Hance) Verdc.

攀缘灌木。羽状复叶互生；小叶 7~12 对，宽 0.3~0.5cm。总状花序腋生；花小，紫色。荚果长圆形，长 2.2~3cm，顶端具喙。

分布华南地区。

（3）毛相思子 **Abrus pulchellus** Wall. ex Thwaites subsp. **mollis** (Hance) Verdc.

藤本。小叶 10~16 对，长圆形，长 1~2.5cm，宽 5~10mm。总状花序腋生；花长 3~9mm，粉红或淡紫。荚果长圆形，长 3.5~5cm。

分布华南地区。

2. 金合欢属 Acacia Mill.

托叶刺状或不明显。二回羽状复叶；小叶通常小而多对；总叶柄及叶轴上常有腺体。花黄色，少数白色。荚果长圆形或线形。

（1）* 大叶相思 **Acacia auriculiformis** A. Cunn. ex Benth.

乔木。叶状柄镰刀状，互生，长 10~20cm，宽 1.5~6cm。穗状花序；花瓣长圆形，橙黄色。荚果熟时涡状扭曲，宽 8~12mm。

分布华南地区。

（2）藤金合欢 **Acacia concinna** (Willd.) DC.

攀缘藤本。二回羽状复叶；羽片 6~10 对；小叶 15~25 对，长 8~12mm，宽 2~3mm；叶柄有腺体。头状花序球形。荚果带状。

分布华南、西南地区。

（3）台湾相思 **Acacia confusa** Merr.

乔木。叶状柄披针形，长 6~10cm，宽 2~6mm，有明显的纵脉 3~5(8) 条。头状花序，单生或 2~3 个簇生叶腋；花金黄色。荚果扁平。

分布华南、西南地区。

（4）马占相思 **Acacia mangium** Willd.

乔木。叶状柄纺锤形，长 12~15cm，宽 3.5~9cm，纵向平行脉 4 条。穗状花序腋生，下垂。荚果涡状扭曲，宽 3~5mm；种子黑色。

原产澳大利亚。华南地区有栽培。

（5）羽叶金合欢 Acacia pennata (L.) Willd.

攀缘、多刺藤本。羽片 8~22 对；小叶 30~54 对，线形，长 5~10mm，宽 0.5~1.5mm。果带状，长 9~20cm，宽 2~3.5cm。

分布香港、云南、福建。

3. 海红豆属 Adenanthera L.

二回羽状复叶，小叶多对，互生。花，5 基数，组成腋生、穗状的总状花序或在枝顶排成圆锥花序；种子鲜红色。

（1）海红豆 Adenanthera microsperma Teijsm. & Binn.

落叶乔木。二回羽状复叶，羽片 4~7 对，小叶 4~7 对；小叶互生，长圆形或卵形。总状花序；雄蕊 10 枚。荚果狭长圆形，开裂后旋卷。

分布华南、西南地区。

4. 合萌属 Aeschynomene L.

奇数羽状复叶具小叶多对，互相紧接并容易闭合。总状花序腋生。荚果有果颈，扁平，具荚节 4~8，各节有种子 1 颗。

（1）合萌 Aeschynomene indica L.

草本或灌木。常 20~30 对小叶，线状长圆形，上面密布腺点，下面稍带白粉。总状花序腋生；花冠淡黄色，具紫色纵脉纹。荚果线状长圆形。

除草原、荒漠外，全国林区及其边缘均有分布。

5. 合欢属 Albizia Durazz.

二回羽状复叶，互生，通常落叶；羽片 1 至多对；总叶柄及叶轴上有腺体；小叶对生，1 至多对。荚果带状，扁平。

（1）* 楹树 Albizia chinensis (Osbeck) Merr.

乔木。二回羽状复叶；羽片 6~12 对；小叶 20~35 对；托叶大，心形；叶柄基部和上部叶轴具腺体。头状花序。荚果扁平。

分布华南、西南地区。

（2）天香藤 Albizia corniculata (Lour.) Druce

攀缘灌木或藤本。二回羽状复叶；羽片 2~6 对；小叶 4~10 对；总叶柄基部有 1 腺体。头状花序有花 6~12 朵。荚果带状扁平。

分布华南地区。

6. 链荚豆属 Alysicarpus Neck. ex Desv.

叶为单小叶，少为羽状三出复叶。具托叶和小托叶。总状花序腋生或顶生。荚果圆柱形，膨胀，荚节数个，每荚节具1种子。

（1）链荚豆 Alysicarpus vaginalis (L.) DC.

草本；高30~90cm。仅单小叶，上部卵状长圆形，长3~6.5cm，下部卵形，长1~3cm。总状花序有花6~12朵。荚果扁圆柱形。

分布华南、西南地区。

7. 落花生属 Arachis L.

偶数羽状复叶具小叶2~3对。花单生或数朵簇生于叶腋内。荚果长椭圆形，有凸起的网脉。

（1）* 蔓花生 Arachis duranensis Krap. & W. C. Greg.

多年生宿根草本；枝条呈蔓性，株高10~15cm；叶互生，倒卵形，全缘；花腋生，蝶形，金黄色。

（2）* 落花生 Arachis hypogaea L.

一年生草本，常直立。偶数羽状复叶，4小叶，全缘。总状花序；花丝合生成管状。正常结实，荚果膨胀，荚厚，扦入地中。

全国各地均有栽培。

8. 猴耳环属 Archidendron F. Muell.

二回羽状复叶；小叶数对至多对，叶柄上有腺体。穗状花序单生叶腋或簇生于枝顶。荚果通常旋卷或弯曲。

（1）猴耳环 Archidendron clypearia (Jack.) Nielsen

常绿乔木。二回羽状复叶；羽片3~8对；小叶对生，3~12对，斜菱形。花数朵聚成头状花序。荚果旋卷，种子间溢缩。

分布华东、华南、西南地区。

（2）亮叶猴耳环 Archidendron lucidum (Benth.) Nielsen

常绿小乔木。羽片1~2对；小叶互生，2~5对，斜卵形。头状花序球形；花瓣中部以下合生。荚果旋卷成环状，种子间缢缩。

分布华东、华南、西南地区。

（3）大叶合欢 **Archidendron turgidum** (Merr.) I. C. Nielsen

小乔木。二回羽状复叶；羽片1对；小叶2~3对；叶柄近顶端及羽轴上羽片着生处有1腺体。头状花序；花白。荚果带状，膨胀。

分布广东、广西。

（4）薄叶猴耳环 **Archidendron utile** (Chun & How) I. C. Nielsen

羽片2~3对；小叶4~7对，对生，长方菱形。头状花序排成圆锥花序；花白色。荚果红褐色，弯卷或镰刀状；种子近圆形。

分布华南、华东、西南地区。

9. 羊蹄甲属 Bauhinia L.

单叶，全缘，先端凹缺或分裂为2裂片，有时深裂达基部而成2片离生的小叶；基出脉3至多条，中脉常伸出于2裂片间形成一小芒尖。

（1）*红花羊蹄甲 **Bauhinia** × **blakeana** Dunn

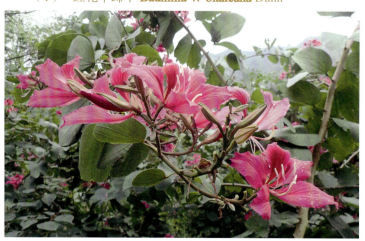

乔木。叶互生，先端2裂达叶长的1/4~1/3，基出脉9条。总状花序顶生或腋生；花瓣5，紫红色；能育雄蕊5，不育5枚。不结果。

华南地区广泛栽培。

（2）*白花洋紫荆 **Bauhinia variegata** var. **candida** (Roxb.) Voigt

小乔木或灌木；小枝之字曲折。叶卵圆形，先端2裂。总状花序腋生，呈伞房花序式；花瓣白色，倒卵状长圆形。荚果线状倒披针形。

分布华南、西南地区。

（3）阔裂叶羊蹄甲 **Bauhinia apertilobata** Merr. & F. P. Metcalf

藤本。嫩枝、叶柄及花序各部均被短柔毛。叶纸质，卵形、阔椭圆形。总状花序；花淡绿白色。荚果倒披针形或长圆形。

分布华南地区。

（4）火索藤 **Bauhinia aurea** H. Lév.

藤本。枝密被茸毛。叶近圆形，裂片顶端圆钝。伞房花序；花瓣匙形，具瓣柄，白色；能育雄蕊5。荚果带状，密被茸毛。

分布华南、西南地区。

（5）龙须藤 **Bauhinia championii** (Benth.) Benth.

藤本。植株具卷须。叶纸质，卵形或心形，上面无毛，下面被短柔毛；总状花序狭长；花瓣白色。荚果倒卵状长圆形。

分布华东、华南、西南地区。

(6) 首冠藤 Bauhinia corymbosa Roxb. ex DC.

木质藤本。叶近圆形，顶端分裂至2/3~3/4，基出脉7条。总状花序；具粉色脉纹；能育雄蕊3枚，退化雄蕊2~5枚。荚果带状。

分布华南地区。

(7) 孪叶羊蹄甲 Bauhinia didyma L. Chen

藤本。枝稍呈"之"字曲折。叶顶端分裂至基部几成2小叶。总状花序；花白色；能育雄蕊3枚，退化雄蕊3~5枚。荚果带状。

分布华南地区。

(8) * 锈荚藤 Bauhinia erythropoda Hayata

木质藤本；嫩枝密被褐色茸毛；具卷须。叶心形或近圆形，先端常深裂达中部。总状花序伞房式；花芳香，花瓣白色。荚果倒披针状带形，密被锈色短茸毛。

分布华南、西南地区。

(9) 羊蹄甲 Bauhinia purpurea L.

乔木或直立灌木；叶硬纸质，近圆形，基部浅心形，裂片先端圆钝或近急尖。总状花序侧生或顶生，少花；花瓣桃红色。荚果带状。

分布南部地区。

(10) * 洋紫荆 Bauhinia variegata L.

乔木。叶宽度常超过于长度，先端2裂达叶长的1/3。花序伞房状；花瓣具黄绿斑纹；能育雄蕊5枚。荚果扁条形，长15~25cm。

分布南部地区。

10. 藤槐属 Bowringia Champ. ex Benth.

单叶，较大；托叶小。总状花序腋生；花冠白色，旗瓣圆形，翼瓣镰状长圆形，龙骨瓣与翼瓣相似。荚果卵形或球形。

（1）藤槐 Bowringia callicarpa Champ. ex Benth.

木质藤本。单叶，基部圆形。总状花序；花白色，翼瓣较旗瓣长，龙骨瓣最短。果卵形，先端具喙，长 2.5~3cm；种子 1~2 颗。

分布华南地区。

11. 云实属 Caesalpinia L.

二回羽状复叶；小叶大或小。总状花序或圆锥花序腋生或顶生；花黄色或橙黄色。荚果卵形、长圆形或披针形。

（1）华南云实 Caesalpinia crista L.

攀缘灌木。二回羽状复叶；羽片对生，2~3(4) 对；小叶 4~6 对。总状花序；花瓣 5，黄色，其中一片具红纹。果卵形；种子 1 颗。

分布西南、华中、华南地区。

（2）鸡嘴簕 Caesalpinia sinensis (Hemsl.) J. E. Vidal

藤本；主干和小枝具倒钩刺。二回羽状复叶；羽片 2~3 对；

小叶 2 对。圆锥花序腋生或顶生；花瓣 5，黄色。荚果表面有明显网脉；种子 1 颗。

分布华南、西南、华中地区。

（3）春云实 Caesalpinia vernalis Champ. ex Benth.

有刺藤本。二回羽状复叶；羽片 8~16 对，长 5~8cm。圆锥花序生于上部叶腋或顶生；花瓣黄色。荚果斜长圆形，长 4~6cm，宽 2.5~3.5cm。

分布香港、福建、浙江。

12. 木豆属 Cajanus DC.

叶具羽状 3 小叶或有时为指状 3 小叶，小叶背面有腺点。总状花序腋生或顶生。荚果线状长圆形。

（1）木豆 Cajanus cajan (L.) Huth

灌木。小枝具纵棱。羽状 3 小叶；小叶披针形至椭圆形，长 5~10cm，宽 1.5~3cm；叶柄长 1.5~5cm。总状花序。荚果线状长圆形。

分布西南、华中、华南、华东地区。

（2）蔓草虫豆 Cajanus scarabaeoides (L.) Thouars

草质藤本。复叶 3 小叶，全缘，背面有腺点。总状花序；旗瓣有暗紫色条纹；二体雄蕊。荚果线状长圆形，长 3~5cm。

分布西南、华南地区。

13. 鸡血藤属 Callerya Endl.

小叶异形，顶生的两侧对称，侧生的两侧不对称，两面近无毛或略被微毛，下面脉腋间常有髯毛。荚果近镰形，密被棕色短茸毛。

（1）灰毛鸡血藤 Callerya cinerea (Benth.) Schot

攀缘灌木或藤本。羽状复叶；叶轴有沟；小叶 2 对。圆锥花序顶生；花单生；花冠红色或紫色。荚果线状长圆形，密被灰色茸毛，有种子1~4粒。

分布华南、西南地区。

2. 密花崖豆藤 Callerya congestiflora (T. C. Chen) Z. Wei & Pedley

藤本。奇数羽状复叶；小叶2对，阔椭圆形。圆锥花序；旗瓣基部无胼胝体；二体雄蕊。果密被茸毛；种子长圆形。

分布华东、华中、西南地区。

（3）香花鸡血藤 Callerya dielsiana (Harms) P. K. Lôc ex Z. Wei & Pedley

羽状复叶长15~30cm，托叶线形；小叶5，纸质，披针形、长圆形或窄长圆形；花冠紫红色，旗瓣密被绢毛，荚果长圆形，扁平，密被灰色茸毛。

分布华东、华南、西南地区。

（4）异果鸡血藤 Callerya dielsiana (Harms) P. K. Lôc ex Z. Wei & Pedley var. heterocarpa (Chun ex T. C. Chen) X. Y. Zhu ex Z. Wei & Pedley

小叶5，小叶较宽大，披针形、长圆形或窄长圆形。圆锥花序顶生。荚果长圆形，密被灰色茸毛。果瓣薄革质，种子近圆形。

分布华南、华中、西南地区。

（5）亮叶崖豆藤 Callerya nitida (Benth.) R. Geesink

藤本。羽状复叶；小叶2对，卵状披针形，背面被毛。圆锥花序；旗瓣有绢毛，基部2枚胼胝体；二体雄蕊。果密被茸毛。

分布华东、华南、西南地区。

（6）皱果鸡血藤 Callerya oosperma (Dunn) Z. Wei & Pedley

攀缘灌木或藤本。茎具棱。羽状复叶；小叶2对。圆锥花序顶生；雄蕊二体。荚果在单粒种子时呈卵形，数粒种子时呈圆柱形，密被褐色茸毛。

分布华中、华南、西南地区。

（7）网络鸡血藤 Callerya reticulata (Benth.) Schot

藤本。羽状复叶；小叶3~4对，长圆形；小托叶针刺状。圆锥花序顶生或着生枝梢叶腋；红紫色；雄蕊二体。荚果线形，瓣裂。

分布华东、华南、华中、西南地区。

（8）美丽鸡血藤 Callerya speciosa (Champ. ex Benth.) Schot

藤本。羽状复叶；小叶常6对。圆锥花序腋生；花大，有香气；花冠白色、米黄色至淡红色，旗瓣无毛，圆形；雄蕊二体。荚果线状。

分布华南、华中、西南地区。

（9）喙果鸡血藤 Callerya tsui (F. P. Metcalf) Z. Wei & Pedley

藤本。羽状复叶；小叶常1对，有时2对，阔椭圆形。圆锥花序；旗瓣被毛，基部无胼胝体；二体雄蕊。果顶端有钩喙。

分布华中、华南、西南地区。

14. 朱缨花属 Calliandra Benth.

二回羽状复叶，无腺体；羽片1至数对；小叶对生，小而多对或大而少至1对。总状花序腋生或顶生。荚果线形。

（1）* 朱缨花 **Calliandra haematocephala** Hassk.

灌木或小乔木。二回羽状复叶；羽片1对；小叶7~9对。头状花序；雄蕊多数；花丝基部合生成管状。荚果自顶端2瓣开裂。

分布华南地区。

15. 刀豆属 Canavalia DC.

羽状复叶具3小叶。总状花序腋生；花紫堇色、红色或白色，单生或2~6朵簇生于花序轴上肉质、隆起的节上。荚果带形或长椭圆形。

（1）小刀豆 **Canavalia cathartica** Thouars

二年生草质藤本。羽状复叶具3小叶。小叶纸质，卵形。花1~3朵生于花序轴的每一节上；萼近钟状；花冠粉红色或近紫色。荚果长圆形；种子椭圆形。

分布华南地区。

（2）* 刀豆 **Canavalia gladiata** (Jacq.) DC.

藤本。三出复叶；叶大。总状花序；花萼明显二唇形，裂片上唇较萼管短。荚果较大，关刀型，长20~35cm，宽3.5~6cm。

长江流域以南地区有栽培。

（3）海刀豆 **Canavalia maritima** (Aubl.) Thouars

藤本。羽状3小叶，叶顶具尖头。总状花序腋生，花1~3朵聚生；萼裂片上唇较萼管短。果长8~12cm，宽2~2.5cm；种子褐色。

分布南部地区。

16. 决明属 Cassia L.

叶丛生，偶数羽状复叶；叶柄和叶轴上常有腺体；小叶对生。花近辐射对称，通常黄色，组成腋生的总状花序或顶生的圆锥花序。

（1）* 腊肠树 **Cassia fistula** L.

落叶小乔木或中等乔木。小叶3~4对，在叶轴和叶柄上无翅亦无腺体；对生。总状花序；花与叶同时开放；花瓣黄色。荚果圆柱形。

南部有栽培。

17. 山扁豆属 Chamaecrista Moench

叶羽状；小叶对生；叶腺体通常存在，花盘状或杯状，很少扁平。花黄色或红色。萼片5。花瓣5，不等长。

（1）山扁豆 **Chamaecrista mimosoides** (L.) E. Greene

亚灌木状草本。小叶20~50对，线状镰形，长3~4mm，两侧不对称。花序腋生；花瓣黄色，不等大，具短柄。荚果镰形。

分布南部地区。

18. 猪屎豆属 Crotalaria L.

单叶或三出复叶。总状花序顶生、腋生、与叶对生或密集枝顶形似头状；荚果长圆形、圆柱形或卵状球形，稀四角菱形。

（1）响铃豆 Crotalaria albida B. Heyne ex Roth

多年生直立草本，高 30~60cm。叶片倒卵形、长圆状椭圆形或倒披针形，长 1~2.5cm，宽 0.5~1.2cm。花冠淡黄色。荚果短圆柱形，长约 10mm。

分布香港、台湾、福建、江西、湖南、安徽、贵州、海南、广西、四川、云南。

（2）大猪屎豆 Crotalaria assamica Benth.

直立高大草本。单叶，长 5~15cm，宽 2~4cm；托叶线形。总状花序有花 20~30 朵。荚果长圆形，长 7~10mm；种子 6~12 颗。

分布华南、西南地区。

（3）假地蓝 Crotalaria ferruginea Graham ex Benth.

草本，高 60~120cm。叶片椭圆形，长 2~6cm，宽 1~3cm。总状花序顶生或腋生，有花 2~6 朵；花冠黄色。荚果长圆形，长 2~3cm。

分布江苏、安徽、浙江、江西、湖南、湖北、福建、台湾、香港、广西、四川、贵州、云南、西藏。

（4）狭叶猪屎豆 Crotalaria ochroleuca G. Don

直立草本或亚灌木。小叶三出，小叶线形或线状披针形。总状花序顶生；花萼近钟形；花冠淡黄色或白色。荚果长圆形；种子 20~30 颗，肾形。

原产非洲。华南地区有栽培或逸为野生。

（5）猪屎豆 Crotalaria pallida Aiton

草本。叶三出；小叶长圆形，长 3~6cm，宽 1.5~3cm；托叶刚毛状。总状花序；花冠黄色，直径 10mm。荚果长圆形，长 3~4cm。

分布华南、西南、华东、华南、华中地区。

（6）光萼猪屎豆 Crotalaria trichotoma Bojer

草本或亚灌木。3 小叶，长椭圆形，长 6~10cm，宽 2~3cm。花萼无毛；花冠直径 12mm。果长圆形，长 3~4cm；种子 20~30 颗。

原产南美洲。华南、华中、西南地区有栽培或逸生。

19. 黄檀属 Dalbergia L. f.

奇数羽状复叶；小叶互生。圆锥花序顶生或腋生。分枝有时呈二歧聚伞状。荚果长圆形或带状，翅果状。

（1）秧青 **Dalbergia assamica** Benth.

乔木；高6~15m。小叶13~15片，长圆形，长2~4cm。圆锥花序长5~10cm；花萼钟状，萼齿5。荚果阔舌状；种子1颗，有时2~3颗。

分布华南地区。

（2）南岭黄檀 **Dalbergia balansae** Prain

乔木。羽状复叶；托叶披针形；小叶6~7对。圆锥花序腋生；花萼钟状，萼齿5；花冠白色。荚果舌状或长圆形，常有种子1粒，稀2~3粒。

分布华南、华东、华中、西南地区。

（3）藤黄檀 **Dalbergia hancei** Benth.

藤本。奇数羽状复叶；小叶7~13片，互生，倒卵状长圆形，长10~20mm。总状花序短；花冠绿白色。荚果常1种子，稀2~4颗。

分布华东、华中、华南、西南地区。

（4）香港黄檀 **Dalbergia millettii** Benth.

攀缘灌木。奇数羽状复叶长4~5cm；小叶25~35片，长10~15mm；托叶狭，长2~3mm。圆锥花序腋生。荚果长圆形至带状。

分布华南、华东、华中地区。

（5）降香 **Dalbergia odorifera** T. Chen

乔木。羽状复叶复叶长12~25cm；小叶（3~）4~5（~6）对，卵形或椭圆形。圆锥花序腋生，分枝呈伞房花序状。荚果舌状长圆形，有种子1（~2）粒。

分布华南地区。

（6）斜叶黄檀 Dalbergia pinnata (Lour.) Prain

攀缘灌木。奇数羽状复叶；小叶21~41片，顶端圆钝或微凹。圆锥花序腋生；花冠白色，旗瓣反折。果常1种子，稀2~4颗。

分布华南、西南地区。

（7）两粤黄檀 Dalbergia benthamii Prain

羽状复叶长12~17cm；小叶2~3对，卵形或椭圆形，下面有疏柔毛。圆锥花序腋生。荚果薄革质，舌状长圆形。

分布华南地区。

（8）海南黄檀 Dalbergia hainanensis Merr. & Chun

乔木。羽状复叶；小叶（3~）4~5对，卵形或椭圆形。圆锥花序腋生；花极小；花冠粉红色。荚果长圆形、倒披针形或带状，有种子1（~2）粒。

分布华南地区。

20. 鱼藤属 Derris Lour.

奇数羽状复叶；小叶对生，全缘。总状花序或圆锥花序腋生或顶生。荚果沿腹缝线有狭翅或腹、背两缝线均有狭翅。

（1）中南鱼藤 Derris fordii Oliv.

攀缘状灌木。羽状复叶长15~28cm；小叶5~7枚。圆锥花序，被锈色短茸毛；旗瓣无附属体；单体雄蕊。荚果长4~10cm，宽1.5~2.3cm。

分布华东、华中、华南、西南地区。

（2）大叶东京鱼藤 Derris tonkinensis var. compacta Gagnep.

攀缘状灌木或乔木。羽状复叶；小叶2对，质坚韧，卵状披针形。总状花序腋生或顶生；花萼杯状；花冠白色或粉红色。荚果长椭圆形，有网纹；种子红色。

分布华南、西南地区。

（3）鱼藤 Derris trifoliata Lour.

攀缘状灌木。枝叶均无毛。羽状复叶长7~15cm；小叶5枚，有时3或7枚。总状花序腋生，通常长5~10cm。果腹缝线有翅。

分布华南地区。

21. 山蚂蝗属 Desmodium Desv.

叶为羽状三出复叶或退化为单小叶；小叶全缘或浅波状。总状花序或圆锥花序腋生或顶生。荚果扁平。

（1）假地豆 Desmodium heterocarpon (L.) DC.

亚灌木。三出复叶；顶生小叶椭圆形。总状花序顶生或腋生；花萼钟形，4裂；花冠紫红色或白色。荚果较小，不开裂。

分布长江流域以南地区，西至云南，东至台湾。

（2）异叶山蚂蝗 Desmodium heterophyllum (Willd.) DC

平卧或上升草本。叶为羽状三出复叶，小叶3；纸质，长（0.5）1~3cm，宽0.8~1.5cm。花单生或成对生于腋内，不组成花序。荚果窄长圆形。

分布华南、华中、西南地区。

（3）显脉山绿豆 Desmodium reticulatum Champ. ex Benth.

灌木。三出复叶；顶生小叶卵形，卵状椭圆形，长3~5cm，宽1~2cm。总状花序；花冠红色，后变蓝色。荚果有荚节3~7。

分布华南、西南地区。

（4）三点金 Desmodium triflorum (L.) DC.

匍匐草本。三出复叶；小叶同形，倒三角形。常单生或2~3朵簇生；花冠紫红色，与萼近相等。荚果狭长圆形，略呈镰刀状。

分布华南、华东、西南地区。

（5）绒毛山蚂蝗 Desmodium vellutinum (Willd.) DC.

小灌木或亚灌木。叶常具单小叶，少有3小叶。总状花序腋生和顶生；花萼宽钟形，4裂；花冠紫色或粉红色。荚果狭长圆形，有荚节5~7。

分布华南、西南地区。

22. 野扁豆属 Dunbaria Wight & Arn.

叶具羽状3小叶；小叶下面有明显的腺点。花单生于叶腋或组成总状花序式排列。荚果线形或线状长圆形，种脐长或短。

（1）鸽仔豆 Dunbaria henryi Y. C. Wu

藤本。3小叶；顶生小叶三角形，长宽近相等，两面近无毛。总状花序腋生，长1.5~6cm；子房有长7mm柄。果颈长7~10mm。

分布华南地区。

（2）长柄野扁豆 Dunbaria podocarpa Kurz

多年生缠绕藤本。三出复叶；侧生小叶具红色腺点。总状花序腋生；子房有长7mm柄。荚果线状长圆形，果颈长15~17mm。

分布华南、西南地区。

23. 榼藤属 Entada Adans.

二回羽状复叶，顶生的1对羽片常变为卷须；小叶1至多对。穗状花序纤细，单生于上部叶腋或再排成圆锥花序式。

（1）榼藤 Entada phaseoloides (L.) Merr.

常绿、木质大藤本。二回羽状复叶；顶生的1对羽片常变为卷须；叶2~4对。穗状花序；花细小，白色，密集。荚果长达1m；种子近圆形，具网纹。

分布华南、西南地区。

24. 刺桐属 Erythrina L.

羽状复叶具3小叶，有时被星状毛。总状花序腋生或顶生；花红色，成对或成束簇生在花序轴上。荚果具果颈。

（1）*鸡冠刺桐 Erythrina crista-galli L.

落叶灌木或小乔木，茎和叶柄稍具皮刺。羽状复叶具3小叶。花与叶同出，总状花序顶生；花深红色。荚果褐色，种子间缢缩；种子大，亮褐色。

华南、西南地区有引种。

（2）*刺桐 Erythrina variegata L.

乔木。三出复叶；小叶柄基部有一对腺体状的托叶。总状花序顶生；花萼佛焰苞状；花冠红色。荚果；种子肾形，暗红色。

分布华南地区。

25. 格木属 Erythrophleum Afzel. ex R. Br.

叶互生，二回羽状复叶；小叶互生。花小，具短梗，密聚成穗状花序式的总状花序，在枝顶常再排成圆锥花序。

（1）格木 Erythrophleum fordii Oliv.

乔木。叶互生，二回羽状复叶；羽片常3对，对生或近对生，每羽片有小叶8~12片；互生。由穗状花序所排成的圆锥花序。荚果长圆形；种子黑褐色。

分布华南、华东等地区。

26. 山豆根属 Euchresta Benn.

叶互生，小叶3~7枚，全缘，下面通常被柔毛或茸毛，侧脉常不明显。总状花序；荚果核果状，椭圆形，亮黑色，具果颈。

（1）*南洋楹 Falcataria moluccana (Miq.) Barneby & J. W. Grimes

乔木。二回复叶，羽片6~20对，小叶6~26对；小叶中脉紧靠上缘；具腺体。穗状花序腋生；花初白色，后变黄。荚果带形。

华南地区有栽培。

27. 千斤拔属 Flemingia Roxb. ex W. T. Aiton

叶为指状3小叶或单叶，下面常有腺点。花序腋生或顶生。荚果椭圆形，膨胀，果瓣内无隔膜，有种子1~2颗；种子近圆形。

（1）大叶千斤拔 Flemingia macrophylla (Willd.) Kuntze ex Merr.

直立灌木，高0.8~2.5m。叶具指状3小叶；叶柄长3~6cm，具狭翅。花冠紫红色。荚果椭圆形，长1~1.6cm，宽7~9mm，褐色。

分布云南、贵州、四川、江西、福建、台湾、香港、海南、广西。

（2）千斤拔 Fleminigia prostrata Roxb.

直立或披散亚灌木。指状3小叶；托叶线状披针形，宿存；小叶厚纸质；基出脉3。总状花序腋生；花密生；花冠紫红色。荚果椭圆状；种子2颗，黑色。

分布华南、华中、西南地区。

28. 长柄山蚂蝗属 Hylodesmum H. Ohashi & R. R. Mill

叶为羽状复叶；小叶3~7，全缘或浅波状。总状花序顶生或腋生。荚节通常为斜三角形或略呈宽的半倒卵形。

（1）疏花长柄山蚂蝗 Hylodesmum laxum (DC.) H. Ohashi & R. R. Mill

直立草本。顶生小叶卵形，宽5~5.5cm；托叶三角状披针形，长约1cm，宽4mm。总状花序。荚果具2~4个半倒卵形的荚节。

分布华南、西南地区。

（2）尖叶长柄山蚂蝗 Hylodesmum podocarpum (DC.) H. Ohashi & R. R. Mill subsp. oxyphyllum (DC.) H. Ohashi & R. R. Mill

直立草本。顶生小叶菱形，长4~8cm，宽2~3cm；托叶钻形，长约7mm，宽1mm。总状花序或圆锥花序。荚果常有荚节2。

分布秦岭淮河以南地区。

29. 鸡眼草属 Kummerowia Schindl.

叶为三出羽状复叶；托叶膜质，大而宿存，通常比叶柄长。花通常1~2朵簇生于叶腋，稀3朵或更多。荚果扁平，具1节，1种子。

（1）鸡眼草 Kummerowia striata (Thunb.) Schindl.

草本。三出复叶；小叶有白色粗毛。花单生或2~3朵簇生；花萼钟状，5裂；花冠粉红或紫色。果倒卵形，长3.5~5mm。

分布东北、华北、华东、中南、西南地区。

30. 胡枝子属 Lespedezaa Michx.

羽状复叶具3小叶；托叶小、钻形或线形；小叶全缘，先端有小刺尖，网状脉。花2至多数组成腋生的总状花序或花束。

（1）截叶铁扫帚 Lespedeza cuneata (Dum.-Cours.) G. Don

小灌木。三出复叶；小叶长1~3cm，宽2~5mm，顶端截平，具小尖头。总状花序比叶短；花黄白色或白色。荚果长2.5~3.5mm。

分布西北、华东、华南、西南地区。

（2）多花胡枝子 Lespedeza floribunda Bunge

灌木。三出复叶；小叶长 1~1.5cm，宽 6~9mm，背面密被伏柔毛。总状花序比叶长；花紫红或蓝紫。荚果宽卵形，长 7mm。

分布东北、华北、西北、华东、华南、西南地区。

（3）美丽胡枝子 Lespedeza thunbergii (DC.) Nakai subsp. formosa (Vogel) H. Ohashi

直立灌木；高 1~2m。小叶宽 1~3cm，顶端急尖或钝。总状花序比叶长，单一；花紫红色。荚果倒卵形，长 8mm，表面具网纹且被毛。

分布华北、西北、华东、华中、华南、西南地区。

31. 银合欢属 Leucaena Benth.

二回羽状复叶；小叶小而多或大而少，偏斜；总叶柄常具腺体。花白色，通常两性，5 基数。荚果劲直，扁平，光滑。

（1）* 银合欢 Leucaena leucocephala (Lam.) de Wit

灌木或小乔木。二回羽状复叶；羽片 4~8 对；小叶 5~15 对；羽轴最下羽片着生处有 1 腺体。头状花序常 1~2 个腋生。荚果带状。

分布华南、西南地区。

32. 仪花属 Lysidice Hance

叶为偶数羽状复叶，有小叶 3~5 对；小叶对生；托叶钻状或尖三角状。圆锥花序生枝顶；花紫红色或粉红色。

（1）* 短萼仪花 Lysidice brevicalyx C. F. Wei

乔木，小叶 3~4（~5）对。圆锥花序，苞片和小苞片白色；萼管较短，长 5~9mm，萼管裂片比萼管长；花瓣紫色。荚果；种子 7~10 颗，边缘增厚成一圈狭边。

分布华南、西南部分地区。

33. 大翼豆属 Macroptilium (Benth.) Urb.

羽状复叶具 3 小叶或稀可仅具 1 小叶，托叶具明显的脉纹，着生点以下不延伸。花通常成对或数朵生于花序轴上。荚果细长。

（1）紫花大翼豆 Macroptilium atropurpureum (Moc. & Sessé ex DC.) Urb.

藤本。3 小叶；小叶菱形，长 1.5~7cm，宽 1.3~5cm，有时具裂片，背面被银色茸毛。花序轴长 1~8cm。荚果线形；种子 12~15 颗。

原产热带美洲。热带、亚热带大部分地区均有栽培或逸为野生。

34. 苜蓿属 Medicago L.

羽状复叶，互生；托叶部分与叶柄合生，全缘或齿裂；小叶3，边缘通常具锯齿，侧脉直伸至齿尖。总状花序腋生，有时呈头状或单生。

（1）* 紫苜蓿 Medicago sativa L.

多年生草本。羽状三出复叶；托叶大，卵状披针形；小叶等大。花序总状或头状；萼钟形。荚果螺旋状紧卷2~4（~6）圈；种子10~20粒。种子卵形。

全国各地都有栽培或呈半野生状态。

35. 崖豆藤属 Millettia Wight & Arn.

奇数羽状复叶互生；小叶2至多对，通常对生；全缘。圆锥花序大，顶生或腋生。荚果扁平或肿胀，线形或圆柱形。

（1）厚果崖豆藤 Millettia pachycarpa Benth.

藤本。羽状复叶；小叶6~8对，长圆状椭圆形。总状圆锥花序；花冠淡紫，旗瓣卵形；单体雄蕊。荚果肿胀，长圆形。

分布华东、华中、华南、西南地区。

（2）海南崖豆藤 Millettia pachyloba Drake

巨大藤本，长达20m。羽状复叶长25~35cm；小叶4对，倒卵状长圆形。圆锥花序；旗瓣被毛，无胼胝体；2体雄蕊。荚果菱状长圆形。

分布华南、西南地区。

（3）印度崖豆 Millettia pulchra (Benth.) Kurz

灌木或小乔木。羽状复叶长8~20cm；叶轴上面具沟；托叶披针形；小叶6~9对。总状圆锥花序腋生。荚果线形，扁平；种子1~4粒，褐色。

36. 含羞草属 Mimosa L.

托叶小，钻状。二回羽状复叶，常很敏感，触之即闭合而下垂，叶轴上通常无腺体数。荚果长椭圆形或线形，有荚节3~6。

（1）光荚含羞草 Mimosa bimucronata (DC.) Kuntze

小乔木。二回羽状复叶；羽片6~7对；小叶12~16对，长5~7mm，宽1~1.5mm，被短柔毛。头状花序球形。荚果带状，无毛。

原产热带美洲。华南、西南地区有栽培或逸为野生。

（2）含羞草 Mimosa pudica L.

草本。二回羽状复叶；羽片2对；小叶10~20对。头状花序腋生；花淡红色；雄蕊4枚，伸出于花冠之外。荚果被毛，荚缘波状。

分布华南、西南地区。

37. 黧豆属 Mucuna Adans.

叶为羽状复叶，具3小叶。花序腋生或生于老茎上，近聚伞状，或为假总状或紧缩的圆锥花序。荚果边缘常具翅，常被褐黄色螫毛。

（1）白花油麻藤 **Mucuna birdwoodiana** Tutcher

常绿大型木质藤本。羽状复叶具3小叶；侧生小叶偏斜。总状花序束状；花冠白色或带绿白色。果无皱褶，长30~45cm。

分布华中、西南地区。

（2）大果油麻藤 **Mucuna macrocarpa** Wall.

大型木质藤本。羽状复叶具3小叶。花序通常生在老茎上，花多聚生于顶部，常有恶臭；花冠暗紫色。果木质，带形，近念珠状，种子黑色，盘状。

分布华南、西南地区。

（3）* 黧豆 **Mucuna pruriens** var. **utilis** (Wall. ex Wight) Baker ex Burck

一年生缠绕藤本。羽状复叶具3小叶；小叶长6~15cm或过之，宽4.5~10cm，侧生小叶极偏斜。总状花序下垂；花萼阔钟状。荚果长8~12cm，黑色。

分布华南、华中、西南地区。

38. 小槐花属 Ohwia H. Ohashi

3小叶；叶柄两侧具狭翅。总状花序较长，具小苞片；花瓣纸质，有明显脉纹。荚节长圆形。

（1）小槐花 **Ohwia caudata** (Thunb.) H. Ohashi

直立灌木。三出复叶；叶柄两侧有窄翅。总状花序；花冠绿白色，具明显脉纹。荚果背缝线深凹入腹缝线，节荚呈斜三角形。

分布长江流域以南地区，东至台湾。

39. 红豆属 Ormosia Jacks.

叶互生，稀近对生，奇数羽状复叶，稀单叶或为3小叶；小叶对生。圆锥花序或总状花序顶生或腋生。荚果2瓣裂，稀不裂。

（1）花榈木 **Ormosia henryi** Prain

常绿乔木。奇数羽状复叶，长 13~32.5cm；小叶（1~）2~3 对，长 4.3~13.5cm，宽 2.3~6.8cm，叶背及叶柄均密被黄褐色茸毛。荚果扁平，有种子 4~8 粒。

（2）凹叶红豆 **Ormosia emarginata** (Hook. & Arn.) Benth.

小乔木或灌木。奇数羽状复叶；小叶 5~7 片，顶端凹缺。圆锥花序；花疏，有香气。荚果菱形或长圆形；种子 1~4 颗，红色。

分布华南地区。

（3）光叶红豆 **Ormosia glaberrima** Y. C. Wu

常绿乔木。枝无毛。奇数羽状复叶；小叶 5~7 片，革质，无毛。圆锥花序顶生或腋生。荚果椭圆形；种子 1~4 颗，红色。

分布华南、华中地区。

（4）茸荚红豆 **Ormosia pachycarpa** Champ. ex Benth.

常绿乔木。小枝、叶柄、叶下面、花序、花萼和荚果密被灰白色毡毛。奇数羽状复叶；小叶 2~3 对。圆锥花序。荚果；种子 1~2 颗。

分布华南地区。

（5）*海南红豆 **Ormosia pinnata** (Lour.) Merr.

常绿乔木或灌木。奇数羽状复叶；小叶 3（~4）对，披针形。圆锥花序顶生；花萼钟状；花冠粉红色而带黄白色。荚果；种子 1~4 粒，椭圆形，种皮红色。

分布华南地区。

（6）荔枝叶红豆 **Ormosia semicastrata** f. **litchiifolia** F. C. How

乔木。奇数羽状复叶；小叶 2~3 对，有时达 4 对，椭圆形或披针形，上面光亮像荔枝叶。圆锥花序顶生；白色。荚果近圆形。

分布华南地区。

（7）软荚红豆 **Ormosia semicastrata** Hance

常绿乔木，高达 12m。奇数羽状复叶；小叶 1~2 对，长 4~14.2cm，宽 2~5.7cm，两面无毛或有时下面有白粉。荚果近圆形，有种子 1 粒。

40. 豆薯属 Pachyrhizus Rich. ex DC.

羽状复叶具 3 小叶；小叶常有角或波状裂片。花排成腋生的总状花序，常簇生于肿胀的节上。荚果带形。

（1）*豆薯 **Pachyrhizus erosus** (L.) Urb.

根块状，肉质。羽状复叶具3小叶；托叶线状披针形；小叶菱形或卵形，中部以上不规则浅裂。总状花序。荚果带形；种子每荚8~10颗，近方形。

华南、华中、西南地区均有栽培。

41. 排钱树属 Phyllodium Desv

叶为羽状三出复叶，具托叶和小托叶。花4~15朵组成伞形花序，由叶状苞片包藏，在枝先端排列呈总状圆锥花序状，形如一长串钱牌。

（1）毛排钱树 Phyllodium elegans (Lour.) Desv.

灌木。羽状三出复叶互生；顶生小叶卵形、椭圆形，顶生小叶比侧生的长1倍，两面被毛。伞形花序。荚果密被银灰色茸毛。

分布华南、西南地区。

（2）排钱树 Phyllodium pulchellum (L.) Desv.

灌木；高0.5~2m。羽状三出复叶；顶生小叶长5~10cm，比侧生的长1倍，上面无毛。伞形花序藏于叶状苞片内。荚果有荚节2。

分布华南、西南地区。

42. 豌豆属 Pisum L.

茎方形、空心、无毛。叶具小叶2~6片，卵形至椭圆形，全缘或多少有锯齿，下面被粉霜；叶轴顶端具羽状分枝的卷须。

（1）* 豌豆 Pisum sativum L.

攀缘草本。全株被粉霜。羽状复叶；小叶2~3对；托叶比小叶大，心形，下部边缘有齿。花冠多为白色或紫色。荚果肿胀。

43. 四棱豆属 Psophocarpus Neck. ex DC.

叶为单小叶或为具3小叶的羽状复叶。花单生或排成总状花序，腋生，花序轴上小花梗着生处肿胀。荚果长圆形，沿棱角具4翅。

（1）* 四棱豆 Psophocarpus tetragonolobus (L.) DC.

一年生或多年生攀缘草本。具块根。叶为具3小叶的羽状复叶；叶柄有深槽；小叶卵状三角形。总状花序腋生。荚果四棱状，具翅，边缘具锯齿。

华南、西南地区有栽培。

44. 紫檀属 Pterocarpus Jacq.

叶为奇数羽状复叶；小叶互生。花黄色，排成顶生或腋生的圆锥花序。荚果圆形，扁平，边缘翅。

（1）紫檀 Pterocarpus indicus Willd.

乔木，树皮灰色。羽状复叶长15~30cm；小叶3~5对，卵形。圆锥花序顶生或腋生，多花；花萼钟状；花冠黄色。荚果圆形，周围具宽翅。

分布华南、西南部分地区。

45. 葛属 Pueraria DC.

叶为具3小叶的羽状复叶；托叶基部着生或盾状着生；小叶大，卵形或菱形，全裂或具波状3裂片。荚果线形，稍扁或圆柱形。

（1）葛 Pueraria montana (Lour.) Merr.

粗壮藤本。羽状3小叶；小叶三裂；托叶基部着生。总状花序；花萼长8~10mm，旗瓣长10~18mm。荚果扁平，宽8~11mm。

分布西北、西南地区。

（2）葛麻姆 **Pueraria montana** (Lour.) Merr. var. **lobata** (Willd.) Maesen & S. M. Almeida ex Sanjappa & Predeep

粗壮藤本。羽状三出复叶；顶生小叶宽卵形，长大于宽。总状花序；花萼长 8mm；花冠紫色，旗瓣直径 8mm。果扁平，宽 6~8mm。

分布西南、华中、华东、华南地区。

（3）* 粉葛 **Pueraria montana** (Lour.) Merr. var. **thomsonii** (Benth.) M. R. Almeida

粗壮藤本。羽状三出复叶；小叶两面均被黄色粗伏毛。总状花序；花萼长达 20mm；旗瓣直径 16~18mm。果扁平，宽 8~11mm。

分布华南、西南、华中、华南地区。

（4）三裂叶野葛 **Pueraria phaseoloides** (Roxb.) Benth.

草质藤本。羽状复叶具 3 小叶；托叶盾状着生；小叶宽卵形。总状花序单生；花冠浅蓝色或淡紫色。荚果圆柱形；种子长圆形。

分布西南、华南、华东地区。

46. 密子豆属 Pycnospora R. Br. ex Wight & Arn.

叶为羽状三出复叶或有时仅具 1 小叶。总状花序顶生；花萼小，钟状，深裂。荚果长椭圆形，有横脉纹。

（1）密子豆 **Pycnospora lutescens** (Poir.) Schindl.

草本。全株被毛。羽状 3 小叶；顶生小叶较大，长 1.2~3.5cm，宽 1~2.5cm。总状花序，花小；2 体雄蕊。果长 6~10mm，有横脉纹。

分布华东、华南、西南地区。

47. 无忧花属 Saraca L.

叶为偶数羽状复叶，有小叶数对；小叶叶柄具腺状结节；托叶 2 枚，连合成圆锥形鞘状。伞房状圆锥花序腋生或顶生。

（1）* 中国无忧花 **Saraca dives** Pierre

小叶 5~6 对，嫩叶下垂；小叶长 15~35cm，宽 5~12cm。花序腋生；花黄色，后部分变红色，两性或单性。荚果棕褐色；种子 5~9 颗，形状不一。

分布华南、西南地区。

48. 番泻决明属 Senna Mill.

叶为偶数羽状复叶，叶柄和叶轴上常有腺体。花两性，近辐射对称，单生或排成总状花序或圆锥花序。荚果圆柱形或扁平。

（1）* 翅荚决明 **Senna alata** (L.) Roxb.

直立灌木；高 1.5~3m。叶长 30~60cm；小叶 6~12 对，长圆形，长 8~15cm，宽 3.5~7.5cm；托叶三角形。荚果长带状；种子 50~60 颗。

分布华南、西南地区。

（2）望江南 Senna occidentalis (L.) Link

灌木。小叶 4~5 对，卵形，有小缘毛；叶柄揉之有腐败气味。总状花序腋生和顶生；花瓣有短狭的瓣柄。荚果带状镰形。

分布东南、南部及西南地区。

（3）*黄槐决明 Senna surattensis (Burm. f.) H. S. Irwin & Barneby

灌木或小乔木。树皮颇光滑。小叶 7~9 对，下面粉白色。总状花序腋生；花瓣黄色，卵形。荚果带状，顶端具细长的喙。

华南地区有栽培。

（4）决明 Senna tora (L.) Roxb.

草本。小叶 3 对，倒卵状长椭圆形，基部偏斜，每小叶间有 1 腺体。花腋生或常 2 朵聚生；花瓣下面二片略长。果近四棱形。

分布长江流域以南地区。

49. 田菁属 Sesbania Scop.

偶数羽状复叶；叶柄和叶轴上面常有凹槽；小叶多数，全缘。总状花序腋生于枝端。荚果常为细长圆柱形，先端具喙，基部具果颈。

（1）田菁 Sesbania cannabina (Retz.) Poir.

一年生草本。羽状复叶；小叶 20~30 对，线状长圆形，宽 2.5~4mm。总状花序；花长不及 2cm。荚果长圆柱形，宽约 3mm。

华南、华东、华中、西南有栽培或逸为野生。

50. 密花豆属 Spatholobus Hassk.

羽状复叶具 3 小叶。圆锥花序腋生或顶生；花小而多，通常数朵密集于花序轴或分枝的节上。荚果具果颈或无果颈。

（1）红血藤 Spatholobus sinensis Chun & T. Chen

攀缘藤本。小叶长圆状椭圆形；小托叶宿存。圆锥花序通常腋生，密被棕褐色糙伏毛；花瓣紫红色。荚果斜长圆形，被棕色长柔毛；种子长圆形。

分布华南地区。

51. 笔花豆属 Stylosanthes Sw.

羽状复叶具 3 小叶；托叶与叶柄贴生成鞘状。短穗状花序腋生或顶生。荚果扁平，长圆形或椭圆形，先端具喙，具荚节 1~2 个。

（1）*圭亚那笔花豆 Stylosanthes guianensis (Aubl.) Sw.

直立草本或亚灌木。叶具 3 小叶；托叶鞘状；小叶长 0.5~4.5cm，宽 0.2~2cm。花序具密集的花 2~40 朵；旗瓣橙黄色。

荚果具1荚节，卵形。

原产南美洲北部。华南、西南地区有栽培。

52. 葫芦茶属 Tadehagi H. Ohashi

叶仅具单小叶，叶柄有宽翅，翅顶有小托叶2。总状花序顶生或腋生，通常每节生2~3朵花。荚果通常有5~8荚节。

（1）葫芦茶 Tadehagi triquetrum (L.) H. Ohashi

灌木。叶仅具单小叶；小叶纸质，窄披针形或卵状披针形。总状花序顶生或腋生；花萼长3mm；花冠淡紫或蓝紫色。荚果。

分布华南、华中、华南、西南地区。

54. 灰毛豆属 Tephrosia Pers.

奇数羽状复叶；具托叶；小叶多数，对生、全缘，通常被绢毛，下面尤密。总状花序顶生或与叶对生和腋生。荚果线形或长圆形。

（1）*灰毛豆 Tephrosia purpurea (L.) Pers.

灌木状草本；多分枝。茎具纵棱。羽状复叶；托叶线状锥形；小叶4~10对。总状花序；花萼阔钟状；花冠淡紫色。荚果线形；种子具斑纹。

分布华南、西南地区。

55. 狸尾豆属 Uraria Desv.

叶为单小叶、三出或奇数羽状复叶，小叶1~9片。顶生或腋生总状花序或再组成圆锥花序。荚果小，荚节2~8。

（1）猫尾草 Uraria crinita (L.) Desv. ex DC.

亚灌木。奇数羽状复叶；茎下部小叶通常为3，上部为5，小叶长椭圆形，宽3~8cm。总状花序顶生。荚果椭圆形，荚节2~4。

53. 酸豆属 Tamarindus L.

偶数羽状复叶，互生，有小叶10~20余对。花序生于枝顶，总状或有少数分枝。荚果长圆柱形。

（1）*酸豆 Tamarindus indica L.

乔木，高10~25m。小叶长圆形，长1.3~2.8cm，宽5~9mm。花黄色或杂以紫红色条纹。荚果圆柱状长圆形，肿胀，缢缩；种子3~14颗，有光泽。

分布华南、西南地区。

分布华南、华中、华南地区。

（2）狸尾豆 **Uraria lagopodioides** (L.) DC.

平卧或开展草本。叶多为 3 小叶，顶生小叶长 2~6cm，宽 1.5~3cm。总状花序顶生，花排列紧密；花冠淡紫色。荚果包藏于萼内，有荚节 1~2，长约 2.5mm。

分布香港、海南、福建、江西、湖南、广西、贵州、云南及台湾。

56. 野豌豆属 Vicia L.

偶数羽状复叶，叶轴先端具卷须或短尖头；托叶通常半箭头形，少数种类具腺点；小叶（1）2~12 对。荚果扁，两端渐尖。

（1）* 蚕豆 **Vicia faba** L.

直立草本。偶数羽状复叶；小叶 1~5 对。总状花序腋生；花冠白色，具紫色脉纹及黑色斑晕。荚果肥厚，表皮被茸毛。

全国各地均有栽培，以长江流域以南地区为主。

57. 豇豆属 Vigna Savi

羽状复叶具 3 小叶。总状花序或 1 至多花的花簇腋生或顶生，花序轴上花梗着生处常增厚并有腺体。种子肾形或近四方形。

（1）* 赤豆 **Vigna angularis** (Willd.) Ohwi & H. Ohashi

一年生草本。羽状 3 小叶；小叶卵形，长 5~10cm，宽 5~8cm；托叶箭头形，长 9~17mm。花 5 或 6 朵着生。荚果圆柱状，无毛。

全国各地常见栽培。

（2）贼小豆 **Vigna minima** (Roxb.) Ohwi & Ohashi

草本。羽状 3 小叶；叶披针形，长 2.5~7cm，宽 0.8~3cm；托叶长 4~6mm。总状花序。荚果圆柱形，长 3.5~6.5cm；种子 4~8 颗。

分布北部、东南至南部地区。

（3）* 绿豆 **Vigna radiata** (L.) R. Wilczek

一年生直立草本。羽状 3 小叶；小叶卵形，长 5~16cm，宽 3~12cm；托叶盾状着生。总状花序腋生。荚果线状圆柱形。

全国各地常见栽培。

（4）* 豇豆 **Vigna unguiculata** (L.) Walp.

一年生藤本或草本。羽状复叶具 3 小叶；托叶披针形；小叶卵状菱形。总状花序腋生；花萼钟状；花冠黄白色而略带青紫。荚果线形，种子多颗。

全国各地常见栽培。

（5）* 短豇豆 **Vigna unguiculata** (L.) Walp. subsp. **cylindrica** (L.) Verdc.

一年生直立草本。羽状 3 小叶；小叶卵状菱形；托叶披针形。总状花序腋生；旗瓣扁圆形。荚果长 10~16cm；种子颜色多样。

全国各地常见栽培。

（6）*长豇豆 **Vigna unguiculata** (L.) Walp. subsp. **sesquipedalis** (L.) Verdc.

一年生攀缘植物。羽状复叶具3小叶；小叶卵状菱形。总状花序腋生；花冠黄白色而略带青紫。荚果长30~90cm，线形，下垂。

全国各地常见栽培。

58. 丁癸属 Zornia J. F. Gmel.

一年生或多年生纤弱草本。指状复叶具小叶2~4枚，常具透明腺点；托叶近叶状，常于基部下延成盾状。荚果扁，腹缝直，背缝波状。

（1）丁癸草 **Zornia gibbosa** Span.

草本；高20~50cm。小叶2枚，卵状长圆形、倒卵形至披针形，长0.8~1.5cm；托叶披针形，长1mm。总状花序腋生。荚果2~6节。

分布长江流域以南地区。

（六十一）远志科 Polygalaceae

单叶互生、对生或轮生，具柄或无柄，叶片纸质或革质，全缘。花，白色、黄色或紫红色，腋生或顶生。果实或为蒴果，或为翅果、坚果。

1. 远志属 Polygala L.

单叶互生，叶片纸质或近革质，全缘。总状花序顶生、腋生或腋外生；花两性，左右对称。果为蒴果，两侧压扁，具翅或无。

（1）华南远志 **Polygala chinensis** L.

一年生直立草本。叶互生，线状长圆形，宽10~15mm，微反卷。总状花序腋上生；花瓣3，淡黄色或白带淡红色。蒴果圆形。

分布华南、西南地区。

（2）黄花倒水莲 **Polygala fallax** Hemsl.

灌木或小乔木；高1~3m。单叶互生，披针形至椭圆状披针形，长8~17cm。总状花序，花后延长达30cm。蒴果阔倒心形至圆形。

分布华南、华中、西南地区。

（3）大叶金牛 **Polygala latouchei** Franch.

亚灌木。单叶，倒卵状椭圆形或倒披针形，长4~10cm，宽2~4cm。总状花序；花瓣3，花龙骨瓣脊上有附属物。蒴果近圆形。

分布华中、华南地区。

（4）小花远志 **Polygala polifolia** C. Presl

草本。叶互生，倒卵形，长1~1.8cm，宽2~6mm。总状花序；花瓣3，边缘皱波状。果近圆形，直径约2mm，具宿存花萼。

分布华南、华中地区。

2. 齿果草属 Salomonia Lour.

一年生直立草本或寄生小草本。单叶互生，叶片膜质或纸质，椭圆形、卵形或卵状披针形，全缘。花两侧对称，排列成顶生的穗状花序。

（1）齿果草 **Salomonia cantoniensis** Lour.

一年生直立草木；高5~25cm。单叶互生，叶卵状心形，长5~16mm，基出3脉。穗状花序顶生；花极小，花瓣3。蒴果肾形。

分布华东、华中、华南和西南地区。

3. 黄叶树属 Xanthophyllum Roxb.

乔木或灌木。单叶互生，叶片革质，全缘。花两性，两侧对称，具短柄，排列成腋生或顶生的总状花序或圆锥花序。萼片5。核果球形。

（1）黄叶树 **Xanthophyllum hainanense** Hu

乔木。单叶互生，革质，卵状椭圆形至长圆状披针形，两面无毛。总状花序或圆锥花序；花瓣覆瓦状排列。核果球形。

分布华南地区。

（六十二）蔷薇科 Rosaceae

叶互生，稀对生，单叶或复叶，有显明托叶。果实为蓇葖果、瘦果、梨果或核果，稀蒴果。

1. 龙芽草属 Agrimonia L.

多年生草本。奇数羽状复叶，有托叶。花两性，成顶生穗状总状花序。瘦果1~2，包藏在具钩刺的萼筒内。

（1）龙芽草 **Agrimonia pilosa** Ldb.

草本；高30~120cm。奇数羽状复叶；小叶倒卵形。穗状花序；花直径6~9mm。果倒卵圆锥形，直径3~4mm，具10条肋。

分布全国各地。

2. 桃属 Amygdalus L.

落叶乔木或灌木。叶柄或叶边常具腺体。花单生，稀2朵生于1芽内，粉红色，罕白色。果实为核果，外被毛，极稀无毛。

（1）＊桃 **Amygdalus persica** L.

落叶乔木。叶长圆披针形至倒卵状披针形，叶缘具齿；叶柄常具腺体。花单生，先叶开放；花瓣粉红色，罕白色。核果。

原产我国，各地广泛栽培，也有野生。

3. 杏属 Armeniaca Scop.

幼叶在芽中席卷状；叶柄常具腺体。花常单生，稀2朵，先于叶开放；萼5裂；花瓣5。果实为核果，两侧多少扁平，有明显纵沟。

（1）＊梅 **Armeniaca mume** Sieb.

三、被子植物 ANGIOSPERMAE

小乔木，稀灌木。叶片卵形或椭圆形，边常具锐锯齿和腺体。花单生或双生；花瓣倒卵形，白色至粉红色。果实近球形。

原产我国南部地区，全国各地均有栽培。

4. 蛇莓属 Duchesnea Sm.

多年生草本，具短根茎。匍匐茎细长，在节处生不定根。基生叶数个，茎生叶互生，皆为三出复叶，有长叶柄，小叶片边缘有锯齿；托叶宿存，贴生于叶柄。花多单生于叶腋，无苞片；花托半球形或陀螺形，在果期增大，海绵质，红色。

（1）蛇莓 Duchesnea indica (Andr.) Focke

多年生草本。小叶片倒卵形至菱状长圆形。花单生于叶腋；花瓣倒卵形，黄色；花托在果期膨大，海绵质，鲜红色，有光泽，直径 10~20mm。

分布辽宁以南地区。

5. 枇杷属 Eriobotrya Lindl.

单叶互生，边缘有锯齿或近全缘，羽状网脉显明。花成顶生圆锥花序，常有茸毛；萼片 5；花瓣 5，倒卵形或圆形。梨果肉质或干燥。

（1）香花枇杷 Eriobotrya fragrans Champ. ex Benth.

小乔木或灌木。单叶互生，长圆状椭圆形，长 7~15cm，侧脉 9~11 对。圆锥花序；花瓣白色。果实球形，表面颗粒状突起。

分布华中、华南地区。

（2）* 枇杷 Eriobotrya japonica (Thunb.) Lindl.

常绿小乔木。小枝密生锈色茸毛。单叶互生，革质，叶多形，基部全缘。圆锥花序顶生；花瓣白色。梨果球形或长圆形。

分布西北、华中、华东地区。

6. 桂樱属 Laurocerasus Tourn. ex Duhamel

叶互生，叶边全缘或具锯齿，下面近基部或在叶缘或在叶柄上常有 2 枚稀数枚腺体；核骨质，常不开裂，内含 1 枚下垂种子。

（1）腺叶桂樱 Laurocerasus phaeosticta (Hance) C. K. Schneid.

常绿灌木或小乔木；高 4~12m。叶互生，狭椭圆形，长 6~12cm，下面散生腺点，基部 2 腺体。总状花序。果实近球形。

分布华南、华东、华南、西南地区。

（2）刺叶桂樱 Laurocerasus spinulosa (Siebold & Zucc.) C. K. Schneid.

常绿乔木。叶长 5~10cm，宽 2~4.5cm，中部以上或近顶端常具针状锐锯齿；托叶早落。总状花序单生于叶腋；花瓣白色。果实椭圆形。

分布华南、华中、华东、西南地区。

（3）尖叶桂樱 Laurocerasus undulata (Buch.-Ham. ex D. Don) M. Roem.

常绿灌木或小乔木。叶互生，草质或薄革质，长圆状披针形。总状花序；花瓣椭圆形或倒卵形，浅黄白色。果实卵球形，紫黑色。

分布华南、华东、华南、西南地区。

（4）大叶桂樱 Laurocerasus zippeliana (Miq.) Browicz

常绿乔木。叶互生，宽卵形，长 10~19cm，宽 4~8cm，具粗锯齿；叶柄具 2 腺体。总状花序。果实长圆形或卵状长圆形。

分布西北、华中、华东、华南、西南地区。

7. 石楠属 Photinia Lindl.

叶互生，革质或纸质，多数有锯齿，稀全缘，有托叶。花两性，成顶生伞形、伞房或复伞房花序，稀成聚伞花序。果实为 2~5 室小梨果。

（1）小叶石楠 Photinia parvifolia (E. Pritz.) C. K. Schneid.

落叶灌木；高 1~3m。叶椭圆形，长 4~8cm，宽 1~3.5cm，边缘具腺尖齿，侧脉 4~6 对。花 2~9 朵成伞形花序；雄蕊 20。果实椭圆形。

分布华中、华东、华南、西南地区。

（2）桃叶石楠 Photinia prunifolia (Hook. & Arn.) Lindl.

乔木。叶椭圆形，长 7~13cm，宽 3~5cm，侧脉 10~15 对，叶背密被疣点；柄长 1~2.5cm。伞房花序；花梗被毛且有疣点。果椭圆形。

分布华南、华中、西南地区。

8. 委陵菜属 Potentilla L.

叶为奇数羽状复叶或掌状复叶；托叶与叶柄不同程度合生。花通常两性，单生、聚伞花序或聚伞圆锥花序。瘦果多数，萼片宿存。

（1）三叶朝天委陵菜 Potentilla supina L. var. ternata Peterm.

一年生或二年生草本。植株分枝极多，矮小铺地或微上升；基生叶羽状复叶，有小叶 3 枚，顶生小叶有短柄或几无柄，常 2~3 深裂或不裂。

分布全国各地。

9. 樱桃属 Prunus L.

单叶，通常为披针形，叶缘有锯齿。花为单生花、伞形花序或总状花序；花通常呈白或粉红色；花瓣 5；萼片 5。果实为核果。

（1）* 李 Prunus salicina Lindl.

落叶乔木。单叶互生，长椭圆形。花通常 3 朵并生；花梗长 1~2cm；花瓣长圆倒卵形，白色，先端啮蚀状。果球形或卵形。

分布西北、华中、华东、华南、西南地区。

10. 臀果木属 Pygeum Gaertn.

叶互生，全缘，极稀具细小锯齿；近基部处，稀在叶缘常有 1 对腺体。总状花序腋生，单一或分枝或数个簇生。果实为核果。

（1）臀果木 Pygeum topengii Merr.

乔木；高可达 20m。叶互生，卵状椭圆形或椭圆形，长 6~12cm，近基部有 2 枚黑色腺体。总状花序。果实肾形，宽 10~16mm。

分布华南、西南地区。

11. 梨属 Pyrus L.

单叶，互生，有锯齿或全缘。花先于叶开放或同时开放，伞形总状花序；萼片 5；花瓣 5，白色稀粉红色；花药通常深红色或紫色。

（1）*沙梨 Pyrus pyrifolia (Burm. f.) Nakai

乔木。叶互生，卵形，边缘有刺芒锯齿。总状花序；花瓣卵形，先端啮齿状，基部具短爪，白色。果实近球形，有浅色斑点。

分布华东地区。

12. 石斑木属 Rhaphiolepis Lindl.

单叶互生，革质；托叶锥形。花成直立总状花序、伞房花序或圆锥花序；萼筒钟状至筒状。梨果核果状，近球形。

（1）石斑木 Rhaphiolepis indica (L.) Lindl. ex Ker Gawl.

灌木。叶常聚生枝顶，卵形，长 2~8cm，宽 1.5~4cm，边缘细锯齿；叶柄长 5~18mm。圆锥或总状花序顶生；花瓣 5。果球形。

分布华南、华中、华东、西南地区。

13. 蔷薇属 Rosa L.

多数被有皮刺、针刺或刺毛，稀无刺，有毛、无毛或有腺毛。叶互生，奇数羽状复叶，稀单叶；小叶边缘有锯齿；托叶贴生或着生于叶柄上。

（1）*月季花 Rosa chinensis Jacq.

直立灌木。小叶宽卵形或卵状长圆形，具散生皮刺和腺毛。花几朵集生，稀单生；花瓣重瓣至半重瓣。果卵圆形或梨形。

全国各地普遍栽培。

（2）金樱子 Rosa laevigata Michx.

攀缘灌木。奇数羽状复叶；小叶椭圆状卵形至披针卵形，有锐锯齿。花单生叶腋；花大，直径 5~8cm。果梨形或倒卵圆形。

分布西北、华东、华中、华南、西南地区。

（2）山莓 **Rubus corchorifolius** L. f.

直立灌木，高 1~3m；枝具皮刺。叶长 5~12cm，宽 2.5~5cm。花直径可达 3cm；花瓣白色。果近球形或卵球形，直径 1~1.2cm，红色，密被细柔毛。

除东北、甘肃、青海、新疆、西藏外，全国均有分布。

（3）* 野蔷薇 **Rosa multiflora** Thunb.

攀缘灌木。小叶 5~9，连叶柄长 5~10cm；小叶倒卵形、长圆形或卵形，边缘有尖锐单锯齿；托叶篦齿状。花多朵，排成圆锥状花序；花瓣白色。果近球形。

分布华南、华中、华东、华北、西南、西北地区。

（3）高粱泡 **Rubus lambertianus** Ser.

半落叶藤状灌木，高达 3m。叶片长 5~10cm，宽 1~8cm。圆锥花序顶生；花瓣倒卵形，白色。果近球形，直径约 6~8mm，无毛，熟时红色。

14. 悬钩子属 Rubus L.

茎具皮刺、针刺或刺毛及腺毛，稀无刺。叶互生，单叶、掌状复叶或羽状复叶，边缘常具锯齿或裂片。萼片果时宿存。

（1）粗叶悬钩子 **Rubus alceifolius** Poir.

攀缘灌木。全株被锈色长柔毛。单叶，近圆形，边不规则 3~7 裂。顶生狭圆锥花序或近总状；花瓣白色。聚合果红色。

分布华东、华南、西南地区。

（4）白花悬钩子 **Rubus leucanthus** Hance

攀缘灌木。3小叶，小叶卵形或椭圆形，两面无毛，侧脉5~8对。花3~8朵形成伞房状花序，无毛；花瓣白色。聚合果红色。

分布华南、西南地区。

（5）茅莓 Rubus parvifolius L.

灌木。被柔毛和钩状皮刺。小叶3~5，菱状圆卵形或倒卵形，具齿。伞房花序顶生或腋生；子房被毛。果卵圆形红色。

分布东北、东北、华北、西北、华东、华南、西南地区。

（6）锈毛莓 Rubus reflexus Ker Gawl.

攀缘灌木。枝具疏小皮刺。单叶，心状长卵形，3~5浅裂。总状花序；花梗、总花梗、萼片密被茸毛；花瓣白色。果近球形。

分布华东、华南地区。

（7）浅裂锈毛莓 Rubus reflexus Ker Gawl. var. hui (Diels ex Hu) F. P. Metcalf

攀缘灌木。枝被锈色茸毛，具疏小皮刺。单叶，叶心状阔卵形或近圆形，长8~13cm，宽7~12cm，裂片急尖。花白。果近球形。

分布华东、华南、西南地区。

（8）深裂锈毛莓 Rubus reflexus Ker Gawl. var. lanceolobus F. P. Metcalf

攀缘灌木。枝被茸毛，具疏小皮刺。单叶，心状宽卵形或近圆形，边缘3~5深裂，裂片披针形。花瓣白色。果实近球形。

分布华南、西南地区。

（9）空心泡 Rubus rosifolius Sm.

直立灌木；枝具皮刺。小叶3枚，稀5枚，宽卵形至椭圆状卵形；托叶线形或线状披针形。花单生或成对，常顶生；花瓣白色。果实浅红色。

分布华东、华中、华南、西南地区。

（六十三）鼠李科 Rhamnaceae

单叶互生或近对生，全缘或具齿，具羽状脉，或三至五基出脉；托叶小，早落或宿存，或有时变为刺。核果、浆果状核果、蒴果状核果或蒴果。

1. 勾儿茶属 Berchemia Neck. ex DC.

叶互生，纸质或近革质，全缘，具羽状平行脉。花序顶生或兼腋生。核果近圆柱形，稀倒卵形，紫红色或紫黑色，顶端常有残存的花柱。

（1）多花勾儿茶 Berchemia floribunda (Wall.) Brongn.

灌木。叶卵形、卵状椭圆形，长 5~8cm，宽 3~5cm，顶端急尖，侧脉 9~11 对；柄长 1~2cm。聚伞圆锥花序。核果圆柱状椭圆形。

分布黄河流域以南地区。

（2）铁包金 Berchemia lineata (L.) DC.

藤状或矮灌木；高达 2m。叶椭圆形，长 1~2cm，宽 4~15mm，顶端圆钝，侧脉 4~5 对；柄长 1~2mm。花白色。核果圆柱形，直径约 3mm。

分布华南地区。

2. 枳椇属 Hovenia Thunb.

叶互生，基部有时偏斜，边缘有锯齿，基生 3 出脉。花两性，5 基数，白色或黄绿色。浆果状核果近球形；花序轴在结果时膨大，扭曲。

（1）枳椇 Hovenia acerba Lindl.

高大乔木；高 10~25m。叶互生，宽卵形，长 8~17cm，边缘常具锯齿。二歧式聚伞圆锥花序顶生和腋生。浆果状核果近球形。

分布华南、华东、华中、西南、西北地区。

（2）毛果枳椇 Hovenia trichocarpa Chun & Tsiang

高大落叶乔木。叶长 12~18cm，宽 7~15cm，边缘具锯齿。二歧式聚伞花序，顶生或兼腋生；花黄绿色。浆果状核果，被锈色或棕色密茸毛和长柔毛。

分布华中、华南、西南地区。

3. 马甲子属 Paliurus Mill.

单叶互生，有锯齿或近全缘，具基生三出脉，具托叶刺。花 5 基数，排成腋生或顶生聚伞花序或聚伞圆锥花序。核果杯状或草帽状。

（1）马甲子 Paliurus ramosissimus (Lour.) Poir.

灌木。叶圆形，长 3~5.5 (7)cm，宽 2.2~5cm，仅有 3 基出脉，背面被毛；叶柄基部 2 针刺。花序被茸毛。果小，直径 12~14mm，被毛。

分布长江流域以南地区。

4. 猫乳属 Rhamnella Miq.

叶互生，边缘具细锯齿，羽状脉；托叶三角形或披针状条形。腋生聚伞花序；花两性，黄绿色，5 基数。核果圆柱状椭圆形。

（1）苞叶木 Rhamnella rubrinervis (H. Lév.) Rehder

常绿灌木或小乔木。叶互生，矩圆形。聚伞花序；花两性；花瓣倒卵圆形，具短爪。核果卵状圆柱形，成熟时紫红或橘红。

分布华南地区。

5. 鼠李属 Rhamnus L.

叶互生或近对生，稀对生，具羽状脉，边缘有锯齿或稀全缘。花小，两性，或单性，雌雄异株。浆果状核果倒卵状球形或圆球形。

（1）长叶冻绿 Rhamnus crenata Siebold & Zucc.

灌木，无短枝，无刺，叶倒卵形，长 4~8cm，宽 2~4cm，叶面幼时被毛，后无毛，背面被柔毛。聚伞花序被柔毛。核果球形。

分布华南、华东、华中西南、西北地区。

三、被子植物 ANGIOSPERMAE

（2）长柄鼠李 **Rhamnus longipes** Merr. & Chun

灌木或小乔木。无刺。叶长圆形，长6~15cm，宽2~4cm，幼时被毛，后无毛；叶柄长1~2cm。聚伞花序腋生。核果球形。

分布华南、西南地区。

6. 雀梅藤属 Sageretia Brongn.

叶纸质至革质，互生或近对生，边缘具锯齿，叶脉羽状。花两性，5基数。浆果状核果，倒卵状球形或圆球形，有2~3个不开裂的分核。

（1）雀梅藤 **Sageretia thea** (Osbeck) M. C. Johnst.

灌木。叶圆形、椭圆形，长1~4cm，宽7~25mm，背面被毛；柄长2~7mm。花序轴长2~5cm；花瓣顶端2浅裂。核果近圆球形。

分布长江流域以南地区。

7. 翼核果属 Ventilago Gaertn.

叶互生，全缘或具齿，基部常不对称，具明显的网状脉。花小，两性，5基数。核果球形，不开裂，基部有宿存的萼筒包围核果1/3~1/2。

（1）翼核果 **Ventilago leiocarpa** Benth.

藤状灌木。单叶互生，卵状矩圆形，长4~8cm。花单生或数个簇生于叶腋。核果近球形，顶部具翅，翅长圆形，长3~5cm。

分布华南、华中、西南地区。

8. 枣属 Ziziphus Mill.

枝常具皮刺。叶互生，具齿，稀全缘，具基生三出、稀五出脉；具托叶刺。核果圆球形或矩圆形，不开裂，顶端有小尖头。

（1）*滇刺枣 **Ziziphus mauritiana** Lam.

常绿乔木或灌木。叶互生、近圆形、卵圆形，长3~6cm，宽1.5~4.5cm；有2个托叶刺。花两性。核果矩圆形或球形，长1.5cm。

分布华南、西南地区。

（六十四）榆科 Ulmaceae

单叶，互生，稀对生，常二列，有锯齿或全缘，基部偏斜或对称，羽状脉或基部3出脉。果为翅果、核果、小坚果或有时具翅或具附属物。

1. 朴属 Celtis L.

叶互生，常绿或落叶，有锯齿或全缘，具3出脉或3~5对羽状脉。果为核果，内果皮骨质。

（1）朴树 **Celtis sinensis** Pers.

乔木。单叶互生，基部明显3出脉，叶脉在未达边之前弯曲。花具柄；萼片覆瓦状排列。核果直径5mm；柄长5~10mm。

分布长江流域及以南地区，北达河南、山东。

（2）假玉桂 Celtis timorensis Span.

常绿乔木，木材有恶臭。叶革质，长 5~13cm，宽 2.5~6.5cm。小聚伞圆锥花序，果容易脱落。果宽卵状，先端残留花柱基部而成一短喙状。

分布华南、西南地区。

2. 白颜树属 Gironniera Gaud.

叶互生，全缘或具稀疏的浅锯齿，羽状脉；托叶成对腋。花单性；腋生聚伞花序，或雌花单生于叶腋。核果卵状或近球状，压扁。

（1）白颜树 Gironniera subaequalis Planch.

乔木。叶革质，椭圆形，基部阔楔形。聚伞花序；雄的多分枝，雌的分枝少。核果阔卵形，两侧具 2 钝棱，熟时橘红色。

分布华南、西南地区。

3. 山黄麻属 Trema Lour.

叶互生，卵形至狭披针形，边缘有细锯齿，基部 3 出脉，稀 5 出脉或羽状脉。花多数密集成聚伞花序而成对生于叶腋。核果卵圆形或近球形。

（1）狭叶山黄麻 Trema angustifolia (Planch.) Blume

灌木或小乔木。叶卵状披针形，狭小，长 4~8cm，宽 8~20mm，基部圆钝，背密被短柔毛。数朵花组成小聚伞花序。核果微压扁。

分布华南、西南地区。

（2）光叶山黄麻 Trema cannabina Lour.

灌木或小乔木。叶卵形，长 4~10cm，宽 1.8~4cm，边缘具齿。雌雄同株；雌花序常生于上部，或雌雄同序。核果近球形。

分布华南、华中、华东、西南地区。

（3）山油麻 Trema cannabina var. dielsiana (Hand.-Mazz.) C. J. Chen

乔木。小枝密被粗毛。叶长 3~10cm，宽 1.5~5cm，粗糙；叶柄被粗毛。聚伞花序长过叶柄；雄花具紫斑点。核果近球形。

分布华南、华东、华中、西南地区。

（4）异色山黄麻 **Trema orientalis** (L.) Blume

乔木；高达 20m。叶卵状矩圆形或卵形，长 6~18cm，宽 3~8cm，基部心形，背密被银灰色长柔毛。花被片 5。核果卵状球形，稍压扁。

（5）山黄麻 **Trema tomentosa** (Roxb.) H. Hara

乔木。单叶互生，宽卵形或卵状矩圆形，长 7~15cm，宽 3~7cm，边缘有细锯齿，偏斜，被毛。花单性；花被片 5。核果小。

（六十五）桑科 Moraceae

叶互生稀对生，全缘或具锯齿，分裂或不分裂，叶脉掌状或为羽状。花序腋生，典型成对，总状，圆锥状，头状，穗状或壶状，稀为聚伞状。

1. 见血封喉属 Antiaris Lesch.

叶互生，全缘或有锯齿，叶脉羽状。花雌雄同株，雄花序托盘状腋生；雌花单生，藏于梨形花托内。果肉质，具宿存苞片。

（1）见血封喉 **Antiaris toxicaria** Lesch.

乔木，高 25~40m。叶椭圆形至倒卵形，长 7~19cm，宽 3~6cm；托叶披针形，早落。核果梨形，具宿存苞片，成熟时鲜红至紫红色。

分布华南、西南地区。

2. 波罗蜜属 Artocarpus J. R. Forst. & G. Forst.

乔木，有乳液。单叶互生，全缘或羽状分裂；托叶成对在叶柄内，抱茎，脱落后形成环状疤痕或小而不抱茎，疤痕侧生或在叶柄内。

（1）*波罗蜜 **Artocarpus macrocarpus** Dancer

常绿乔木；托叶抱茎环状。叶革质，螺旋状排列，椭圆形或倒卵形。花雌雄同株，花序生老茎或短枝上。聚花果椭圆形至球形，长 30~100cm。

华南、西南地区有栽培。

（2）白桂木 **Artocarpus hypargyreus** Hance ex Benth.

大乔木，高 10~25m；树皮深紫色，片状剥落。叶互生，长 8~15cm，宽 4~7cm，表面深绿色，背面绿色或绿白色，被粉末

状柔毛。聚花果近球形，直径3~4cm，浅黄色至橙黄色。

分布海南、湖南、江西、广西、云南。

（3）桂木 **Artocarpus nitidus** Trécul subsp. **lingnanensis** (Merr.) F. M. Jarrett

乔木；叶互生，革质，长7~15cm，宽3~7cm；托叶披针形，早落。雄花序头状；雌花序近头状。聚花果近球形，成熟红色，肉质，苞片宿存。

分布华南、西南地区。

（4）二色波罗蜜 **Artocarpus styracifolius** Pierre

乔木。叶互生，2列，长3.5~12.5cm，宽1.5~3.5cm，背面被苍白粉末状毛。花序单生叶腋；雌雄同株。聚花果球形，直径4cm。

分布华南、西南地区。

（5）胭脂 **Artocarpus tonkinensis** A. Chev.

乔木；高达14~16m。叶椭圆形，长8~27cm，宽3~11cm。雄花序倒卵圆形或椭圆形；雌花序球形。果近球形，直径6.5cm。

分布华南、西南地区。

3. 构属 Broussonetia L'Hér. ex Vent.

叶互生，边缘具锯齿，基生叶脉三出，侧脉羽状；托叶侧生，卵状披针形。花雌雄异株或同株。聚花果球形，胚弯曲。

（1）藤构 **Broussonetia kaempferi** Siebold var. **australis** T. Suzuki

蔓生藤状灌木。叶互生，螺旋状排列，长3.5~8cm，宽2~3cm。花雌雄异株，雄花序短穗状；雌花集生为球形头状花序。聚花果直径1cm。

分布华东、华中、华南、西南地区。

（2）构树 **Broussonetia papyrifera** (L.) L'Hér. ex Vent.

乔木，高10~20m；树皮暗灰色。叶长6~18cm，宽5~9cm，边缘具粗锯齿，不分裂或3~5裂。聚花果直径1.5~3cm，成熟时橙红色，肉质；瘦果具与等长的柄。

分布南北各地。

4. 榕属 Ficus L.

叶互生，稀对生，全缘或具锯齿或分裂；托叶合生，包围顶芽，早落，遗留环状疤痕。花雌雄同株或异株。榕果腋生或生于老茎。

（1）石榕树 **Ficus abelii** Miq.

灌木；高1~2.5m。叶长2.5~12cm，宽1~4cm，叶背密被毛。雄花散生榕果内壁；雌花无花被。果梨形，肉质，直径5~17mm。

分布华南、华中、华东、西南地区。

（2）*高山榕 Ficus altissima Blume

乔木。叶广卵形，长 7~27cm，宽 4~17cm，先端钝。雄花散生榕果内壁，花被片 4。瘦果直径 1.5~2.5cm，表面有瘤状凸体。

分布华南、西南地区。

（3）*垂叶榕 Ficus benjamina L.

乔木。枝下垂。叶长 3.5~10cm，宽 2~5.8cm，边缘波浪状。雄花、瘿花、雌花同生于一榕果中。果无柄，直径 1~1.5cm。

（4）雅榕 Ficus concinna (Miq.) Miq.

叶狭椭圆形，长 5~10cm，宽 1.5~4cm；托叶披针形。雄花、瘿花、雌花同生于一榕果内壁；榕果无总梗或不超过 0.5mm。

分布华南、西南地区。

（5）*印度榕 Ficus elastica Roxb. ex Hornem.

乔木。叶长 8~30cm，宽 4~11cm；托叶膜质，深红色。雄花、瘿花、雌花同生于内壁。果无柄，直径 5~8mm，表面有小瘤体。

常栽于温室或在室内，盆栽作观赏。

（6）矮小天仙果 Ficus erecta Thunb.

小乔木或灌木；高 2~7m。叶倒卵状椭圆形，长 6~22cm，宽 3~13cm，被柔毛。雌花生于另一植株。果球形，直径 5~20mm。

分布广东、广西、台湾。

（7）黄毛榕 Ficus esquiroliana H. Lév.

小乔木或灌木。叶互生，广卵形，长10~27cm，宽8~25cm。雄花生榕果内壁口部。果着生叶腋内，直径2~3cm，表面有瘤体。

分布华南、华东、西南地区。

（8）水同木 **Ficus fistulosa** Reinw ex Blume

常绿小乔木。叶互生，倒卵形，长7~32cm，宽3~19cm。雄花和瘿花生榕果内壁；雄花近口部。果簇生于茎干上，直径1~1.5cm。

分布华南、华东、西南地区。

（9）台湾榕 **Ficus formosana** Maxim.

常绿灌木；高1.5~3m。叶倒披针形，长4~12cm，宽1.5~3.5cm，叶面有瘤体。雄花散生榕果内壁。果卵形，直径6~8mm。

分布华南、华中、华东、西南地区。

（10）细叶台湾榕 **Ficus formosana** f. **shimadai** Hayata

小乔木；高6~8m。叶纸质，长圆状披针形至椭圆形，长10~15cm，宽5~8cm。榕果成对腋生，球形，直径1~1.5cm，密被金黄色茸毛。

分布华东、华南、西南地区。

（11）藤榕 **Ficus hederacea** Roxb.

藤状灌木。叶2列，长4.5~11cm，宽2~6cm，背面有乳头状突起。雄花散生榕果内壁；雌花生于另一榕果内。果直径8~14cm。

分布华南、西南地区。

（12）粗叶榕 **Ficus hirta** Vahl

常绿灌木或小乔木。全株被长硬毛。叶互生，卵形，长6~33cm，宽2~30cm，不裂至3~5裂，边缘有锯齿。果直径1~2cm。

分布东南至西南地区。

（13）对叶榕 **Ficus hispida** L. f.

灌木或小乔木。叶通常对生，厚纸质，卵状长椭圆形或倒卵状矩圆形。榕果陀螺形，成熟黄色；雄花生于其内壁口部。

分布华南、西南地区。

（14）青藤公 Ficus langkokensis Drake

乔木。叶互生，椭圆状披针形，3出脉，长 7~19cm，宽 2~7 cm，基部不对称，叶背红褐色。果直径 5~12mm，柄长 5~20mm。

分布华南、华中、华东、西南地区。

（15）榕树 Ficus microcarpa L. f.

乔木。叶薄革质，狭椭圆形，长 3.5~10cm，宽 2~5.5cm，基生叶脉延长。雄花、雌花和瘿花同生于一榕果内。瘦果卵圆形。

分布东南地区、南部至西南地区。

（16）九丁榕 Ficus nervosa Heyne ex Roth

乔木。叶椭圆形，长 6~15cm，宽 2~7 cm，微反卷，叶脉明显突起，背面散生乳突状瘤点。总花梗长 1cm。果直径 1~1.2cm。

分布华南、华东、西南地区。

（17）琴叶榕 Ficus pandurata Hance

小灌木。叶提琴形或倒卵形，长 3~15cm，宽 1.2~6cm，背面叶脉有疏毛和小瘤点；叶柄疏被糙毛。果梨形，直径 6~10mm。

分布东南至西南地区。

（18）薜荔 Ficus pumila L.

攀缘或匍匐藤本。不结果枝节叶卵状心形；结果枝上叶卵状椭圆形，长 4~12cm，宽 1.5~4.5cm。果倒锥形，大，直径 3~4cm。

分布长江流域以南地区。

（19）舶梨榕 Ficus pyriformis Hook. & Arn.

灌木。叶倒披针形，长4~17cm，宽1~5cm，全缘稍背卷。雄花近口部；雌花生另一植株榕果内壁。果梨形，肉质，直径1~2cm。

分布华南、西南地区。

（20）*菩提树 Ficus religiosa L.

大乔木。叶革质，三角状卵形，长9~17cm，宽8~12cm，顶部延伸为尾状。榕果球形至扁球形，成熟时红色；雄花、瘿花和雌花生于同一榕果内壁。

华南、西南地区多为栽培。

（21）羊乳榕 Ficus sagittata Vahl

幼时为附生藤本，成长为独立乔木。叶卵状椭圆形，长6~24cm，宽3~12.5cm。雌花生于另一植株。果球形，直径1~1.5cm。

分布华南、西南地区。

（22）珍珠莲 Ficus sarmentosa Buch.-Ham. ex J. E. Sm. var. henryi (King ex D. Oliv.) Corner

攀缘藤状灌木。叶长圆状披针形，长6~25cm，宽2~9cm，背面密被褐色长柔毛，小脉网结成蜂窝状。果直径达17mm，被长毛。

分布陕西以南地区。

（23）爬藤榕 Ficus sarmentosa Buch.-Ham. ex J. E. Sm. var. impressa (Champ. ex Benth.) Corner

藤状匍匐灌木。叶革质，披针形，长4~7cm，宽1~2cm，网脉明显；叶柄长5~10mm。榕果成对腋生或生于落叶枝叶腋，球形，直径7~10mm，幼时被柔毛。

分布华东、华南、西南地区。

（24）竹叶榕 Ficus stenophylla Hemsl.

小灌木；高1~3m。叶纸质，线状披针形，长4~15cm，宽5~18mm，边脉联结，背面有小瘤体。瘦果直径5~10mm。

分布长江流域以南地区。

（25）笔管榕 Ficus subpisocarpa Gagnep.

落叶乔木。叶互生或簇生，长圆形，长6~15 cm，宽2~7 cm，边缘微波状。总花梗长2~5mm。果扁球形，直径5~8mm。

分布东南至西南地区。

（26）假斜叶榕 Ficus subulata Blume

攀缘状灌木，雄株为直立灌木。叶长圆形、斜椭圆形，长 7~21 cm，宽 2.5~9 cm，基部不对称，侧脉 7~9 对。果直径 5~10mm。

分布华南、西南地区。

（27）斜叶榕 Ficus tinctoria G. Forst. subsp. gibbosa (Blume) Corner

乔木或附生。叶革质，变异很大，长 5~15 cm，宽 3~6cm，基部不对称，侧脉 5~7 对。瘦果椭圆形，果直径 5~8mm，表面有瘤体。

分布华南、西南地区。

（28）杂色榕 Ficus variegata Bl.

乔木。叶互生，广卵形，长 7.5~15cm，或可达 20cm，宽 6~12.5cm。果球形，基部成柄，着生于无叶茎干上，直径 1~3cm。

分布华南、西南地区。

（29）变叶榕 Ficus variolosa Lindl. ex Benth.

常绿灌木或小乔木。叶薄狭椭圆形至椭圆状披针形，长 4~15 cm，宽 1.2~5.7 cm，边脉连结。瘦果直径 5~15mm，表面具瘤体。

分布华南、华中、华东、西南地区。

（30）白肉榕 Ficus vasculosa Wall. ex Miq.

乔木。叶椭圆形或倒卵状长圆形，长 4~13cm，宽 1.5~5cm，叶面有光泽，边脉联结。没有总花梗。果球形，直径 8~20mm。

分布华南、西南地区。

（31）* 金叶榕 Ficus thonningii Blume

灌木或乔木。叶薄革质，边缘全缘或波浪状，顶端尾尖。

5. 柘属 Maclura Nutt.

叶互生，全缘；托叶2枚，侧生。花雌雄异株，均为具苞片的球形头状花序。聚花果肉质；小核果卵圆形。

（1）构棘 Maclura cochinchinensis (Lour.) Corner

直立或攀缘状灌木。枝具粗壮弯曲的腋生刺。叶椭圆状披针形。雌雄异株；具苞片的球形头状花序；花被片4。聚合果肉质。

分布东南至西南亚热带地区。

6. 牛筋藤属 Malaisia Blanco

无刺攀缘灌木。叶具羽状脉，全缘或具不明显钝齿；托叶侧生。花雌雄异株。果序近球形，核果包藏于带肉质宿存花被内，果皮薄。

（1）牛筋藤 Malaisia scandens (Lour.) Planch.

攀缘灌木。叶互生，长椭圆形，背面微粗糙，或疏生浅锯齿。雄花序穗状；雌花序近球形，密被柔毛。核果卵圆形，红色。

分布华南地区。

7. 桑属 Morus L.

叶互生，边缘具锯齿，全缘至深裂，基生叶脉三至五出，侧脉羽状；托叶侧生。花雌雄异株或同株，或同株异序，雌雄花序均为穗状。

（1）* 桑 Morus alba L.

乔木或灌木。叶面光滑无毛，长达19cm，宽达11.5cm；叶柄长达6cm。雌雄花序均穗状；雄蕊序长2~3.5cm。聚花果卵状椭圆。

分布全国各地。

（2）鸡桑 Morus australis Poir.

灌木或小乔木。叶卵形，长5~14cm，宽3.5~12cm，边缘具粗锯齿，不分裂或3~5裂。雌花序球形。聚花果短椭圆形，成熟时红色或暗紫色。

分布辽宁、陕西以南地区。

（六十六）荨麻科 Urticaceae

单叶互生或对生。花极小，单性，稀两性；花序为聚伞状、圆锥状、总状、伞房状、穗状、串珠式穗状、头状。果实为瘦果，有时为肉质核果状。

1. 舌柱麻属 Archiboehmeria C. J. Chen

叶互生，边缘有齿，两面绿色，具3出基脉；托叶腋生，2裂。花序雌雄同株，二歧聚伞状，成对腋生。瘦果卵形，由宿存花被所包被。

（1）舌柱麻 Archiboehmeria atrata (Gagnep.) C. J. Chen

灌木或半灌木。叶卵形至披针形，全缘，3基出脉，基部不偏斜；托叶合生。雄花序生下部叶腋，雌花序生上部。瘦果卵形。

分布华南、华中地区。

2. 苎麻属 Boehmeria Jacq.

叶互生或对生，边缘有牙齿，表面平滑或粗糙，基出脉3条。团伞花序生于叶腋，或排列成穗状花序或圆锥花序。

（1）野线麻 Boehmeria japonica (L. f.) Miq.

亚灌木或多年生草本。叶对生，叶片纸质，长 7~26cm，宽 5.5~20cm，顶端骤尖，边缘在基部之上有牙齿。穗状花序单生叶腋，雌雄异株。瘦果倒卵球形。

分布华南、华中、华东、西南、西北、华北地区。

（2）水苎麻 Boehmeria macrophylla Hornem.

亚灌木或多年生草本。叶对生或近对生，长 6.5~14cm，顶端长骤尖或渐尖，边缘自基部之上有多数小牙齿。穗状花序单生叶腋，雌雄异株或同株。

分布华南、西南地区。

（3）糙叶水苎麻 Boehmeria macrophylla Hornem. var. scabrella (Roxb.) Long

亚灌木或多年生草本。叶对生或近对生；叶长 4.5~10cm，上面粗糙，脉网下陷，呈泡状；叶柄长达 4cm。穗状花序，常不分枝。

分布华南、西南地区。

（4）苎麻 Boehmeria nivea (L.) Gaudich.

灌木或亚灌木。茎上部与叶柄密被长硬毛。叶圆卵形或宽卵形，互生；托叶分生，钻状披针形。圆锥花序腋生。瘦果近球形。

分布华南、西南、华中、华东、西北地区。

（5）青叶苎麻 Boehmeria nivea (L.) Gaudich. var. tenacissima (Gaudich.) Miq.

灌木或亚灌木。茎和叶柄密或疏被短伏毛。叶片多为卵形，顶端长渐尖，下面疏被短伏毛。圆锥花序腋生。瘦果近球形。

分布华南、华东地区。

3. 水麻属 Debregeasia Gaudich.

叶互生，边缘具细牙齿或细锯齿，基出 3 脉，下面被白色或灰白色毡毛。花单性，雌雄同株或异株。瘦果浆果状，常梨形或壶形。

（1）鳞片水麻 Debregeasia squamata King ex Hook. f.

落叶矮灌木，分枝有槽，皮刺肉质。叶薄纸质，卵形或心形，边缘具牙齿；托叶宽披针形。花序雌雄同株。瘦果浆果状，橙红色，外果皮肉质。

分布华南、华东、西南地区。

4. 火麻树属 Dendrocnide Miq.

叶螺旋状互生，全缘、波状或有齿，常具羽状脉，少数具 3~5 出基脉。花序聚伞圆锥状，单生于叶腋。瘦果两面有疣状突起物。

（1）全缘火麻树 Dendrocnide sinuata (Blume) Chew

常绿灌木或小乔木；小枝疏生刺毛。叶形状多变，长 10~45cm，宽 5~20cm；托叶卵状披针形。花序雌雄异株。瘦果具长梗，梨形，两面有疣状突起。

分布华南、西南地区。

5. 楼梯草属 Elatostema J. R. Forst. & G. Forst.

叶互生，在茎上排成二列，两侧不对称，边缘具齿，稀全缘，具三出脉、半离基三出脉或羽状脉。瘦果狭卵球形或椭圆球形。

（1）渐尖楼梯草 Elatostema acuminatum (Poir.) Brongn.

亚灌木。茎多分枝，无毛。叶斜狭椭圆形或长圆形，长2~10cm，宽0.9~3.4cm，顶端骤尖或渐尖。花序雌雄异株或同株。瘦果椭圆球形。

分布华南、西南地区。

（2）狭叶楼梯草 Elatostema lineolatum Wight

亚灌木。叶斜长圆状披针形，长6~16cm，宽1~4cm，侧脉4~8对；叶柄长1mm。花序1个腋生。瘦果椭圆球形，长约0.6mm，约有7条纵肋。

分布华南、华东、西南地区。

6. 糯米团属 Gonostegia Turcz.

叶对生或在同一植株上部的互生，下部的对生，边缘全缘，基出脉3~5条。团伞花序两性或单性，生于叶腋。瘦果卵球形，有光泽。

（1）糯米团 Gonostegia hirta (Blume ex Hassk.) Miq.

多年生草本。茎蔓生，长50~100cm。叶对生，草质或纸质，宽披针形至狭披针形，长3~10cm。团伞花序腋生。瘦果卵球形。

分布河南、陕西以南地区。

7. 紫麻属 Oreocnide Miq.

无刺毛。叶互生，基出3脉或羽状脉。花序二至四回二歧聚伞状分枝、二叉分枝，稀呈簇生状，团伞花序生于分枝的顶端，密集成头状。

（1）紫麻 Oreocnide frutescens (Thunb.) Miq.

灌木稀小乔木。叶常生于枝的上部，卵状长圆形，长5~17cm，宽1.5~7cm。团伞花序呈簇生状；花被片3。瘦果卵球状。

分布华南、华东、华中、西南、西北地区。

8. 赤车属 Pellionia Gaudich.

叶互生，两侧不相等，具三出脉、半离基三出脉或羽状脉。雄花序聚伞状，具梗；雌花序无梗或具梗，呈球状。瘦果卵形或椭圆形。

（1）华南赤车 Pellionia grijsii Hance

三、被子植物 ANGIOSPERMAE

多年生草本。叶草质,斜长椭圆形,长 10~16cm,宽 3~6cm,顶端渐尖,不对称,柄长 1~4mm。瘦果椭圆球形,有小瘤状突起。

分布华南、华东、西南地区。

(2) 赤车 **Pellionia radicans** (Siebold & Zucc.) Wedd.

多年生草本。叶斜狭卵形,长 2~5cm,宽 1~2cm,顶端急尖,不对称,边缘波状齿,柄长 1~4mm。雌雄异株。瘦果近椭圆球形。

分布华南、华东、华中、西南地区。

(3) 蔓赤车 **Pellionia scabra** Benth.

亚灌木。叶草质,斜菱状披针形,长 2~8cm,宽 1~3cm,不对称,柄长 1~3mm。常雌雄异株;雌花序密集。瘦果近椭圆球形。

分布华南、华中、华东、西南地区。

9. 冷水花属 **Pilea** Lindl.

叶对生,边缘具齿或全缘,具三出脉,稀羽状脉。花雌雄同株或异株,花序单生或成对腋生。瘦果卵形或近圆形,稀长圆形。

(1) 小叶冷水花 **Pilea microphylla** (L.) Liebm.

纤细小草本。茎肉质,密布钟乳体。叶很小,同对不等大,倒卵形,长 5~20mm,宽 2~5mm。雌雄同株;聚伞花序。瘦果卵形。

分布华南、华东地区。

(2) 冷水花 **Pilea notata** C. H. Wright

多年生草本。茎肉质,高 25~70 厘。叶长 4~11cm,宽 1.5~4.5cm,先端尾状渐尖或渐尖,基部圆形,稀宽楔形,边缘自下部至先端有浅锯齿;叶柄纤细,长 17cm。

分布广西、湖南、湖北、贵州、四川、甘肃、陕西、河南、安徽、江西、浙江、福建和台湾。

10. 雾水葛属 **Pouzolzia** Gaudich.

叶互生,稀对生,边缘有牙齿或全缘,基出脉 3 条。团伞花序通常两性,有时单性,生于叶腋,稀形成穗状花序。瘦果卵球形,有光泽。

(1) 雾水葛 **Pouzolzia zeylanica** (L.) Benn. & R. Br.

多年生草本。叶全部对生，或茎顶对生，长 1~3.5cm，上面被毛。团伞花序通常两性；花被外面被毛。瘦果卵球形，有光泽。

分布华南、华东、华中、西南地区。

11. 藤麻属 Procris Comm. ex Juss.

多年生草本或亚灌木。叶二列，两侧稍不对称，全缘或有浅齿，有羽状脉。退化叶常存在，与正常叶对生，小。瘦果卵形或椭圆形。

（1）藤麻 Procris crenata C. B. Rob.

多年生草本。茎肉质，高 30~80cm。叶生茎或分枝上部；叶长（4.5~）8~20cm，宽（1.5~）2.2~4.5cm。退化叶狭长圆形或椭圆形，长 5~17mm，宽 1.5~7mm。

分布西藏、云南、四川、贵州、广西、香港、福建、台湾。

（六十七）壳斗科 Fagaceae

单叶互生，极少轮生，全缘或齿裂，或不规则的羽状裂。花单性同株，稀异株。坚果有棱角或浑圆。

1. 栗属 Castanea Mill

落叶乔木，树皮纵裂；叶互生，叶缘有锐裂齿，羽状侧脉直达齿尖，齿尖常呈芒状。壳斗 4 瓣裂，有栗褐色坚果 1~3 (5) 个。

（1）* 板栗 Castanea mollissima Blume

小枝灰褐色。叶椭圆至长圆形，长 11~17cm。雄花序花 3~5 朵聚生成簇，雌花 1~5 朵发育结实。成熟壳斗锐刺；坚果高 1.5~3cm，宽 1.8~3.5cm。

除青海、宁夏、新疆、海南等少数省份外，广布南北各地。

2. 锥属 Castanopsis (D. Don) Spach

常绿乔木。叶二列，互生或螺旋状排列，叶背被毛或鳞腺，或二者兼有。壳斗全包或包着坚果的一部分，辐射或两侧对称。

（1）米槠 Castanopsis carlesii (Hemsl.) Hayata

大乔木；高达 20m。叶小，披针形，长 4~12cm，宽 1~3.5cm。雌花花柱 3 或 2 枚。壳斗近球状，坚果无刺，每壳头 1 坚果。

分布长江流域以南地区。

（2）华南锥 Castanopsis concinna (Champ. ex Benth.) A. DC.

乔木。叶长圆状椭圆形，长 5~10cm，宽 1.5~3.5cm，背密被红色茸毛。穗状花序。壳斗圆球形；坚果果脐约占坚果面积的 1/3。

分布华南地区。

（3）罗浮锥 Castanopsis fabri Hance

常绿乔木；高8~20m。叶长椭圆状披针形，长8~18cm，上部1~5对锯齿，背面有红褐色鳞秕。花序直立。每壳斗2~3坚果。

分布长江流域以南大部分地区。

（4）栲 Castanopsis fargesii Franch.

乔木。枝被铁锈色毛。叶长椭圆形，长6.5~8cm，宽1.8~3.5cm，背被鳞秕，顶端常有齿。雄花穗状或圆锥花序。壳斗常圆球形。

分布长江流域以南地区。

（5）黧蒴锥 Castanopsis fissa (Champ. ex Benth.) Rehder & E. H. Wilson

乔木；高约10m。叶2列，稍大，倒卵状披针形，长11~23cm，宽5~9cm，侧脉15~20对。果熟时基部连成4~5个同心环。

分布华南、华东、华中、西南地区。

（6）毛锥 Castanopsis fordii Hance

乔木。叶革质，长椭圆形，长9~14cm，宽3~7cm，背密被长毛，边全缘。雄穗状花序常排成圆锥花序。每壳斗有坚果1个。

分布华东、华中、华南地区。

（7）红锥 Castanopsis hystrix Hook. f. & Thomson ex A. DC.

乔木。叶披针形，长4~9cm。雄花序为圆锥花序或穗状花序；雌穗状花序单穗位于雄花序之上部叶腋间。壳斗整齐的4瓣开裂；坚果宽圆锥形。

分布华南、华中、西南地区。

（8）鹿角锥 Castanopsis lamontii Hance

乔木，高8~15m。叶长12~30cm，宽4~10cm。果序长10~20cm；壳斗有坚果通常2~3个，刺不同程度的合生成刺束，呈鹿角状，或下部合生并连生成鸡冠状4~6个刺环。

分布香港、福建、江西、湖南、贵州、广西、云南。

（9）锥 Castanopsis chinensis (Sprengel) Hance

乔木，树皮纵裂，片状脱落。叶披针形，长 7~18cm，宽 2~5cm，叶缘有锐裂齿。雄花序轴无毛。壳斗圆球形，常整齐的 3~5 瓣开裂；坚果圆锥形。

分布华南、西南地区。

3. 青冈属 Cyclobalanopsis Oerst.

叶螺旋状互生，全缘或有锯齿，羽状脉。壳斗呈碟形、杯形、碗形、钟形，包着坚果一部分至大部分，稀全包。

（1）槟榔青冈 Cyclobalanopsis bella (Chun & Tsiang) Chun ex Y. C. Hsu & H. Wei Jen

常绿乔木。叶长椭圆状披针形，长 6~17cm，宽 2~4cm，上部有齿；柄长 1~2.5cm。雌花序有花 2~3 朵。壳斗碟状，包裹果底部；果扁球形。

分布华南地区。

（2）上思青冈 Cyclobalanopsis delicatula (Chun & Tsiang) Y. C. Hsu & H. Wei Jen

常绿乔木；高达 13m。枝无毛。叶卵状椭圆形，长 5.5~11cm，宽 1.5~4cm，无毛，全缘或顶端有齿。壳斗碗状，包裹果 1/3；果椭圆形。

分布华南地区。

（3）饭甑青冈 Cyclobalanopsis fleuryi (Hickel & A. Camus) Chun ex Q. F. Zheng

常绿乔木。叶片长 14~27cm，宽 4~9cm，叶背粉白色。壳斗钟形或近圆筒形，包着坚果约 2/3，内外壁被黄棕色毡状长茸毛。坚果柱状长椭圆形。

分布华南、华中、西南地区。

（4）细叶青冈 Cyclobalanopsis gracilis (Rehder & E. H. Wilson) W. C. Cheng & T. Hong

常绿乔木。叶片长卵形至卵状披针形，长 4.5~9cm，宽 1.5~3cm，顶端渐尖至尾尖，叶缘 1/3 以上有细尖锯齿。壳斗碗形，包着坚果 1/3~1/2。坚果椭圆形。

分布华中、华东、华南、西南、西北地区。

（5）雷公青冈 Cyclobalanopsis hui (Chun) Chun ex Y. C. Hsu & H. Wei Jen

常绿乔木。叶长椭圆形或椭圆状披针形，长 3.5~8cm，宽 1.3~3cm，叶缘反曲。雌花序有花 2~5 朵。壳斗碾状，包裹果近 1/2。

分布华南、华中地区。

4. 柯属 Lithocarpus Blume

嫩枝常有槽棱。叶全缘或有裂齿，常有鳞秕或鳞腺。每壳斗有坚果 1 个，全包或包着坚果一部分；坚果被毛或否。

（1）烟斗柯 Lithocarpus corneus (Lour.) Rehder

乔木。叶常聚生枝顶，椭圆形，长 4~20cm，宽 1.5~7cm，中部以上边缘有齿。雌花通常着生于雄花序轴下段。壳斗半圆形。

分布华南、华东、西南地区。

（2）鱼蓝柯 Lithocarpus cyrtocarpus (Drake) A. Camus

乔木。叶纸质，卵状椭圆形，长 6~8.5cm，宽 2~4cm，边缘有浅齿，叶背被星芒状鳞秕。壳斗平展的碟状，果大，直径达 3cm。

分布华南地区。

（3）粉绿柯 Lithocarpus glaucus Chun & C. C. Huang ex H. G. Ye

乔木。叶长椭圆形或长圆形，长 10~18cm，宽 3~6cm；叶柄长 2.5~4.5cm。雄花序穗状；雌花子房 3 室。壳斗浅碟形，包裹果下部。

（4）庵耳柯 Lithocarpus haipinii Chun

叶厚硬且质脆，长 8~15cm，宽 4~8cm，叶缘背卷。雄穗状花序多穗排成圆锥花序。幼嫩壳斗全包幼小的坚果，成熟壳斗碟状或盆状；坚果近圆球形而略扁。

分布华南、华中、西南地区。

（5）硬壳柯 Lithocarpus hancei (Benth.) Rehder

乔木。叶薄纸质至硬革质，叶形变异大，长 8~14cm，宽 2.5~5cm，全缘或上部 2~4 浅齿。花序直立。壳斗包着坚果不到 1/3。

分布秦岭南坡以南各地。

（六十八）杨梅科 Myricaceae

单叶互生，具羽状脉，边缘全缘或有锯齿或不规则牙齿，或成浅裂，稀成羽状中裂。花通常单性，生于穗状花序上。核果小坚果状。

1. 杨梅属 Myrica L.

雌雄同株或异株；幼嫩部分被有树脂质的圆形而盾状着生的腺体。单叶，常密集于小枝上端，无托叶，全缘或具锯齿。

（1）毛杨梅 Myrica esculenta Buch.-Ham. ex D. Don

乔木。枝被茸毛。单叶互生，长椭圆状倒卵形，两面无腺点。雌雄异株；均为穗状花序复合圆锥花序。核果具乳头状凸起。

分布华南、西南地区。

（2）杨梅 Myrica rubra (Lour.) Sieb. & Zucc.

常绿乔木。枝无毛。单叶互生，常聚生枝顶，长椭圆状或楔状披针形至倒卵形，背面有腺点。雌雄异株。核果球状，径 1~3cm。

分布长江流域以南地区。

（六十九）胡桃科 Juglandaceae

叶互生或稀对生，无托叶，奇数或稀偶数羽状复叶；小叶对生或互生，边缘具锯齿或稀全缘。花单性；花序单性或稀两性；雄花序常柔荑花序。

1. 黄杞属 Engelhardia Lesch. ex Blume

偶数羽状复叶互生，小叶互生，全缘或具锯齿。花单性；雌、雄花序均为柔荑花序。果序下垂，果为坚果状，具腺鳞或刚毛。

（1）黄杞 **Engelhardia roxburghiana** Wall.

半常绿乔木；高达 10m。羽状复叶互生；小叶 3~5 对，长椭圆状披针形，长 6~14cm。柔荑花序。果序长达 15~25cm；坚果具翅。

分布华南、华中、西南地区。

（七十一）葫芦科 Cucurbitaceae

茎通常具纵沟纹。具卷须，卷须侧生叶柄基部。叶互生，无托叶；叶片不分裂，或掌状浅裂至深裂，稀为鸟足状复叶，具掌状脉。

1. 冬瓜属 Benincasa Savi

一年生蔓生草本，全株密被硬毛。叶掌状 5 浅裂，叶柄无腺体。卷须 2~3 歧。花黄色，通常雌雄同株，单独腋生。果具糙硬毛及白霜。

（1）* 冬瓜 **Benincasa hispida** (Thunb.) Cogn.

藤本。茎有棱沟。卷须 2~3 歧。叶片近圆形，掌状裂。雌雄同株；花冠两面有柔毛。果实长圆柱状，巨大，长 25~70cm。

全国各地有栽培。

（七十）木麻黄科 Casuarinaceae

叶退化为鳞片状（鞘齿）。花单性，雌雄同株或异株。小坚果扁平，顶端具膜质的薄翅，纵列密集于球果状的果序（假球果）上。

1. 木麻黄属 Casuarina L.

小枝轮生或假轮生，常有沟槽及线纹或具棱。叶退化为鳞片状，4 至多枚轮生成环，下部连合为鞘。小坚果扁平，顶端具膜质的薄翅。

（1）* 木麻黄 **Casuarina equisetifolia** L.

乔木或灌木。小枝直径小于 1mm。齿状叶每轮 6~8 枚，披针形或三角形，长 1~3mm，紧贴。花序被毛；花被片 2。果序长 15~25mm。

华南、华东沿海地区普遍栽植。

2. 西瓜属 Citrullus Schrad.

卷须 2~3 歧。叶片圆形或卵形，3~5 深裂，裂片又羽状或二回羽状浅裂或深裂。雌雄同株。花黄色。果球形至椭圆形，果皮平滑。

（1）* 西瓜 **Citrullus lanatus** (Thunb.) Matsum & Nakai

藤本。卷须 2 歧。叶二回羽状深裂，三角状卵形，带白绿色。雌雄同株；均单生于叶腋；花冠淡黄色。果实大型，椭圆形，肉质。

全国各地有栽培。

3. 黄瓜属 Cucumis L.

茎、枝有棱沟，密被白色或稍黄色的糙硬毛。卷须不分歧。叶片近圆形、肾形或心状卵形，不分裂或 3~7 浅裂，具锯齿，两面粗糙。

（1）*香瓜 Cucumis melo L. var. makuwa Makino

藤本。叶 3~7 掌状深裂，裂片先端圆钝。花单性，雌雄同株。果平滑，无刺无小瘤体，淡绿色，常圆形，有浓厚香味。

全国各地常见栽培。

（2）*黄瓜 Cucumis sativus L.

藤本。叶片宽卵状心形。雌雄同株；雄花数朵在叶腋簇生；雌花常单生。果实长圆形，表面粗糙，有具刺尖的瘤状突起。

全国各地有栽培。

4. 南瓜属 Cucurbita L.

叶具浅裂，基部心形。卷须 2 至多歧。雌雄同株。花单生，黄色。果实通常大型，肉质，不开裂。

（1）*南瓜 Cucurbita moschata Duchesne

藤本。卷须 3~5 歧。叶片宽卵形，有 5 角或 5 浅裂。雌雄同株；花冠黄，5 中裂，边缘反卷。瓠果形状多样，因品种而异。

全国各地均有栽培。

5. 金瓜属 Gymnopetalum Arn.

植株被微柔毛或糙硬毛。叶片卵状心形，常呈 5 角形或 3~5 裂。卷须不分歧或分 2 歧。雌雄同株或异株。果实卵状长圆形，两端急尖。

（1）金瓜 Gymnopetalum chinense (Lour.) Merr.

草质藤本。叶革质，卵状心形。雌雄同株；雄花单生总状花序；雌花单生。果实长圆状卵形，橙红色，具 10 条凸起的纵肋。

分布华南、华东、西南地区。

6. 绞股蓝属 Gynostemma Blume

叶互生，鸟足状，具 3~9 小叶，稀单叶，小叶片卵状披针形。卷须 2 歧，稀单 1。花雌雄异株，组成腋生或顶生圆锥花序，花梗具关节。

（1）绞股蓝 Gynostemma pentaphyllum (Thunb.) Makino

草质攀缘植物。叶呈鸟足状，具 3~9 小叶；小叶片卵状长圆形或披针形，中央小叶长 3~12cm。雌雄异株；圆锥花序。果肉质。

分布陕西南部至长江流域以南地区。

7. 葫芦属 Lagenaria Ser.

植株被黏毛。叶柄顶端具一对腺体；叶片卵状心形或肾状圆形。卷须 2 歧。雌雄同株，花大，单生，白色。

（1）*葫芦 Lagenaria siceraria (Molina) Standl.

藤本。卷须上部分 2 歧。叶片卵状心形或肾状卵形，边缘有不规则的齿；叶柄顶端有 2 腺体。雌雄同株；单生。果大，葫芦形。

全国各地有栽培。

8. 丝瓜属 Luffa Mill.

卷须稍粗糙，2 歧或多歧。叶柄顶端无腺体，叶片通常 5~7 裂。花黄色或白色，雌雄异株。果实长圆形或圆柱状。

（1）* 广东丝瓜 **Luffa acutangula** (L.) Roxb.

藤本。卷须常 3 歧。叶片近圆形，边缘疏生锯齿。雌雄同株；常 17~20 朵花生呈总状花序。果实具 8~10 条纵向的锐棱和沟。

南部至中部地区有栽培。

（2）* 丝瓜 **Luffa aegyptiaca** (L.) M. Roem.

藤本。卷须常 2~4 歧。叶片掌状 5~7 裂，边缘有锯齿。雌雄同株；雄花 15~20 朵生于总状花序上部；雌花单生。果实圆柱状。

全国各地普遍栽培。

9. 苦瓜属 Momordica L.

卷须不分歧或 2 歧。叶柄有腺体或无，叶片近圆形或卵状心形，掌状 3~7 浅裂或深裂，全缘或有齿。

（1）* 苦瓜 **Momordica charantia** L.

藤本。叶片卵状肾形，3~7 深裂，脉上密被明显的微柔毛。雌雄同株；单生；花冠黄色。果实纺锤形或圆柱形，多瘤皱。

全国各地有栽培。

（2）木鳖子 **Momordica cochinchinensis** (Lour.) Spreng.

叶柄粗壮；叶 3~5 中裂至深裂或不分裂。卷须颇粗壮。雌雄异株。花冠黄色。果实卵球形，长达 12~15cm，成熟时红色，具刺尖突起。种子具雕纹。

分布华南、华东、华中、西南地区。

10. 佛手瓜属 Sechium P. Browne

叶片膜质，心形，浅裂。卷须 3~5 歧。雌雄同株；花小，白色。雄花生于总状花序上。雌花单生或双生。果倒卵形，上端具沟槽。

（1）* 佛手瓜 **Sechium edule** (Jacq.) Sw.

藤本。卷须 3~5 歧。叶近圆形，背面有短柔毛。雌雄同株；雄花 10~30 朵成总状花序；雌花单生。果实倒卵形，上部有 5 条纵沟。

华南、华东、华中、西南地区有栽培。

11. 茅瓜属 Solena Lour.

卷须单一，光滑无毛。叶柄极短或近无；叶片多型，变异极大，全缘或各种分裂，基部深心形或戟形。果实长圆形或卵球形。

（1）茅瓜 **Solena heterophylla** Lour.

藤本。叶不分裂或 3~5 浅裂至深裂，上面密被细刚毛。雌雄同株；雄花几乎呈簇生；雌花在雄花同一叶腋单生。果实宽卵形。

分布华南、华东、西南地区。

12. 赤瓟属 Thladiantha Bunge

茎具纵向棱沟。卷须单一或2歧；叶绝大多数为单叶，心形，边缘有锯齿，极稀掌状分裂或呈鸟趾状3~5（~7）小叶。

（1）大苞赤瓟 Thladiantha cordifolia (Blume) Cogn.

草质藤本。叶片卵状心形，边缘有胼胝质小齿。雌雄异株；雄花3至数朵呈短总状花序；雌花单生。果实长圆形，有10条纵纹。

分布华南、西南地区。

（2）南赤瓟 Thladiantha nudiflora Hemsl.

藤本。卷须2歧。叶片稍硬，卵状心形，边缘具胼胝状细锯齿，背被毛。雌雄异株；雄花为总状花序；雌花单生。果长圆形。

分布秦岭及长江中下游以南地区。

13. 栝楼属 Trichosanthes L.

茎具纵向棱及槽。单叶互生，叶形多变，通常卵状心形或圆心形，全缘或3~7（~9）裂，边缘具细齿，稀为具3~5小叶的复叶。卷须2~5歧，稀单一。

（1）王瓜 Trichosanthes cucumeroides (Ser.) Maxim.

多年生攀缘藤本。叶纸质，轮廓阔卵形或圆形，3~5浅裂至深裂或不分裂。卷须2歧。花雌雄异株，白色。果实卵圆形或球形，成熟时橙红色。种子横长圆形。

分布华东、华中、华南和西南地区。

（2）两广栝楼 Trichosanthes reticulinervis C. Y. Wu ex S. K. Chen

大型攀缘藤本。茎具纵棱及槽。叶革质，卵状至阔卵状心形，不分裂。卷须5歧。花雌雄异株；白色。果实卵圆形，密被长柔毛。种子卵形。

分布华南地区。

（3）中华栝楼 Trichosanthes rosthornii Harms

攀缘藤本。茎具纵棱及槽。叶片纸质，阔卵形至近圆形。雌雄异株；小苞片长6~25mm；花白。果球形或椭圆形；种子1室。

分布华东、华中、西南、西北地区。

14. 马㼎儿属 Zehneria Endl.

叶片形状多变，全缘或3~5浅裂至深裂。卷须纤细，单一或稀2歧。雄花序总状或近伞房状。果实圆球形或长圆形或纺锤形。

（1）钮子瓜 Zehneria bodinieri (H. Lév.) W. J. de Wilde & Duyfjes

草质藤本。叶宽卵形，边缘有小齿或深波状锯齿。雌雄同株；雄花常 3~9 朵着生；雌花单生。果球状；果柄长 3~12mm。

分布华南、华东、西南地区。

（2）马㼎儿 Zehneria japonica (Thunb.) H. Y. Liu

攀缘或平卧草本。茎枝有棱沟。卷须不分枝。叶柄长 2.5~3.5cm，叶片三角状卵形、卵状心形或戟形，不分裂或 3~5 浅裂，长 3~5cm，宽 2~4cm。花冠 5 裂，淡黄色。

（七十二）秋海棠科 Begoniaceae

单叶互生，偶为复叶，边缘具齿或分裂极稀全缘，通常基部偏斜，两侧不相等。花单性，通常组成聚伞花序。蒴果，通常具不等大 3 翅，稀近等大。

1. 秋海棠属 Begonia L.

单叶，稀掌状复叶，互生或全部基生；叶片常偏斜，基部两侧不相等，边缘常有不规则疏而浅之齿，在基部叶脉通常掌状。

（1）食用秋海棠 Begonia edulis H. Lév.

多年生草本，高 40~60cm。叶互生；叶边缘有浅而疏的三角形之齿，浅裂达 1/2 或略短于 1/3。雄花粉红色，呈二至三回二歧聚伞状。蒴果下垂。

分布华南、西南地区。

（2）紫背天葵 Begonia fimbristipula Hance

多年生无茎草本。叶基生，具长柄；叶缘有大小不等三角形重锯齿。花粉红色，二至三回二歧聚伞状花序；雄花花被片 4；雌花花被片 3。蒴果具有不等大 3 翅。

分布华南、华东、华中、西南地区。

（3）粗喙秋海棠 Begonia longifolia Blume

多年生草本。茎高 50~70cm。叶互生；叶片两侧极不相等，轮廓斜长圆卵形至卵状披针形。花白色，聚伞状；雄花被片 4；雌花被片 4~6。蒴果无翅。

分布华南、华中、西南地区。

（4）裂叶秋海棠 Begonia palmata D. Don

草本。茎高30~60cm，被锈褐色茸毛。单叶互生，叶5~7浅裂，被长硬毛。雌雄同株；花玫瑰色或白色；子房2室。蒴果。

分布长江流域以南地区。

（5）红孩儿 Begonia palmata D. Don var. bowringiana (Champ. ex Benth.) J. Golding & C. Kareg.

草本。茎被锈褐色茸毛。叶形变异大，通常斜卵形，上面密被短硬毛，偶混长硬毛。雌雄同株；花玫瑰色或白色。蒴果。

分布华南、华东、华中、西南地区。

（七十三）卫矛科 Celastraceae

单叶对生或互生，少为三叶轮生。花两性；聚伞花序1至多次分枝。多为蒴果，亦有核果、翅果或浆果。

1. 南蛇藤属 Celastrus L.

小枝具白色皮孔。单叶互生，边缘具各种锯齿，叶脉为羽状网脉。聚伞花序成圆锥状或总状。蒴果类球状，通常黄色。

（1）过山枫 Celastrus aculeatus Merr.

藤状灌木。枝具棱。叶多为椭圆形或长圆形，长5~10cm，宽2.5~5cm。聚伞花序短，花2~3朵。蒴果3室；种子新月形。

分布华东、华南、西南地区。

（2）苦皮藤 Celastrus angulatus Maxim.

藤状灌木；小枝常具4~6纵棱。叶大，近革质，长方阔椭圆形、阔卵形、圆形，长7~17cm，宽5~13cm。聚伞圆锥花序顶生。蒴果近球状；种子椭圆状。

分布华北、华中、西北、华东、华南、西南地区。

（3）青江藤 Celastrus hindsii Benth.

藤状灌木。叶长圆状椭圆形，长7~12cm，宽1.5~6cm，边缘具锯齿。顶生聚伞圆锥花序，腋生花序具1~3花。蒴果球形，1室。

分布华南、华中、华东、西南地区。

2. 卫矛属 Euonymus L.

叶对生，极少为互生或3叶轮生。花为3出至多次分枝的聚伞圆锥花序。蒴果近球状、倒锥状。

（1）静容卫矛 Euonymus chengii J. S. Ma

灌木；茎及枝圆柱形，幼时近四棱形。叶椭圆形，长5~9cm，宽2.5~3.5cm，全缘。聚伞花序，花4数。蒴果4棱，翅状；每室具2种子；具橙红色假种皮。

分布华南地区。

（2）疏花卫矛 Euonymus laxiflorus Champ. ex Benth.

灌木。枝4棱形。叶卵状椭圆形，长5~12cm，宽2~4cm。聚伞花序分枝疏松，5~9花；子房每室2胚珠。果倒圆锥形，具5阔棱。

分布华南、华中、华东、西南地区。

（3）大果卫矛 Euonymus myrianthus Hemsl.

灌木。小枝圆柱形。叶倒卵状椭圆形，长5~13cm，宽3~4.5cm。雄蕊无花丝；子房每室4~12胚珠。果4棱，直径1~1.5cm。

分布长江流域以南地区。

（4）中华卫矛 Euonymus nitidus Benth.

常绿灌木或小乔木。叶革质，先端有长8mm渐尖头。聚伞花序1~3次分枝；花4数。蒴果三角卵圆状，4裂较浅成圆阔4棱；假种皮橙黄色。

分布华南、华东地区。

（5）矩叶卫矛 Euonymus oblongifolius Loes. & Rehder

幼枝淡绿色，微具4棱；叶对生，革质，微有光泽，倒卵形、椭圆形或长圆状宽披针形，两面无毛，近全缘；花4数，白或黄绿色，蒴果三角状卵圆形。

分布华南、华中、华东、西南地区。

（6）狭叶卫矛 Euonymus tsoi Merr.

小灌木，叶窄长，线状披针形或长方窄披针形，长6~12cm，宽1~2.5cm。聚伞花序1~3次分枝；花4数。蒴果。

分布华南地区。

3. 翅子藤属 Loeseneriella A. C. Sm.

木质藤本，具皮孔。叶纸质或近革质。聚伞花序腋生或生于小枝顶端，花梗和花柄被毛；萼片5；花瓣5。蒴果3个聚生。

（1）程香仔树 Loeseneriella concinna A. C. Sm.

藤本。小枝具粗糙皮孔。叶长圆状椭圆形，长3.5~6cm，宽1.5~3.5cm。聚伞花序；花瓣薄肉质，淡黄。蒴果倒卵状椭圆形。

分布华南地区。

4. 假卫矛属 Microtropis Wall. ex Meisn.

小枝常多少四棱形。叶对生，无托叶，叶全缘，边缘常稍外卷。二歧聚伞花序。蒴果多为椭圆状，果皮光滑。

（1）福建假卫矛 Microtropis fokienensis Dunn

小乔木或灌木。叶窄倒卵形，长4.5~8.5cm，宽1.7~3.2cm；

三、被子植物 ANGIOSPERMAE　187

柄长 3~8mm。花序短小，总花长 2~4mm，小花 3~9 朵。蒴果椭圆状。

分布华南、华东地区。

5. 梅花草属 Parnassia L.

基生叶 2 至数片或较多呈莲座状，有托叶，叶片全缘；茎生叶无柄，常半抱茎。花单生茎顶。蒴果有时带棱，上位或半下位。

（1）鸡眼梅花草 Parnassia wightiana Wall. ex Wight & Arn.

多年生草本。托叶早落；叶肾形，全缘，向外反卷。花单生茎顶；花瓣白色，流苏状裂；退化雄蕊 5 枚。蒴果倒卵球形。

分布华南、华东、华中、西南、西北地区。

（七十四）牛栓藤科 Connaraceae

叶互生，奇数羽状复叶，有时仅具 1~3 小叶，小叶全缘。花两性，辐射对称；花序腋生、顶生或假顶生，为总状花序或圆锥花序。果为蓇葖果。

1. 红叶藤属 Rourea Aubl.

奇数羽状复叶，具多对小叶，稀仅具 1 小叶。聚伞花序排成圆锥花序，腋生或假顶生。蓇葖果单生。

（1）小叶红叶藤 Rourea microphylla (Hook. & Arn.) Planch.

攀缘灌木。奇数羽状复叶；7~17 小叶，叶片顶端骤尖。聚伞花序排成圆锥花序；花瓣有纵脉纹。蓇葖果单生，宽 4~5mm。

分布华南、华东、西南地区。

（2）红叶藤 Rourea minor (Gaertn.) Alston

藤本或攀缘灌木。奇数羽状复叶，小叶片 3~7 片，常 3 片，顶端叶片稍大。圆锥花序腋生；花瓣白色或黄色。果实弯月形。种子椭圆形，红色。

分布华南、西南地区。

（七十五）酢浆草科 Oxalidaceae

指状或羽状复叶或小叶萎缩而成单叶，基生或茎生。花两性，辐射对称，单花或组成近伞形花序或伞房花序，少有总状花序或聚伞花序。

1. 阳桃属 Averrhoa L.

叶互生或近于对生，奇数羽状复叶，小叶全缘，无托叶。浆果肉质，下垂，有明显的 3~6 棱，通常 5 棱，横切面呈星芒状。

（1）* 阳桃 Averrhoa carambola L.

乔木。叶聚生枝顶，小叶 10~20 对，全缘。花小，微香，数朵至多朵组成聚伞花序或圆锥花序；花枝和花蕾深红色。浆果肉质。

华南、华东、西南地区有栽培。

2. 酢浆草属 Oxalis L.

叶互生或基生，指状复叶，通常有 3 小叶，小叶在闭光时闭合下垂。花基生或为聚伞花序式，总花梗腋生或基生。

（1）酢浆草 Oxalis corniculata L.

草本。茎细弱，多分枝，匍匐茎节上生根。叶基生或茎上互生；小叶 3，倒心形。花单生或伞形花序状。蒴果长圆柱形。

分布全国大部分地区。

（2）红花酢浆草 Oxalis corymbosa DC.

多年生直立草本。地下部分有球状鳞茎。叶基生；小叶3，扁圆状倒心形。二歧聚伞花序；花瓣5，紫色。蒴果室背开裂。

分布华南、华中、华东地区。

（七十六）杜英科 Elaeocarpaceae

叶为单叶，互生或对生，具柄，托叶存在或缺。花单生或排成总状或圆锥花序，两性或杂性。果为核果或蒴果，有时果皮外侧有针刺。

1. 杜英属 Elaeocarpus L.

叶互生，边缘有锯齿或全缘，下面或有黑色腺点；托叶线形。总状花序腋生或生于无叶的去年枝条上。果为核果，1~5室。

（1）中华杜英 Elaeocarpus chinensis (Gardner & Champ.) Hook. f. ex Benth.

常绿小乔木。单叶互生，卵状披针形或披针形，长5~8cm，宽2~3cm，背有细小黑色腺点。花瓣5，长圆形。核果椭圆形，直径5mm。

分布华东、华中、华南、西南地区。

（2）日本杜英 Elaeocarpus japonicus Siebold & Zucc.

乔木。单叶互生，革质，通常卵形，长6~12cm，宽3~6cm，叶背有细小黑腺点。总状花序生叶腋。核果椭圆形，直径8mm。

分布四川、云南及长江流域以南地区。

（3）绢毛杜英 Elaeocarpus nitentifolius Merr. & Chun

乔木。嫩枝被银灰色绢毛。叶椭圆形，长8~15cm，宽3.5~7.5cm，叶背被绢毛。总状花序；花瓣4~5。核果椭圆形，直径10mm。

分布长江流域以南地区。

（4）山杜英 Elaeocarpus sylvestris (Lour.) Poir.

小乔木。叶倒卵形或倒披针形，长4~8cm，宽2~4cm，两面均无毛。总状花序；花瓣上半部撕裂。果椭圆形，长1~1.2cm。

分布华南、华东、华中、西南地区。

（5）美脉杜英 Elaeocarpus varunua Buch.-Ham.

乔木。叶椭圆形，长 10~20cm，宽 5~9cm，后变无毛，小脉致密。总状花序；花瓣5，上半部撕裂。核果椭圆形，长 1.4~1.7cm。

分布华南、西南地区。

（6）*长芒杜英 Elaeocarpus apiculatus Masters

小枝被灰褐色柔毛。叶聚生于枝顶，革质，倒卵状披针形。总状花序生于枝顶叶腋，花药顶端有长达 3~4mm 的芒刺。核果椭圆形，有褐色茸毛。

分布华南、西南南部地区。

2. 猴欢喜属 Sloanea L.

叶互生，全缘或有锯齿，羽状脉。花单生或数朵排成总状花序生于枝顶叶腋。蒴果圆球形或卵形，表面多刺；针刺线形。

（1）猴欢喜 Sloanea sinensis (Hance) Hemsl.

常绿乔木。叶常为长圆形或狭窄倒卵形，长 8~15cm，宽 3~7cm，全缘。花多朵簇生；花瓣4。蒴果球形，直径 2.5~3cm。

分布华南、华东、华中、西南地区。

（七十七）小盘木科 Pandaceae

单叶互生，边缘有细锯齿或全缘，羽状脉，托叶小。花小，单性，雌雄异株，单生、簇生、组成聚伞花序或总状圆锥花序；果为核果或蒴果。

1. 小盘木属 Microdesmis Hook. f.

单叶互生，羽状脉；托叶小。花单性，雌雄异株，常多朵簇生于叶腋，雌花的簇生花较少或有时单生。果为核果。

（1）小盘木 Microdesmis caseariifolia Planch. ex Hook. f.

乔木或灌木。叶披针形，长 3.5~16cm，宽 1.5~5cm；叶柄长 3~7cm。花簇生于叶腋；花瓣椭圆形，黄色。核果圆球状。

分布华南、西南地区。

（七十八）红树科 Rhizophoraceae

单叶交互对生，具托叶，稀互生而无托叶，羽状叶脉。花两性，单生或簇生于叶腋或排成疏花或密花的聚伞花序。果实革质或肉质。

1. 竹节树属 Carallia Roxb.

叶交互对生，全缘或具锯齿，下面常有黑色或紫色小点；托叶披针形。聚伞花序腋生，二歧或三歧分枝。

（1）竹节树 Carallia brachiata (Lour.) Merr.

乔木或灌木；高 7~10m。叶长 5~8cm，宽 3~4.5cm，背散生紫红色小点，全缘。聚伞花序腋生。果近球形；种子肾形或长圆形。

分布华南地区。

（2）旁杞木 Carallia pectinifolia W. C. Ko

灌木或小乔木。叶矩圆形，边缘有篦状小齿。花序二歧分枝；花瓣顶端2裂，皱褶。果实球形，成熟时红色，有宿存花萼。

分布华南、西南地区。

2. 秋茄树属 Kandelia (DC.) Wight & Arn.

叶革质，交互对生。花为腋生、具总花梗的二歧分枝聚伞花序。果实近卵形。

（1）秋茄树 Kandelia obovata Sheue, H. Y. Liu & J. Yong

草本。叶椭圆形、矩圆状椭圆形或近倒卵形，长 5~9cm，宽 2.5~4cm。二歧聚伞花序，有花 4（~9）朵。胚轴圆柱形，长 12~20cm，无纵棱。

分布华南、华东地区。

（七十九）古柯科 Erythroxylaceae

灌木或乔木。单叶互生，稀对生，全缘或偶有纯锯齿；托叶生于叶柄内侧，极少生于叶柄外侧的通常早落。花簇生或聚伞花序。核果或蒴果。

1. 古柯属 Erythroxylum P. Browne

灌木或小乔木，通常无毛。托叶生于叶柄内侧，在短枝上的常彼此复迭。花小，白色或黄色，单生或 3~6 朵簇生或腋生，通常为异长花柱花；萼片一般基部合生；花瓣有爪，内面有舌状体贴生于基部。果为核果。

（1）东方古柯 Erythroxylum sinense C. Y. Wu

灌木或小乔木，高 1~6m；小枝无毛。叶长椭圆形、倒披针形或倒卵形，长 2~14cm，宽 1~4cm；幼叶带红色。核果长圆形，有 3 条纵棱。

分布广东、海南、江西、福建、浙江、湖南、广西、云南、贵州等。

（八十）藤黄科 Clusiaceae

叶为单叶，全缘，对生或有时轮生，一般无托叶。花两性或单性，轮状排列或部分螺旋状排列，通常整齐，下位。果为蒴果、浆果或核果。

1. 藤黄属 Garcinia L.

叶对生，全缘。花单生或排列成顶生或腋生的聚伞花序或圆锥花序；萼片和花瓣通常 4 或 5。浆果，外果皮革质，光滑或有棱。

（1）木竹子 Garcinia multiflora Champ. ex Benth.

常绿乔木。叶对生，革质，长圆状卵形或长圆状倒卵形，边缘微反卷。圆锥花序；花瓣倒卵形。浆果球形，直径 2~3.5cm。

分布华南、华东、华中、西南地区。

（2）岭南山竹子 Garcinia oblongifolia Champ. ex Benth.

乔木。叶倒卵状长圆形，侧脉10~18对。花单生或呈伞房状聚伞花序；花瓣倒卵状长圆形。浆果球形，直径2.5~3.5cm。

分布华南地区。

（八十一）红厚壳科 Calophyllaceae

叶对生，脉间具腺点或分泌道。花两性；雄蕊多数，离生，花丝线形，豌蜒状；花柱细长，柱头盾形。果为核果。

1. 红厚壳属 Calophyllum L.

叶对生，全缘，光滑无毛，有多数平行的侧脉，侧脉几与中肋垂直。花两性或单性，组成顶生或腋生的总状花序或圆锥花序。

（1）薄叶红厚壳 Calophyllum membranaceum Gardner & Champ.

灌木至小乔木。叶对生，边缘反卷，侧脉极多而密，近平行。聚伞花序腋生；花两性；花瓣4；子房1室。果卵状长圆球形。

分布华南地区。

（八十二）金丝桃科 Hypericaceae

单叶，对生或轮生，全缘，常具腺点，无托叶。花两性或单性，辐射对称，单生或排成聚伞花序。果实为蒴果或浆果。

1. 黄牛木属 Cratoxylum Blume

叶对生，全缘，下面常具白粉或腊质，脉网间有透明的细腺点。花序聚伞状，顶生或腋生。花白色或红色。

（1）黄牛木 Cratoxylum cochinchinense (Lour.) Blume

落叶灌木或乔木。叶对生，椭圆形至长椭圆形，叶背有透明腺点及黑点。聚伞花序；花瓣粉红、深红至红黄色。蒴果椭圆形。

分布华南、西南地区。

2. 金丝桃属 Hypericum L.

小枝具透明或常为暗淡、黑色或红色的腺体。叶对生，全缘。花序为聚伞花序，1至多花，顶生或有时腋生，常呈伞房状。

（1）地耳草 Hypericum japonicum Thunb.

一年生或多年生草本。叶对生，卵形，长小于2cm，散布透明腺点。花序具1~30花；花瓣椭圆形；花柱长10mm。蒴果无腺条纹。

分布于中部以南地区。

（八十三）假黄杨科 Putranjivaceae

叶2列。雌雄异株；花序簇生。雄蕊多数，花药外向，花粉具假核。柱头大，往往呈盖瓣状，2列。果为核果。

1. 核果木属 Drypetes Vahl

单叶互生，全缘或有锯齿，基部两侧常不等；羽状脉；叶柄短；托叶2枚。果为核果或蒴果，外果皮革质或近革质。

（1）拱网核果木 Drypetes arcuatinervia Merr. & Chun

灌木。枝条密被皮孔。叶长圆形，边缘具齿。总状或圆锥花序；子房1室；花柱1枚。核果单生或2~5个成总状；果卵圆形。

分布华南、西南地区。

（八十四）金虎尾科 Malpighiaceae

灌木、乔木或木质藤本。单叶，通常对生，稀互生近对生或三叶轮生，全缘，背面和叶柄通常具腺体。总状花序腋生或顶生，单生或组成圆锥花序。

1. 风筝果属 Hiptage Gaertn.l

木质藤本或藤状灌木。叶对生，革质或亚革质，全缘，无腺体或背面近边缘处有一列疏离的腺体，托叶无或极小。总状花序腋生或顶生；花两性，两侧对称，白色，有时带淡红色。果有3翅，中间之翅最长，两侧的翅较短，种子呈多角球形。

（1）风筝果 Hiptage benghalensis (L.) Kurz

灌木或藤本，长3~10m或更长。叶长9~18cm，宽

3~7cm，背面常具2腺体。总状花序腋生或顶生，长5~10cm；花瓣白色。果为翅果。

（八十五）堇菜科 Violaceae

单叶互生，少数对生，全缘、有锯齿或分裂，有叶柄；托叶小或叶状。花两性或单性，单生或组成腋生或顶生的穗状、总状或圆锥状花序。

1. 堇菜属 Viola L.

叶为单叶，互生或基生，全缘、具齿或分裂生。花两性，两侧对称，单生，稀为2花。蒴果成熟时3瓣裂。

（1）如意草 Viola arcuata Blume

多年生草本。匍匐枝蔓生。基生叶三角状心形或卵状心形，两面常无毛；叶柄上部具狭翅。花淡紫色或白色；具暗紫色条纹。蒴果长圆形。

分布华南、西南地区。

（2）戟叶堇菜 Viola betonicifolia Sm.

多年生草本。无地上茎。叶多数，基生，莲座状，长三角状戟形，边缘波状齿。花白色或淡紫色，有深色条纹。蒴果椭圆形。

分布长江流域以南地区及陕西、甘肃。

（3）七星莲 Viola diffusa Ging.

一年生草本。有匍匐枝，全株被白色长柔毛。基生叶多数，叶卵形。花梗长2~8cm；中部有2枚小苞片；花较小。蒴果长圆形。

分布华南、华东、西南地区。

（4）长萼堇菜 Viola inconspicua Blume

多年生草本。植株无茎，无匍匐枝。叶基生，莲座状，叶片三角形，宽1~3.5cm。花淡紫色，有暗色条纹。蒴果长圆形。

分布长江流域以南地区及西北地区。

（八十六）杨柳科 Salicaceae

单叶互生，稀对生，不分裂或浅裂，全缘；托叶鳞片状或叶状，早落或宿存。花单性，雌雄异株；柔荑花序，直立或下垂。蒴果2~4(5)瓣裂。

1. 山桂花属 Bennettiodendron Merr.

单叶互生或螺旋状排列；羽状脉或为五出脉。花小，单性，雌雄异株；圆锥花序或总状花序，稀伞房状。浆果球形。

（1）山桂花 Bennettiodendron leprosipes (Clos) Merr.

常绿小乔木，树皮有臭味。叶近革质，长4~18cm，宽3.5~7cm，边缘有粗齿和带不整齐的腺齿。圆锥花序顶生。浆果成熟时红色至黄红色，球形。

分布华南、西南地区。

2. 嘉赐树属 Casearia Jacq.

单叶互生，全缘或具齿，有透明的腺点和腺条。花小，两性稀单性。蒴果4瓣裂，稀2瓣裂。

（1）球花脚骨脆 Casearia glomerata Roxb.

乔木或灌木。叶椭圆形或长圆形，边缘有细锯齿或细圆齿状；托叶正面疏生贴伏毛。花常10~30朵团伞花序腋生。蒴果卵形。

分布华南、西南地区。

（2）膜叶脚骨脆 Casearia membranacea Hance

常绿乔木或灌木。叶排成二列，长椭圆形，不对称，有透明腺点和腺条。花两性，单生或数朵簇生于叶腋。蒴果卵状，8棱。

分布华南、华东地区。

（3）爪哇脚骨脆 Casearia velutina Blume

小乔木；高3~13cm。小枝常呈"之"字形。叶长椭圆形，长10~20cm，下面密被黄褐色毛。花多朵簇生叶腋。蒴果长椭圆形。

3. 刺篱木属 Flacourtia Comm. ex L' Hér.

通常有刺。单叶，互生，边缘有锯齿稀全缘。花单性，雌雄异株稀杂性，总状花序或团伞花序，顶生或腋生。浆果球形。

（1）大叶刺篱木 Flacourtia rukam Zoll. & Moritzi

乔木。叶卵状长圆形或椭圆状长圆形，较大，长6~12cm，宽4~8cm，顶端渐尖，有时钝。总状花序腋生。浆果直径2~2.5cm。

分布华南地区。

4. 天料木属 Homalium Jacq.

单叶互生稀对生，边缘具齿稀全缘，齿尖常带腺体，羽状脉。蒴果革质，顶端2~8瓣裂。

（1）*红花天料木 Homalium ceylanicum (Gardner) Benth.

乔木；小枝圆柱形有槽纹。叶革质，长6~10cm，宽2.5~5cm。

花外面淡红色，内面白色，多数，3~4朵簇生而排成总状。蒴果倒圆锥形。

分布华南地区。

（2）天料木 Homalium cochinchinense (Lour.) Druce

落叶小乔木或灌木；高 2~10m。叶宽椭圆状长圆形至倒卵状长圆形，长 6~15cm。花单个或簇生排成总状；花白色。蒴果倒圆锥状。

分布华南、华中、华东地区。

5. 柳属 Salix L.

叶互生，稀对生，通常狭而长，多为披针形，羽状脉，有锯齿或全缘。柔荑花序直立或斜展。蒴果 2 瓣裂。

（1）*垂柳 Salix babylonica L.

乔木。树皮不规则开裂。叶狭披针形，宽 5~15mm，锯齿缘。柔荑花序先叶开放或与叶同时开放；具毛。蒴果带绿黄褐色。

分布长江流域与黄河流域，其他各地均有栽培。

6. 柞木属 Xylosma G. Forster

树干和枝上通常有刺，单叶，互生，边缘有锯齿，稀全缘。花小，单性，雌雄异株。浆果核果状，黑色。

（1）长叶柞木 Xylosma longifolia Clos

常绿小乔木或灌木。叶长圆状披针形，长 5~12cm，宽 1.5~4cm，边缘齿尖有腺芒。花 2~8 朵聚伞状腋生；花瓣缺。果近球形。

分布华南、西南地区。

（八十七）大戟科 Euphorbiaceae

常有乳状汁液，白色，稀为淡红色。叶互生，少有对生或轮生，单叶，稀为复叶，或叶退化呈鳞片。状叶柄基部或顶端有时具有 1~2 枚腺体。

1. 铁苋菜属 Acalypha L.

叶互生，叶缘具齿或近全缘，具基出脉 3~5 条或为羽状脉；托叶披针形或钻状。蒴果通常具 3 个分果爿，果皮具毛或软刺。

（1）铁苋菜 Acalypha australis L.

一年生草本。叶长卵形，边缘具圆锯；叶柄具毛。雌雄花同序，腋生；雌花苞片 1~2 枚，长约 10mm，有齿。蒴果具 3 个分果爿。

除西部高寒或干燥地区外，大部分省份均有分布。

（2）*红桑 Acalypha wilkesiana Müll. Arg.

灌木。叶纸质，阔卵形，古铜绿色或浅红色，常有不规则的红色或紫色斑块，长 10~18cm，宽 6~12cm。雌雄花异序。蒴果具 3 个分果爿。

华南、西南地区有栽培。

2. 山麻杆属 Alchornea Sw.

叶互生，边缘具腺齿，具 2 枚小托叶或无；羽状脉或掌状脉；托叶 2 枚。蒴果具 2~3 个分果爿，果皮平滑或具小疣或小瘤。

（1）山麻杆 Alchornea davidii Franch.

落叶灌木。叶阔卵形或近圆形，边缘齿端具腺体，基部具斑状腺体 2 或 4 个；雄花序穗状；雌花序总状。蒴果近球形，具 3 圆棱。

分布秦岭以南地区。

（2）椴叶山麻杆 Alchornea tiliifolia (Benth.) Müll. Arg.

灌木或小乔木。叶卵状菱形、卵圆形或长卵形，边缘具腺齿，基部具斑状腺体4个。雄花序穗状。蒴果椭圆状，具3浅沟，果皮具小瘤和短柔毛。

分布华南、西南地区。

（3）红背山麻杆 Alchornea trewioides (Benth.) Müll. Arg.

灌木；高1~2m。叶3基出脉，下面浅红，叶基具4腺体；2托叶。雄花序穗状，长7~15cm；雌花序总状。蒴果球形，具3圆棱。

分布华南、华东、华中、西南地区。

3. 白桐树属 Claoxylon A. Juss.

叶互生，边缘具齿或近全缘；羽状脉落。花无花瓣，总状花序腋生。蒴果具2~3（~4）个分果爿。

（1）白桐树 Claoxylon indicum (Reinw. ex Blume) Hassk.

小乔木或灌木。叶卵形；叶柄具2枚腺体。雌雄异株；雄花3~7朵簇生，雄蕊15~25枚；雌花1朵生于苞腋。蒴果具3个分果爿。

分布华南、西南地区。

4. 蝴蝶果属 Cleidiocarpon Airy Shaw

叶互生，全缘，羽状脉；叶柄具叶枕。圆锥状花序顶生。花雌雄同株，无花瓣。果核果状，近球形或双球形。

（1）* 蝴蝶果 Cleidiocarpon cavaleriei (H. Lév.) Airy Shaw

乔木。叶长6~22cm，宽1.5~6cm；小托叶2枚。圆锥状花序。果呈偏斜的卵球形或双球形，具微毛，基部骤狭呈柄状，种子近球形。

华南地区有栽培。

5. 变叶木属 Codiaeum A. Juss.

嫩枝被短柔毛。叶互生，边缘具齿或近全缘；羽状脉。花无花瓣，总状花序腋生。蒴果具2~3（~4）个分果爿。

（1）* 变叶木 Codiaeum variegatum (L.) Rumph. ex A. Juss.

灌木或小乔木。叶形状大小变异很大，长5~30cm，宽0.3~8cm，颜色相间或斑点或斑纹。总状花序腋生，雌雄同株异序。蒴果近球形。

南部地区常见栽培。

6. 巴豆属 Croton L.

叶互生，稀对生或近轮生；羽状脉或具掌状脉；叶柄顶端或叶片近基部常有2枚腺体，有时叶缘齿端或齿间有腺体。

（1）鼎湖巴豆 Croton dinghuensis H. S. Kiu

小乔木。嫩枝疏被白色星状毛。叶两面无毛，基部盘状腺体，羽状脉。花单性；子房3室，每室1胚珠。果近球形，直径10mm。

（2）毛果巴豆 Croton lachnocarpus Benth.

灌木；高1~2m。叶椭圆状卵形，长4~10cm，3基出脉，基部2枚具柄杯状腺体。总状花序顶生。果近球形，直径7~8mm。

分布华南、华中、华东、西南地区。

（3）巴豆 Croton tiglium L.

灌木或小乔木。叶卵形，3或5基出脉，基部两侧各1枚盘状腺体。总状花序顶生；雄花花蕾近球形。果椭圆形，长达2cm。

分布长江流域以南地区。

7. 黄桐属 Endospermum Benth.

叶互生，叶片基部与叶柄连接处有腺体；托叶2枚。花雌雄异株，无花瓣。果核果状。

（1）黄桐 Endospermum chinense Benth.

乔木。叶椭圆形至卵圆形，基部2枚球形腺体。花序生于枝条近顶部叶腋；苞片卵形；花萼杯状。蒴果近球形，黄绿色。

分布华南、华东、西南地区。

8. 大戟属 Euphorbia L.

植物体具乳状液汁。叶常互生或对生，少轮生，常全缘，少分裂或具齿或不规则；叶常无叶柄，少数具叶柄。蒴果。

（1）飞扬草 Euphorbia hirta L.

一年生草本。叶菱状椭圆形，长1~3cm，宽5~17mm，边具锯齿，有时具紫色斑。花序密集呈球状。蒴果；种子具4棱。

分布南部地区。

（2）地锦草 Euphorbia humifusa Willd.

匍匐草本。茎无毛。叶斜长圆形，长5~10mm，边具微齿，两侧不对称。花序腋生；附属体白色。蒴果三棱状卵球形，径约2.2mm，无毛。

除海南外，分布于全国。

（3）通奶草 Euphorbia hypericifolia L.

一年生草本。茎直立。叶对生，狭长圆形或倒卵形，长 1~2.5cm，宽 4~8mm，两面被稀疏的柔毛。花序数个簇生于叶腋或枝顶。蒴果三棱状。

分布南部地区。

（4）* 铁海棠 Euphorbia milii Des Moul.

蔓生灌木。茎密生硬而尖的锥状刺，常呈 3~5 列排列于棱脊上。叶互生；托叶刺长 1~2cm。二歧状复花序。蒴果三棱状卵形。

南部地区均有栽培。

（5）* 金刚纂 Euphorbia neriifolia L.

肉质灌木状小乔木，乳汁丰富。茎具螺旋状旋转排列的脊。叶互生，肉质，常呈五列生于嫩枝顶端脊上。花序二歧状腋生。

南北各地均有栽培或逸为野生。

（6）匍匐大戟 Euphorbia prostrata Aiton

一年生草本。茎通常呈淡红色或红色。叶对生，椭圆形至倒卵形，长 3~7 mm，宽 2~4 mm；叶面绿色，叶背有时略呈淡红色或红色；叶柄极短或近无。

（7）* 一品红 Euphorbia pulcherrima Willd. ex Klotzch

灌木状。叶卵状椭圆形，长 9~20cm，宽 3~10cm。每个杯状聚伞花序有 1 枚与其对生的鲜红色叶状苞叶。蒴果三棱状圆形。

南部地区均有栽培。

（8）千根草 Euphorbia thymifolia L.

一年生草本。叶对生,卵状椭圆形,长4~8mm,基部偏斜,边缘有细锯齿。花序1或数个簇生于叶腋。蒴果卵状三棱形。

分布南部地区。

9. 海漆属 Excoecaria L.

叶互生或对生,全缘或有锯齿,具羽状脉。花单性,无花瓣,聚集成腋生或顶生的总状花序或穗状花序。

(1) 海漆 Excoecaria agallocha L.

常绿乔木。叶互生,叶椭圆形或阔椭圆形,长6~8cm,宽3~4.2cm;叶柄顶端有2圆形的腺体。花单性,雌雄异株,总状花序。蒴果球形,具3沟槽。

分布华南、华东地区。

(2) *红背桂 Excoecaria cochinchinensis Lour.

常绿灌木。叶对生,狭椭圆形或长圆形,边缘有疏细齿,背面红。雌雄异株;聚集成腋生或稀顶生的总状花序。蒴果球形。

华南、华东、西南地区有栽培。

10. 粗毛野桐属 Hancea Seem.

叶互生或对生;托叶存在;单叶,基部不具腺体,边缘全缘,羽状或掌状3脉。花序顶生或腋生。果为蒴果。

(1) 粗毛野桐 Hancea hookeriana Seem.

灌木或乔木;高1.5~6m。同一对生叶形态不同;小型叶退化成托叶状,长1~1.2cm。雄花序总状;雌花单生。蒴果被星状毛和皮刺。

分布华南地区。

11. 橡胶树属 Hevea Aubl.

叶互生或生于枝条顶部的近对生,具长叶柄,叶柄顶端有腺体,具小叶3~5片,全缘。蒴果通常具3个分果爿。

(1) *橡胶树 Hevea brasiliensis (Willd. ex A. Juss.) Müll. Arg.

指状复叶具3小叶;叶柄长达15cm;小叶椭圆形。花序腋生,圆锥状。蒴果椭圆状,有3纵沟;种子椭圆状,有斑纹。

华南、西南地区有成片种植。

12. 麻风树属 Jatropha L.

叶互生,掌状或羽状分裂;托叶全缘或分裂为刚毛状或为有柄的一列腺体。花雌雄同株,伞房状聚伞圆锥花序顶生或腋生。

(1) *琴叶珊瑚 Jatropha integerrima Jacq.

单叶互生,倒阔披针形,叶基有2~3对锐刺,叶面浓绿色、平滑,叶背紫绿色;叶柄具茸毛。花冠红色或粉红色。

华南地区有栽培。

13. 血桐属 Macaranga Thouars

幼嫩枝、叶通常被柔毛。叶互生,下面具颗粒状腺体,具掌状脉或羽状脉,盾状着生或非盾状着生。蒴果具1~6个分果爿。

(1) *安达曼血桐 Macaranga andamanica Kurz

小乔木。叶椭圆状披针形,长5~11cm,宽2~5cm,基部中脉两侧有1~2腺体;托叶钻形,长3mm。雌花序1~2朵花。果皮平滑。

（2）中平树 Macaranga denticulata (Blume) Müll. Arg.

乔木。小枝和花序被锈色茸毛。叶盾状着生，全缘或波状；托叶披针形，长7~8mm。圆锥花序；苞片具2~6腺体。果有颗粒状腺体。

分布华南、西南地区。

（3）*印度血桐 Macaranga indica Wight

乔木。嫩枝被黄褐色柔毛。叶卵圆形，斑状腺体2个；托叶三角形，长1.5~3cm。圆锥花序。蒴果球形；具颗粒状腺体。

（4）鼎湖血桐 Macaranga sampsonii Hance

灌木或小乔木。嫩枝被黄褐色茸毛。叶三角状卵形或卵圆形，盾状着生；托叶披针形，长7~10mm。蒴果具颗粒状腺体。

分布华南地区。

（5）血桐 Macaranga tanarius var. tomentosa (Blume) Müll. Arg.

乔木；嫩枝、嫩叶、托叶均被黄褐色柔毛或有时嫩叶无毛。叶盾状着生，下面密生颗粒状腺体；花序圆锥状。蒴果具2~3个分果爿，密被颗粒状腺体。

分布华南部分地区。

14. 野桐属 Mallotus Lour.

通常被星状毛。叶互生或对生，全缘或有锯齿，下面常有颗粒状腺体；掌状脉或羽状脉。蒴果具（2~）3（~4）个分果爿。

（1）白背叶 Mallotus apelta (Lour.) Müll. Arg.

灌木或小乔木。叶互生，5基出脉，叶背白色，基部近叶柄处有2腺体。雄花多朵簇生；雌花序穗状，长30cm。蒴果近球形。

分布华南、华东、华中、西南地区。

（2）小果野桐 Mallotus microcarpus Pax & K. Hoffm.

灌木。叶互生，卵形或卵状三角形，散生黄色颗粒状腺点，3~5基出脉，基部有2~4腺体。总状花序。蒴果扁球形，散生腺点。

分布华东、华南、西南地区。

（3）白楸 **Mallotus paniculatus** (Lam.) Müll. Arg.

乔木或灌木。叶互生，卵形，5基出脉，柄盾状着生。总状花序或圆锥花序。蒴果扁球形，直径10~15mm，被皮刺和茸毛。

分布华南、华东、西南地区。

（4）粗糠柴 **Mallotus philippensis** (Lam.) Müll. Arg.

小乔木或灌木。枝密被柔毛。叶背具红色腺点，3基出脉。总状花序。蒴果扁球形，直径6~8mm，被星状毛和红色腺点。

分布华南、华东、华中、西南地区。

（5）石岩枫 **Mallotus repandus** (Rottler) Müll. Arg.

攀缘状灌木。叶互生，卵形，成长叶叶脉腋部被毛和散生黄色颗粒状腺体。花雌雄异株。蒴果具2~3个分果爿，密生黄

色粉末状毛和具颗粒状腺体。

分布华南、华中、华东、西南、西北地区。

15. 木薯属 Manihot Mill.

茎、枝有大而明显叶痕。叶互生，掌状深裂或上部的叶近全缘。花雌雄同株，排成顶生总状花序或狭圆锥花序。

（1）* 木薯 **Manihot esculenta** Crantz

直立灌木。叶纸质，近圆形，掌状深裂几达基部，裂片3~7。圆锥花序顶生或腋生。蒴果椭圆状，具6条狭而波状纵翅。

热带、亚热带地区常见栽培。

16. 蓖麻属 Ricinus L.

茎常被白霜。叶互生，掌状分裂，盾状着生，叶缘具锯齿；叶柄的基部和顶端均具腺体。蒴果具3个分果爿，具软刺或平滑。

（1）* 蓖麻 **Ricinus communis** L.

亚灌木。茎常被白霜。叶互生，掌状分裂，具锯齿；叶柄具腺体。雌雄同株；无花瓣及花盘；雄蕊极多，近千枚。蒴果。

除高寒地区、沙漠地区外，各地均有栽培。

17. 白树属 Suregada Roxb. ex Rottler

叶互生，全缘或偶有疏生小齿，叶片密生透明细点，羽状脉。蒴果核果状，多少三棱状圆球形。

（1）白树 **Suregada multiflora** (Juss.) Baill.

灌木或乔木。叶倒卵状椭圆形。聚伞花序与叶对生；萼片近圆形，边缘具浅齿。蒴果近球形，有3浅纵沟，熟后完全开裂。

分布华南、西南地区。

18. 乌桕属 Triadica Lour.

叶互生，全缘或有锯齿，具羽状脉；叶柄顶端有2腺体。花单性，雌雄同株或有时异株。蒴果球形、梨形或为3个分果爿。

（1）山乌桕 Triadica cochinchinensis Lour.

落叶乔木。叶互生，叶椭圆形，长5~10cm，宽3~5cm；叶柄顶端2腺体。雌雄同株；总状花序；雌花生于花序轴下部。蒴果。

分布长江流域以南地区。

（2）乌桕 Triadica sebifera (L.) Small

乔木。各部无毛而具乳状汁液。叶互生，菱形，长3~8cm，宽3~9cm；叶柄顶端2腺体。雌雄同株；总状花序顶生。蒴果球形。

分布秦岭以南地区。

19. 油桐属 Vernicia Lour.

叶互生，全缘或1~4裂；叶柄顶端有2枚腺体。由聚伞花序再组成伞房状圆锥花序。果大核果状，近球形，顶端有喙尖。

（1）*油桐 Vernicia fordii (Hemsl.) Airy Shaw

落叶乔木，高达10m。叶卵圆形，长8~18cm；叶柄顶端2腺体。雌雄同株；花瓣卵圆形，白色，有淡红色脉纹。核果近球状。

秦岭山脉以南地区均有分布，现世界温带地区广泛栽培。

（2）木油桐 Vernicia montana Lour.

落叶乔木；高达20m。叶阔卵形，长8~20cm，裂缺常有杯状腺体；叶柄顶端有2枚具柄的杯状腺体。花瓣白色。核果3棱，有皱纹。

分布华南、华东、华中、西南地区。

（八十八）粘木科 Ixonanthaceae

叶互生，羽状脉；托叶缺或细小；花小，两性，排成聚伞花序、总状花序或圆锥花序。蒴果室间开裂；种子具肉质胚乳。

1. 粘木属 Ixonanthes Jack

叶互生，全缘或偶有钝锯齿。花小白色，二歧或三歧聚伞花序腋生；萼片5。蒴果革质或木质，长圆形或圆锥形。

（1）粘木 Ixonanthes reticulata Jack

灌木或乔木。单叶互生，椭圆形或长圆形，侧脉5~12对；叶柄有狭边。二歧或三歧聚伞花序；花白色。蒴果卵状圆锥形。

分布华南、华中、西南地区。

（八十九）叶下珠科 Phyllanthaceae

单叶互生，常2列。雄花萼片3~6，花盘3~6，与萼片互生，雄蕊2~6；雌花萼片与雄花同数或较多。

1. 五月茶属 Antidesma L.

单叶互生，全缘；托叶2枚。顶生或腋生的穗状花序或总状花序，有时圆锥花序。核果通常卵珠状，干后有网状小窝孔。

（1）五月茶 *Antidesma bunius* (L.) Spreng.

乔木；高达10m。叶长圆形，长8~16cm，宽3~8cm，两面无毛；托叶披针形。花序轴粗壮，长5~12cm，果长8mm。核果近球形。

分布华南、西南地区。

（2）黄毛五月茶 *Antidesma fordii* Hemsl.

灌木或小乔木。小枝、叶背、托叶密被黄色柔毛。叶长圆形或椭圆形，背面凸出。雄花序穗状；雌花序总状。核果纺锤形。

分布华南、华东、西南地区。

（3）酸味子 *Antidesma japonicum* Siebold & Zucc.

乔木或灌木。叶披针形，长4~14cm，宽2~4cm，叶脉被短柔毛。总状花序顶生，长3~5cm；雄蕊2~5，伸出花萼之外。果长5~6mm。

分布华南、华东、华中、西南地区。

2. 银柴属 Aporosa Blume

单叶互生；叶柄顶端常具小腺体，托叶2。花单性，雌雄异株，稀同株；腋生穗状花序腋生。蒴果核果状，熟时不规则开裂。

（1）银柴 *Aporosa dioica* (Roxb.) Müll. Arg.

乔木。叶互生，椭圆至长圆状披针形，背面脉上被短茸毛；叶柄先端具2个腺体。雌、雄花序穗状。蒴果椭圆形；种子2颗。

分布华南、西南地区。

（2）云南银柴 *Aporosa yunnanensis* (Pax & Hoffm.) F. P. Metcalff

叶膜质或薄纸质，长圆形、长椭圆形、长卵形或披针形，全缘或疏生腺齿，上面密被黑色小斑点，下面淡绿色；蒴果近球形，熟时红黄色，无毛。

分布华南、华中、西南地区。

3. 重阳木属 Bischofia Blume

叶互生，三出复叶，稀5小叶，具长柄，小纤片边缘具有细锯齿。圆锥花序或总状花序腋生，下垂。浆果圆球形。

（1）秋枫 *Bischofia javanica* Blume

灌木或小乔木；高达40m。三出复叶互生，叶形多种，基部楔形或阔楔形；叶柄顶端具2枚小腺体。圆锥花序。蒴果椭圆形。

三、被子植物 ANGIOSPERMAE

分布华南、华东、西南地区。

（2）重阳木 Bischofia polycarpa (H. Lév.) Airy Shaw

落叶乔木；全株均无毛。三出复叶；顶生小叶通常较两侧的大。花雌雄异株，组成总状花序。果实浆果状，圆球形，成熟时褐红色。

我国特有树种，分布秦岭以南地区（海南、台湾无自然分布）。

4. 黑面神属 Breynia J. R. Forst. & G. Forst.

单叶互生，全缘，干时常变黑色，羽状脉，具有叶柄和托叶。花生于叶腋，具有花梗。蒴果常呈浆果状，不开裂。

（1）黑面神 Breynia fruticosa (L.) Hook. f.

灌木；高 1~3m。叶阔卵形或菱状卵形，长 3~7cm。花单生或 2~4 朵簇生叶腋；雌花花萼花后增大。蒴果圆球状，顶端无喙。

分布华南、华东、西南地区。

（2）喙果黑面神 Breynia rostrata Merr.

常绿灌木或乔木。叶长 3~7cm，宽 1.5~3cm；托叶三角状披针形。单生或 2~3 朵簇生于叶腋内。蒴果圆球状，顶端具喙状花柱。

分布华南、西南地区。

5. 土蜜树属 Bridelia Willd.

单叶互生，全缘，羽状脉，具叶柄和托叶。花多朵集成腋生的花束或团伞花序；花 5 数。核果或为具肉质外果皮的蒴果。

（1）禾串树 Bridelia balansae Tutcher

乔木；高达 17m。单叶互生，椭圆形或长椭圆形，长 5~25cm，边缘反卷。雌雄同序，团伞花序腋生。核果长卵形，1 室。

分布华南、华东、西南地区。

（2）土蜜树 Bridelia tomentosa Blume

灌木或小乔木。幼枝、叶背、叶柄和托叶被毛。叶长圆形，长3~9cm，侧脉8~10对。雌花瓣无毛。核果2室，直径5mm。

分布华南、华东、西南地区。

6. 白饭树属 Flueggea Willd.

单叶互生，全缘或有细钝齿；羽状脉；叶柄短；具托叶。花单生、簇生或组成密集聚伞花序。蒴果圆球形或三棱形。

（1）白饭树 Flueggea virosa (Roxb. ex Willd.) Royle

灌木。小枝具纵棱槽，红褐色。叶椭圆形、长圆形或近圆形，背白色。雌雄异株；花淡黄色。蒴果浆果状，果皮淡白色。

分布华东、华南及西南地区。

7. 算盘子属 Glochidion J. R. Forst. & G. Forst.

单叶互生，全缘，羽状脉。花单性，组成短小的聚伞花序或簇生成花束。蒴果圆球形或扁球形，具多条明显或不明显的纵沟。

（1）革叶算盘子 Glochidion daltonii (Müll. Arg.) Kurz

灌木或乔木；枝条具棱。叶长3~12cm，宽1.5~3cm；托叶三角形。花簇生于叶腋内，基部有2枚苞片。蒴果扁球状，具4~6条纵沟，基部有宿存萼片。

分布华南、华中、华北、西南地区。

（2）毛果算盘子 Glochidion eriocarpum Champ. ex Benth.

灌木。全株几被长柔毛。单叶互生，2列，狭卵形或宽卵形，基部钝。花单生或2~4朵簇生于叶腋内。蒴果扁球状，4~5室。

分布华南、华东、西南地区。

（3）厚叶算盘子 Glochidion hirsutum (Roxb.) Voigt

灌木或小乔木。叶厚革质，卵形或长圆形，长7~15cm，宽4~7cm，基部偏斜。聚伞花序通常腋上生。果扁球状，顶端凹陷。

分布华南、华东、西南地区。

（4）艾胶算盘子 Glochidion lanceolarium (Roxb.) Voigt.

灌木或乔木。叶椭圆形或长圆状披针形，长6~16cm，基部楔形。雌雄花着生不同小枝上，或雌花1~3朵生于雄花束内。果顶端急尖。

分布华南、华东、西南地区。

（5）算盘子 Glochidion puberum (L.) Hutch.

灌木。叶长圆形。花2~5朵簇生于叶腋内；雄花常生于小枝下部，雌花则上部。蒴果扁球状，边缘有8~10条纵沟，6~8室。

分布长江流域以南地区。

（6）湖北算盘子 Glochidion wilsonii Hutch.

灌木；高1~4m。除叶柄外全株无毛。叶披针形，长3~10cm，宽1.5~4cm；柄长3~5mm。雌雄同株；萼片6；雄蕊3，合生。蒴果扁球状。

分布华南、华东、华中、西南地区。

（7）白背算盘子 Glochidion wrightii Benth.

灌木或乔木；高1~8m。叶长圆形或披针形，长2.5~5.5cm，常呈镰状弯斜，基部偏斜，背白。花簇生叶腋。蒴果扁球形，3室。

分布华南、华东、西南地区。

（8）香港算盘子 Glochidion zeylanicum (Gaertn.) A. Juss.

灌木或小乔木。全株无毛。叶革质，长圆形，基部心形。

花簇生呈花束，或组成聚伞花序。蒴果扁球形，边缘具8~12条纵沟。

分布华南、华东、西南地区。

8. 叶下珠属 Phyllanthus L.

单叶互生，通常在侧枝上排成2例，呈羽状复叶状，全缘。托叶2，着生于叶柄基部两侧。蒴果通常基顶压扁呈扁球形。

（1）越南叶下珠 Phyllanthus cochinchinensis (Lour.) Spreng.

一年生灌木。枝红褐色。叶椭圆形，长7~20mm，宽5~11mm；托叶褐红色。雄花单生，雄蕊3枚，花丝合生。蒴果圆球形。

分布华南地区。

（2）落萼叶下珠 Phyllanthus flexuosus (Siebold & Zucc.) Müll. Arg.

灌木，全株无毛。叶椭圆形至卵形，长2~4.5cm，宽1~2.5cm；托叶卵状三角形。雄花数朵和雌花1朵簇生于叶腋。蒴果浆果状，扁球形。

分布东部地区。

（3）小果叶下珠 Phyllanthus microcarpus (Benth.) Muell.

灌木。枝有短刺。叶互生，椭圆形，长2~5cm，宽1~2.5cm。花2~3朵簇生；雄蕊5枚，其中3枚花丝合生。蒴果为浆果状。

分布华南、华中、华东、西南地区。

（4）珠子草 Phyllanthus niruri L.

一年生草本。叶狭椭，长 6~10mm，宽 3~5mm。常 1 朵雄花和 1 朵雌花双生于每一叶腋内；花梗长约 1.5mm；雌花萼 6。蒴果扁球形。

分布华南地区。

（5）水油甘 Phyllanthus rheophyticus M. G. Gilbert & P. T. Li

直立灌木，全株无毛。叶长圆形或椭圆形，长 6~11mm，宽 2~4mm；托叶卵状三角形。花黄白色或白绿色，簇生于叶腋。蒴果圆球状。

分布华南、西南地区。

（6）叶下珠 Phyllanthus urinaria L.

一年生草本。叶长圆形，长 7~15mm，宽 3~6mm。雄花 2~4 朵簇生叶腋；雌花单生，雌花梗长不及 0.5mm。蒴果具小凸刺。

分布秦岭以南地区。

（8）黄珠子草 Phyllanthus virgatus G. Forst.

草本。小枝有纵棱。叶狭长圆形，长 1.2~3cm，宽 2~5mm。通常 2~4 朵雄花和 1 朵雌花同簇生于叶腋；雌花梗长 3~10mm。蒴果扁球形。

分布秦岭南坡、长江流域以南地区。

（九十）使君子科 Combretaceae

单叶对生或互生，极少轮生，全缘或稍呈波状，具叶柄，无托叶。叶基、叶柄或叶下缘齿间具腺体。果为坚果、核果或翅果。常有 2~5 棱。

1. 使君子属 Quisqualis L.

叶对生或近对生，全缘。花较两性，白色或红色，组成长的顶生或腋生的穗状花序。果具 5 棱或 5 纵翅，在翅间具深槽。

（1）使君子 Quisqualis indica L.

攀缘状灌木。叶对生或近对生，卵形或椭圆形，长 5~11cm，宽 2.5~5.5cm。顶生穗状花序组成伞房花序式；花瓣 5。果卵形，具锐棱角 5 条。

分布华南、华中、西南地区。

2. 榄仁属 Terminalia L.

叶通常互生，常成假轮状聚生枝顶，稀对生或近对生，全缘或稍有锯齿；叶柄上或叶基部常具 2 枚以上腺体。

（1）*小叶榄仁 Terminalia mantaly H. Perrier

主干通直，侧枝轮生，自然分层向四周开展，树冠呈伞形；叶倒卵状披针形，4~7 枚轮生，全缘，侧脉 4~6 对；穗状花序，花小而不显著。

原产非洲。华南地区有栽培。

（九十一）千屈菜科 Lythraceae

叶对生，稀轮生或互生，全缘，叶片下面有时具黑色腺点。花两性，单生或簇生，或组成顶生或腋生的穗状花序、总状花序或圆锥花序。

1. 水苋菜属 Ammannia L.

枝通常具4棱。叶对生或互生，有时轮生，全缘；无托叶。花小，4基数，辐射对称，单生或组成腋生的聚伞花序或稠密花束。

（1）水苋菜 Ammannia baccifera L.

一年生草本；茎具狭翅。叶长椭圆形、矩圆形或披针形，长6~15mm，宽3~5mm。花数朵组成腋生的聚伞花序或花束；花极小。蒴果球形，紫红色。

除东北和西北外，全国各地有分布。

2. 萼距花属 Cuphea Adans ex P. Br.

叶对生或轮生，稀互生。花左右对称，单生或组成总状花序，生于叶柄之间，稀腋生或腋外生。蒴果长椭圆形。

（1）* 哥伦比亚萼距花 Cuphea carthagenensis (Jacq.) J. F. Macbr.

草本或灌木。全株具有黏质的腺毛。叶卵状披针形，长1.5~5cm。花萼细小，长1cm以下；花瓣6，近等长。蒴果包藏于萼管内，侧裂。

（2）* 小瓣萼距花 Cuphea micropetala Kunth

直立灌木。分枝常带紫红色。叶密集，近对生，狭长圆形，长5~12cm，宽5~15mm。花单生；花萼长2~2.3cm；花瓣6。蒴果。

3. 紫薇属 Lagerstroemia L.

叶对生、近对生或聚生于小枝的上部，全缘。花两性，辐射对称，顶生或腋生的圆锥花序。蒴果基部有宿存花萼。

（1）* 广东紫薇 Lagerstroemia fordii Oliv. & Koehne

乔木，高可达8m。枝圆柱形，有时幼枝稍有4棱；叶互生，椭圆状披针形。花6基数，顶生圆锥花序，花瓣心状圆形，具爪。蒴果卵球形。

分布华南地区。

（2）* 紫薇 Lagerstroemia indica L.

落叶灌木或小乔木。小枝具4棱，略成翅状。叶椭圆形。圆锥花序顶生；花瓣6，皱缩；雄蕊36~42枚。蒴果室背开裂。

分布华南、华中地区。

（3）*大花紫薇 Lagerstroemia speciosa (L.) Pers.

大乔木。叶矩圆状椭圆形。圆锥花序顶生；花萼有棱12条；花大，直径4~5cm，淡紫色或紫红色。蒴果球形，室背开裂。

华南、华东地区有栽培。

4. 千屈菜属 Lythrum L.

枝常具4棱。叶交互对生或轮生，稀互生。花单生叶腋或组成穗状花序、总状花序或歧伞花序；花辐射对称或稍左右对称。

（1）千屈菜 Lythrum salicaria L.

多年生草本。枝常具4棱。叶对生或三叶轮生，披针形或阔披针形。花组成小聚伞花序，簇生；花瓣6，红紫色或淡紫色，有短爪。蒴果扁圆形。

分布全国各地，亦有栽培。

5. 节节菜属 Rotala L.

叶交互对生或轮生，稀互生。花辐射对称，3~6基数，单生叶腋，或组成顶生或腋生的穗状花序或总状花序，常无花梗。

（1）节节菜 Rotala indica (Willd.) Koehne

一年生草本，茎基部常匍匐。叶对生，倒卵状椭圆形或矩圆状倒卵形。常组成腋生穗状花序；花瓣4，极小，淡红色。蒴果椭圆形，常2瓣裂。

分布西南地区、中部和东部。

（2）圆叶节节菜 Rotala rotundifolia (Buch.-Ham. ex Roxb.) Koehne

一年生草本。茎直立，丛生。叶对生，近圆形、阔倒卵形

或阔椭圆形。花单生；花瓣淡紫红色；花萼无附属物。蒴果椭圆形。

分布华南、华中、华东、西南地区。

6. 海桑属 Sonneratia L. f.

花单生或2~3朵聚生于近下垂的小枝顶部；萼筒倒圆锥形、钟形或杯形，果实成熟时浅碟形。浆果扁球形。

（1）*无瓣海桑 Sonneratia apetala Buch.-Ham.

柱状乔木。气生根可达1.5m。叶片狭椭圆形到披针形，长5~13cm，宽1.5~4cm，顶端圆形。聚伞花序3~7朵；有花瓣。浆果。

华南地区有栽培。

7. 菱属 Trapa L.

属的特征、种数、分布等与科同。全国各地的湖泊、河湾、积水沼泽、池塘等静水淡水水域中多有分布或引种栽培。

（1）欧菱 Trapa natans

一年生浮水水生草本。叶二型：浮水叶互生，聚生形成莲座状菱盘；沉水叶小，早落。两性花小，单生于叶腋。果三角状菱形，具4刺角。

分布华东、华中、华南、西南地区。

（九十二）柳叶菜科 Onagraceae

叶互生或对生；托叶小或不存在。花两性，稀单性，辐射对称或两侧对称，单生于叶腋或排成顶生的穗状花序、总状花序或圆锥花序。

1. 丁香蓼属 Ludwigia L.

叶互生或对生，稀轮生，全缘。花单生于叶腋，或组成顶生的穗状花序或总状花序。蒴果室间开裂、室背开裂、不规则开裂或不裂。

（1）水龙 Ludwigia adscendens (L.) H. Hara

多年生浮水或上升草本。叶倒卵形。花单生于上部叶腋；花瓣乳白色，基部淡黄色。蒴果淡褐色，圆柱状，具10条纵棱。

分布华南、华中、华东、西南地区。

（2）草龙 Ludwigia hyssopifolia (G. Don) Exell

一年生直立草本。叶披针形至线形，侧脉在近边缘不明显环结。花腋生；萼片4；花瓣4，倒卵形，黄色；雄蕊8枚。蒴果近无梗。

（3）毛草龙 Ludwigia octovalvis (Jacq.) P. H. Raven

多年生粗壮直立草本。植株常被黄褐色粗毛。叶披针形至线状披针形。花单生；花瓣倒卵状楔形。蒴果圆柱状，具8条棱。

（4）黄花水龙 Ludwigia peploides (Kunth) P. H. Raven subsp. stipulacea (Ohwi) P. H. Raven

多年生浮水或上升草本。叶长圆形或倒卵状长圆形；托叶卵形或鳞片状。花单生于上部叶腋；花瓣鲜金黄色。蒴果具10条纵棱。

分布华东、华南地区。

（九十三）桃金娘科 Myrtaceae

单叶对生或互生，具羽状脉或基出脉，全缘，常有油腺点，无托叶。花两性，单生或排成各式花序。果为蒴果、浆果、核果或坚果。

1. 岗松属 Baeckea L.

叶线形或披针形，全缘，有油腺点。花小，白色或红色，5数，腋生单花或数朵排成聚伞花序。蒴果开裂为2~3瓣。

（1）岗松 Baeckea frutescens L.

灌木或小乔木。叶对生，线形，长不及10mm，宽约1mm，下面突起，有透明油腺点。花单生叶腋；花瓣分离，白色。蒴果小。

分布南部地区。

2. 红千层属 Callistemon R. Br.

叶互生，有油腺点，线状或披针形，全缘。花单生于苞片腋内，常排成穗状或头状花序，生于枝顶。蒴果全部藏于萼管内。

（1）*红千层 Callistemon rigidus R. Br.

小乔木；嫩枝有棱。叶线形，油腺点明显。穗状花序生于枝顶；花瓣绿色；雄蕊鲜红色；花柱先端绿色，其余红色。蒴果半球形，种子条状。

华南地区有栽培。

（2）*垂枝红千层 Callistemon viminalis (Sol. ex Gaertn.) G. Don

树皮灰白色，枝条柔软下垂；叶互生，纸质，披针形或窄线形，叶色灰绿至浓绿；穗状花序顶生，花两性，花红色。

华南地区广泛栽植。

3. 子楝树属 Decaspermum J. R. Forst. & G. Forst.

叶对生，全缘，羽状脉，有油腺点。花小，排成腋生聚伞花序或圆锥花序。浆果球形，顶端有宿存萼片。

（1）子楝树 Decaspermum gracilentum (Hance) Merr. & L. M. Perry

灌木至小乔木。嫩枝被灰褐色或灰色柔毛。叶对生，纸质或薄革质，椭圆形。聚伞花序腋生；花4数；花瓣白。浆果具柔毛。

分布华南地区。

4. 桉属 Eucalyptus L' Hér.

叶多型性；成熟叶片互生，阔卵形或狭披针形，常为镰状，有透明腺点，具边脉。蒴果全部或下半部藏于扩大的萼管里。

（1）*柠檬桉 Eucalyptus citriodora Hook. f.

乔木。树皮片状脱落。幼态叶有腺毛；成熟叶片狭披针形，两面有黑腺点，揉之有浓厚的柠檬气味。圆锥花序腋生。蒴果壶形。

华南、华东地区有栽培。

（2）*窿缘桉 Eucalyptus exserta F. Muell.

乔木。幼态叶对生；成熟叶狭披针形，稍弯曲，两面多微小黑腺点。伞形花序。蒴果球形，直径6~7mm，果缘突出萼管2~3mm。

华南地区广泛栽种。

（3）*桉 Eucalyptus robusta Sm.

大乔木。树皮宿存，不规则斜裂。幼态叶卵形；成熟叶卵状披针形，具腺点。伞形花序。蒴果卵状壶形，长1~1.5cm。

（4）*尾叶桉 Eucalyptus urophylla S. T. Blake

乔木。树皮上部剥落，下部宿存。叶互生，卵形，长10~24cm。伞形花序腋生；花蕾梨形，被白粉。蒴果梨形，蒴口平。

5. 嘉宝果属 Plinia L.

灌木。叶对生，全缘，常有油腺点，无托叶。花簇生于主干和主枝上，有时也长在新枝上。果球形，成熟时紫黑色，果皮外表结实光滑。

（1）* 嘉宝果 Plinia cauliflora (DC.) Kausel

树皮呈薄片状脱落，具斑驳的斑块。叶对生，具短叶柄，吉椭圆形，革质，先端尖，基部楔形。花常簇生于主干及主枝上，新枝上较少，花小，白色。

南方部分城市有引种。

6. 番石榴属 Psidium L.

叶对生，羽状脉，全缘。花较大，通常1~3朵腋生。浆果多肉，球形或梨形，顶端有宿存萼片。

（1）* 番石榴 Psidium guajava L.

乔木。树皮片状剥落。叶长圆形至椭圆形，侧脉常下陷。花单生或2~3朵排成聚伞花序；花瓣白。浆果，果大，直径达8cm。

华南、华东、西南地区有栽培。

7. 桃金娘属 Rhodomyrtus (DC.) Rchb.

叶对生，离基三出脉。花1~3朵腋生；萼管卵形或近球形，萼裂片4~5片，宿存；花瓣4~5片。浆果卵状壶形或球形。

（1）桃金娘 Rhodomyrtus tomentosa (Aiton) Hassk.

常绿灌木。叶对生，椭圆形或倒卵形，叶背被灰色茸毛，离基3出脉，具边脉。花单生；花瓣5，倒卵形，紫红色。浆果壶形。

分布华南、华东、华中、西南地区。

8. 蒲桃属 Syzygium Gaertn

叶对生，少数轮生，有透明腺点。花3朵至多数，顶生或腋生，常排成聚伞花序式再组成圆锥花序。果顶部有残存的环状萼檐。

（1）肖蒲桃 Syzygium acuminatissimum (Blume) DC.

乔木。叶卵状披针形或狭披针形，先端尾状渐尖，多油腺点。聚伞花序排成圆锥花序，花3朵聚生；花白色。浆果球形。

分布华南地区。

（2）华南蒲桃 Syzygium austrosinense (Merr. & L. M. Perry) H. T. Chang & R. H. Miao

灌木至小乔木。枝4棱。叶对生，椭圆形，长4~7cm，宽2~3cm，脉距1~1.5mm。聚伞花序顶生。果球形，直径6~7mm。

分布华南、华东、华中、西南地区。

（3）赤楠 Syzygium buxifolium Hook. & Arn.

灌木或小乔木。枝具棱。2~3 叶，叶阔椭圆形，长 1.5~3cm，宽 1~2cm，脉距 1~1.5mm。聚伞花序顶生。核果球形，直径 5~7mm。

分布华南、华中、华东、西南地区。

（4）子凌蒲桃 Syzygium championii (Benth.) Merr. & L. M. Perry

灌木至乔木。枝 4 棱。叶狭椭圆形，长 3~6cm，宽 3cm，脉距 1mm。聚伞花序顶生，有花 6~10 朵。果长椭圆形，长 12mm。

分布华南地区。

（5）密脉蒲桃 Syzygium chunianum Merr. & Perry

乔木。叶椭圆形，先端急渐尖，两面均有细小腺点。圆锥花序顶生，有花 3~9 朵，常 3 朵簇生；花瓣连合成帽状。果实球形。

分布华南地区。

（6）红鳞蒲桃 Syzygium hancei Merr. & L. M. Perry

灌木或乔木。枝圆柱形。叶椭圆形，长 3~7cm，宽 1.5~4cm，脉距 2mm。圆锥花序腋生；花瓣 4。果球形，直径 5~6mm。

分布华南、华东、华中地区。

（7）蒲桃 Syzygium jambos (L.) Alston

乔木，高 10m。叶片披针形或长圆形，长 12~25cm，宽 3~4.5cm，叶面多透明细小腺点。聚伞花序顶生；花白色，直径 3~4cm。果成熟时黄色，有油腺点。

分布香港、海南、台湾、福建、广西、云南、贵州。

（8）山蒲桃 Syzygium levinei (Merr.) Merr. & L. M. Perry

常绿乔木。枝圆柱形。叶椭圆形，长 4~8cm，宽 1.5~3.5cm，脉距 2~3.5mm。圆锥花序；花瓣 4，分离。果球形，直径 7~8mm。

分布华南、西南地区。

（9）水翁蒲桃 Syzygium nervosum DC.

乔木；嫩枝有沟。叶长圆形至椭圆形，两面多透明腺点。圆锥花序生于无叶的老枝上；花 2~3 朵簇生。浆果阔卵圆形，成熟时紫黑色。

分布华南、西南地区。

（10）香蒲桃 Syzygium odoratum (Lour.) DC.

常绿乔木。枝圆柱形。叶卵状长圆形，长 3~7cm，宽 1~2cm，脉距 2~3mm。圆锥花序；花瓣合生成帽状体。果球形，直径 6~7mm。

分布华南地区。

（11）红枝蒲桃 Syzygium rehderianum Merr. & L. M. Perry

灌木至小乔木。枝圆柱形，红色。叶椭圆形，长 4~7cm，宽 2.5~3.5cm，脉距 2~3.5mm。聚伞花序腋生。果椭圆状卵形，直径 1cm。

分布华南、华东地区。

（12）*钟花蒲桃 Syzygium campanulatum Korth.

叶椭圆形至狭椭圆形，新叶亮红色至橘红色，渐变为粉红色，成叶深绿色。圆锥花序多花，花白色；花蕾倒卵形或近圆形，花瓣连成钟状。果实球形。

广泛栽培。

9. 金缨木属 Xanthostemon F. Muell.

灌木或乔木。叶对生、互生或簇生枝顶；宽披针、披针形或倒披针形，全缘，常有油腺点，无托叶。果为蒴果。

（1）*金蒲桃 Xanthostemon chrysanthus (F. Muell.) Benth.

叶革质，宽披针、披针形或倒披针形，全缘，对生、互生或簇生枝顶，暗绿色，具光泽，搓揉后有番石榴气味；聚伞花序密集呈球状，花色金黄色。

原产澳大利亚。广东、广西、福建有栽培。

（九十四）野牡丹科 Melastomataceae

单叶对生或轮生，叶片全缘或具锯齿，通常为 3~5（~7）基出脉，稀 9 条，侧脉通常平行。花两性，辐射对称。蒴果或浆果，通常顶孔开裂。

1. 棱果花属 Barthea Hook. f.

灌木，小枝通常四棱形。叶对生、全缘，两面无毛，基出脉 5 条，两侧的两条近边缘且不明显；具叶柄。聚伞花序，顶生，常有花（1~）3 朵；花 4 数，萼管钟形，具四棱；花瓣粉红色或白色，稀深红色，倒卵形，无毛。蒴果长圆形，具钝四棱。

（1）棱果花 Barthea barthei (Hance ex Benth.) Krasser

灌木，高 70~150cm；小枝略四棱形。叶片长（3.5~）6~11cm，宽（1.8~）2.5~5.5cm。聚伞花序，顶生；花梗四棱形；花瓣白色至粉红色或紫红色。蒴果长圆形。

分布香港、福建、台湾、湖南、广西。

2. 柏拉木属 Blastus Lour.

叶片薄，全缘或具细浅齿，3~5（~7）基出脉。蒴果椭圆形或倒卵形，具不明显的四棱，纵裂。

（1）柏拉木 Blastus cochinchinensis Lour.

灌木。叶披针形至椭圆状披针形。聚伞花序腋生，密被小腺点；花瓣卵形，白色至粉红色。蒴果椭圆形，4 裂，为宿存萼所包。

分布华南、华东、西南地区。

4. 异药花属 Fordiophyton Stapf

叶（3~）5~7（~9）基出脉，边缘常具细齿或细锯齿。单1的伞形花序或由聚伞花序组成的圆锥花序顶生。蒴果倒圆锥形顶孔4裂。

（1）陈氏异药花 Fordiophyton chenii S. Jin Zeng & X. Y. Zhuang

茎四棱形，有翅；叶片卵形或卵形椭圆形，边缘全缘，膜质或稍肉质，无毛。伞形圆锥花序顶生。花瓣粉红色或略带紫色，长圆形。蒴果漏斗状。

分布华南、华中、西南地区。

（2）刺毛柏拉木 Blastus setulosus Diels

灌木。叶长圆形或披针状长圆形。伞状聚伞花序；花萼钟状漏斗形，4棱，密被腺点；花瓣白色，卵形。蒴果椭圆形，4裂。

分布华南地区。

5. 酸脚杆属 Medinilla Gaud.

茎常四棱形，有时具翅。叶对生或轮生，全缘或具齿，通常3~5基出脉。浆果通常坛形、球形或卵形。

（1）北酸脚杆 Medinilla septentrionalis (W. W. Sm.) H. L. Li

灌木或小乔木。叶披针形，顶端尾状渐尖。聚伞花序腋生，花3朵或5朵；花瓣三角状卵形；雄蕊8枚，4长4短。浆果坛形。

分布华南、西南地区。

3. 野海棠属 Bredia Blume

叶片具细密锯齿或几全缘，具5~9(~11)基出脉，侧脉平行。聚伞花序或由聚伞花序组成的圆锥花序顶生。蒴果陀螺形。

（1）叶底红 Bredia fordii (Hance) Diels

亚灌木。叶心形至卵形，长7~11cm，宽5~6cm，基出脉7~9，叶背紫红。伞形花序顶生；卵形。蒴果杯形，为宿存萼所包。

分布华南、华东、西南地区。

6. 野牡丹属 Melastoma L.

茎被毛或鳞片状糙伏毛。叶对生，被毛，全缘，5~7基出脉。花单生或组成圆锥花序顶生或生于分枝顶端。

（1）地菍 Melastoma dodecandrum Lour.

匍匐草本。叶卵形或椭圆形，3~5基出脉，常仅边缘被糙

伏毛。聚伞花序顶生；花瓣菱状倒卵形，被疏缘毛。果坛状球形。

分布华南、华东、华中、西南地区。

（2）细叶野牡丹 Melastoma intermedium Dunn

小灌木和灌木。叶椭圆形或长圆状椭圆形，长2~4cm，宽8~20mm。伞房花序顶生；花瓣玫瑰红色至紫色。果坛状球形。

分布华南、华东、西南地区。

（3）野牡丹 Melastoma malabathricum L.

灌木；茎钝密被紧贴的鳞片状糙伏毛。叶卵形或广卵形，7基出脉。伞房花序生于分枝顶端；花瓣玫瑰红色或粉红色。蒴果坛状球形。

分布华南、华东、西南地区。

（4）毛菍 Melastoma sanguineum Sims

大灌木，茎、小枝、叶柄、花梗及花萼均被平展的长粗毛。叶卵状披针形至披针形，基出脉5。伞房花序顶生。果杯状球形；宿存萼密被红色长硬毛。

分布华南地区。

7. 谷木属 Memecylon L.

灌木或小乔木，植株通常无毛；小枝圆柱形或四棱形。叶片革质，全缘，羽状脉，具短柄或无柄。聚伞花序或伞形花序，腋生、生于落叶的叶腋或顶生；花小，4数；花瓣白色、黄绿色或紫红色，圆形、长圆形或卵形；雄蕊8，等长。

（1）谷木 Memecylon ligustrifolium Champ. ex Benth.

大灌木或小乔木，高1.5~5m；小枝圆柱形或不明显的四棱形。叶片长5.5~8cm，宽2.5~3.5cm，全缘，两面无毛；叶柄长3~5mm。

分布香港、海南、广西、福建、云南。

8. 金锦香属 Osbeckia L.

茎四或六棱形，被毛。叶对生或3枚轮生，全缘，3~7基出脉。头状花序或总状花序，或组成圆锥花序，顶生。

（1）金锦香 Osbeckia chinensis L.

草本。叶线形，长2~5cm，宽3~8mm，两面被糙伏毛。头状花序顶生；花瓣4，倒卵形，淡紫红色或粉红色。蒴果紫红色。

分布长江流域以南地区。

9. 锦香草属 Phyllagathis Blume

茎通常四棱形，被毛。叶片全缘或具细锯齿，5~9 基出脉，侧脉互相平行，具叶柄。蒴果杯形或球状坛形，4 纵裂。

（1）锦香草 **Phyllagathis cavaleriei** (H. Lév. & Vaniot) Guillaum

草本；茎四棱形。叶广卵形、广椭圆形或圆形，7~9 基出脉。伞形花序顶生；花瓣粉红色至紫色。蒴果杯形，顶端冠 4 裂；宿存萼具 8 纵肋。

分布华南、华中、西南地区。

（2）红敷地发 **Phyllagathis elattandra** Diels

草本。茎高不到 20cm。叶椭圆形，先端钝或微凹。圆锥花序顶生；总花梗长 8~10cm；8 枚雄蕊中 4 枚能育，4 枚退化。蒴果杯形。

分布华南地区。

10. 蜂斗草属 Sonerila Roxb.

茎常四棱形，具翅。叶具细锯齿，齿尖常有刺毛，羽状脉或掌状脉，基部常偏斜。蝎尾状聚伞花序或几呈伞形花序。

（1）蜂斗草 **Sonerila cantonensis** Stapf

草本或亚灌木；株高 20~50cm。茎无翅，被粗毛。叶卵形或椭圆状卵形。聚伞花序顶生；花 3 基数，花瓣长 7mm。蒴果倒圆锥形。

分布华南、华东、西南地区。

11. 蒂牡花属 Tibouchina Aubl.

灌木。单叶对生，叶全缘或具锯齿，通常为 3~5 基出脉，侧脉通常平行；无托叶。花两性，辐射对称，通常为 4~5 数，稀 3 或 6 数。蒴果。

（1）* 巴西野牡丹 **Tibouchina semidecandra** Cogn.

枝条红褐色；叶对生，长椭圆形至披针形，两面具细茸毛，全缘，3~5 出脉；花顶生，大型，深紫蓝色；花萼 5，红色；蒴果杯状球形。

华南地区有引种栽培。

三、被子植物 ANGIOSPERMAE 217

(九十五）省沽油科 Staphyleaceae

叶对生或互生，奇数羽状复叶或稀为单叶，有托叶或稀无托叶；叶有锯齿。花整齐，两性或杂性，稀为雌雄异株。果实为蒴果状。

1. 野鸦椿属 Euscaphis Siebold & Zucc.

叶对生，奇数羽状复叶，小叶有细锯齿。圆锥花序顶生，花两性，花萼宿存，5裂，覆瓦状排列，雄蕊5。

（1）野鸦椿 Euscaphis japonica (Thunb. ex Roem. & Schult.) Kanitz

落叶小乔木或灌木。枝叶揉碎后发出恶臭味。羽状复叶对生；5~11小叶，小叶长卵形，齿尖有腺体。圆锥花序。蓇葖果。

除陕西以北地区外，全国均有。

2. 山香圆属 Turpinia Vent.

叶对生，无托叶，奇数羽状复叶或为单叶，小叶对生。圆锥花序开展，顶生或腋生，分枝对生。花白色。果实近圆球形。

（1）锐尖山香圆 Turpinia arguta (Lindl.) Seem.

落叶灌木。单叶对生，长圆形至椭圆状披针形，长7~22cm，宽2~6cm，边缘具疏锯齿，齿尖具硬腺体。圆锥花序。果近球形。

分布华南、华东、华中、西南地区。

（2）山香圆 Turpinia montana (Blume) Kurz

小乔木。叶对生，羽状复叶；小叶5枚，对生，长（4~）5~6cm，宽2~4cm。圆锥花序顶生。果球形，紫红色。

分布西南地区和南部。

（九十六）橄榄科 Burseraceae

奇数羽状复叶，互生，通常集中于小枝上部，一般无腺点。圆锥花序或极稀为总状或穗状花序，腋生或有时顶生。核果。

1. 橄榄属 Canarium L.

叶螺旋状排列、稀为3叶轮生；奇数羽状复叶。叶柄圆柱形、扁平至具沟槽。小叶对生或近对生，全缘至具浅齿。

（1）* 橄榄 Canarium album (Lour.) Rauesch.

乔木。小叶3~6对，披针形或椭圆形，背面疣状突起。花腋生；雄花序为聚伞圆锥花序；雌花序为总状。果卵圆形至纺锤形。

分布华南、华东、西南地区。

（2）*乌榄 Canarium pimela K. D. Koenig

乔木。小叶4~6对，宽椭圆形或卵形，顶端急渐尖。疏散的聚伞圆锥花序腋生；雄花序多花，雌花序少花。果狭卵圆形。

华南、西南地区常见栽培。

（九十七）漆树科 Anacardiaceae

叶互生，稀对生，单叶，掌状三小叶或奇数羽状复叶，无托叶或托叶不显。花小，辐射对称，排列成顶生或腋生的圆锥花序升。果多为核果。

1. 南酸枣属 Choerospondias B. L. Burtt & A. W. Hill.

奇数羽状复叶互生，常集生于小枝顶端；小叶对生。花单性或杂性异株。核果卵圆形或长圆形或椭圆形。

（1）南酸枣 Choerospondias axillaris (Roxb.) B. L. Burtt & A. W. Hill

落叶乔木。羽状复叶；7~15小叶，卵形，基部偏斜。雄花聚伞圆锥花序；雌花单生；子房5室。核果椭圆形，顶端5个眼孔。

分布南部至西南地区。

2. 人面子属 Dracontomelon Blume

小枝具三角形叶痕。叶互生，奇数羽状复叶；小叶对生或互生全缘，稀具齿。圆锥花序腋生或近顶生。核果近球形。

（1）人面子 Dracontomelon duperreanum Pierre

常绿乔木。奇数羽状复叶；11~17小叶，互生，自下而上逐渐增大。圆锥花序；花瓣披针形，白色；子房5室。核果扁球形。

分布华南地区。

3. 杧果属 Mangifera L.

单叶互生，全缘。圆锥花序顶生，花4~5基数，花梗具节。核果多形，中果皮肉质或纤维质，果核木质。

（1）*杧果 Mangifera indica L.

乔木。单叶互生，长圆形，宽大于3.5cm。圆锥花序长20~35cm；花瓣长圆状披针形，开花时外卷。果长卵形，径圆。

南部地区常有栽培。

4. 盐肤木属 Rhus Tourn. ex L.

叶互生，奇数羽状复叶、3小叶或单叶，叶轴具翅或无翅；小叶边缘具齿或全缘。花排列成顶生聚伞圆锥花序或复穗状花序。

（1）盐肤木 Rhus chinensis Mill.

落叶小乔木或灌木。7~13小叶，背面密被灰褐色绵毛；叶轴有翅。圆锥花序；花杂性，有花瓣；子房1室。核果小，有咸味。

除东北、内蒙古和新疆外，其余省份均有。

（2）滨盐肤木 **Rhus chinensis** Mill. var. **roxburghii** (DC.) Rehder

落叶小乔木或灌木。奇数羽状复叶，叶轴无翅；叶背被锈色柔毛。圆锥花序宽大，多分枝，花白色。核果球形，成熟时红色。

分布华南、华中、西南地区。

5. 漆属 Toxicodendron (Tourn.) Mill.

叶互生，奇数羽状复叶或掌状3小叶；小叶对生，叶轴通常无翅。花序腋生，聚伞圆锥状或聚伞总状。

（1）野漆 **Toxicodendron succedaneum** (L.) Kuntze

落叶乔木或小乔木；高达10m。奇数羽状复叶互生；小叶3~6对，长圆状椭圆形或卵状披针形，长4~10cm。圆锥花序腋生。核果偏斜。

分布华北至长江流域以南地区。

（2）木蜡树 **Toxicodendron sylvestre** (Siebold & Zucc.) Kuntze

落叶乔木；高达10m。奇数羽状复叶互生；小叶3~6对，稀7对，卵形或长圆形，长4~10cm，宽2~4cm。圆锥花序。核果极偏斜。

广布于长江流域以南地区。

（九十八）无患子科 Sapindaceae

羽状复叶或掌状复叶，很少单叶，互生，通常无托叶。聚伞圆锥花序顶生或腋生；花小，单性，辐射对称或两侧对称。

1. 槭树属 Acer L.

叶对生，单叶或复叶，不裂或分裂。果实系2枚相连的小坚果，凸起或扁平，侧面有长翅，张开成各种大小不同的角度。

（1）岭南槭 **Acer tutcheri** Duthie

乔木。叶阔卵形，长6~7cm，宽8~11cm，常3裂至近中部，裂片具锐锯齿，3基出脉，两面无毛。圆锥花序。翅果长2~2.5cm。

分布华南、华东、华中地区。

2. 滨木患属 Arytera Blume

偶状羽状复叶，互生，无托叶；小叶全缘。聚伞圆锥花序腋生；花单性，雌雄同株或异株，辐射对称。蒴果深裂为2或3果爿。

（1）滨木患 **Arytera littoralis** Blume

常绿小乔木或灌木；小叶2或3对，近对生，长圆状披针形至披针状卵形。花序常紧密多花；花瓣5。蒴果发育果爿椭圆形，红色或橙黄色。

分布华南、西南部分地区。

3. 倒地铃属 Cardiospermum L.

叶互生，通常为二回三出复叶或二回三裂；小叶分裂或有齿缺，常有透明腺点。圆锥花序腋生，总花梗甚长。

（1）倒地铃 Cardiospermum halicacabum L.

草质攀缘藤本，茎、枝有棱和直槽。二回三出复叶；侧生叶边缘有疏锯齿或羽状分裂。圆锥花序少花；花瓣乳白色。蒴果梨形或陀螺状倒三角形。

分布长江流域以南地区。

（2）*大花倒地铃 Cardiospermum grandiflorum Sw.

3小叶，单齿或浅裂。叶子可达长约16 cm。花瓣4，白色。果膜质如充气胶囊（气球），绿色至褐色。种子圆形。

4. 龙眼属 Dimocarpus Lour.

偶数羽状复叶，互生；小叶对生或近对生，全缘。聚伞圆锥花序常阔大，顶生或近枝顶丛生，被星状毛或茸毛。

（1）*龙眼 Dimocarpus longan Lour.

乔木。偶数羽状复叶；4~5对小叶，长圆状椭圆形，两侧不对称，背面无毛，叶面常波状。聚伞圆锥花序大型；花瓣5。核果。

5. 荔枝属 Litchi Sonn.

偶数羽状复叶，互生，无托叶。聚伞圆锥花序顶生，被金黄色短茸毛。果卵圆形或近球形，果皮散生圆锥状小凸体。

（1）*荔枝 Litchi chinensis Sonn.

乔木。偶数羽状复叶；2~3对小叶，披针形、卵状披针形，两面无毛。聚伞圆锥花序顶生；无花瓣。核果，表皮有瘤状体。

分布西南至东南地区，以广东和福建栽培最多。

6. 柄果木属 Mischocarpus Blume

偶数羽状复叶，无托叶；小叶1~5对，背面侧脉腋内有小腺孔，全缘。聚伞圆锥花序腋生或近枝顶丛生。蒴果梨状或棒状。

（1）褐叶柄果木 Mischocarpus pentapetalus (Roxb.) Radlk.

小乔木。偶数羽状复叶；2~4对小叶，长圆形，两面无毛。聚伞圆锥花序；花瓣鳞片状；子房有柄。核果梨形，有明显的柄。

分布华南、西南地区。

7. 无患子属 Sapindus L.

偶数羽状复叶，很少单叶。互生，无托叶；小叶全缘斜对生或互生。聚伞圆锥花序大型，多分枝，顶生或在小枝顶部丛生。

（1）无患子 Sapindus saponaria L.

落叶大乔木；小叶5~8对，近对生，叶长椭圆状披针形或稍呈镰形。花序顶生，圆锥形；花辐射对称；花瓣5。发育分果爿近球形。

分布西南地区、南部和东部。

（九十九）芸香科 Rutaceae

通常有油点。叶互生或对生。单叶或复叶。花两性或单性，辐射对称，很少两侧对称；聚伞花序，稀总状或穗状花序。

1. 山油柑属 Acronychia J. R. Forst. & G. Forst.

叶对生，单小叶，全缘，有透明油点。聚伞圆锥花序；花淡黄白色；萼片及花瓣均 4 片。含水分的核果，有小核 4 个。

（1）山油柑 Acronychia pedunculata (L.) Miq.

乔木；高 5~15m。单小叶，椭圆形至长圆形；叶柄长 1~2cm，基部略增大呈叶枕状。花瓣狭长椭圆形。核果有小核 4 个。

分布华南、华东、西南地区。

2. 酒饼簕属 Atalantia Correa

刺生于叶腋间。单叶或单小叶，全缘，各部均有透明油点。花少数簇生于叶腋或具少花的总状花序。浆果圆球形或椭圆形。

（1）酒饼簕 Atalantia buxifolia (Poir.) Oliv.

灌木，刺多。叶有柑橘叶香气，叶卵形，油点多。花多朵簇生；萼片及花瓣均 5 片；花瓣白色。果圆球形，有稍凸起油点，透熟时蓝黑色。

分布华南地区。

3. 柑桔属 Citrus L.

单身复叶，翼叶通常明显。单花腋生或数花簇生，或为少花的总状花序。

（1）*柠檬 Citrus × limon (L.) Osbeck

小乔木。全株无毛。单小叶，密生有芳香气味的透明油点。花蕾及花瓣上部淡紫色。果椭圆形，顶端圆形；果肉橙红色、极酸。

长江流域以南地区有栽培，四川较多。

（2）*金柑 Citrus japonica Thunb.

乔木；树高 2~5m。枝有刺。单小叶，卵状椭圆形或长圆状披针形，长 4~8cm，宽 1.5~3.5cm。花单生或 2~3 朵簇生。果圆球形。

分布华南、华东、西南地区。

（3）*柚 Citrus maxima (Burm.) Merr.

乔木。嫩枝、叶背、花萼和子房密被柔毛。单小叶，叶阔卵形，连翼叶长 9~16cm 或更大。果圆球形；种子大而多，有明显脊棱。

长江流域以南地区均栽种，最北限于河南省信阳和南阳。

（4）*佛手 Citrus medica L. var. sarcodactylis (Hoola van Nootten) Swingle

灌木或小乔木。单叶，椭圆形，长 7~12cm，宽 3~6cm。子房在花柱脱落后即行分裂，果顶端指状裂，形如佛手；通常无种子。

分布华南、华东、西南地区。

（5）*柑橘 **Citrus reticulata** Blanco

乔木。全株无毛，刺少。单小叶，披针形，椭圆形或阔卵形，大小变异较大。单花或 2~3 花簇生。果扁球形，果皮易分离，味甜。

秦岭南坡以南广泛栽培。

（6）*橙 **Citrus sinensis** (L.) Osbeck

乔木。全株无毛，刺少。单小叶，翼叶狭长，明显或仅具痕迹。总状花序；花萼 3~5 浅裂。果球形，果皮不易分离，味甜。

4. 黄皮属 Clausena Burm. f.

奇数羽状复叶，小叶两侧不对称。圆锥花序；花两性，花蕾圆球形，稀卵形；花萼 5 或 4 裂，花瓣 5 或 4 片。

（1）*黄皮 **Clausena lansium** (Lour.) Skeels

乔木。羽状复叶；5~13 小叶，卵状椭圆形，长 6~15cm，宽 3~8cm。萼片及花瓣 5 枚。果卵形或椭圆形，直径 1.2~2.5cm。

分布华南、华东、西南地区。

5. 山小橘属 Glycosmis Correa

叶互生，单小叶或有小叶 2~7 片，稀单叶；小叶互生，油点甚多。聚伞花序，腋生或兼有顶生。浆果半干质或富水液。

（1）小花山小橘 **Glycosmis parviflora** (Sims) Little

灌木或小乔木；高 1~3m。奇数羽状复叶；3~5 小叶，椭

圆形或披针形。聚伞圆锥花序；花无梗。浆果扁球形，直径 1cm。

分布华南、华东、西南地区。

（2）光叶山小橘 **Glycosmis craibii** var. **glabra** (Craib) Tanaka

小乔木；高达 5m。小叶 3~5 片，有时 2 片；小叶柄长 2~6mm。雄蕊 10 枚，近于等长。果熟时近圆球形，径 10~14mm；种子 1~2 粒。

分布华南地区。

（3）山小橘 **Glycosmis pentaphylla** (Retz.) Correa

小乔木。小叶 5 片，长圆形，长 10~25cm，宽 3~7cm。圆锥花序腋生及顶生，多花，花瓣早落，白或淡黄色。果近圆球形，果皮多油点，淡红色。

分布华南、西南地区。

6. 贡甲属 Maclurodendron T. G. Hartley

叶对生。花序腋生，聚伞状或总状。萼片 4，基部合生。花瓣 4，在芽中狭覆瓦状或镊合状。雄蕊 8，离生。果为 4 室核果状浆果。

（1）贡甲 **Maclurodendron oligophlebium** (Merr.) T. G. Hartley

乔木。叶倒卵状长圆形或长椭圆形；叶柄长 1~2cm，基部略增大呈枕状。聚伞花序；花蕾近圆球形；花瓣阔卵形。核果。

分布华南地区。

7. 蜜茱萸属 Melicope J. R. Forster & G. Forster

叶对生或互生，单小叶或 3 出叶，稀羽状复叶，透明油点甚多。花单性，由少数花组成腋生的聚伞花序；萼片及花瓣各 4 片。

（1）三桠苦 Melicope pteleifolia (Champ. ex Benth.) T. G. Hartley

乔木。指状 3 小叶对生；叶椭圆形，长 6~12cm，全缘，叶面密布油点。聚伞花序腋生；花多，花瓣有透明油点。种子蓝黑色。

分布华南、华东、西南地区。

8. 九里香属 Murrya Koenig ex L.

奇数羽状复叶，小叶互生，叶轴很少有翼叶。近于平顶的伞房状聚伞花序，顶生或兼有腋生。

（1）* 九里香 Murraya exotica L.

小乔木。羽状复叶；3~10 小叶，卵形至披针形，长 1~6cm，宽 0.6~3cm，中部以上最宽，顶端急尖。花萼和花瓣 5。果橙黄至朱红色。

分布华南、华东地区。

9. 四数花属 Tetradium Lour.

叶及小叶均对生，常有油点。聚伞圆锥花序；花单性，雌雄异株；萼片及花瓣均 4 或 5 片。果为蓇葖果。

（1）华南吴萸 Tetradium austrosinense (Hand.-Mazz.) T. G. Hartley

乔木；高 6~20m。羽状复叶；7~11 小叶，狭椭圆形，长 7~12cm，宽 3.5~6cm，背被毡毛及细小腺点。花 5 数。蓇葖果。

分布华南、西南地区。

（2）楝叶吴萸 Tetradium glabrifolium (Champ. ex Benth.) T. G. Hartley

乔木；高达 20m。羽状复叶；5~11 小叶，卵形至披针形，长 6~10cm，宽 2.5~4cm，两面无毛，不对称。二歧聚伞花序；花 5 数。蓇葖果。

分布华南、华东、西南地区。

（3）吴茱萸 Tetradium ruticarpum (A. Juss.) T. G. Hartley

小叶 5~11 片，卵形，椭圆形或披针形，边全缘或浅波浪状，两面及叶轴被长柔毛，油点大且多。花序顶生。果密暗紫红色，有大油点。

分布长江流域以南地区。

10. 飞龙掌血属 Toddalia A. Juss.

枝干多钩刺。叶互生，指状3出叶，密生透明油点。花序为伞房状聚伞花序或圆锥花序；萼片及花瓣均5片或有时4片。

（1）飞龙掌血 Toddalia asiatica (L.) Lam.

木质攀缘灌木。刺小而密。三出复叶互生，有透明油点。雌、雄花序均为圆锥状。核果橙红或朱红色，近球形。种子肾形。

秦岭南坡以南各地均有分布。

11. 花椒属 Zanthoxylum L.

茎枝有皮刺。叶互生，奇数羽叶复叶，稀单或3小叶，小叶互生或对生，全缘或通常叶缘有小裂齿，齿缝处常有较大的油点。

（1）椿叶花椒 Zanthoxylum ailanthoides Siebold & Zucc.

小乔木。羽状11~27小叶，长圆形，长9~13cm，宽3~5cm，叶面多油点，叶背被白粉。花序顶生；花被片2轮。蓇葖果。

分布华南、华中、华东地区。

（2）簕欓花椒 Zanthoxylum avicennae (Lam.) DC.

落叶乔木。奇数羽状复叶；13~18（~25）小叶，斜方形、倒卵形，长4~7cm，宽1.5~2.5cm，不对称。花序顶生；花被片2轮。果淡紫红色。

分布华南、华东、西南地区。

（3）蚬壳花椒 Zanthoxylum dissitum Hemsl.

攀缘灌木。小叶5~9片，稀3片；小叶互生或近对生，形状多样，长达20cm，宽1~8cm。花序腋生，通常长不超过10cm。果密集于果序。

（4）拟蚬壳花椒 Zanthoxylum laetum Drake

攀缘灌木。羽状复叶；7~11小叶，常互生，长圆形，长8~12cm，宽3~6cm，两侧有时不对称。花序腋生；花被片2轮。蓇葖果。

分布华南、西南地区。

（5）大叶臭花椒 Zanthoxylum myriacanthum Wall. ex Hook. f.

小乔木；高稀达15m。羽状11~17小叶，椭圆形，长10~20cm，宽4~9cm，多油点，无白粉。花序顶生；花被片2轮。蓇葖果。

分布华南、华东、华中、西南地区。

（6）两面针 Zanthoxylum nitidum (Roxb.) DC.

灌木。羽状复叶；3~7小叶，对生，椭圆形，长5~12cm，宽2.5~6cm，顶端急尾尖，叶缘缺口处有一腺体。花被片2轮。蓇葖果。

分布华南、华东、西南地区。

（7）花椒簕 Zanthoxylum scandens Blume

攀缘灌木。羽状7~23小叶，卵形，长3~8cm，宽1.5~3cm，两侧不对称。伞形花序腋生或顶生；花瓣4。分果瓣紫红色。

分布长江流域以南地区。

（一百）楝科 Meliaceae

叶互生，很少对生，通常羽状复叶；小叶对生或互生，基部多少偏斜。花两性，通常组成圆锥花序。果为蒴果、浆果或核果。

1. 米仔兰属 Aglaia Lour.

叶为羽状复叶或3小叶，极少单叶；小叶全缘。花小，杂性异株，通常球形，组成腋生或顶生的圆锥花序。果为浆果。

（1）*米仔兰 Aglaia odorata Lour.

灌木或小乔木。羽状3~5小叶，倒卵形、长圆形，长大于4cm，宽1~2cm，叶轴有狭翅。圆锥花序腋生；花瓣5，黄色。浆果卵形。

分布华南、华东、西南地区。

2. 山楝属 Aphanamixis Blume

叶为奇数羽状复叶；小叶对生、全缘，基部常偏斜。花球形，无花梗。果为蒴果。

（1）山楝 Aphanamixis polystachya (Wall.) R. N. Parker

乔木。奇数羽状复叶，小叶9~15片；对生，长椭圆形。花序腋上生；花球形；花瓣3。蒴果近卵形，熟后橙黄色，开裂为3果瓣；种子有假种皮。

分布华南、西南地区。

3. 麻楝属 Chukrasia A. Juss.

叶通常为偶数羽状复叶，有时为奇数羽状复叶，小叶全缘。花两性，长圆形，组成顶生或腋生的圆锥花序。果为木质蒴果。

（1）*麻楝 Chukrasia tabularis A. Juss.

乔木；高达25m。羽状复叶；10~17小叶互生。圆锥花序顶生；子房3~5室，胚珠多数；雄蕊着生于雄蕊管顶端。蒴果近球形。

分布华南、西南地区。

4. 非洲楝属 Khaya A. Juss

叶为偶数羽状复叶；小叶全缘，无毛。圆锥花序腋上生或近顶生；花4~5基数；花萼4~5裂。果为蒴果，球形或近球形。

（1）*非洲楝 Khaya senegalensis (Desr.) A. Juss.

乔木，树皮呈鳞片状开裂。叶互生，叶轴和叶柄圆柱形；小叶6~16，近对生或互生。圆锥花序顶生或腋上生；花瓣4。蒴果球形；种子边缘具膜质翅。

华南、华东地区有栽培。

5. 楝属 Melia L.

小枝有明显的叶痕和皮孔。叶互生，一至三回羽状复叶；小叶有锯齿或全缘。圆锥花序腋生。果为核果，近肉质。

（1）楝 Melia azedarach L.

乔木；高达10m以上。二至三回奇数羽状复叶；小叶对生，卵形、椭圆形，长3~7cm，有齿缺。子房4~5室。果直径不及2cm。

分布黄河流域以南地区。

6. 香椿属 Toona M. Roem.

叶互生，羽状复叶；小叶全缘，很少有稀疏的小锯齿，具透明小斑点。聚伞花序组成顶生或腋生的大圆锥花序。蒴果5室。

（1）* 香椿 Toona sinensis (A. Juss.) M. Roem.

乔木。羽状复叶；14~28小叶，两面无毛。雄蕊10枚；子房5室，每室有胚珠6~12颗。蒴果椭圆形，长1.5~2cm，有5纵棱。

分布华南、华中、华东、西南地区。

（一百零一）锦葵科 Malvaceae

叶互生，单叶或分裂，叶脉通常掌状，具托叶。花腋生或顶生，单生、簇生、聚伞花序至圆锥花序。蒴果；种子肾形或倒卵形。

1. 秋葵属 Abelmoschus Medicus

叶全缘或掌状分裂。花单生于叶腋；小苞片5~15，线形，很少为披针形；花黄色或红色，漏斗形，花瓣5。蒴果长尖。

（1）* 咖啡黄葵 Abelmoschus esculentus (L.) Moench

一年生草本；茎疏生散刺。叶掌状3~7裂，两面被疏硬毛。花单生于叶腋间；花萼钟形；花黄色。蒴果筒状尖塔形，顶端具长喙；种子球形。

华南、华中、华东、西南地区有引种。

（2）黄蜀葵 Abelmoschus manihot (L.) Medicus

草本；高1~2m。叶掌状5~9深裂，裂片长圆状披针形，两面疏被长硬毛；叶柄长6~18cm。花单生枝端叶腋。蒴果卵状椭圆形。

分布西南、华中、华南地区。

（3）黄葵 Abelmoschus moschatus Medik.

草本；高1~2m。叶掌状3~5深裂，边缘具锯齿，两面被硬毛。花单生叶腋；小苞片7~10枚；花黄色。果椭圆形，长5~6cm。

南部地区均有分布。

（4）箭叶秋葵 Abelmoschus sagittifolius (Kurz) Merr.

多年生草本。叶形多样，中部以上的叶卵状戟形、箭形至掌状3~5浅裂或深裂。花单生于叶腋；花红或黄色；花萼佛焰苞状。蒴果椭圆形；种子肾形。

分布华南、西南地区。

2. 苘麻属 Abutilon Mill.

叶互生，基部心形，掌状叶脉。花顶生或腋生，单生或排列成圆锥花序状。蒴果近球形，陀螺状、磨盘状或灯笼状。

（1）磨盘草 Abutilon indicum (L.) Sweet

亚灌木状草本。叶卵圆形或近圆形，长3~9cm，宽2.5~7cm；托叶钻形。花单生于叶腋；花黄色，花瓣5。果为倒圆形似磨盘，黑色；种子肾形。

分布长江流域以南地区。

3. 木棉属 Bombax L.

叶为掌状复叶。花单生或簇生于叶腋或近顶生，花大先叶开放。蒴果室背开裂为5片，果片革质，内有丝状绵毛。

（1）* 木棉 Bombax ceiba L.

落叶大乔木；高可达25m。幼树有粗皮刺。掌状5~7小叶。花梗短；花肉质；萼革质，厚，杯状。蒴果长圆形，密被毛，开裂。

分布华南、华东、西南地区。

4. 刺果藤属 Byttneria Loefl.

叶多为圆形或卵形。聚伞花序顶生或腋生；萼片5枚；花瓣5片。蒴果圆球形，有刺，成熟时分裂为5个果瓣。

（1）刺果藤 Byttneria grandifolia DC.

木质大藤本。叶广卵形、心形或近圆形，长7~23cm，叶背被星状柔毛。花小。蒴果圆球形或卵状圆球形，具刺；种子长圆形。

分布华南、西南地区。

5. 吉贝属 Ceiba

落叶乔木。叶螺旋状排列，掌状复叶，小叶3~9，无毛，背面苍白色。花辐射对称，稀近两侧对称。蒴果下垂，长圆形或近倒卵形。

（1）* 美丽异木棉 Ceiba speciosa (A. St.-Hil.) Ravenna

树干下部膨大，幼树树皮浓绿色，密生圆锥状皮刺；掌状复叶，小叶 5~9，椭圆形；花单生，花冠淡紫红色；蒴果椭圆形。

华南、西南等地区有栽培。

6. 山麻树属 Commersonia J. R. Forst. & G. Forst.

叶为单叶，常偏斜，有锯齿或深裂。聚伞花序作圆锥花序式排列，顶生或腋生。花瓣 5 片。蒴果 5 室，被刚毛。

（1）山麻树 Commersonia bartramia (L.) Merr.

乔木；高达 15m。叶广卵形或卵状披针形，长 9~24cm，宽 5~14cm；托叶掌状条裂。复聚伞花序；花瓣 5。蒴果 5 室裂，密生刚毛。

分布华南、西南地区。

7. 黄麻属 Corchorus L.

叶基三出脉，边缘有锯齿；托叶 2 片，线形。花两性，黄色，单生或数朵排成腋生或腋外生的聚伞花序。蒴果长筒形或球形。

（1）甜麻 Corchorus aestuans L.

一年生草本。叶卵形或阔卵形，两面被毛。花瓣 5；子房被毛。蒴果圆筒形，有 6 纵棱，其中 3~4 棱呈翅状突起，3~4 瓣开裂。

分布长江流域以南地区。

（2）* 黄麻 Corchorus capsularis L.

直立木质草本。叶卵伏披针形至狭窄披针形，长 5~12cm，宽 2~5cm，边缘有粗锯齿。花单生或数朵排成腋生聚伞花序；花瓣黄色。蒴果球形。

长江流域以南地区广泛栽培。

8. 山芝麻属 Helicteres L.

叶为单叶，全缘或具锯齿。花单生或排成聚伞花序，腋生，稀顶生；花瓣 5 片。成熟的蒴果劲直或螺旋状扭曲，通常密被毛。

（1）山芝麻 Helicteres angustifolia L.

灌木。叶狭矩圆形或条状披针形，长 3.5~5cm，宽 1.5~2.5cm。聚伞花序有 2 至数朵花。蒴果卵状矩圆形，通直，密被星状茸毛。

分布华东、华中、华南、西南地区。

9. 木槿属 Hibiscus L.

叶互生，掌状分裂或不分裂，具掌状叶脉，具托叶。花两性，5 数，花常单生于叶腋间。蒴果胞背开裂成 5 果爿。

（1）* 木芙蓉 Hibiscus mutabilis L.

灌木或小乔木。小枝、叶柄、花梗和花萼均密被星状毛。叶掌状 3~5 浅裂，两面被毛；花单生叶腋；小苞片 7~10 枚。蒴果扁球形。

东北、华东、华中、华南、西南地区有野生或栽培。

（2）* 朱槿 Hibiscus rosa-sinensis L.

灌木；高 1~3m。叶和花梗无毛。叶卵形，叶缘上部有粗锯齿。萼钟状，裂片 5，有时二唇形；花瓣不分裂。蒴果卵形，具喙。

华南、华东、西南地区有栽培。

（3）*玫瑰茄 Hibiscus sabdariffa L.

一年生直立草本。叶异型，上部的叶掌状3深裂，具锯齿。花单生于叶腋；花萼杯状；花黄色，内面基部深红色。蒴果卵球形，果爿5；种子肾形。

华南、西南地区有栽培。

（4）黄槿 Hibiscus tiliaceus L.

乔木。叶近圆形，直径8~15cm，背面被茸毛；托叶长椭圆形。小苞片7~10，基部合生；花黄色。蒴果卵圆形，长约2cm，果爿5。

分布华南、华东地区。

10. 赛葵属 Malvastrum A. Gray

叶卵形，掌状分裂或有齿缺。花腋生或顶生，单生或总状花序；小苞片3，钻形或线形；花瓣黄色，5片。

（1）赛葵 Malvastrum coromandelianum (L.) Gürcke

亚灌木状。全株疏被毛。叶卵状披针形，边缘具粗锯齿；花单生叶腋；小苞片3枚；花瓣5。果直径约6mm，分果爿8~12。

分布华东、华南、西南地区。

11. 马松子属 Melochia L.

叶卵形或广心形，有锯齿。花排成聚伞花序或团伞花序；萼5深裂或浅裂；花瓣5片。蒴果室背开裂为5个果瓣。

（1）马松子 Melochia corchorifolia L.

半灌木状草本；高不及1m。叶卵形或披针形，边缘有锯齿，基生脉5条。花瓣5，白色后变为淡红；子房无柄；花柱5枚。蒴果5室。

分布长江流域以南地区。

12. 破布叶属 Microcos L.

叶互生，卵形或长卵形，基出3脉，全缘或先端有浅裂。花两性，排成聚伞花序再组成顶生圆锥花序。核果球形或梨形。

（1）破布叶 Microcos paniculata L.

灌木或小乔木。叶纸质，卵形或卵状长圆形，长8~18cm，边缘有小锯齿。圆锥花序顶生或生上部叶腋。核果近球形或倒卵形。

分布华南、西南地区。

13. 瓜栗属 Pachira Aubl.

叶互生，掌状复叶，小叶 3~9，全缘。花单生叶腋，具梗。果近长圆形，室背开裂为 5 片，内面具长绵毛。

（1）*瓜栗 **Pachira aquatica** Aubl.

幼树无皮刺。掌状复叶，5~11 小叶；中央小叶长 13~24cm，宽 4.5~8cm。花单生，花肉质。蒴果近梨形，直径 4~6cm，开裂。

华东、西南有栽培。

14. 翅子树属 Pterospermum Schreb.

单叶，分裂或不裂，全缘或有锯齿，通常偏斜。花单生或数朵排成聚伞花序。蒴果圆筒形或卵形，有或无棱角。

（1）翻白叶树 **Pterospermum heterophyllum** Hance

叶二型；盾形叶，掌状 3~5 裂或成长树上的叶矩圆形至卵状矩圆形。花单生或聚伞花序；花瓣 5。蒴果木质，矩圆状卵形；种子具膜质翅。

分布华南地区。

（2）窄叶半枫荷 **Pterospermum lanceifolium** Roxb.

乔木或灌木；高达 25m。叶披针形，长 5~9cm，宽 2~3cm。花单生；花梗 3~5cm，具节；苞片 2~3 条裂。果柄细，长 3~5cm。

分布华南、华东、西南地区。

15. 梭罗树属 Reevesia Lindl.

叶为单叶，通常全缘。花两性，多花且密集，排成聚伞状伞房花序或圆锥花序。蒴果成熟后分裂为 5 个果瓣。

（1）两广梭罗 **Reevesia thyrsoidea** Lindl.

常绿乔木。叶长圆形，长 5~7cm，宽 2.5~3cm，无毛，两侧对称。聚伞状伞房花序顶生；花瓣 5。蒴果矩圆状梨形；种子具翅。

分布华南、西南地区。

16. 黄花稔属 Sida L.

叶为单叶或稍分裂。花单生，簇生或几圆锥花序式，腋生或顶生。蒴果盘状或球形，分果爿顶端具 2 芒或无芒。

（1）黄花稔 **Sida acuta** Burm. f.

直立亚灌木状草本。叶披针形，长 2~5cm，宽 4~10mm，具锯齿；托叶线形。花单朵或成对生于叶腋，黄色。蒴果近圆

球形，果皮具网状皱纹。

分布华南、华东、西南地区。

（2）桤叶黄花稔 Sida alnifolia L.

亚灌木或灌木；高 1~2m。全株被星状毛。叶倒卵形、近圆形；托叶线形。花单生叶腋。分果 6~8 个，背部被短毛，顶端有 2 芒。

分布华南、华东、西南地区。

（3）白背黄花稔 Sida rhombifolia L.

亚灌木。全株被短茸毛。叶卵形至长圆状披针形，被毛；托叶线形。花单生叶腋。分果 8~10 个，背部被星状毛，顶端有 2 芒。

分布华南、华东、华中、西南地区。

17. 苹婆属 Sterculia L.

叶为单叶，全缘、具齿或掌状深裂，稀为掌状复叶。花序通常排成圆锥花序，稀为总状花序，通常腋生。果为蓇葖果。

（1）苹婆 Sterculia monosperma Vent.

乔木。叶薄革质，矩圆形或椭圆形，托叶早落。圆锥花序顶生或腋生；萼钟状，5 裂。蓇葖果鲜红色，厚革质，矩圆状卵形；种子黑褐色。

分布华南、西南地区。

（2）假苹婆 Sterculia lanceolata Cav.

乔木。叶椭圆形或披针形，长 9~20cm，宽 3.5~8cm。花萼分离；花淡红色。蓇葖果直径 1cm，红色；种子椭圆状卵形，黑褐色。

分布华南、西南地区。

18. 刺蒴麻属 Triumfetta L.

叶互生，不分裂或掌状 3~5 裂，有基出脉，边缘有锯齿。花两性，单生或数朵排成腋生或腋外生的聚伞花序。蒴果近球形。

（1）单毛刺蒴麻 Triumfetta annua L.

草本或亚灌木。叶纸质，卵形或卵状披针形，两面有稀疏单长毛，边缘有锯齿。聚伞花序腋生。蒴果扁球形；刺长 5~7mm，先端弯勾。

分布华南、西南、华中、华东地区。

（2）毛刺蒴麻 **Triumfetta cana** Blume

木质草本；高 1.5m。叶卵形，不裂，叶背密被星状短茸毛，基出脉 3~5 条。聚伞花序 1 至数枝腋生。果球形，刺长 5~8mm。

分布华南、华东、西南地区。

（3）刺蒴麻 **Triumfetta rhomboidea** Jacq.

亚灌木。叶纸质，3~5 裂，叶面被疏柔毛，背面被星状毛。聚伞花序数个腋生；花瓣比萼片略短。果球形，果刺长 2~3mm。

分布西南、华南、华东地区。

19. 梵天花属 Urena L.

叶互生，圆形或卵形，掌状分裂或深波状。花单生或近簇生于叶腋，或集生于小枝端。果近球形，分果爿具钩刺。

（1）地桃花 **Urena lobata** L.

草本；高达 1m。茎下部的叶近圆形，中部叶卵形，上部叶长圆形至披针形，3~5 浅裂。花淡红；副萼裂片长三角形，果时直立。果扁球形。

分布长江流域以南地区。

（2）粗叶地桃花 **Urena lobata** L. var. **glauca** (Blume) Borss. Waalk.

草本。叶密被粗短茸毛和绵毛，先端通常 3 浅裂，具明显锯齿；小苞片线形，密被绵毛；花瓣长 10~13mm，淡红色。果扁球形。

分布华东、华南、西南地区。

（3）梵天花 **Urena procumbens** L.

小灌木；高 80cm。叶 3~5 深裂，具锯齿，两面均被星状短硬毛。副萼裂片线状披针形，果时开展；花冠淡红色。果球形，

具刺和长硬毛。

分布华东、华中、华南地区。

20. 蛇婆子属 Waltheria L.

叶为单叶，边缘有锯齿；托叶披针形。花细小，两性，排成顶生或腋生的聚伞花序或团伞花序。蒴果2瓣裂。

（1）蛇婆子 Waltheria indica L.

半灌木。叶卵形或长椭圆状卵形，长2.5~4.5cm，宽1.5~3cm。聚伞花序腋生；花瓣5片，淡黄色，匙形。蒴果小，二瓣裂，倒卵形。

分布华南、华东、西南地区。

（一百零二）瑞香科 Thymelaeaceae

单叶互生或对生，革质或纸质，边缘全缘，基部具关节。花辐射对称；头状、穗状、总状、圆锥或伞形花序，单生或簇生，顶生或腋生。

1. 沉香属 Aquilaria Lam.

叶互生，具纤细闭锁的平行脉。伞形花序腋生或顶生。萼筒钟状，裂片5枚；花瓣退化成鳞片状，10枚。蒴果具梗，两侧压扁，倒卵形。

（1）土沉香 Aquilaria sinensis (Lour.) Spreng.

乔木；高5~15m。叶圆形、椭圆形至长圆形，侧脉每边15~20；叶柄被毛。伞形花序；花瓣退化成鳞片；子房2室。蒴果果梗短，卵球形。

分布华南、华东地区。

2. 荛花属 Wikstroemia Endl.

花两性或单性，花序短总状、穗状或头状，顶生很少为腋生的；萼筒管状、圆筒状或漏斗状，顶端通常4裂，很少为5裂。

（1）了哥王 Wikstroemia indica (L.) C. A. Mey.

灌木；高0.5~2m。小枝红褐色。叶对生，倒卵形、长圆形至披针形，长2~5cm。总花梗粗壮直立；花盘鳞片4枚；子房倒卵形。核果椭圆形。

分布长江流域以南地区。

（2）细轴荛花 Wikstroemia nutans Champ. ex Benth.

灌木。小枝红褐色。叶对生，卵状椭圆形至卵状披针形。总花梗纤细，常弯垂；花盘鳞片4枚；子房卵形，有长的子房柄。核果椭圆形。

分布华南、华东地区。

（一百零三）辣木科 Moringaceae

叶互生，一至三回奇数羽状复叶；小叶对生，全缘。圆锥花序腋生；花两性，两侧对称。果为长而具喙的蒴果，有棱3~12条；种子多数。

1. 辣木属 Moringa Adans.

叶互生，一至三回奇数羽状复叶；小叶对生，全缘。圆锥花序腋生；花两性，两侧对称。果为长而具喙的蒴果，有棱3~12条；种子多数。

（1）辣木 Moringa oleifera Lam.

根有辛辣味。三回羽状复叶；羽片4~6对；小叶3~9片，卵形，叶背苍白色。花白色；花瓣匙形。蒴果细长，长20~50cm，3瓣裂。

华南地区有栽培。

（一百零四）番木瓜科 Caricaceae

叶具长柄，聚生于茎顶，掌状分裂，稀全缘，无托叶。花单性或两性，同株或异株；雄花无柄，组成下垂圆锥花序。果为肉质浆果，通常较大。

1. 番木瓜属 Carica L.

叶聚生于茎顶端，近盾形，各式锐裂至浅裂或掌状深裂，稀全缘。花单性或两性。浆果卵球形或略压扁。

（1）* 番木瓜 Carica papaya L.

软木质小乔木。茎具螺旋状排列的托叶痕。叶聚生于茎顶，常5~9深裂，每裂片再羽状分裂。花单性或两性。浆果肉质。

华南、华东、西南地区广泛栽培。

（一百零五）山柑科 Capparaceae

叶互生，很少对生，单叶或掌状复叶；托叶刺状。花序为总状、伞房状、亚伞形或圆锥花序。果为有坚韧外果皮的浆果或瓣裂蒴果，球形或伸长。

1. 山柑属 Capparis L.

单叶螺旋状着生，有时假2列；叶片全缘，少见戟形；托叶刺状。花排成总状、伞房状、亚伞形或圆锥花序。浆果球形或伸长。

（1）独行千里 Capparis acutifolia Sweet

藤本或灌木。叶膜质，披针形，长7~12cm，宽1.8~3cm。花1~4朵沿叶腋稍上枝排成一纵列。浆果近球形或椭圆形，成熟后（鲜）红色。

分布华南、华东、华中地区。

（2）广州山柑 Capparis cantoniensis Lour.

灌木。叶长圆状披针形，长5~8cm，宽2~3.5cm。聚伞花序组成圆锥花序顶生或腋生；花白色。果小，球形至椭圆形，直径约1cm。

分布华南、华东、西南地区。

2. 鱼木属 Crateva L.

小枝有皮孔。叶为互生掌状复叶，有小叶3片；叶柄腺体。总状或伞房状花序着生在新枝顶部。果为浆果，球形或椭圆形。

（1）* 树头菜 Crateva unilocularis Buch.-Ham.

小叶薄革质，下面苍灰色；叶柄顶端向轴面有腺体；花序总状或伞房状，生于小枝顶部；萼片卵状披针形；花瓣白或淡黄色；果淡黄或近灰白色，球形。

分布华南、西南地区。

（一百零六）白花菜科 Cleomaceae

草单叶或掌状复叶，互生，很少对生；托叶刺状。花排成总状或圆锥花序，或2~10朵排成一列，腋生。果为浆果或半裂蒴果。

1. 黄花草属 Arivela Raf.

掌状复叶互生，小叶卵形到倒披针形椭圆形，边缘全缘或有细锯齿。花序顶生或顶端叶腋生。萼片和花瓣离生，4数。蒴果长圆形。

（1）黄花草 Arivela viscosa (L.) Raf.

一年生直立草本，全株密被黏质腺毛与淡黄色柔毛，有恶臭气味。掌状复叶；小叶倒披针状椭圆形。花瓣淡黄或橘黄色。果圆柱形，密被腺毛。

分布华南、华中、华东、西南地区。

三、被子植物 ANGIOSPERMAE

（一百零七）十字花科 Brassicaceae

叶二型：基生叶呈旋叠状或莲座状；茎生叶通常互生，单叶全缘、有齿或分裂。花整齐，两性；花瓣4片，分离，成十字形排列。

1. 芸苔属 Brassica L.

基生叶常成莲座状，茎生有柄或抱茎。总状花序伞房状；花中等大，黄色，少数白色。长角果线形或长圆形。

（1）*芥菜 Brassica juncea (L.) Czern.

一年生草本；高30~150cm。植株有辛辣味。基生叶羽状裂，2~3对裂片；茎上部叶披针形。总状花序。长角果线形，具1突出中脉。

全国各地有栽培。

（2）*甘蓝 Brassica oleracea L. var. capitata L.

二年生草本。叶厚肉质，被白色粉霜，叶层层包裹成球状或扁球形，直径20~40cm。总状花序顶生及腋生。长角果圆柱形，喙圆锥形。

全国各地有栽培。

（3）*青菜 Brassica rapa L. var. chinensis (L.) Kitam.

一年或二年生草本；高25~70cm。带粉霜。基生叶倒卵形，长20~30cm，基部渐狭成宽柄。总状花序顶生呈圆锥状。长角果线形。

全国各地有栽培。

（4）*芸苔 Brassica rapa L. var. oleifera DC.

二年生草本；高30~90cm。茎生叶基部抱茎，基生叶大头羽状裂，叶薄。总状花序成伞房状；花瓣长7~9mm，基部有爪。长角果线形。

华南、华东、华中、西南、西北地区有栽培。

2. 碎米荠属 Cardamine L.

叶为单叶或为各种羽裂，或为羽状复叶。总状花序通常无苞片。长角果线形，无脉或基部有1不明显的脉。

（1）碎米荠 Cardamine hirsuta L.

一年生小草本；株高10~25cm。基生叶有小叶2~5对，长4~10mm；茎生叶有小叶3~6对；具叶柄。总状花序生于枝顶。长角果线形。

分布几遍全国。

3. 豆瓣菜属 Nasturtium W. T. Aiton

羽状复叶或为单叶，叶片篦齿状深裂或为全缘。总状花序顶生，短缩或花后延长，花白色或白带紫色。长角果近圆柱形。

（1）豆瓣菜 Nasturtium officinale W. T. Aiton

多年生水生草本，全体光滑无毛。单数羽状复叶，小叶3~9枚，叶柄基部成耳状。总状花序顶生，花多数。长角果圆柱形而扁。

大部分地区均有分布。

4. 萝卜属 Raphanus L.

叶羽状半裂，上部多具单齿。总状花序伞房状；花大，白色或紫色。长角果圆筒形，下节极短，无种子。

（1）* 萝卜 Raphanus sativus L.

草本；高 20~100cm。根肉质，粗大。基生叶和下部茎生叶羽状半裂，长约 30cm。总状花序顶生及腋生；花白色。长角果圆柱形。

全国各地广泛栽培。

5. 蔊菜属 Rorippa Scop.

茎直立或呈铺散状。叶全缘，浅裂或羽状分裂。花小，多数，黄色，总状花序顶生，有时每花生于叶状苞片腋部；萼片 4；花瓣 4。

（1）广州蔊菜 Rorippa cantoniensis (Lour.) Ohwi

一或二年生草本。基生叶具柄，叶片羽状深裂或浅裂；茎生叶渐缩小，无柄，基部呈短耳状，抱茎。总状花序顶生，花黄色，花瓣 4。短角果圆柱形。

全国大部分地区均有分布。

（2）无瓣蔊菜 Rorippa dubia (Pers.) H. Hara

一年生草本；高 10~30cm。单叶互生，下部叶长 3~8cm，宽 1.5~3.5cm，大头羽状分裂。总状花序；无花瓣；雄蕊 6。长角果线形。

分布华东、华中、华南、西南、西北地区。

（3）蔊菜 Rorippa indica (L.) Hiern

直立草本，高 20~40cm。叶形通常大头羽状分裂，长 4~10cm，宽 1.5~2.5cm。总状花序无苞片；花有花瓣。角果圆柱形。

分布华东、华中、华南、西南、西北地区。

（一百零八）铁青树科 Olacaceae

单叶、互生，全缘；羽状脉，稀 3 或 5 出脉；无托叶。花小、通常两性，辐射对称。

1. 赤苍藤属 Erythropalum Blume

叶互生，基出 3 出脉或近于 5 出脉。花排成疏散的二歧聚伞花序。核果成熟时为增大成壶状的花槽筒所包围。

（1）赤苍藤 Erythropalum scandens Blume

常绿藤本。茎长 5~10m，卷须腋生。叶卵形，长 8~20cm，宽 4~15cm，基出脉 3 条。二歧聚伞花序；雄蕊 5。核果椭圆形，3~5 裂瓣。

分布华南、西南地区。

（一百零九）蛇菰科 Balanophoraceae

一年生或多年生肉质草本。根茎粗，通常分枝，表面常有疣瘤或星芒状皮孔，顶端具开裂的裂鞘。花序顶生，肉穗状或头状，花单性。

1. 蛇菰属 Balanophora J. R. Forst. & G. Forst.

根茎分枝或不分枝，表面具疣瘤、星芒状皮孔和方格状突起，皱褶或皱缩，很少平滑或仅有小凸体。果坚果状，外果皮脆骨质。

（1）疏花蛇菰 Balanophora laxiflora Hemsl.

肉质草本。无正常根，靠根茎上的吸盘寄生，根状茎表面被果颗粒状疣突。鳞苞片互生，8~14 枚。雌雄异序；雄花 5 数；聚药雄蕊长大于宽。

分布西南、华中、华南、华东地区。

带红色，长 1~1.2cm。

分布华南、华东、西南地区。

（一百一十一）青皮木科 Schoepfiaceae

叶互生。花两性，常排成聚伞花序，花萼筒状；副萼联合成杯状，无副萼而花基部有膨大的基座。子房上位，柱头 3 浅裂。

1. 青皮木属 Schoepfia Schreb.

叶互生，叶脉羽状。花排成腋生的蝎尾状或螺旋状的聚伞花序，稀花单生。坚果成熟时几全部被增大成壶状的花萼筒所包围。

（1）华南青皮木 Schoepfia chinensis Gardner & Champ.

落叶小乔木；高 2~6m。叶长椭圆形或卵状披针形，长 5~9cm，宽 2~4.5cm。花 2~3 朵。果椭圆状或长圆形，基座边缘具 1 枚小裂齿。

分布华东、华中、华南、西南地区。

（2）多蕊蛇菰 Balanophora polyandra Griff.

全株带红色至橙黄色；花茎深红色；鳞苞片 4~12 枚。花雌雄异株（序）；雄花序圆柱状；雄花两侧对称；雌花序卵圆形或长圆状卵形。

分布华南、华中、西南地区。

（一百一十）檀香科 Santalaceae

单叶，互生或对生，有时退化呈鳞片状，无托叶。花小，辐射对称，集成聚伞花序、伞形花序、圆锥花序、总状花序、穗状花序或簇生。

1. 寄生藤属 Dendrotrophe Miq.

叶互生，全缘，叶脉基出，3~9（~11）条，侧脉在基部以上呈弧形。花腋生，单生、簇生或集成聚伞花序或伞形花序；花被 5~6 裂。

（1）寄生藤 Dendrotrophe varians (Blume) Miq.

攀缘灌木。茎、叶发达，有正常的绿色叶片。叶厚，倒卵形至阔椭圆形，长 3~7cm，宽 2~4.5cm。雌雄异株。核果卵状，

（一百一十二）桑寄生科 Loranthaceae

叶对生，稀互生或轮生，叶片全缘或叶退化呈鳞片状；无托叶。花两性或单性，辐射对称或两侧对称。果实为浆果。

1. 离瓣寄生属 Helixanthera Lour.

叶对生或互生，稀近轮生，侧脉羽状。总状花序或穗状花序腋生，稀顶生；花两性，4~6 数，辐射对称。浆果顶端具宿存副萼。

（1）离瓣寄生 Helixanthera parasitica Lour.

灌木；高 1~1.5m。叶卵状披针形，长 5~12cm，宽 3~4.5cm。总状花序有 20 朵以上；花 5 数，红色或黄色。浆果

被乳头状毛。

分布华南、华东、西南地区。

花冠橙色。果近球形，橙色。

分布海南、广西、云南、四川、贵州、西藏。

4. 钝果寄生属 Taxillus Van Tiegh.

嫩枝、叶通常被茸毛。叶对生或互生；侧脉羽状。伞形花序，稀总状花序，腋生，具花2~5朵；花4~5数，两侧对称。

（1）广寄生 Taxillus chinensis (DC.) Danser

灌木。叶对生或近对生，卵形，长3~6cm，宽2.5~4cm，幼时被锈色星状毛，后无毛。伞形花序具花1~4朵，通常2。果皮密生小瘤体。

分布华南、华东地区。

（2）油茶离瓣寄生 Helixanthera sampsoni (Hance) Danser

灌木；高约0.7m。叶卵形、椭圆形，长2~4cm，宽1~1.5cm，顶端渐尖。总状花序有2~5朵；花4数，红色，被短星状毛。浆果卵球形。

分布华南、华东、西南地区。

（2）桑寄生 Taxillus sutchuenensis (Lecomte) Danser

灌木。叶对生近对生，长7~9cm，宽3.5~5.5cm，侧脉4~5对，叶背被红褐色星状毛。总状花序；花4数。果椭圆状，表面有颗粒状体。

分布华东、华中、华南、西南、西北地区。

2. 桑寄生属 Loranthus Jacq.

叶对生或近对生，侧脉羽状。穗状花序，腋生或顶生，花序轴在花着生处通常稍下陷。浆果卵球形或近球形，顶端具宿存副萼。

（1）椆树桑寄生 Loranthus delavayi Tiegh.

灌木；高0.5~1m。叶卵形，长3.5~5cm，宽2~2.5cm；叶柄长0.5~1cm。单性花；穗状花序；花瓣离生；花药4室。果椭圆形，淡黄。

分布西北、华中、华南、西南地区。

3. 鞘花属 Macrosolen (Blume) Reichb.

寄生性灌木。叶对生，革质或薄革质，侧脉羽状，有时具基出脉。总状花序或伞形花序；每朵花具苞片1枚；小苞片2枚，分离或合生；花两性，6数。浆果球形或椭圆状，顶端具宿存副萼或花柱基。

（1）鞘花 Macrosolen cochinchinensis (Lour.) Van Tiegh.

灌木，高0.5~1.3m，全株无毛。叶片长5~10cm，宽2.5~6cm；叶柄长0.5~1cm。总状花序，1~3个腋生或生于小枝已落叶腋部；

5. 大苞寄生属 Tolypanthus (Blume) Reichb.

叶互生或对生。密簇聚伞花序腋生，具花 3~6 朵；花两性，5 数，辐射对称，花托卵球形。浆果椭圆状，被疏毛。

（1）大苞寄生 Tolypanthus maclurei (Merr.) Danser

灌木；高 0.5~1m。叶互生或 3~4 枚簇生，长圆形，长 2.5~7cm，宽 1~3cm。聚伞花序具花 3~5 朵；叶状苞片长卵形，红色。果具星状毛。

分布华南、华东、华中、西南地区。

6. 槲寄生属 Viscum L.

茎、枝圆柱状或扁平，具明显的节；枝对生或二歧地分枝。叶对生，具基出脉或叶退化呈鳞片状。聚伞式花序，顶生或腋生。

（1）槲寄生 Viscum coloratum (Kom.) Nakai

茎、枝均圆柱状，二歧或三歧。叶对生，长椭圆形至椭圆状披针形。花序顶生或腋生，雄花序聚伞状，雌花序聚伞式穗状。果球形，果皮平滑。

全国大部分地区均有分布。

（2）瘤果槲寄生 Viscum ovalifolium DC.

有正常叶，叶倒卵状形或长椭圆形，长 3~8.5cm，宽 1~3cm，果具瘤状凸起。

分布华南、西南地区。

（一百一十三）白花丹科 Plumbaginaceae

单叶互生或基生，全缘，偶为羽状浅裂或羽状缺刻。花两性，通常（1）2~5 朵集为 1 簇状小聚伞花序。蒴果通常先沿基部不规则环状破裂。

1. 白花丹属 Plumbago L.

叶互生；叶柄基部常具耳，半抱茎。花序由枝或分枝延伸而成一小穗在枝上部排列成通常伸长的穗状花序。

（1）白花丹 Plumbago zeylanica L.

常绿半灌木。枝条开散或上端蔓状，常被明显钙质颗粒，叶薄，长卵形。穗状花序；花冠白色或微带蓝白色。蒴果长椭圆形；种子红褐色。

分布华南、华东、西南地区。

（一百一十四）蓼科 Polygonaceae

叶为单叶，互生，稀对生或轮生，边缘通常全缘；托叶鞘膜质。花序穗状、总状、头状或圆锥状，顶生或腋生。瘦果卵形或椭圆形。

1. 何首乌属 Pleuropterus Turcz.

茎缠绕；叶互生、卵形或心形；托叶鞘筒状，顶端截形或偏斜。花序总状或圆锥状，顶生或腋生。瘦果卵形，具 3 棱。

（1）何首乌 Fallopia multiflora (Thunb.) Haraldon.

多年生缠绕藤本。块根肥厚，茎木质化，无卷须。叶卵形

或长卵形，长 3~7cm，基部心形。圆锥状花序；花被 5 深裂。瘦果卵形，具 3 棱。

分布长江流域以南地区及甘肃。

2. 蓼属 Polygonum (L.) Mill.

茎节部膨大。叶互生，线形、披针形、卵形、椭圆形、箭形或戟形。花序顶生或腋生。瘦果卵形，具 3 棱或双凸镜状。

（1）毛蓼 Polygonum barbata (L.) H. Hara

草本。茎直立，粗壮，高 40~90cm。叶披针形，被毛；托叶鞘长 2~3cm，密被长粗伏毛。穗状花序长 7~15cm；花被 5 裂。瘦果卵形，具 3 棱。

分布华南、西南、华中、华东地区。

（2）火炭母 Polygonum chinensis (L.) H.Gross

多年生草本。叶卵形或长卵形，全缘。头状花序再排成圆锥状，顶生或腋生。瘦果包藏于含汗液、白色透明或微带蓝色的宿存花被内。

分布东南至西南地区。

（3）二歧蓼 Polygonum dichotoma (Blume) Masam.

一年生草本。茎具纵棱，疏被倒生皮刺。叶披针形或狭椭圆形；托叶鞘筒状。花序头状，花序梗被腺毛，常 1~3，二歧分枝。瘦果近圆形，双凸镜状。

分布西南至中部和南部地区。

（4）光蓼 Polygonum glabra (Willd.) M. Gómez

一年生草本。茎节部膨大。叶披针形或长圆状披针形，两面无毛；托叶鞘筒状。总状花序呈穗状，花排列紧密；花白或淡红色。瘦果卵形，双凸镜状。

分布华南、华中、华东、西南地区。

（5）愉悦蓼 Polygonum jucundum Meisn.

一年生草本。茎无毛。叶椭圆状披针形；托叶鞘膜质，筒状。总状花序呈穗状，顶生或腋生，花排列紧密。瘦果卵形，具 3 棱。

分布华南、华中、华东、西南、西北地区。

（6）柔茎蓼 Polygonum kawagoeanum Makino

一年生草本。茎细弱，红褐色。叶片狭小，线状披针形，宽 4~8mm，被毛。花序较密集；每苞内具 2~4 花。瘦果卵形，双凸镜状。

分布华东、华南地区。

（7）酸模叶蓼 Polygonum lapathifolium L.

一年生草本；高 40~90cm。茎节部常膨大。叶披针形，长 5~15cm，上面常有一个大的黑褐色新月形斑点；叶鞘膜质。花序密集。瘦果。

分布全国各地。

（8）长鬃蓼 Polygonum longisetum Bruijn

一年生草本。茎高 30~60cm，节部稍膨大。叶披针形或宽披针形，长 5~13cm，宽 1~2cm。总状花序呈穗状；每苞内具 5~6 花。瘦果具 3 棱。

分布华南、华东、华中、西南地区。

（9）圆基长鬃蓼 Polygonum longisetum Bruijn var. rotundatum A. J. Li

一年生草本。叶披针形或宽披针形，基部圆形或近圆形。托叶鞘筒状。总状花序呈穗状，花被 5 深裂，淡红色或紫红色。瘦果宽卵形，具 3 棱。

分布几遍全国。

（10）小蓼花 Polygonum muricatum Meisn.

草本。有刺植物，叶柄和托叶鞘基部具小刺，与箭叶蓼和糙毛蓼相似，比箭叶蓼刺较小，而糙毛蓼基部浅心形或截形。

全国大部分地区均有分布。

（11）尼泊尔蓼 Polygonum nepalensis (Meisn.) H. Gross

一年生草本，高达 40cm。茎下部叶卵形或三角状卵形，长 3~5cm。花序头状，花被 4 裂，淡红或白色。

分布全国各地。

（12）杠板归 Polygonum perfoliatum L.

一年生草本。有刺植物；茎具棱。叶三角形，长 3~7cm，宽 2~5cm；托叶叶状。短总状花序；每苞片内具花 2~4 朵；花被 5 裂。瘦果球形。

分布西南至东南、华北至东北地区。

（13）萹蓄 Polygonum aviculare L.

一年生草本。茎具纵棱。叶椭圆形，狭椭圆形或披针形，长 1~4cm，宽 3~12mm。花单生或数朵簇生于叶腋，遍布于植株；花被 5 深裂，绿色，边缘白色或淡红色。

（14）习见萹蓄 Polygonum plebeium R. Br.

一年生草本。茎平卧，具纵棱，沿棱具小突起。叶狭椭圆形或倒披针形；托叶鞘顶端撕裂，花 3~6 朵簇生于叶腋。瘦果宽卵形，具 3 锐棱或双凸镜状。

除西藏外，分布几遍全国。

（15）戟叶蓼 Polygonum thunbergii Siebold & Zucc.

一年生草本。茎沿纵棱具倒生皮刺。叶戟形，叶柄具倒生皮刺，常具狭翅；托叶鞘边缘具叶状翅。花序头状。瘦果宽卵形。

分布东北、西南至华南地区。

（16）水蓼 Polygonum hydropiper L.

草本。节膨大，茎有明显的腺点。叶长 4~8cm，宽 0.5~2.5cm，被毛。花序长，花疏；花瓣有腺点，5 深裂，稀 4 裂。瘦果三棱形。

大部分地区均有分布。

3. 虎杖属 Reynoutria Houtt.

茎直立，中空。叶互生，卵形或卵状椭圆形，全缘，具叶柄；托叶鞘膜质，偏斜。花序圆锥状，腋生。瘦果卵形，具 3 棱。

（1）虎杖 Reynoutria japonica Houtt.

多年生草本。茎高 1~2m，具明显的纵棱，散生红色或紫红斑点。叶片大，心形。雌雄异株；花序圆锥状，腋生。瘦果卵形，具 3 棱。

分布西北、华东、华南、华中、西南地区。

4. 酸模属 Rumex L.

茎常具沟槽。叶基生和茎生，茎生叶互生，边缘全缘或波状，托叶鞘膜质。花序圆锥状，多花簇生成轮。瘦果卵形或椭圆形，具 3 锐棱。

（1）酸模 Rumex acetosa L.

多年生草本。茎具深沟槽。基生叶和茎下部叶箭形；托叶鞘膜质，易破裂。花序狭圆锥状顶生，花单性，雌雄异株，瘦果椭圆形，具 3 锐棱，两端尖。

全国大部分地区均有分布。

（2）长刺酸模 Rumex trisetifer Stokes

一年生草本。茎具沟槽。茎下部叶长圆形或披针状长圆形，茎上部的叶较小。花序总状。花两性，多花轮生。瘦果椭圆形，具3锐棱。

分布华南、西南、华中、华东地区。

（一百一十五）茅膏菜科 Droseraceae

叶互生，常莲座状密集，稀轮生，通常被头状黏腺毛，幼叶常拳卷。花通常多朵排成顶生或腋生的聚伞花序。蒴果室背开裂。

1. 茅膏菜属 Drosera L.

叶互生或基生而莲座状密集，被头状黏腺毛，幼叶常拳卷。聚伞花序顶生或腋生，幼时弯卷。花萼5裂，稀4~8裂；花瓣5。

（1）锦地罗 Drosera burmanni Vahl

草本。地上茎短。叶基生，莲座状，楔形。花序花葶状，1~3条，具花2~19朵，长6~22cm；苞片戟形；萼片背面有乳头状腺点。蒴果。

分布西南、华南、华东地区。

（2）匙叶茅膏菜 Drosera spatulata Labill.

叶基生，莲座状排列，倒卵形、匙形或楔形，边缘密被长腺毛，上面腺毛较短，下面近无毛；叶柄下部无毛，上部具腺毛；托叶膜质，蒴果3~4瓣裂。

2. 猪笼草属 Nepenthes L.

草本。叶互生，最完全的叶可分为叶柄、叶片、卷须、瓶状体和瓶盖五部分。花整齐，上位，单性异株，组成总状花序或圆锥花序；花被片4~3，开展，覆瓦状排列，腹面有腺体和蜜腺。

（1）猪笼草 Nepenthes mirabilis (Lour.) Druce

直立或攀缘草本，高0.5~2m。叶片长约10cm；卷须短于叶片；瓶状体长2~6cm，狭卵形或近圆柱形，具2翅，翅缘睫毛状，瓶盖着生处有距2~8条，瓶盖卵形或近圆形。

分布广东西部、南部。

（一百一十六）石竹科 Caryophyllaceae

茎节通常膨大，具关节。单叶对生，稀互生或轮生，全缘，基部多少连合；托叶膜质。花辐射对称，排列成聚伞花序或聚伞圆锥花序。

1. 荷莲豆草属 Drymaria Willd. ex Schult.

叶对生，叶片圆形或卵状心形，具3~5基出脉。花单生或成聚伞花序；萼片5；花瓣5。蒴果卵圆形，3瓣裂。

（1）荷莲豆草 Drymaria cordata (L.) Willd. ex Schult.

一年生草本。茎匍匐，丛生。叶片卵状心形，长1~1.5cm，宽1~1.5cm。聚伞花序顶生；花瓣白色。蒴果卵圆形，3瓣裂；种子近圆形。

分布华南、华东、华中、西南地区。

2. 鹅肠菜属 Myosoton Moench

茎下部匍匐，无毛，上部直立，被腺毛。叶对生。花两性，白色，排列成顶生二歧聚伞花序；萼片5；花瓣5。

（1）鹅肠菜 Myosoton aquaticum (L.) Moench

二年生或多年生草本。茎上部被腺毛。叶片卵形或宽卵形。顶生二歧聚伞花序；苞片叶状；花瓣白色。蒴果卵圆形；种子近肾形，具小疣。

分布南北各地。

3. 繁缕属 Stellaria L.

叶扁平，有各种形状，但很少针形。顶生聚伞花序，稀单生叶腋；萼片5，稀4；花瓣5，稀4。蒴果圆球形或卵形。

（1）雀舌草 Stellaria alsine Grinum

二年生草本，高15~25（35）cm，全株无毛。叶片披针形至长圆状披针形，长5~20mm，宽2~4mm。聚伞花序通常具3~5花，顶生或花单生叶腋。蒴果卵圆形。

分布几遍全国。

（2）繁缕 Stellaria media (L.) Vill.

草本；高10~30cm。叶卵形或卵状心形，基部近心形，长1~2.5cm，宽7~15mm。花5基数，花瓣2深裂；花柱3枚。蒴果球形。

分布全国各地。

（一百一十七）苋科 Amaranthaceae

叶互生或对生，全缘，少数有微齿，无托叶。花簇生在叶腋内；花序为穗状花序、头状花序、总状花序或圆锥花序。果实为胞果或小坚果。

1. 牛膝属 Achyranthes L.

叶对生。穗状花序顶生或腋生；花两性，单生在干膜质宿存苞片基部。胞果卵状矩圆形、卵形或近球形。

（1）土牛膝 Achyranthes aspera L.

多年生草本；高20~120cm。叶卵形，顶端急尖，常被毛。穗状花序顶生，直立；小苞片上部膜质翅具缺。胞果卵形，长2.5~3mm。

分布长江流域以南地区。

2. 莲子草属 Alternanthera Forssk.

叶对生，全缘。花两性，成有或无总花梗的头状花序，单生在苞片腋部。胞果球形或卵形，不裂，边缘翅状。

（1）锦绣苋 Alternanthera bettzickiana (Regel) G. Nicholson

多年生草本；茎上部四棱形，下部圆柱形。叶长 1~6cm，宽 0.5~2cm，绿色或红色。头状花序顶生及腋生，2~5 个丛生。果实不发育。

各大城市栽培。

（2）喜旱莲子草 Alternanthera philoxeroides (Mart.) Griseb.

多年生草本。茎直立，中空。叶长圆形至倒卵形，下面有颗粒状突起。头状花序；花白色，光亮；能育雄蕊 5 枚。果实未见。

（3）莲子草 Alternanthera sessilis (L.) R. Br. ex DC.

多年生草本。叶对生，条状倒披针形至倒卵状矩圆形，常无毛；头状花序腋生；苞片、小苞片和花被均白色；能育雄蕊 3 枚。胞果倒心形。

分布华东、华中、华南、西南地区。

3. 苋属 Amaranthus L.

叶互生，全缘。花单性，雌雄同株或异株，腋生，或腋生及顶生。胞果球形或卵形。

（1）凹头苋 Amaranthus blitum L.

一年生草本，全体无毛。叶卵形或菱状卵形，顶端凹缺。花成腋生花簇，生在茎端和枝端者成直立穗状花序或圆锥花序。胞果扁卵形。种子环形。

除西北外全国广布。

（2）尾穗苋 Amaranthus caudatus L.

一年生草本；茎具钝棱角。叶片菱状卵形或菱状披针形。圆锥花序顶生，由多数穗状花序形成。胞果近球形，上半部红色。种子近球形。

全国各地有栽培，有时逸为野生。

（3）刺苋 Amaranthus spinosus L.

一年生草本。植株具刺。叶互生，菱状卵形或卵状披针形，顶端圆钝，全缘，无毛。圆锥花序腋生及顶生；花被具凸尖。胞果矩圆形。

分布全国各地。

（4）苋 Amaranthus tricolor L.

一年生草本。叶卵形、菱状卵形或披针形，绿色或常成红色或加杂其他颜色。花簇腋生或同时具顶生花簇，成下垂的穗状花序。胞果卵状矩圆形，环状横裂。

原产印度。全国各地均有栽培，有时逸为半野生。

（5）皱果苋 Amaranthus viridis L.

一年生草本。叶片卵形，顶端有1芒尖。穗状花序组成圆锥花序顶生；花被片背部有1绿色隆起中脉。果扁球形，极皱缩。

分布华东至西南以南地区。

4. 甜菜属 Beta L.

茎具条棱。叶互生，近全缘。花两性，单生或2~3花团集，于枝上部排列成顶生穗状花序；花被坛状，5裂。

（1）* 厚皮菜 Beta vulgaris L. var. ciclea L.

二年生草本。根不肥大。茎直立，有分枝。基生叶矩圆形，长 20~30cm，宽 10~15cm，茎生叶互生，卵形。花2~3朵团集。胞果上部稍肉质。

全国各地有栽培。

5. 青葙属 Celosia L.

叶互生，卵形至条形，全缘或近此。花两性，成顶生或腋生、密集或间断的穗状花序；花被片5。胞果卵形或球形。

（1）青葙 Celosia argentea L.

一年生草本，全体无毛。叶互生，矩圆披针形、披针形或披针状条形。花在茎端或枝端成单一、无分枝的塔状或圆柱状穗状花序。胞果卵形。

分布全国各地。

（2）* 鸡冠花 Celosia cristata L.

一年生草本。叶卵形或披针形，宽 2~6cm；花多数，极密生，成扁平肉质鸡冠状穗状花序；有分枝，花被片红色、紫色或红色黄色相间。

全世界均有栽培。

6. 藜属 Chenopodium L.

叶互生，全缘或具不整齐锯齿或浅裂片。通常数花聚集成团伞花序；花被球形，绿色，5裂。胞果卵形、双凸镜形或扁球形。

（1）藜 Chenopodium album L.

一年生草本；高 30~150cm。叶片菱状卵形至宽披针形，长 3~6cm，宽 2.5~5cm。圆锥状花序；花被裂片5；雄蕊5。种子双凸镜状。

分布全国各地。

（2）小藜 Chenopodium ficifolium Sm.

一年生草本。茎具条棱。叶卵状矩圆形，常三浅裂。花两性，数个团集形成顶生圆锥状花序；花被近球形，5深裂。胞果。种子双凸镜状。

分布全国各地。

三、被子植物 ANGIOSPERMAE

7. 刺藜属 Dysphania R. Br.

单叶互生，边缘全缘或具牙齿、锯齿，或羽状浅裂。花序顶生和腋生，单聚伞花序或复合聚伞花序，穗状。果为胞果，通常被花被包围。

（1）土荆芥 **Dysphania ambrosioides** (L.) Mosyakin & Clemants

草本；高 50~80cm。有强烈香味。叶片矩圆状披针形至披针形，下面散生油点。花通常 3~5 个团集。胞果扁球形，完全包于花被内。

分布华东、华中、华南、西南地区。

9. 无柱苋属 Pfaffia Mart.

多年生草本。叶互生或对生，全缘，少数有微齿，无托叶。花小，花簇生在叶腋内，成疏散或密集的穗状花序、头状花序、总状花序或圆锥花序。

（1）* 巴西人参 **Pfaffia Brazilian** Ginseng

多年生草本；茎匍匐，根茎粗大。叶对生，全缘，无托叶。花小，花簇生在叶腋内；苞片 1 及小苞片 2，干膜质，绿色或着色。

原产于中南美洲。广东有栽培。

10. 菠菜属 Spinacia L.

叶为平面叶，互生；叶片三角状卵形或戟形，全缘或具缺刻。花单性，集成团伞花序。胞果扁，圆形。

（1）* 菠菜 **Spinacia oleracea** L.

8. 地肤属 Kochia Roth

叶互生，圆柱状、半圆柱状，或为窄狭的平面叶，全缘。花通常 1~3 个团集于叶腋；花被近球形，5 深裂。胞果扁球形。

（1）扫帚菜 **Kochia scoparia** f. **trichophylla** (Hort.) Schinz. & Thell.

一年生草本。茎有多数条棱。叶长 2~5cm，宽 3~7mm。花两性或雌性，成疏穗状圆锥状花序，花被近球形。胞果扁球形。种子卵形。

分布全国各地。

草本；高可达 1m。根圆锥状，带红色。叶戟形至卵形，柔嫩多汁。雄花序球形团伞状；雌花团集于叶腋。胞果卵形，两侧扁。全国各地有栽培。

11. 碱蓬属 Suaeda Forst

叶通常狭长，肉质，圆柱形或半圆柱形，较少为棍棒状或略扁平，全缘，通常无柄。花通常 3 至多数集成团伞花序，生叶腋或腋生短枝上。

（1）南方碱蓬 Suaeda australis (R. Br.) Moq.

小灌木。叶条形，半圆柱状，长 1~2.5cm，宽 2~3mm。团伞花序腋生；花两性；花被绿色或带紫红色，5 深裂。胞果扁，圆形。种子双凸镜状。

分布华南、华东地区。

（一百一十八）商陆科 Phytolaccaceae

单叶互生，全缘。花小辐射对称或近辐射对称，排列成总状花序或聚伞花序、圆锥花序、穗状花序，腋生或顶生。果为浆果或核果。

1. 商陆属 Phytolacca L.

叶片卵形、椭圆形或披针形，顶端急尖或钝；托叶无。总状花序、聚伞圆锥花序或穗状花序顶生或与叶对生；花被片 5，辐射对称。

（1）垂序商陆 Phytolacca americana L.

多年生草本。茎有时带紫红色。叶椭圆状卵形或卵状披针形。总状花序顶生或侧生；花白色，微带红晕。果序下垂；浆果扁球形；种子肾圆形。

遍及全国地区或逸生。

（一百一十九）紫茉莉科 Nyctaginaceae

单叶，对生、互生或假轮生，全缘，无托叶。花辐射对称，两性；单生、簇生或成聚伞花序、伞形花序。

1. 宝巾属 Bougainvillea Comm. ex Juss.

枝有刺。叶互生，卵形或卵圆状披针形。花通常 3 朵簇生枝端，外包 3 枚鲜艳的叶状苞片，红色、紫色或桔色，具网脉。瘦果具 5 棱。

（1）*光叶子花 Bougainvillea glabra Choisy

藤状灌木。枝下垂，无毛。叶片卵形或卵状披针形，长 5~13cm，宽 3~6cm；叶柄长 1cm。花生于 3 个苞片内；苞片玫瑰红色。

南北各地均有栽培。

（2）*叶子花 Bougainvillea spectabilis Willd.

藤状灌木。刺腋生、下弯。叶片椭圆形或卵形。花序腋生或顶生；苞片椭圆状卵形，暗红色或淡紫红色。果实长 1~1.5cm，密生毛。

南北各地均有栽培。

2. 紫茉莉属 Mirabilis L.

单叶对生。花 1 至数朵簇生枝端或腋生；每花基部包以 1 个 5 深裂的萼状总苞，裂片直立。掺花果球形或倒卵球形。

(1) *紫茉莉 Mirabilis jalapa L.

一年生草本，高可达 1m。有肉质块根。叶片卵形，脉隆起。花数朵生于总苞内，高脚碟状，檐部 5 浅裂，紫红色；雄蕊 5。瘦果球形。

原产秘鲁。各地广泛栽培或逸为野生。

（一百二十）粟米草科 Molluginaceae

单叶对生、互生或近轮生，有时肉质；托叶无或小而早落；花小，两性，辐射对称，单生、簇生或成聚伞、伞形花序。果为蒴果。

1. 星粟草属 Glinus L.

草本，密被星状柔毛或无毛。单叶互生、对生或假轮生。花腋生成簇；花被片 5，离生。蒴果卵球形，3（~5）瓣裂；种子肾形。

(1) 星粟草 Glinus lotoides L.

一年生草本。根肥粗，倒圆锥形。茎多分枝，节稍膨大。叶卵形或卵状三角形。花簇生枝端；总苞钟形，5 裂，宿存；花被高脚碟状。瘦果球形。

2. 粟米草属 Mollugo L.

单叶基生、近对生或假轮生，全缘。花顶生或腋生，簇生或成聚伞花序、伞形花序；花被片 5，离生。蒴果球形。

(1) 粟米草 Mollugo stricta L.

一年生草本，高 10~30cm。叶基生和茎生，叶片披针形，中脉明显。二歧聚伞花序，无毛；花被片 5。蒴果近球形，与宿存花被等长，3 瓣裂。

分布东部至西南地区，北至山东。

（一百二十一）落葵科 Basellaceae

缠绕草质藤本，全株无毛。单叶，互生，全缘，稍肉质；托叶无。花小，两性，辐射对称，通常成穗状花序、总状花序或圆锥花序。

1. 落葵薯属 Anredera Juss.

叶稍肉质，无柄或具柄。总状花序腋生；花梗宿存，在被下具关节。果实球形，外果皮肉质或似羊皮纸质。

(1) 落葵薯 Anredera cordifolia (Ten.) Steenis

缠绕藤本。根状茎粗壮。叶片卵形至近圆形，长 2~6cm，宽 1.5~5.5cm，腋生小块茎（珠芽）。总状花序具多花，苞片宿存；花被片白色。

华南、华中、华东、西南地区及北京有栽培。

2. 落葵属 Basella L.

叶互生。穗状花序腋生，花序轴粗壮，伸长；花通常淡红色或白色。胞果球形，肉质。

(1) *落葵 Basella alba L.

一年生缠绕草本。茎肉质，绿色或略带紫红色。叶卵形或近圆形，背面叶脉微凸。穗状花序腋生；小苞片 2；花无梗。果实球形。

南北各地多有种植，南方有逸为野生的。

（一百二十二）马齿苋科 Portulacaceae

单叶，互生或对生，全缘，常肉质；托叶干膜质或刚毛状。花两性，腋生或顶生，单生或簇生，或成聚伞花序、总状花序、圆锥花序。

1. 马齿苋属 Portulaca L.

茎铺散，平卧或斜升。叶互生或近对生或在茎上部轮生，叶片圆柱状或扁平。花顶生，单生或簇生。蒴果盖裂。

（1）*大花马齿苋 Portulaca grandiflora Hook.

一年生草本。茎紫红色，节丛生毛。叶密集枝端，不规则互生，细圆柱形；叶腋常生一撮白色长柔毛。花单生或簇生枝端；总苞叶状。蒴果近椭圆形。

公园、花圃常有栽培。

（2）马齿苋 Portulaca oleracea L.

一年生肉质草本。叶片扁平，肥厚，倒卵形，似马齿状，长1~3cm，顶端圆钝或平截，有时微凹。花黄色，倒卵形。蒴果卵球形。

分布南北各地。

（3）毛马齿苋 Portulaca pilosa L.

一年生或多年生草本。茎密丛生，铺散。叶互生，长1~2cm，宽1~4mm，腋内有长疏柔毛。花直径约2cm，密生长柔毛；花瓣5，红紫色。蒴果卵球形。

分布华南、西南地区及西沙群岛。

（一百二十三）仙人掌科 Cactaceae

叶扁平，全缘或圆柱状、针状、钻形至圆锥状，互生，或完全退化，无托叶。花通常单生，无梗，稀具梗并组成总状、聚伞状或圆锥状花序。

1. 量天尺属 Hylocereus (A. Berger) Britton & Rose

攀缘肉质灌木。叶不存在。花单生于枝侧的小窠上，漏斗状，于夜间开放，白色或略具红晕。浆果球形、椭圆球形或卵球形，红色。

（1）*量天尺 Hylocereus undatus (Haw.) Britton & Rose

攀缘肉质灌木；长3~15m。分枝具3角或棱。花漏斗状，长25~30cm，直径15~25cm，于夜间开放，白色。浆果红色，长球形，果脐小。

华南地区有栽培。

2. 仙人掌属 Opuntia Mill.

肉质灌木或小乔木。叶钻形、针形、锥形或圆柱状，先端急尖至渐尖。花单生于二年生枝上部的小窠，白天开放。

（1）*胭脂掌 Opuntia cochenillifera (Linnaeus) Miller

肉质灌木或小乔木，高2~4m，圆柱状主干直径达

15~20cm。小窠散生，直径约 2mm，不突出，具灰白色的短绵毛和倒刺刚毛，通常无刺，偶于老枝边缘小窠出现 1~3 根刺。

各地常见栽培。

（一百二十四）绣球花科 Hydrangeaceae

单叶，对生或互生，稀轮生，常有锯齿，稀全缘，羽状脉或基脉 3~5 出；无托叶。总状花序、伞房状或圆锥状复聚伞花序，顶生。果为蒴果。

1. 常山属 Dichroa Lour.

叶对生，稀上部互生。花两性，一型，无不孕花，排成伞房状圆锥花序或聚伞花序；萼筒倒圆锥形，裂片 5（~6）；花瓣 5（~6）。

（1）常山 Dichroa febrifuga Lour.

落叶灌木。植株无毛。单叶对生，叶形大小变异大，边缘具齿。伞房状圆锥花序顶生，无不孕花；花柱 5~6 枚；子房下位。浆果蓝色。

分布长江流域以南地区。

2. 绣球属 Hydrangea L.

叶常 2 片对生或少数种类兼有 3 片轮生，边缘有小齿或锯齿。聚伞花序排成伞形状、伞房状或圆锥状，顶生；花二型，不育花存在或缺。

（1）中国绣球 Hydrangea chinensis Maxim.

落叶灌木。小枝、叶柄被毛。叶近无毛，长圆形或狭椭圆形，有时近倒披针形，长 6~12cm，宽 2~4cm。伞房式 3~5 个聚伞花序。

分布华东、华中、华南、西南地区。

（2）粤西绣球 Hydrangea kwangsiensis Hu

灌木。叶披针形，长 9~20cm，宽 1.5~5.5cm，基部楔形，两侧不对称。花轴及花梗密被微柔毛；子房和果大部分下位。蒴果长陀螺状。

分布华南地区。

（3）广东绣球 Hydrangea kwangtungensis Merr.

小枝与叶柄、叶片、花序等密被长柔毛。叶长圆形或椭圆形，长 5~13.5cm，宽 1.5~3cm。伞形状聚伞花序顶生；花瓣白色。蒴果近球形。

分布华南、华东地区。

3. 冠盖藤属 Pileostegia Hook. f. & Thoms.

叶对生，边全缘或具波状锯齿，具叶柄，无托叶。伞房状圆锥花序，常具二歧分枝。蒴果陀螺状，具宿存花柱和柱头。

（1）星毛冠盖藤 Pileostegia tomentella Hand.-Mazz.

常绿攀缘藤本；长达16m。小枝、花序和叶背密被锈色星状毛。叶基部多少心形。伞房状圆锥花序顶生；花白色。蒴果陀螺状，平顶。

分布华南、华中、华东地区。

（2）冠盖藤 Pileostegia viburnoides Hook. f. & Thomson

常绿攀缘状灌木，长达15m。叶对生，长10~18cm，宽3~7cm；叶柄长1~3cm。伞房状圆锥花序顶生；花白色。蒴果圆锥形，长2~3mm。

分布浙江、安徽、福建、江西、台湾、湖北、湖南、广西、云南、四川、贵州。

（一百二十五）山茱萸科 Cornaceae

单叶对生，稀互生或近于轮生，边缘全缘或有锯齿；无托叶或托叶纤毛状。花序为圆锥、聚伞、伞形或头状等花序。果为核果或浆果状核果。

1. 八角枫属 Alangium Lam.

枝略呈"之"字形。单叶互生，无托叶，全缘或掌状分裂，基部两侧常不对称，羽状叶脉或由基部生出3~7条主脉成掌状。花序腋生。

（1）八角枫 Alangium chinense (Lour.) Harms

乔木或灌木。叶近圆形或椭圆形、卵形，长13~19cm，宽3~7cm，不裂或3~9裂。聚伞花序腋生；花长1~1.5cm；雄蕊6~8枚。核果卵圆形。

分布华南、华中、华东、西南、西北地区。

（2）毛八角枫 Alangium kurzii Craib

乔木或灌木。叶互生，长12~14cm，宽7~9cm，背面被丝质茸毛。聚伞花序有5~7花；花长2~2.5cm；雄蕊6~8枚；药隔有毛。核果。

分布长江流域以南地区。

（一百二十六）凤仙花科 Balsaminaceae

茎通常肉质。单叶，螺旋状排列，对生或轮生，边缘具圆齿或锯齿，齿端具小尖头。果为4~5裂片弹裂的蒴果。

1. 山茱萸属 Cornus L.

落叶乔木或灌木；枝常对生。叶纸质，对生、卵形、椭圆形或卵状披针形，全缘；叶柄绿色。花序伞形，常在发叶前开放，有总花梗；总苞片4；花两性；花瓣4，黄色，近于披针形，镊合状排列；雄蕊4。核果长椭圆形；核骨质。

（1）香港四照花 Cornus hongkongensis Hemsl.

常绿乔木或灌木，高5~15m。叶对生，长6.2~13cm，宽3~6.3cm。头状花序球形；总苞片4，白色；花瓣4，淡黄色。果成熟时黄色或红色。

分布浙江、江西、福建、湖南、香港、广西、四川、贵州、云南。

2. 凤仙花属 Impatiens L.

茎通常肉质。单叶，螺旋状排列，对生或轮生，边缘具圆齿或锯齿，齿端具小尖头。果为4~5裂片弹裂的蒴果。

（1）华凤仙 Impatiens chinensis L.

一年生草本。叶对生，叶片线形或线状披针形，有托叶状腺体，边缘疏生刺状锯齿。花单生或2~3朵簇生叶腋。蒴果椭圆形。

分布华东、华中、华南、西南地区。

（2）绿萼凤仙花 Impatiens chlorosepala Hand.-Mazz.

一年生草本；高30~40cm。叶互生。花1~2朵腋生；花梗有苞片；花橙黄，有紫色斑纹；花蕊顶端圆钝，距长3.5~4cm。蒴果披针形。

分布华南、华中、西南地区。

（3）棒凤仙花 Impatiens claviger Hook. f.

叶常密集在上部，互生，膜质，倒卵形或倒披针形，边缘具圆齿状锯齿，齿端具小尖，上面深绿色，下面淡绿色；花淡黄色。

分布华南、西南地区。

（4）管茎凤仙花 Impatiens tubulosa Hemsl.

一年生草本，高30~40cm。叶片长6~13cm，宽2~3cm，基部狭楔形下延，边缘具圆齿状齿。花黄色。蒴果棒状，长2~2.5cm，上部膨大，具喙尖。

（一百二十七）五列木科 Pentaphylacaceae

单叶，螺旋状排列；托叶宿存。花小，两性，辐射对称，排列成腋生假穗状或总状花序。蒴果椭圆形。

1. 杨桐属 Adinandra Jack

枝互生，嫩枝通常被毛，顶芽常被毛。单叶互生，2列，常具腺点，或有茸毛，全缘或具锯齿。花单朵腋生，偶有双生。浆果不开裂。

（1）两广杨桐 Adinandra glischroloma Hand.-Mazz.

灌木或小乔木；高3~8m。叶长圆形，长8~14cm，宽3.5~4.4cm，叶背及边缘被长毛，全缘。花梗长1cm；子房被毛。浆果不开裂。

分布华南、华东、西南地区。

（2）海南杨桐 Adinandra hainanensis Hayata

灌木或乔木。叶长圆形，长8~14cm，宽3.5~4.5cm，叶背及边缘被粗长毛，全缘。花梗长1cm；花萼披针形；子房被毛。浆果；种子多数。

分布华南地区。

（3）杨桐 **Adinandra millettii** (Hook. & Arn.) Benth. & Hook. f. ex Hance

灌木或小乔木。叶长圆形，长 5~9cm，宽 2~3cm，叶背及边缘无毛，全缘。花梗较长，长 1.5~3cm；子房 5 室，被毛。浆果疏被毛。

分布华东、华中、西南地区。

（4）亮叶杨桐 **Adinandra nitida** Merr. ex H. L. Li

灌木或乔木。叶卵状长圆形，长 7~13cm，宽 2.5~4cm，边缘具细齿。花梗长 1~2cm；花萼卵形。果球形或卵球形，直径约 15mm。

分布华南、西南地区。

2. 茶梨属 Anneslea Wall.

常绿乔木或灌木。叶互生，常聚生于枝顶，革质，边全缘，稀具齿尖，具叶柄。花两性，着生于枝顶的叶腋，单生或数朵排成近伞房花序状，花梗通常粗长；萼片 5，革质；花瓣 5，覆瓦状排列。果不开裂或最后成不规则浆果状。

（1）茶梨 **Anneslea fragrans** Wall.

乔木。叶长 8~13（~15）cm，宽 3~5.5（~7）cm；叶柄长 2~3cm。花数朵至 10 多朵螺旋状聚生于枝端或叶腋。果圆球形或椭圆状球形，直径 2~3.5cm。

分布福建、江西、湖南、广西、云南。

3. 红淡比属 Cleyera Thunb.

枝互生，嫩枝通常被毛，顶芽常被毛。单叶互生，2 列，常具腺点，或有茸毛，全缘或具锯齿。花单朵腋生，偶有双生。浆果不开裂。

（1）厚叶红淡比 **Cleyera pachyphylla** Chun ex H. T. Chang

灌木或小乔木。全株无毛。叶长圆形，长 9~13cm，宽 4~6cm，边缘疏生细齿，稍反卷，下面被红色腺点。花腋生；萼片卵形。果球形。

分布华东、华中、华南地区。

4. 柃木属 Eurya Thunb.

嫩枝圆柱形或具 2~4 棱，被毛或无毛。叶互生，排成二列，边缘具齿，稀全缘。花 1 至数朵簇生于叶腋或生于无叶小枝的叶痕腋，具短梗。

（1）米碎花 Eurya chinensis R. Br.

常绿灌木。嫩枝有棱，被毛。叶倒卵形，长 3~4.5cm，宽 1~1.8cm，基部楔形，边缘有锯齿。花 1~4 朵簇生于叶腋；花瓣白色。浆果。

分布华南、华东、华中、西南地区。

（2）华南毛柃 Eurya ciliata Merr.

灌木或小乔木；高 3~10m。叶长圆状披针形，长 5~12cm，宽 1.5~3cm，基部两侧稍偏斜。花 1~3 朵簇生于叶腋；子房被毛；花柱 4~5 裂。果被柔毛。

分布华南、西南地区。

（3）二列叶柃 Eurya distichophylla Hemsl.

灌木或小乔木；高 1.5~7m。叶披针形，长 3~6cm，宽 8~15mm，基部圆形。花 1~3 朵簇生于叶腋；子房被毛；花柱 3 裂。果被柔毛。

分布华南、华东、西南地区。

（4）岗柃 Eurya groffii Merr.

常绿灌木或小乔木。叶披针形或披针状长圆形，长 5~10cm，宽 1.2~2.2cm，背面被长毛，边缘有细齿。花 1~9 朵簇生叶腋，白色。浆果圆球形。

分布华南、华东、西南地区。

（5）细枝柃 Eurya loquaiana Dunn

灌木或小乔木。叶卵状披针形，长 4~9cm，宽 1.5~2.5cm，下面中脉被毛，边缘细齿。花 1~4 朵簇生；子房无毛；花柱 3 裂。果无毛。

分布华南、华东、华中、西南地区。

（6）黑柃 Eurya macartneyi Champ.

常绿小乔或灌木。叶长圆形，长 6~14cm，宽 2~4.5cm，基部圆钝，边缘上部有齿。子房无毛；花柱 3 裂。浆果球形，果直径约 5mm。

分布华南、华中、华东地区。

（7）细齿叶柃 **Eurya nitida** Korth.

常绿灌木或小乔木。全株无毛。叶长圆形或倒卵状长圆形，长 4~7cm，宽 1.5~2.5cm，边缘有锯齿。花 1~4 朵簇生于叶腋。浆果圆球形。

分布华东、华中、华南、西南地区。

（8）窄基红褐柃 **Eurya rubiginosa** H. T. Chang var. **attenuata** H. T. Chang

灌木，高 2.5~3.5m，全株除萼片外均无毛。本变种和原变种的主要区别在于叶片较窄，侧脉斜出，基部楔形，有显著叶柄以及萼片无毛，花柱有时几分离等。

分布江苏、安徽、浙江、江西、福建、湖南、广西、云南。

（9）窄叶柃 **Eurya stenophylla** Merr.

灌木。嫩枝有棱，无毛。叶狭披针形，长 3~6cm，宽 7~10mm，基部楔形，边缘有锯齿。花 1~3 朵簇生叶腋。果长卵形。

分布华中、华南、西南地区。

5. 五列木属 Pentaphylax Gardner & Champ.

单叶，螺旋状排列；托叶宿存。花小，两性，辐射对称，排列成腋生假穗状或总状花序。蒴果椭圆形。

（1）五列木 **Pentaphylax euryoides** Gardner & Champ.

常绿乔木或灌木。单叶互生，革质，卵形至长圆状披针形；总状花序腋生或顶生；花辐射对称，花萼、花瓣 5 枚，子房 5 室。蒴果椭圆状。

分布华南至西南地区。

6. 厚皮香属 Ternstroemia Mutis ex L. f.

常绿乔木或灌木，全株无毛。叶革质，单叶，螺旋状互生，常聚生于枝条近顶端，呈假轮生状，全缘或具不明显腺状齿刻；有叶柄。花两性、杂性或单性和两性异株，通常单生于叶腋或侧生于无叶的小枝上。果为不开裂的浆果。

（1）厚皮香 **Ternstroemia gymnanthera** (Wight & Arn.) Bedd.

灌木或小乔木，高 1.5~10m。叶长 5.5~9cm，宽 2~3.5cm；叶柄长 7~13mm。花两性或单性；萼片 5；花瓣 5，淡黄白色。果实圆球形，长 8~10mm，直径 7~10mm。

广泛分布于安徽、浙江、江西、福建、湖北、湖南、广西、云南、贵州、四川。

（一百二十八）山榄科 Sapotaceae

单叶互生，近对生或对生，通常革质，全缘，羽状脉。花单生或通常数朵簇生叶腋或老枝上，有时排列成聚伞花序，稀成总状或圆锥花序。

1. 紫荆木属 Madhuca J. F. Gmel.

单叶互生，通常聚生于枝顶质，全缘。花单生或簇生于叶腋，有时顶生，下垂，通常具一长梗；花萼裂片4，排列成互生的2轮。

（1）紫荆木 **Madhuca pasquieri** (Dubard) H. J. Lam

高大乔木。有白色乳汁。叶互生，倒卵形。花数朵簇生叶腋；花萼4裂；花冠黄绿色；雄蕊10枚。果椭圆形或球形；种子1~5枚。

分布华南、西南地区。

2. 铁线子属 Manilkara Adans.

叶革质或近革质，具柄，侧脉甚密。花数朵簇生于叶腋；花萼6裂，2轮排列；花冠裂片6。果为浆果。

（1）*人心果 **Manilkara zapota** (L.) P. Royen.

小枝具叶痕。叶互生，密聚于枝顶，长圆形或卵状椭圆形。花1~2朵生于枝顶叶腋；花冠白色。浆果纺锤形或球形，长4cm以上。

南部和东南地区常见栽培。

3. 桃榄属 Pouteria Aubl.

叶互生，有时近对生、散生或多少聚生于小枝顶端。花簇生叶腋，有时生于短枝上，具花梗或有时无梗。果圆球形，无毛或被茸毛。

（1）*蛋黄果 **Pouteria campechiana** Sim.

叶坚纸质，狭椭圆形，两面无毛。花1（2）朵生于叶腋。果倒卵形，长约8cm，绿色转蛋黄色，无毛，味如鸡蛋黄。

华南地区有栽培。

4. 肉实属 Sarcosperma Hook. f.

托叶早落，在叶柄上有明显的托叶痕。单叶对生或近对生，稀互生，全缘。果核果状，椭圆形，具白粉。

（1）肉实树 **Sarcosperma laurinum** (Benth.) Hook. f.

常绿乔木。叶匙形，上部最宽，常倒卵形或倒披针形，叶背脉上有明显纵棱纹。总状花序或为圆锥花序腋生。核果长圆形或椭圆形。

分布华东、华南地区。

5. 铁榄属 Sinosideroxylon (Engl.) Aubr.

叶互生，羽状脉疏离。无托叶。花簇生叶腋，有时排列成总状花序；花萼5裂，稀6裂。浆果卵圆形或球形。

（1）铁榄 **Sinosideroxylon pedunculatum** (Hemsl.) H. Chuang

小枝圆柱形，被锈色柔毛。叶互生，密聚小枝先端，卵形或卵状披针形。花浅黄色，1~3朵簇生于腋生的花序梗上，组成总状花序。浆果卵球形。

分布华南、华东、西南地区。

（2）革叶铁榄 **Sinosideroxylon wightianum** (Hook. & Arn.) Aubrév.

小乔木或灌木。叶椭圆形至披针形或倒披针形，无毛，稍不对称。花绿白色；萼片合生1/3；有不育雄蕊。浆果椭圆形，紫色，长1~1.5cm。

分布华南、西南地区。

（一百二十九）柿科 Ebenaceae

单叶互生，很少对生，全缘，无托叶，具羽状叶脉。雌雄异株，雌花腋生，单生；雄花常生在小聚伞花序上或簇生。浆果多肉质。

1. 柿树属 Diospyros L.

叶互生，有微小透明斑点。花单性，雌雄异株；雄花常较雌花为小。浆果肉质，基部通常有增大的宿存萼。

（1）乌材 **Diospyros eriantha** Champ. ex Benth.

乔木。叶长圆状披针形，长5~15cm，宽2~4cm，叶面光亮、无毛，背面被锈色硬毛。聚伞花序腋生；花冠高脚碟状。果长圆形，直径1cm。

分布华南、华东地区。

（2）*柿 **Diospyros kaki** Thunb.

落叶乔木。叶卵状椭圆形，长7~17cm，宽5~10cm，两面幼时被毛，背面被柔毛。果卵形或扁球形，直径3~8cm；果梗长1cm。

南北各地均有分布和栽培。

（3）野柿 **Diospyros kaki** Thunb. var. **silvestris** Makino

落叶乔木。与柿的主要区别：小枝及叶柄常密被黄褐色柔毛。叶较栽培柿树的叶小，叶下面被毛较多。花较小。果直径约2~5cm。

分布华中、华东、华南地区。

（4）罗浮柿 **Diospyros morrisiana** Hance

落叶乔木或小乔木。叶革质，长椭圆形或卵形，长5~10cm，宽2.5~4cm。雄花序聚伞花序式；雌花单生叶腋。果球形，直径1.6~2cm。

分布华南、华东、华中、西南地区。

（一百三十）报春花科 Primulaceae

叶互生、对生或轮生。花单生或组成总状、伞形或穗状花序，两性，辐射对称。蒴果通常 5 齿裂或瓣裂；种子小，有棱角，常为盾状。

1. 蜡烛果属 Aegiceras Gaertn.

叶互生或于枝条顶端近对生，全缘，腺点不明显。伞形花序，生于枝条顶端；花两性，5 数。蒴果呈新月状弯曲，宿存萼紧包果基部。

（1）蜡烛果 Aegiceras corniculatum (L.) Blanco

灌木或小乔木；高 1.5~4m。叶互生，椭圆形或广倒卵形，长 3~10cm，宽 2~4.5cm，侧脉 7~11 对。伞形花序有花 10 余朵。蒴果圆柱形。

分布华南、华东地区。

2. 紫金牛属 Ardisia Swartz

叶互生，稀对生或近轮生，通常具不透明腺点，全缘或具齿，具边缘腺点或无。浆果核果状，通常为红色，具腺点。

（1）小紫金牛 Ardisia chinensis Benth.

灌木。叶倒卵形或椭圆形，长 3~7.5cm，宽 1.5~3cm；叶柄长 3~10mm。亚伞形花序单生，有花 3（~5）朵；雄蕊为花瓣长的 2/3。果球形。

分布华东、华南地区。

（2）朱砂根 Ardisia crenata Sims

常绿灌木。叶椭圆形或椭圆状披针形，长 7~10cm，宽 2~4cm，边缘皱波状或波状齿，齿尖有腺点。伞形花序；萼片具腺点。果鲜红色。

分布华东至西南地区。

（3）百两金 Ardisia crispa (Thunb.) A. DC.

直立茎无分枝，花枝多。叶具明显的边缘腺点。亚伞形花序，萼片具腺点；花瓣白色或粉红色，具腺点。果球形，鲜红色，具腺点。

分布长江流域以南地区。

（4）细柄百两金 **Ardisia crispa** var. **dielsii** (Levl.)Walker

叶片膜质或近坚纸质，狭披针形，全缘或略波状，具明显的边缘腺点，两面无毛。果球形。

分布华南、西南地区及台湾。

（5）东方紫金牛 **Ardisia elliptica** Thunb.

叶厚，倒披针形或倒卵形。亚伞形花序或复伞房花序；花粉红色至白色；萼片具厚且黑色的腺点；花瓣具黑点；果红色至紫黑色，具小腺点。

分布华南地区及台湾。

（6）灰色紫金牛 **Ardisia fordii** Hemsl.

小灌木，具匍匐状根茎；无分枝。叶椭圆状披针形或倒披针形。伞形花序，花枝具叶；花瓣红色或粉红色，具腺点。果球形，深红色，具腺点。

分布华南地区。

（7）走马胎 **Ardisia gigantifolia** Stapf

大灌木或亚灌木，具匍匐茎；无分枝。叶簇生于茎顶端，椭圆形至倒卵状披针形；叶柄具波状狭翅。花瓣白色或粉红色，具疏腺点。果球形，红色。

分布华南、西南地区。

（8）山血丹 **Ardisia lindleyana** D. Dietr.

常绿灌木或小灌木。叶革质，长圆形至椭圆状披针形，近全缘或具微波状齿，齿尖具明显边缘腺点。亚伞形花序。果深红色。

分布华南、华东、华中地区。

（9）狭叶山血丹 **Ardisia lindleyana** D. Dietr. var. **angustifolia** C. M. Hu & X. J. Ma

灌木；高 1~2m。叶披针形，较原种为狭，边缘齿尖具腺点。伞形花序；雌蕊与花瓣等长；胚珠 5 枚，1 轮。果球形，直径约 6mm，具疏腺点。

（10）虎舌红 **Ardisia mamillata** Hance

矮小灌木。叶片长 7~14cm，宽 3~4（~5）cm，两面绿色或暗紫红色，被锈色或有时为紫红色糙伏毛。果球形，直径约 6mm，鲜红色，多少具腺点，几无毛或被柔毛。

分布海南、湖南、福建、广西、四川、贵州。

(11) 光萼紫金牛 Ardisia omissa C. M. Hu

小乔木或灌木。叶螺旋状着生，近莲座状，叶片长圆状椭圆形，纸质，有腺点。复亚伞形花序腋生，花两性。浆果核果状，球形。

分布华南地区。

(12) 莲座紫金牛 Ardisia primulifolia Gardner & Champ.

叶互生或基生呈莲座状，坚纸质或近膜质，椭圆形或长圆状倒卵形，两面有时紫红色，被锈色卷曲长柔毛。果略肉质，鲜红色。

分布华南、华中、西南地区。

(13) 罗伞树 Ardisia quinquegona Blume

常绿灌木至小乔木。枝、叶背被鳞片。叶长圆状披针形，

长 8~16cm，宽 2~4cm，全缘，边缘腺点不明显或无。伞形花序。果扁球形。

分布华东、华南、西南地区。

3. 酸藤子属 Embelia Burm. f.

叶互生或于枝条顶端近对生，全缘，腺点不明显。伞形花序，生于枝条顶端；花两性，5 数。蒴果，圆柱形，呈新月状弯曲。

(1) 酸藤子 Embelia laeta (L.) Mez

常绿攀缘灌木或藤本。枝无毛。叶坚纸质，倒卵状椭圆形，长 5~8cm，宽 2.5~3.5cm，边全缘，无腺点。总状花序。果球形。

分布华南、华东、西南地区。

(2) 当归藤 Embelia parviflora Wall. ex A. DC.

攀缘灌木或藤本。叶二列，叶片长 1~2cm，宽 0.6~1cm。

花5数，花瓣白色或粉红色。果球形，直径5mm或略小，暗红色。

分布海南、香港、福建、广西、云南、贵州。

（3）白花酸藤果 **Embelia ribes** Burm. f.

攀缘灌木或藤本。枝无毛。叶坚纸质，倒卵状椭圆形，长5~8cm，宽2.5~3.5cm，边全缘。圆锥花序顶生。果球形或卵形，红或深紫色。

分布华南、华东、西南地区。

（4）平叶酸藤子 **Embelia undulata** (Wall.) Mez

攀缘灌木、藤本或小乔木。叶椭圆形或长圆状椭圆形。总状花序；花4数，萼片具密腺点；花瓣密布腺点。果球形或扁球形，有明显的纵肋及腺点。

分布华南、西南地区。

（5）密齿酸藤子 **Embelia vestita** Roxb.

常绿攀缘灌木或藤本。枝无毛，叶坚纸质，长圆状卵形，长5~10cm，宽2~4cm，边缘有细密锯齿。总状花序腋生。果具腺点。

4. 珍珠菜属 **Lysimachia** L.

叶互生、对生或轮生，全缘。花单出腋生或排成顶生或腋生的总状花序或伞形花序。蒴果卵圆形或球形，通常5瓣开裂。

（1）泽珍珠菜 **Lysimachia candida** Lindl.

一年生或二年生草本。基生叶匙形或倒披针形，具有狭翅的柄；茎叶互生，叶基部下延，两面均有小腺点。总状花序顶生；花冠白色。蒴果球形。

分布华南、华中、华东、华北、西南、西北地区。

（2）矮桃 **Lysimachia clethroides** Duby

草本。叶互生，长椭圆形至阔披针形，长6~16cm，宽2~5cm，顶端渐尖，基部楔形，两面密被柔毛和黑色腺点。花较密集。蒴果纵裂。

分布东北、华中、西南、华南、华东地区。

（3）星宿菜 Lysimachia fortunei Maxim.

草本。叶互生，长椭圆状披针形至椭圆形，长 5~11cm，宽 1~2.5cm，顶端渐尖，基部楔形，两面有褐色腺点。花较长，较疏生。蒴果纵裂。

分布华南、华东、华中、西南、西北地区。

5. 杜茎山属 Maesa Forsk.

叶全缘或具各式齿，常具脉状腺条纹或腺点。总状花序或呈圆锥花序，腋生，稀顶生。肉质浆果或干果，球形或卵圆形。

（1）杜茎山 Maesa japonica (Thunb.) Moritzi ex Zoll.

灌木。叶片革质，叶形多变，几全缘或中部以上具疏齿，两面无毛。总状花序或圆锥花序腋生；有 1 对小苞片，具腺点。果球形。

分布台湾至西南地区。

（2）鲫鱼胆 Maesa perlarius (Lour.) Merr.

常绿灌木。植株被毛。叶纸质或近坚纸质，椭圆状卵形或椭圆形。总状花序或圆锥花序腋生；有 1 对小苞片，无腺点。果球形。

分布华东至西南沿海地区。

6. 铁仔属 Myrsine L.

叶通常具锯齿，稀全缘，无毛，有时具腺点；叶柄通常下延至小枝上。伞形花序或花簇生，腋生，侧生或生于无叶的老枝叶痕上。

（1）打铁树 Myrsine linearis (Lour.) Poir.

灌木或乔木，分枝多。叶常聚于小枝顶端，倒卵形或倒披针形，长 3~7cm，宽 1.2~2.5cm。花簇生或成伞形花序；花瓣白色或淡绿色。果球形，紫黑色。

分布华南、西南地区。

（2）密花树 Myrsine seguinii H. Lév.

常绿小乔木。叶长圆状倒披针形至倒披针形，长 7~17cm，宽 1.5~5cm，全缘，顶端渐尖。伞形花序或花簇生。果球形或近卵形。

分布西南地区至台湾。

（一百三十一）山茶科 Theaceae

叶革质，互生，羽状脉，全缘或有锯齿，无托叶。花两性稀雌雄异株，单生或数花簇生。果为蒴果，或不分裂的核果及浆果状。

1. 圆籽荷属 Apterosperma Hung T. Chang

叶互生，边缘具锯齿。花小，两性，排列成总状花序，有短花柄；萼片5，宿存；花瓣5，白色。蒴果扁球形，沿室背5片裂开。

（1）圆籽荷 Apterosperma oblata H. T. Chang

灌木至小乔木；高3~10m。叶聚生于枝顶，狭椭圆形或长圆形，长5~10cm，宽1.5~3cm。花小，浅黄色；雄蕊2轮。蒴果扁球形。

分布华南地区。

2. 山茶属 Camellia L.

叶多为革质，羽状脉，有锯齿，少数抱茎叶近无柄。花顶生或腋生，单花或2~3朵并生，有短柄。果为蒴果，5~3片自上部裂开。

（1）* 杜鹃叶山茶 Camellia azalea C. F. Wei

叶革质，倒卵状长圆形，长7~11cm，宽2~3.5cm。花深红色，单生于枝顶叶腋；苞片与萼片8~9片，花瓣5~6片。蒴果短纺锤形，果片木质。

分布华南地区。

（2）长尾毛蕊茶 Camellia caudata Wall.

灌木至乔木。枝被短微毛。叶长圆形，长5~9cm，宽1~2cm，顶端尾状渐尖。苞片3~5枚；花瓣背面被毛；子房仅1室发育，花丝管长6~8mm。

分布华南、华中、华东、西南地区。

（3）贵州连蕊茶 Camellia costei H. Lév.

灌木或小乔木。叶椭圆形，长4~7cm，宽1.3~2.6cm。苞片4~5枚；萼片基部合生；子房仅1室发育；花丝管长7~9mm。蒴果圆球形。

分布西南、华南、华中地区。

（4）尖连蕊茶 Camellia cuspidata (Kochs) H. J. Veitch.

灌木，嫩枝有短柔毛。叶披针形，先端尾状渐尖。花顶生，花柄长1~2mm；萼片离生，短小，卵形，花瓣长8~11mm；雄蕊雄蕊长7~9mm。

分布华南、华中、华东、西南地区。

（5）越南油茶 Camellia drupifera Lour.

灌木至小乔木；高4~8m。叶两面多小瘤状突起。苞被片未

分化，厚革质；花白色，直径 6~7.5cm；花丝分离，花柱合生。果直径 5~7cm。

分布华南地区。

（6）柃叶连蕊茶 Camellia euryoides Lindl.

灌木至乔木。幼枝被长柔毛。叶小，似柃叶状，椭圆形，长 2~4cm，宽 7~14mm。苞片 4~5 枚；子房仅 1 室发育，花丝管长 7~9mm。

分布华南、华东、华中地区。

（7）糙果茶 Camellia furfuracea (Merr.) Cohen-Stuart

灌木至小乔木。叶革质，长圆形至披针形，长 8~15cm，宽 2.5~4cm。花 1~2 朵顶生及腋生，无柄，白色；苞片、萼片及花瓣 7~8 片。蒴果球形。

分布华南地区。

（8）* 山茶 Camellia japonica L.

灌木至小乔木。叶椭圆形，长 6~9cm，基部楔形，柄长 8~15mm。花红色、白色、浅红色等，直径 5~7cm；花丝合生。果直径 2.5~3.5cm。

西南、华东等地区有野生种，各地广泛栽培。

（9）落瓣短柱茶 Camellia kissi Wall.

灌木至小乔木。叶片长 5~7cm，宽 1.5~3cm，先端渐尖或长尾状。花白色，顶生或腋生，几无柄。蒴果梨形或近球形，两端略尖，长 2cm，3 片裂开。

分布广东、香港、海南、广西、湖南、云南。

（10）广东毛蕊茶 Camellia melliana Hand.-Mazz.

灌木。叶长 3~5cm，宽 1~1.3cm。叶柄长 1~2mm，有茸毛。苞片 4 片；花冠白色，长约 12mm；花瓣 5~6 片。蒴果近球形，长 1~1.2cm，宽 9~10mm，先端有小尖突。

全国罕见。

（11）油茶 Camellia oleifera Abel

灌木至乔木。叶革质；叶柄长 4~8mm，有粗毛。苞被片未分化，厚革质；花白色，直径 3~6cm；花丝分离，花柱合生。果直径 3~5cm。

从长江流域到华南各地广泛栽培。

（12）柳叶毛蕊茶 Camellia salicifolia Champ. ex Benth.

灌木至小乔木。叶长 6~10cm，宽 1.4~2.5cm，先端尾状渐尖；叶柄长 1~3mm。苞片 4~5 片，花冠白色；花瓣 5~6 片。蒴果圆

球形或卵圆形，长 1.5~2.2cm。

分布香港、广西、福建、江西、湖南和台湾。

（13）南山茶 Camellia semiserrata C. W. Chi

灌木至乔木。叶椭圆形，长 9~15cm，基部楔形；柄长 1~1.7cm。苞被片未分化；花红色，直径 7~9cm；花丝合生。果大，直径 7~9cm。

分布华南地区。

（14）大果南山茶 Camellia semiserrata C. W. Chi var. magnocarpa Hu & T. C. Huang

嫩枝无毛。叶椭圆形，先端急尖，边缘具锐利锯齿；花红色，单生于近枝顶叶腋内，无柄；苞片及萼片 9~10 片；花瓣 7~9 片。蒴果圆球形。

分布华南地区。

（15）* 茶 Camellia sinensis (L.) Kuntze

灌木至乔木。叶长圆形或椭圆形，长 4~12cm。花 1~3 朵腋生，白色；苞片 2 枚；萼片宿存；子房被毛，花丝分离。果三角状球形。

长江流域及以南地区有栽培。

（16）* 普洱茶 Camellia sinensis (L.) Kuntze var. assamica (J. W. Mast.) Kitam.

灌木至乔木。叶椭圆形，顶端急尖，基部阔楔形，下面有柔毛，边缘有细锯齿。花瓣 5~6 片，长 1.5~1.8cm，白色。蒴果扁三角球形。

3. 大头茶属 Polyspora Sweet ex G. Don

叶长圆形，羽状脉，全缘或有少数齿突。花大，白色，腋生，有短柄。蒴果长筒形，室背裂开。

（1）大头茶 Polyspora axillaris (Roxb. ex Ker Gawl.) Sweet ex G. Don

乔木。嫩叶红褐色。叶厚革质，倒披针形，长 6~14cm。花着生枝顶叶腋，白色；萼片 5 数。蒴果长，5 片裂；种子小，具翅。

分布华南、西南、华中地区。

4. 木荷属 Schima Reinw.

叶常绿,全缘或有锯齿。花大单生于枝顶叶腋,白色,有长柄。萼片5,宿存;花瓣5。蒴果球形。

(1) 疏齿木荷 Schima remotiserrata H. T. Chang

叶厚革质,长圆形或椭圆形,边缘有疏钝齿;叶柄扁平,有狭翅。花6~7朵簇生于枝顶叶腋;苞片3片,早落。蒴果宽1.5cm。

分布华南、华东、华中地区。

(2) 木荷 Schima superba Gardner & Champ.

常绿大乔木。叶革质,椭圆形,长7~12cm,宽4~6.5cm,边缘有钝锯齿,背无毛。花生于枝顶叶腋;萼片半圆形。蒴果球形。

分布华东、华南、华中、西南地区。

(3) 西南木荷 Schima wallichii (DC.) Choisy

乔木;高15m。叶全缘,被缘毛,叶背灰白色,有柔毛;叶柄长1~2cm。花数朵生于枝顶叶腋。蒴果直径1.5~2cm,果柄有皮孔。

分布华南、西南地区。

(一百三十二) 山矾科 Symplocaceae

单叶,互生,通常具锯齿、腺质锯齿或全缘,无托叶。花辐射对称,排成穗状花序、总状花序、圆锥花序或团伞花序。果为核果。

1. 山矾属 Symplocos Jacq.

单叶互生,通常具锯齿、腺质锯齿或全缘,无托叶。花辐射对称,排成穗状花序、总状花序、圆锥花序或团伞花序。果为核果。

(1) 腺柄山矾 Symplocos adenopus Hance

灌木或小乔木。芽、嫩枝、叶背被褐色柔毛。叶椭圆状卵形,长8~16cm,叶缘有腺点和柔毛;叶柄有腺齿。团伞花序腋生。核果圆柱形。

分布华南、华中、华东、西南地区。

(2) 越南山矾 Symplocos cochinchinensis (Lour.) S. Moore

乔木。幼枝、叶柄、叶背中脉被红褐茸毛。叶椭圆形,长9~20cm,宽3~6cm,边全缘或具腺尖齿,叶背被柔毛。穗状花序。果球形。

分布华南、华东、西南地区。

（3）密花山矾 **Symplocos congesta** Benth.

常绿乔木或灌木。叶片两面均无毛，长 8~10（17）cm，宽 2~6cm；叶柄长 1~1.5cm。花冠白色，长 5~6mm。核果熟时紫蓝色，长 8~13mm。

分布香港、海南、台湾、福建、江西、湖南、广西、云南。

（4）长毛山矾 **Symplocos dolichotricha** Merr.

乔木；高 12m。嫩枝、叶两面及叶柄被开展长毛。叶椭圆形，长 6~13cm，宽 2~5cm，全缘或有疏细齿。团伞花序。果近球形。

分布华南地区。

（5）三裂山矾 **Symplocos fordii** Hance

灌木；高约 2m。叶基部偏斜，心形；近无柄。穗状花序短，有花 5~10 朵；萼片 3 枚；花冠 5 深裂几达基部。核果狭卵形，宿萼裂片直立。

分布华南地区。

（6）羊舌树 **Symplocos glauca** (Thunb.) Koidz.

乔木。叶狭椭圆形或倒披针形，长 6~15cm，宽 2~4cm，全缘或有腺质尖齿，背苍白。穗状花序常有分枝，长 1~1.5cm。核果长卵形。

分布华南、华中、华东、西南地区。

（7）毛山矾 **Symplocos groffii** Merr.

乔木。幼枝、叶柄、中脉、叶背脉及叶缘被开展长硬毛。叶椭圆形，长 5~8cm，宽 2~3cm，全缘或具疏尖齿。穗状花序。果椭圆形。

分布华中、华南、华东、西南地区。

（8）光叶山矾 **Symplocos lancifolia** Siebold & Zucc.

小乔木。幼枝、嫩叶背面、花序被黄色柔毛。叶卵形或阔披针形，长 3~6cm，宽 1.5~2.5cm，边缘具浅齿。穗状花序。果近球形。

分布长江流域以南地区。

（9）光亮山矾 **Symplocos lucida** (Thunb.) Siebold & Zucc.

灌木或树木。叶片长圆形到狭椭圆形，无毛，基部楔形，侧脉 4~15 对。苞片和小苞片宿存，宽倒卵形，无毛。核果卵球形或椭圆形。

分布华东、华中、华南、西南地区。

（10）白檀 Symplocos paniculata Miq.

落叶灌木或小乔木；叶片长 3~11cm，宽 2~4cm；叶柄长 3~5mm。圆锥花序长 5~8cm；花冠白色，长 4~5mm，5 深裂几达基部。核果熟时蓝色，卵状球形。

原产南美洲。东北、华北、华中、华南、西南地区有栽培。

（11）山矾 Symplocos sumuntia Buch.-Ham. ex D. Don

嫩枝褐色。叶薄革质，长 3.5~8cm，宽 1.5~3cm，先端常呈尾状渐尖。总状花序；花冠白色，5 深裂几达基部。核果卵状坛形，顶端宿萼裂片直立。

分布长江流域以南地区。

（12）乌饭树叶山矾 Symplocos vacciniifolia H. S. Chen & H. G. Ye

单叶互生，无托叶，薄革质，心形、卵状心形至长圆形，边缘有不明显浅波状齿，中脉两面被短柔毛；叶柄被短柔毛。总状花序腋生。核果椭球形。

（一百三十三）安息香科 Styracaceae

单叶互生，无托叶。总状花序、聚伞花序或圆锥花序。核果而有一肉质外果皮或为蒴果，稀浆果，具宿存花萼。

1. 赤杨叶属 Alniphyllum Matsum.

落叶乔木。叶互生，边缘有锯齿，无托叶。总状花序或圆锥花序，顶生或腋生；花两性，有长梗；花梗与花萼之间有关节；花冠钟状，5 深裂；裂片在花蕾时作覆瓦状排列。蒴果长圆形，成熟时室背纵裂成 5 果瓣。

（1）赤杨叶 Alniphyllum fortunei (Hemsl.) Makino

乔木，高 15~20m。叶长 8~15（~20）cm，宽 4~7（~11）cm，下面褐色或灰白色，有时具白粉；叶柄长 1~2cm。花白色或粉红色，长 1.5~2cm。

分布中部、南部和西南地区。

2. 木瓜红属 Rehderodendron Hu

落叶乔木。叶互生，有叶柄，边缘有锯齿。总状花序或圆锥花序，生于去年小枝的叶腋，有花数朵至十余朵，花开于长叶前或与叶同时开放；花梗与花萼之间有关节。果实有 5~10 棱。

（1）贵州木瓜红 Rehderodendron kweichowense Hu

乔木，高达 15m。叶片长 12~20cm，宽 5~9.5cm，上面绿色，下面灰绿色；叶柄长约 1cm。花白色，长 1.2~1.5cm。果实长圆形，或长圆状椭圆形，有 10~12 棱。

分布广西、云南、贵州。

3. 安息香属 Styrax L.

单叶互生，多少被星状毛或鳞片状毛。总状花序、圆锥花序或聚伞花序，极少单花或数花聚生，顶生或腋生。核果肉质。

（1）白花龙 Styrax faberi Perkins

灌木。嫩枝、叶柄、花轴、小苞片、花梗、花萼被星状毛。叶卵状椭圆形，长 4~11cm，宽 3~5.5cm，边缘有细锯齿。果顶端圆形。

分布长江流域以南地区。

（2）芬芳安息香 Styrax odoratissimus Champ. ex Benth.

小乔木；高 4~10m。嫩枝、嫩叶、花轴、花梗、花萼密被星状短茸毛。叶卵形或卵状长圆形，长 4~15cm，宽 2~8cm，边缘有不明显锯齿。

分布长江流域以南地区。

（3）栓叶安息香 Styrax suberifolius Hook. & Arn.

落叶乔木；高 4~20m。叶椭圆形，全缘，背面密被灰色或锈色星状茸毛。总状花序或圆锥花序；花冠 4（~5）裂。果实卵状球形。

分布长江流域以南地区。

（4）越南安息香 Styrax tonkinensis (Pierre) Craib ex Hartwich

乔木。枝、叶背、花轴、花梗、花萼密被星状茸毛。叶椭圆形，长 5~18cm，宽 4~10cm，边近全缘或上部有疏齿。花白色。果被毛。

分布华南、西南、华中、华东地区。

（一百三十四）猕猴桃科 Actinidiaceae

单叶互生，无托叶。花序腋生，聚伞式或总状式，或简化至 1 花单生。花两性或雌雄异株，辐射对称；果为浆果或蒴果。

1. 猕猴桃属 Actinidia Lindl.

枝条通常有皮孔。单叶互生，有锯齿，很少近全缘，叶脉羽状。花白色、红色、黄色或绿色，腋生或生于短花枝下部。果为浆果。

（1）异色猕猴桃 Actinidia callosa Lindl. var. discolor C. F. Liang

小枝坚硬，无毛。叶坚纸质，椭圆形，矩状椭圆形至倒卵形，顶端急尖，边缘有锯齿，两面无毛，叶脉发达；果小，卵珠形或近球形，长约1.5~2cm。

分布长江流域以南地区。

（2）毛花猕猴桃 Actinidia eriantha Benth.

大型落叶藤本；小枝、叶柄、花序和萼片密被乳白色或淡污黄色直展的茸毛或交织压紧的绵毛。叶长 8~16cm，宽 6~11cm，背面粉绿色。果柱密被乳白色茸毛。

分布浙江、福建、江西、湖南、贵州、广西、广东。

（3）黄毛猕猴桃 Actinidia fulvicoma Hance

藤本。枝被长硬毛。叶卵状长圆形，长 9~16cm，宽 4.5~6cm，基部浅心形，叶面被长硬毛，背面被星状茸毛。花白色。果卵球形。

分布华中、华东、华南、西南地区。

（4）中越猕猴桃 Actinidia indochinensis Merr.

大型落叶藤本。叶长 4~10cm，宽 3.5~5cm。花序 1~3 花；花白色；萼片 5 枚；花瓣 5 枚。果成熟时绿褐色，秃净，具斑点，卵珠形。

分布华南、西南地区。

（5）阔叶猕猴桃 Actinidia latifolia (Gardner & Champ.) Merr.

藤本。枝近无毛。叶阔卵形，长 8~13cm，宽 5~8.5cm，基部圆形或微心形，叶面无毛，背面被星状短茸毛。花多，白色。果圆柱形。

分布长江流域以南地区。

（6）美丽猕猴桃 Actinidia melliana Hand.-Mazz.

中型半常绿藤本。叶长 6~15cm，宽 2.5~9cm，背面密被糙伏毛，背面粉绿色；叶柄长 10~18mm，被锈色长硬毛。花白色。果成熟时秃净，圆柱形。

分布海南、广西、湖南、江西。

2. 水东哥属 Saurauia Willd.

单叶互生，叶背被茸毛或否，叶缘具锯齿。花序聚伞式或圆锥式，单生或簇生。萼片 5；花瓣 5。浆果球形或扁球形，通常具棱。

（1）水东哥 Saurauia tristyla DC.

小乔木；高 3~6m。枝有鳞片状刺毛。叶倒卵状椭圆形，长

10~28cm，宽4~11cm，叶缘具刺状锯齿。花瓣基部合生。浆果球形。

分布华南、华东、西南地区。

（一百三十五）杜鹃花科 Ericacea

叶革质，少有纸质，互生，极少假轮生，稀交互对生，全缘或有锯齿，无托叶。花单生或组成总状、圆锥状或伞形总状花序，顶生或腋生。

1. 吊钟花属 Enkianthus Lour.

叶互生，全缘或具锯齿，常聚生枝顶。单花或为顶生、下垂的伞形花序或伞形总状花序。蒴果椭圆形，5棱。

（1）吊钟花 **Enkianthus quinqueflorus** Lour.

灌木或小乔木。叶倒卵形，长6~12cm，宽2~4cm，边全缘。常3~8（~13）朵组成伞房花序；花冠宽钟状，白色或淡红色。果直立。

分布华东、华中、华南、西南地区。

（2）齿缘吊钟花 **Enkianthus serrulatus** (E. H. Wilson) C. K. Schneid.

落叶灌木或小乔木。叶密集枝顶，长圆形或长卵形，边缘具细锯齿。伞形花序顶生。花冠钟形，白绿色，5浅裂，裂片反卷。蒴果椭圆形，具棱。

分布华东、华中、华南、西南地区。

2. 杜鹃花属 Rhododendron L.

叶互生，全缘，稀有不明显的小齿。花通常排列成伞形状或短总状花序，稀单花，通常顶生，少有腋生。

（1）满山红 **Rhododendron mariesii** Hemsl. & E. H. Wilson

落叶灌木；幼枝、幼叶、花萼、子房和果被柔毛。叶长4~7.5cm，宽2~4cm。花顶生，先花后叶，淡紫红色或紫红色。蒴果椭圆状卵球形。

分布长江流域以南地区，东至台湾。

（2）*锦绣杜鹃 **Rhododendron × pulchrum** Sweet

叶下面被微柔毛及糙伏毛；叶柄被糙伏毛；顶生伞形花序有1~5花；花梗被红棕色扁平糙伏毛；花冠漏斗形，玫瑰色，有深紫红色斑点。

分布华南、华东、华中地区。

（3）杜鹃 **Rhododendron simsii** Planch.

灌木。幼枝、叶柄、花梗、花萼、子房和果密被红褐色糙伏毛。

叶椭圆形，长 3.5~7cm，宽 1~2.5cm。花猩红色；雄蕊 10 枚，花柱无毛。

分布华东、华中、华南、西南地区。

3. 越橘属 Vaccinium L.

叶互生，稀假轮生，全缘或有锯齿，叶片两侧边缘基部有或无侧生腺体。总状花序。浆果球形，顶部冠以宿存萼片。

（1）南烛 Vaccinium bracteatum Thunb.

常绿灌木或小乔木，高 2~6（~9）m。叶片长 4~9cm，宽 2~4cm。总状花序顶生和腋生，长 4~10cm；花冠白色。浆果直径 5~8mm，熟时紫黑色。

（2）云南越橘 Vaccinium duclouxii (G. Don) Sleumer

叶片革质，卵状披针形、长圆状披针形或卵形，边缘有细锯齿，两面无毛。花序生于枝顶叶腋和下部叶腋。浆果熟时紫黑色。

分布华南、西南地区。

（3）镰叶越橘 Vaccinium subfalcatum Merr. ex Sleumer

叶片薄革质，狭披针形或长椭圆状披针形，边缘有锯齿，齿端胼胝体状，两面无毛。总状花序腋生和顶生。浆果球形，成熟时紫黑色，被短柔毛。

分布华南地区。

（一百三十六）茶茱萸科 Icacinaceae

单叶互生，稀对生，通常全缘，稀分裂或有细齿，大多羽状脉，少有掌状脉；无托叶。花两性，辐射对称。果核果状，有时为翅果。

1. 定心藤属 Mappianthus Hand.-Mazz.

木质藤本，被硬粗伏毛；卷须粗壮，与叶轮生。叶对生或近对生。花梗被硬毛，聚伞花序腋生。核果长卵圆形，被硬伏毛，黄红色。

（1）定心藤 Mappianthus iodoides Hand.-Mazz.

木质大藤本。叶对生，长椭圆形至长圆形，叶脉在背面凸起明显。花序交替腋生。核果大，椭圆形，长 2~3.5cm，宽 1~1.5cm，肉甜味。

分布华南、华东、华中、西南地区。

（一百三十七）丝缨花科 Garryaceae

乔木或灌木，雌雄异株。单叶对生，几部合生，全缘或有齿。花序顶生，圆锥状或总状。花 4 数，雄蕊与花瓣互生。雌花柄常有关节，子房下位。

1. 桃叶珊瑚属 Aucuba Thunb.

常绿小乔木或灌木，枝、叶对生。叶厚革质至厚纸质，上面深绿色，有光泽，下面淡绿色，边缘具粗锯齿、细锯齿或腺状齿；羽状脉；叶柄较粗壮。核果肉质，圆柱状或卵状，幼时绿色，成熟后红色，干后黑色，顶端宿存萼齿、花柱及柱头。

（1）桃叶珊瑚 Aucuba chinensis Benth.

常绿小乔木或灌木，高 3~6（~12）m。叶片长 10~20cm，宽 3.5~8cm。圆锥花序顶生。幼果绿色，成熟为鲜红色。

分布香港、福建、台湾、海南、广西。

（一百三十八）茜草科 Rubiaceae

叶对生，有托叶。花序各式，均由聚伞花序复合而成，很少单花或少花的聚伞花序。浆果、蒴果或核果。

1. 水团花属 Adina Salisb.

灌木或小乔木。叶对生；托叶窄三角形。头状花序顶生或腋生，或两者兼有。果序中的小蒴果疏松。

（1）水团花 Adina pilulifera (Lam.) Franch. ex Drake

小乔木。叶对生，椭圆形至椭圆状披针形，长 4~12cm，宽 1.5~3cm；叶柄长 2~6cm。头状花序明显腋生。果序径 8~10mm。

分布华南、华中、华东、西南地区。

2. 茜树属 Aidia Lour.

叶对生，具柄；托叶在叶柄间。聚伞花序腋生或与叶对生，或生于无叶的节上。浆果球形，平滑或具纵棱。

（1）香楠 **Aidia canthioides** (Champ. ex Benth.) Masam.

常绿灌木或乔木。叶长圆状披针形，长 4~9cm，宽 1.5~7cm。聚伞花序腋生；花梗长 5~16mm；花萼外面被毛。浆果球形。

分布华南、华东、西南地区。

（2）茜树 **Aidia cochinchinensis** Lour.

常绿灌木或小乔木。嫩枝无毛。叶对生，椭圆形，长 5~22cm，宽 2~8cm。聚伞花序与叶对生；花梗长常不及 5mm。浆果球形。

分布华南、华东、华中西南地区。

（3）多毛茜草树 **Aidia pycnantha** (Drake) Tirveng.

常绿灌木或乔木。嫩枝密被锈色柔毛。叶革质或纸质，对生，

长圆状椭圆形，长 10~20cm，宽 3~8cm。聚伞花序与叶对生。浆果球形。

分布华南、华东、西南地区。

3. 白香楠属 Alleizettella Pitard

叶对生，具柄；托叶在叶柄间。聚伞花序生于侧生短枝的顶端或老枝的节上；花两性。浆果球形，果皮平滑。

（1）白果香楠 **Alleizettella leucocarpa** (Champ. ex Benth.) Tirveng.

常绿灌木。小枝被锈色糙伏毛。叶长圆状倒卵形，长 4~7cm，宽 2~6cm，背面脉上被毛。聚伞花序；心皮每室 2~4 胚珠。浆果白色。

分布华南、华东地区。

4. 雪花属 Argostemma Wall.

叶轮生或对生，同一节上的叶常不等大；托叶生叶柄间。聚伞花序或伞形花序有总梗，顶生或腋生；花 4 或 5 数。

（1）岩雪花 **Argostemma saxatile** Chun & F. C. How ex W. C. Ko

草本。叶对生，一大一小，大的长 1.5~5.5cm，宽 8~18mm，侧脉 5~7 对。伞形或总状花序有花 2~4 朵；花冠管长 1.5~2mm。果未见。

分布华南地区。

5. 鱼骨木属 Canthium Lam.

具刺或无刺。叶对生；托叶生在叶柄间，三角形，基部合生。花腋生，簇生或排成伞房花序式的聚伞花序。核果近球形。

（1）猪肚木 Canthium horridum Blume

灌木。有刺植物；小枝被毛。叶卵状椭圆形，长 2~4cm，宽 1~2cm，侧脉 2~3 对。花小，单生或数朵簇生叶腋。核果卵形，单生或孪生。

分布华南、西南地区。

（2）大叶鱼骨木 Canthium simile Merr. & Chun

直立灌木至小乔木。植株无刺，近无毛。叶卵状长圆形，长 9~13cm，宽 4.5~6.5cm，侧脉 6~8 对。聚伞花序腋生；总花梗长 10mm。核果孪生。

分布华南、西南地区。

6. 山石榴属 Catunaregam Wolf

小枝通常具刺。叶对生或簇生于侧生短枝上。花单生或 2~3 朵簇生于具叶、抑发的侧生短枝顶。浆果形、椭圆形或卵球形。

（1）山石榴 Catunaregam spinosa (Thunb.) Tirveng.

有刺灌木或小乔木；刺腋生或对生。叶对生或簇生，倒卵形或长圆状倒卵形；托叶顶端芒尖。花单生或 2~3 朵簇生。浆果大，球形，顶冠宿存萼裂片。

分布华南、西南地区及台湾。

7. 风箱树属 Cephalanthus L.

叶轮生或对生；托叶着生于叶柄间，顶部有一黑色腺体或无腺体。头状花序顶生或腋生。果序球形，由不开裂的坚果组成。

（1）风箱树 Cephalanthus tetrandrus (Roxb.) Ridsdale & Bakh. f.

落叶灌木或小乔木。叶对生或轮生，卵形至卵状披针形，长 10~15cm，宽 3~5cm；托叶阔卵形。头状花序。坚果顶部有宿存萼檐；种子具翅状。

分布华南、华中、华东地区。

8. 弯管花属 Chasalia Comm. ex Poir.

叶对生或三片轮生；托叶生叶柄间，全缘或 2 裂。萼管卵形、近球形或倒卵形；花冠管延长，常弯曲，顶部 5 裂。

（1）弯管花 Chassalia curviflora (Wall.) Thwaites

灌木。全株被毛。叶对生或3片轮生，长圆状椭圆形或倒披针形，长10~20cm，宽2.5~7cm。花冠管常弯曲，裂片4~5。核果扁球形。

分布华南、西南地区。

9. 流苏子属 Coptosapelta Korth.

藤本或攀缘灌木；小枝圆柱形。叶对生，具柄；托叶小，在叶柄间，三角形或披针形，脱落。花单生于叶腋或为顶生的圆锥状聚伞花序。萼檐短，5裂，宿存；花冠高脚碟状，裂片5，旋转排列。蒴果近球形，2室，室背开裂。

（1）流苏子 Coptosapelta diffusa (Champ. ex Benth.) Steenis

藤本或攀缘灌木。叶片长2~9.5cm，宽0.8~3.5cm。花单生于叶腋，常对生；花冠白色或黄色，高脚碟状，长1.2~2cm。蒴果稍扁球形，淡黄色。

分布安徽、浙江、江西、福建、台湾、湖北、湖南、香港、广西、四川、贵州、云南。

10. 狗骨柴属 Diplospora DC.

叶交互对生；托叶具短鞘和稍长的芒。聚伞花序腋生和对生；花4（~5）数。核果淡黄色、橙黄色至红色，近球形或椭圆球形。

（1）狗骨柴 Diplospora dubia (Lindl.) Masam

灌木或乔木。叶交互对生，革质，卵状长圆形、长圆形、椭圆形或披针形，两面无毛，叶背网脉不明显。花腋生。浆果近球形。

分布华南、华东、华中、西南地区。

（2）毛狗骨柴 Diplospora fruticosa Hemsl.

灌木或乔木，高1~8（~15）m。叶片长5.5~22cm，宽2.5~8cm。伞房状的聚伞花序腋生，多花；花冠白色，少黄色。果近球形，直径5~7mm，成熟时红色。

分布江西、湖北、湖南、广西、四川、福建、贵州、云南、西藏、台湾。

11. 香果树属 Emmenopterys Oliv.

叶对生。圆锥状的聚伞花序顶生；萼管近陀螺形，裂片5；花冠漏斗形，5裂。蒴果室间开裂为2果爿。

（1）香果树 Emmenopterys henryi Oliv.

落叶大乔木；树皮鳞片状。叶卵状椭圆形，长6~30cm，宽3.5~14.5cm。圆锥状聚伞花序顶生；变态的叶状萼裂片；花白色或黄色。蒴果有纵细棱。

分布华南、华中、华东、西南、西北地区。

12. 栀子属 Gardenia J. Ellis

叶对生，少有3片轮生；托叶生于叶柄内，三角形。花大腋生或顶生，单生、簇生或很少组成伞房状的聚伞花序。浆果平滑或具纵棱。

（1）栀子 Gardenia jasminoides J. Ellis

常绿灌木。叶对生，革质，叶形多样，通常为长圆状披针形，长3~25cm，宽1.5~8cm。花单朵生于枝顶，单瓣。浆果常卵形。

分布华南、华东、华中、西南、西北地区。

（2）狭叶栀子 Gardenia stenophylla Merr.

灌木；高 0.5~3m。叶狭披针形，长 3~12cm，宽 0.5~2.3cm。花单生叶腋或枝顶，具长约 5mm 的花梗。果长圆形，宿存萼片增大。

分布华南、华东地区。

13. 爱地草属 Geophila D. Don

多年生草本。叶对生，具长柄；托叶生叶柄间，通常卵形，全缘。花通常小，单生或数朵排成顶生和腋生的伞形花序，无梗或近无梗，着生于总花梗的顶端；花冠管状漏斗形，喉部被毛，檐部 4 裂或 5~7 裂，裂片镊合状排列。核果肉质。

（1）爱地草 Geophila repens (L.) I. M. Johnst.

多年生、纤弱、匍匐草本。叶柄长 1~5cm，被伸展柔毛。花单生或 2~3 朵排成通常顶生的伞形花序，总花梗长 1~4cm；苞片线形或线状钻形，长约 3mm。

分布台湾、香港、海南、广西、云南、贵州。

14. 长隔木属 Hamelia Jacq.

叶对生或 3~4 片轮生；托叶多裂或刚毛状。聚伞花序顶生，二或三歧分枝，分枝蝎尾状，花偏生于分枝一侧。果为浆果。

（1）* 长隔木 Hamelia patens Jacq.

红色灌木，嫩部均被灰色短柔毛。叶轮生，椭圆状卵形至长圆形。聚伞花序；花无梗；花冠橙红色，冠管狭圆筒状。浆果卵圆状，暗红色或紫色。

华南、西南地区有引种。

15. 耳草属 Hedyotis L.

叶对生，罕有轮生或丛生状；托叶分离或基部连合成鞘状。花序顶生或腋生。果小，膜质、脆壳质。

（1）金草 Hedyotis acutangula Champ. ex Benth.

直立、无毛、亚灌木状草本；茎有 4 棱或具翅。叶对生，革质，卵状披针形或披针形，长 5~12cm，宽 1.5~2.5cm。聚伞花序顶生，蒴果倒卵形。

分布华南地区。

（2）耳草 Hedyotis auricularia L.

多年生粗壮草本；高 30~100cm。小枝被粗毛。叶披针形，长 3~8cm，宽 1~2.5cm；托叶呈鞘状。花超过 10 朵腋生。果不开裂。

分布华南地区。

（3）剑叶耳草 Hedyotis caudatifolia Merr. & F. P. Metcalf

直立灌木，全株无毛。叶对生，革质，通常披针形；托叶阔卵形。圆锥花序式；花 4 数；花冠白色或粉红色。蒴果长圆形或椭圆形，成熟时开裂为 2 果爿。

分布华南、华中、华东地区。

（4）伞房花耳草 Hedyotis corymbosa L.

披散草本。叶对生，膜质，狭披针形，长 1~2cm，宽 1~3mm，两面略粗糙。伞房花序；有明显总花梗；花冠白或粉红。蒴果膜质。

分布华南、华东、西南地区。

（5）白花蛇舌草 Hedyotis diffusa (Willd.) R. J. Wang

一年生披散草本。植株纤细，无毛。叶对生，膜质，线形，长 1~3cm，宽 1~3mm。花常单生，稀有双生，无总花梗。蒴果膜质，扁球形。

分布华南、华东、西南地区。

（6）鼎湖耳草 Hedyotis effusa Hance

直立无毛草本。叶卵状披针形，长 4~9.5cm，宽 2~4cm，基部圆形；近无柄；托叶阔三角形或截平。二歧聚伞花序顶生。果开裂；种子具棱。

分布华南地区。

（7）牛白藤 Hedyotis hedyotidea (DC.) Merr.

草质藤本。老茎无毛，小枝老时圆形。叶对生，膜质，长卵形或卵形，基部楔形或钝。伞形花序较小。蒴果室间开裂为 2，顶部隆起。

分布华南、华东、西南地区。

（8）粗毛耳草 Hedyotis mellii Tutcher

直立粗壮草本，茎和枝近方柱形，幼时被毛。叶对生，纸质，卵状披针形，两面均被疏短毛。聚伞花序顶生和腋生。蒴果椭圆形，成熟时开裂为两个果爿。

分布华南、华中地区。

（9）阔托叶耳草 Hedyotis platystipula Merr.

草本。叶长圆状卵形，长 8~12cm，宽 2.5~4cm；托叶肾形，裂片刺顶端有黑色小腺体。花冠长 8~8.5mm，裂片 4。果仅顶端开裂。

分布华南地区。

（10）纤花耳草 Hedyotis tenelliflora Blume

披散草本。全株无毛。叶线形，长 2~3cm，宽 2~3mm，仅中脉。花 1~3 朵簇生于叶腋内；无花梗。果无毛，仅顶端开裂。

分布华南、华东、西南地区。

（11）长节耳草 Hedyotis uncinella Hook. & Arn.

草本。除花外无毛。叶卵状长圆形，长 3.5~7.5cm，宽 1~3cm，基部渐狭或下延。花近无梗，集成头状。蒴果阔卵形，果爿 2。

分布华南、华中、华东、西南地区。

（12）粗叶耳草 Hedyotis verticillata (L.) R. J. Wang

一年生披散草本，高 25~30cm。叶对生，长 2.5~5cm，宽 6~20mm，两面均被短硬毛，触之刺手。花冠白色，近漏斗形，冠管长约 2mm，顶部 4 裂。

分布香港、海南、广西、云南、贵州、浙江。

16. 龙船花属 Ixora L.

叶对生，很少 3 枚轮生；托叶在叶柄间。花具梗或缺，排成顶生稠密或扩展伞房花序式或三歧分枝的聚伞花序。核果球形或略呈压扁形。

（1）* 龙船花 Ixora chinensis Lam.

灌木。叶纸质或稍厚，对生，披针形至长圆状倒披针形，长 6~13cm；托叶基部合生成鞘状。稠密聚伞花序顶生。果近球形，对生。

分布华南、华东地区。

17. 粗叶木属 Lasianthus Jack

叶对生；托叶生叶柄间，宿存或脱落。花簇生叶腋，或组成腋生、具总梗的聚伞状或头状花序。核果成熟时常为蓝色。

（1）斜基粗叶木 Lasianthus attenuatus Jack

灌木；高 1~2（~3）m。叶常卵形基部偏斜，两边不对称，浅心形，侧脉每边 6~8 条。花数朵簇生叶腋；花冠裂片 5。核果近球形。

分布华南、华东、西南地区。

（2）粗叶木 Lasianthus chinensis (Champ. ex Benth.) Benth.

灌木。叶大，长圆形，长 12~22cm，宽 2.5~6cm，下面脉上被短柔毛。花簇生于叶腋内；无苞片；花萼裂片三角形。核果直径 6~7mm。

分布华南、华东、西南地区。

（3）罗浮粗叶木 Lasianthus fordii Hance

灌木；高 1~2m。枝无毛。叶长圆状披针形，长 5~12cm，宽 2~4cm，尾尖，无毛或背面脉上被硬毛，侧脉 4~6 对。花簇生叶腋。果无毛。

分布华南、华东、西南地区。

（4）西南粗叶木 Lasianthus henryi Hutch.

灌木。叶长圆形，长 7~8cm，宽 1.5~2.5cm，下面脉上被贴伏硬毛，侧脉 7~8 对。花簇生叶腋；苞片小；花萼裂片长三角形。核果。

分布华南、西南地区。

（5）日本粗叶木 Lasianthus japonicus Miq.

灌木。叶长圆形或披针状长圆形，长 9~15cm，宽 2~3.5cm，下面脉上被贴伏的硬毛。花常 2~3 朵簇生。核果球形，径约 5mm。

分布华东、华中、华南、西南地区。

18. 黄棉木属 Metadina Bakh. f.

叶对生。托叶三角形至窄三角形。花序顶生，由多数头状花序组成，花序梗 1~3。花 5 基数，近无梗。果序疏松。

（1）黄棉木 Metadina trichotoma (Zoll. & Moritzi) Bakh. f.

乔木。叶长披针形，长6~15cm，宽2~4cm，基部楔形，侧脉8~12对。头状花序顶生，多数；花冠高脚碟状或窄漏斗状。蒴果。

分布华南、华中、西南地区。

19. 盖裂果属 Mitracarpus Zucc.

茎四棱形。叶对生，披针形、卵形或线形；托叶生于叶柄间。花两性，常常组成头状花序。果双生。

（1）盖裂果 Mitracarpus hirtus (L.) DC.

草本。茎上部四棱，被毛。叶长圆形或披针形，长3~4.5cm，宽7~15mm，叶面粗糙，被短毛，背面毛较密。花簇生。果球形，盖裂。

分布华南地区。

20. 巴戟天属 Morinda L.

叶对生，罕3片轮生；托叶生于叶柄内或叶柄间。头状花序桑果形或近球形。聚花核果卵形、桑果形或近球形。

（1）黄果巴戟 Morinda cochinchinensis DC.

木质藤本。枝、叶密被伸展长毛。叶对生，椭圆形或倒卵状长圆形，长8~14cm；柄长约5mm。花序顶生。聚花核大，直径1~2cm。

分布华南、西南地区。

（2）巴戟天 Morinda officinalis F. C. How

藤本；嫩枝、中脉、花序梗被毛，老枝具棱。叶纸质，长圆形，长6~13cm，宽3~6cm。花冠白色，近钟状。聚花核果，熟时红色，扁球形或近球形。

分布华南、华东地区。

（3）鸡眼藤 Morinda parvifolia Bartl. ex DC.

藤本。叶对生，倒卵形至倒卵状长圆形，长2~5cm，宽0.3~3cm，侧脉3~4对。花序2~9伞状排列。聚花果近球形，直径6~15mm。

分布华南、华东地区。

（4）羊角藤 Morinda umbellata L. subsp. obovata Y. Z. Ruan

藤本。叶倒卵形、倒卵状披针形，长6~9cm，宽2~3.5cm，

侧脉4~5对，上面常具蜡质。花序3~11伞状排列。聚花果直径7~12mm。

分布华南、华东、华中地区。

21. 杜丽草属 Mouretia Pitard

叶对生，具羽状脉；托叶生叶柄间，上部常反折。花序腋生，互生，头状，由聚伞花序组成，总花梗短或近无梗。果干燥，蒴果状。

（1）广东杜丽草 Mouretia inaequalis (H. S. Lo) Tange

草本。茎、下面叶脉、叶柄、总花梗被毛。叶长圆形或近椭圆形，同一节上的叶常明显不等大。聚伞花序紧缩，腋生。蒴果倒圆锥状近球形。

分布华南地区。

叶三角形。伞房状多歧聚伞花序顶生；"花叶"阔椭圆形，长4~6cm。浆果。

分布华南、华东、西南地区。

（2）粗毛玉叶金花 Mussaenda hirsutula Miq.

攀缘灌木。小枝密被柔毛。叶椭圆形，长7~13cm，宽2.5~4cm，两面被柔毛。"花叶"阔椭圆形，长4~4.5cm。浆果果柄被毛。

分布华南、华中、西南地区。

（3）广东玉叶金花 Mussaenda kwangtungensis H. L. Li

攀缘灌木。小枝被短柔毛。叶披针状椭圆形，长7~8cm，宽2~3cm。聚伞花序顶生；"花叶"长圆状卵形，长3.5~5cm，宽1.5~2.5cm。

分布华南地区。

22. 玉叶金花属 Mussaenda L.

叶对生或偶有3枚轮生；托叶生叶柄间，全缘或2裂。聚伞花序顶生。浆果肉质，萼裂片宿存或脱落。

（1）楠藤 Mussaenda erosa Champ. ex Benth.

攀缘灌木。叶对生，长圆形，长6~12cm，宽3.5~5cm；托

（4）玉叶金花 **Mussaenda pubescens** W. T. Aiton

攀缘灌木。小枝密被短柔毛。叶卵状披针形，长 5~8cm，宽 2.5cm，上面近无毛，下面密被短柔毛。"花叶"阔椭圆形，长 2.5~5cm。

分布华南、华中、华东地区。

23. 腺萼木属 **Mycetia** Reinw.

叶对生，常一片大一片小，很少等大；托叶通常大而叶状，有或无腺体。聚伞花序顶生或有时腋生，较少生于无叶老茎上。

（1）华腺萼木 **Mycetia sinensis** (Hemsl.) Craib

灌木。叶长圆状披针形，长 8~20cm，宽 3~5cm。聚伞花序顶生，单生或 2~3 个簇生；花萼外面被毛；花冠外面无毛。果近球形，径 4~4.5mm。

分布华南、华东、华中、西南地区。

24. 乌檀属 **Nauclea** L.

叶对生；托叶卵形、椭圆形或倒卵形。头状花序顶生，或顶生兼有腋生，总花梗不分枝。花 4 或 5 基数。

（1）乌檀 **Nauclea officinalis** (Pierre ex Pit.) Merr. & Chun

乔木；高 4~12m。叶较小，椭圆形，长 7~9cm，宽 3.5~5cm。头状花序不计花冠小于 1cm。果序中的小果融合，成熟时黄褐色。

分布华南、华中、西南地区。

25. 新耳草属 **Neanotis** W. H. Lewis

叶对生，卵形或披针形。花细小，组成腋生或顶生松散的聚伞花序或头状花序。蒴果双生，侧面压扁，顶部冠以宿存的萼檐裂片。

（1）广东新耳草 **Neanotis kwangtungensis** (Merr. & F. P. Metcalf) W. H. Lewis

匍匐草本；茎无毛，具棱。叶椭圆形，长 4~6.5cm，宽约 2cm。花序腋生和生于小枝顶端；花冠具脉纹。果近球形，具短柄，宿存萼檐裂片。

分布华南、华中、西南地区。

26. 蛇根草属 **Ophiorrhiza** L.

叶对生，全缘；托叶腋中常有腺体状黏液毛。聚伞花序顶生，通常螺状。蒴果僧帽状或倒心状，顶部附有宿存的花盘和萼裂片。

（1）广州蛇根草 **Ophiorrhiza cantonensis** Hance

匍匐草本或亚灌木；高约1.2m。叶纸质，常长圆状椭圆形，全缘，叶长12~16cm。花序顶生；小苞片果时宿存。蒴果僧帽状。

分布华南、华中、西南地区。

（2）中华蛇根草 **Ophiorrhiza chinensis** H. S. Lo

草本或亚灌木。叶纸质，披针形至卵形，长3.5~12（~15）cm，侧脉每边9~10条。花序顶生，总梗螺状。果序常粗壮，分枝达5~6cm。

分布华南、华中、华东、西南地区。

（3）日本蛇根草 **Ophiorrhiza japonica** Blume

草本，高20~40cm或过之。叶片长通常4~8cm，有时可达10cm，宽1~3cm。花冠白色或粉红色，近漏斗形，外面无毛，喉部扩大，里面被短柔毛，裂片5。

分布香港、广西、贵州、云南、四川、湖北、湖南、江西、浙江、福建、安徽、台湾、陕西。

（4）短小蛇根草 **Ophiorrhiza pumila** Champ. & Benth.

矮小直立草本。茎和分枝稍肉质，节上生根。叶对生，膜质或纸质，卵形或椭圆形。聚伞花序顶生，多花。蒴果菱形，被硬毛。

分布华南、华中、华东地区。

27. 鸡矢藤属 Paederia L.

揉之发出强烈的臭味。叶对生，很少3枚轮生。花排成腋生或顶生的圆锥花序式的聚伞花序。果球形，或扁球形。

（1）鸡矢藤 **Paederia foetida** L.

藤状灌木。叶对生，膜质，卵形或披针形；托叶卵状披针形。圆锥花序腋生或顶生；花有小梗；花冠紫蓝色。果阔椭圆形；小坚果具一阔翅。

分布华南、华中、华东、西南、华北、西北地区。

28. 大沙叶属 Pavetta L.

叶对生，很少轮生；常常有细小的菌瘤。花具梗，排成伞房花序式的聚伞花序，有托叶状的苞片。浆果球形，肉质，有小核2颗。

（1）大沙叶 **Pavetta arenosa** Lour.

灌木；小枝无毛。叶对生，膜质，长圆形至倒卵状长圆形；托叶阔卵状三角形。花序顶生；花冠白色。浆果球形，顶部有宿存的萼檐。

分布华南地区。

（2）香港大沙叶 Pavetta hongkongensis Bremek.

灌木或小乔木；叶对生，膜质，长圆形至椭圆状倒卵形，长 8~15cm，宽 3~6.5cm。花序生于侧枝顶部；萼管钟形；花冠白色。果球形。

分布华南、西南地区。

29. 槽裂木属 Pertusadina Ridsdale

乔木或灌木；树干常有纵沟槽。叶对生；托叶窄三角形。头状花序腋生，稀为顶生。花 5 数；花冠高脚碟状至窄漏斗形，花冠裂片在芽内镊合状。

（1）海南槽裂木 Pertusadina metcalfii (Merr. ex H. L. Li) Y. F. Deng & C. M. Hu

乔木或灌木，高达 30m。叶片长 4~10cm，宽 2~3cm；叶柄长 3~10mm。花冠黄色，高脚碟状，花冠管的内外均无毛，花冠裂片三角形。果序直径 4~6mm。

分布香港、海南、广西、福建、浙江、湖南。

30. 九节属 Psychotria L.

叶对生，很少 3~4 片轮生；托叶在叶柄内，常合生，顶端全缘或 2 裂。伞房花序式或圆锥花序式的聚伞花序顶生或腋生。

（1）九节 Psychotria asiatica L.

常绿灌木或小乔木。叶对生，革质，长圆形、椭圆状长圆形等，全缘，叶背仅脉腋内被毛。聚伞花序通常顶生。核果红色。

分布华南、西南、华中、华东地区。

（2）溪边九节 Psychotria fluviatilis Chun ex W. C. Chen

小灌木。叶倒披针形，长 5~11cm，宽 1~4cm，无毛，干时榄绿色。聚伞花序顶生或腋生，少花；花萼倒圆锥形，4~5 裂。果长圆形。

分布华南地区。

（3）蔓九节 Psychotria serpens L.

常绿攀缘或匍匐藤本。叶对生，纸质或革质，叶形变化很大，常呈卵形或倒卵形，长 0.7~9cm。聚伞花序顶生。浆果状核果常白色。

分布华南、华东地区。

（4）假九节 Psychotria tutcheri Dunn

直立灌木。叶对生，长 5.5~22cm，宽 2~6cm。伞房花序式的聚伞花序；总花梗、花梗、花萼外面常被粉状微柔毛。核果球形，成熟时红色，有纵棱及宿萼。

分布华南、西南地区。

31. 假鱼骨木属 Psydrax

叶对生；托叶生，三角形。花小，腋生，簇生或排成伞房花序式的聚伞花序。核果近球形。

（1）鱼骨木 Psydrax dicocca Gaertn.

无刺灌木至中等乔木，高 13~15m。叶片长 4~10cm，宽 1.5~4cm；叶柄扁平，长 8~15mm。聚伞花序具短总花梗；花冠绿白色或淡黄色。

分布香港、海南、澳门、广西、云南、西藏。

32. 墨苜蓿属 Richardia L.

叶对生；托叶与叶柄合生成鞘状。花序头状，顶生，有叶状总苞片；花小，白色或粉红色。蒴果成熟时萼檐自基部环状裂开而脱落。

（1）墨苜蓿 Richardia scabra L.

一年生匍匐或近直立草本。叶厚纸质，卵形或披针形；托叶鞘状。头状花序顶生；花冠漏斗状或高脚碟状。分果瓣 3（~6），长圆形至倒卵形。

分布华南地区。

33. 丰花草属 Spermacoce L.

叶对生。头状或团状花序顶生或腋生。花冠白色有时带蓝色或粉红色，高脚碟状到漏斗状，内部各种各样无毛；裂片 4。雄蕊 4。

（1）阔叶丰花草 Spermacoce alata Aubl.

草本。茎和枝均为四棱柱形，棱上具狭翅。叶椭圆形或卵状长圆形，长 2~7.5cm，宽 1~4cm。花数朵丛生于托叶鞘内。蒴果椭圆形。

分布华南地区。

（2）丰花草 Spermacoce pusilla Wall.

直立、纤细草本；茎单生，四棱柱形。叶革质，线状长圆形，两面粗糙。花多朵丛生成球状生于托叶鞘内。蒴果长圆形或近倒卵形；种子狭长圆形。

分布华南、华东、华中、西南地区。

34. 乌口树属 Tarenna Gaertn.

灌木或乔木。叶对生，具柄，干时常呈黑褐色；托叶生在叶柄间，基部合生或离生，常脱落。花组成顶生、多花或少花、常为伞房状的聚伞花序；花冠漏斗状或高脚碟状，冠管短或长，喉部无毛或被毛，顶部 5 裂，稀 4 裂。浆果革质或肉质。

（1）白花苦灯笼 Tarenna mollissima (Hook. & Arn.) B. L. Rob.

灌木或小乔木，高 1~6m。叶片长 4.5~25cm，宽 1~10cm；叶柄长 0.4~2.5cm。花冠白色，长约 1.2cm，裂片 4 或 5。果近球形，黑色。

分布香港、海南、广西、浙江、江西、福建、湖南、贵州、云南。

35. 钩藤属 Uncaria Schreb.

叶对生；侧脉脉腋通常有窝陷；托叶全缘或有缺刻，浅 2 裂至深 2 裂。头状花序顶生于侧枝上。小蒴果 2 室，纵裂。

（1）大叶钩藤 Uncaria macrophylla Wall.

大藤本。叶对生，近革质，卵形，长 10~16cm，宽 6~12cm；托叶卵形，深 2 裂达全长 1/2 或 2/3。头状花序单生。

蒴果被苍白短柔毛。

分布华南、西南地区。

（2）钩藤 **Uncaria rhynchophylla** (Miq.) Miq. ex Havil.

木质藤本。叶无毛，纸质，椭圆形，长 5~12cm，宽 3~7cm，背面有白粉；托叶明显 2 裂，裂片狭三角形。花无梗。果序直径 1~1.2cm。

分布华南、西南、华东、华中地区。

（3）侯钩藤 **Uncaria rhynchophylloides** F. C. How

藤本；嫩枝方柱形；钩刺长约 1cm。叶卵形或椭圆状卵形，长 6~9cm，宽 3~4.5cm。头状花序单生叶腋。小蒴果无柄，倒卵状椭圆形，宿存萼裂片。

分布华南地区。

36. 尖叶木属 **Urophyllum** Jack ex Wall.

叶对生。头状聚伞花序或伞房状聚伞花序腋生，总花梗有或无；花两性或有时单性，通常小，具短的花梗。浆果小，4~5 室。

（1）尖叶木 **Urophyllum chinense** Merr. & Chun

灌木或小乔木。叶长圆形，长 10~20cm，宽 3.5~5cm。伞房花序腋生；花冠 5 裂达长度的 1/2，裂片近三角形。浆果近球状，5 裂。

分布华南、西南地区。

37. 水锦树属 **Wendlandia** Bartl. ex DC.

单叶对生，很少 3 枚轮生；托叶三角形。花小，无花梗或具花梗，聚伞花序排列成顶生、稠密、多花的圆锥花序式。蒴果小，球形。

（1）短筒水锦树 **Wendlandia brevituba** Chun & F. C. How ex W. C. Chen

灌木；高 0.5~3m。叶椭圆状长圆形，长 5~15cm，宽 2~6.3cm，侧脉 5~7 对。花序顶生，长 4~7cm，被铁锈色毛。果球形，有短柔毛。

分布华南地区。

（2）水锦树 **Wendlandia uvariifolia** Hance

灌木或乔木。小枝被锈色硬毛。叶阔椭圆形，长 7~26cm，宽 4~14cm；托叶反折的裂片是小枝的 2 倍。圆锥状聚伞花序顶生。蒴果球形。

分布华南、西南地区。

（3）水金京 Wendlandia formosana Cowan

灌木或乔木；高2~8m。叶椭圆形或椭圆状披针形，长6~14cm，宽2~5cm，侧脉5~6对。圆锥状聚伞花序；柱头2裂，伸出。蒴果球形。

（一百三十九）龙胆科 Gentianaceae

单叶，稀为复叶，对生，少有互生或轮生，全缘，基部合生；无托叶。花序一般为聚伞花序或复聚伞花序。蒴果2瓣裂，稀不开裂。

1. 穿心草属 Canscora Lam.

叶对生，无柄或有柄，或为圆形的贯穿叶。复聚伞花序呈假二叉状分枝或聚伞花序顶生及腋生；花4~5数。蒴果内藏，成熟后2瓣裂。

（1）罗星草 Canscora andrographioides Griff. ex C. B. Clarke

一年生小草本。茎四棱形。叶卵状披针形，长1~5cm，宽0.5~2.5cm，3~5脉。雄蕊1~2枚发育。蒴果内藏，矩圆形；种子圆形。

分布华南、西南地区。

2. 灰莉属 Fagraea Thunb.

叶对生，全缘或有小钝齿；羽状脉通常不明显；叶柄通常膨大。浆果肉质，圆球状或椭圆状，通常顶端具尖喙。

（1）*灰莉 Fagraea ceilanica Thunb.

乔木，有时附生呈攀缘状灌木。老枝上有凸起的叶痕和托叶痕。叶片稍肉质。花单生或二歧聚伞花序；花冠漏斗状，白色。浆果。

分布华南、西南地区。

（一百四十）马钱科 Loganiaceae

单叶对生或轮生，稀互生，全缘或有锯齿；通常为羽状脉，稀3~7条基出脉。花两性，辐射对称。果为蒴果、浆果或核果。

1. 尖帽花属 Mitrasacme Labill.

叶在茎上对生或在茎基部莲座式轮生；无托叶。花单生或多朵组成腋生或顶生的不规则伞形花序。蒴果通常圆球状，顶端2裂。

（1）水田白 Mitrasacme pygmaea R. Br.

一年生草本，高达15cm。茎稍扁，4棱。叶卵形至卵状披针形，长3~7mm，宽1.5~2.5mm。花1~2朵生。蒴果直径达2mm。

分布华东、华中、华南、西南地区。

2. 度量草属 Mitreola L.

茎四棱或圆柱形。单叶对生；叶腋内或叶柄之间有托叶。花序顶生或腋生，通常具长的花序梗。蒴果，倒卵形或近圆球形。

（1）毛度量草（大叶度量草）Mitreola pedicellata Benth.

多年生草本。幼叶下面、幼叶柄和花冠管喉部被短柔毛。叶长5~15cm，宽2~5cm。三歧聚伞花序腋生或顶生；花冠白色，坛状，5裂。蒴果近圆球状。

分布华南、华中、西南等地区。

3. 马钱属 Strychnos L.

通常具有腋生的单一或成对的卷须或螺旋状刺钩。叶对生，全缘，具3~7条基出脉和网状横脉，少数为羽状脉。聚伞花腋生或顶生。

（1）牛眼马钱 Strychnos angustiflora Benth.

木质藤本。叶片长3~8cm，宽2~4cm；基出脉3~5条；叶柄长4~6mm。花冠白色。浆果圆球状，直径2~4cm，光滑，成熟时红色或橙黄色。

分布广东、香港、海南、福建、云南。

（2）华马钱 Strychnos cathayensis Merr.

木质藤本。小枝常变态成为成对的螺旋状曲钩。叶长椭圆形至窄长圆形，长6~10cm，宽2~4cm。聚伞花序顶生或腋生；浆果圆球状；种子圆盘状。

分布华南、西南地区。

（3）伞花马钱 Strychnos umbellata (Lour.) Merr.

木质藤本。叶卵形、卵状椭圆形，长4~9cm，宽3~5cm。圆锥花序长6~12cm；花冠钟状，无毛。浆果圆球状；种子1~3颗。

分布华南地区。

（一百四十一）钩吻科 Gelsemiaceae

叶对生；托叶线形。花单生或组成聚伞花序，顶生或腋生。子房2室，每室有胚珠多枚；花柱等长或异长。

1. 断肠草属 Gelsemium Juss.

叶对生或有时轮生，全缘，羽状脉；叶柄间有一联结托叶线或托叶退化。三歧聚伞花序顶生或腋生；花萼5深裂。蒴果2室。

（1）钩吻 Gelsemium elegans (Gardner & Champ.) Benth.

常绿木质藤本。除苞片边缘和花梗幼时被毛外，全株均无毛。叶对生，近革质，卵形至卵状披针形。花冠漏斗状。蒴果卵形或椭圆形。

分布华东、华中、华南、西南地区。

（一百四十二）夹竹桃科 Apocynaceae

单叶对生、轮生，稀互生，全缘，稀有细齿；羽状脉；通常无托叶或退化成腺体。花两性，辐射对称，单生或多杂组成聚伞花序，顶生或腋生。

1. 鸡骨常山属 Alstonia R. Br

枝轮生。叶通常为3~4（~8）片轮生，稀对生。花白色、黄色或红色，由多朵花组成伞房状的聚伞花序，顶生或近顶生。

（1）*糖胶树 Alstonia scholaris (L.) R. Br.

乔木；枝轮生，具乳汁。叶轮生，倒卵状长圆形，长7~28cm，宽2~11cm；侧脉密生而平行。顶生聚伞花序；花冠高脚碟状。蓇葖2，线形，长20~57cm。

分布华南、西南地区。

2. 链珠藤属 Alyxia Banks ex R. Br.

藤状灌木，具乳汁。叶对生，或3~4枚轮生。总状式聚伞花序；花萼5深裂，花萼内无腺体。核果卵形或长椭圆形，通常连结成链珠状。

(1) 海南链珠藤 Alyxia odorata Wall. ex G. Don

攀缘灌木。除花序外其余均无毛。叶对生或 3 叶轮生，坚纸质，椭圆形至长圆形。总花梗、花梗、小苞片被灰色短柔毛。核果近球形。

分布华南、西南地区。

(2) 链珠藤 Alyxia sinensis Champ. ex Benth.

藤状灌木。叶革质，对生或 3 片轮生，圆形至倒卵形，长 1.5~3.5cm，边缘反卷。聚伞花序腋生或近顶生。核果 2~3 颗组成念珠状。

分布华东、华中、华南、西南地区。

3. 鳝藤属 Anodendron A. DC.

攀缘灌木。叶对生，羽状脉；侧脉通常呈皱纹。聚伞花序顶生或生于上枝的叶腋内；花萼 5 深裂，基部内面有少数腺体，裂片双盖覆瓦状排列；花冠高脚碟状；花冠筒圆筒状，花喉紧缩，花冠裂片 5 枚。蓇葖双生，叉开，端部渐尖。

(1) 鳝藤 Anodendron affine (Hook. & Arn.) Druce

攀缘灌木，有乳汁。叶长圆状披针形，长 3~10cm，宽 1.2~2.5cm；叶柄长达 1cm。聚伞花序总状式，顶生；花冠白色或黄绿色。蓇葖椭圆形，长约 13cm。

分布东南、中南地区。

4. 马利筋属 Asclepias L.

叶对生或轮生，羽状脉。聚伞花序伞形状，顶生或腋生；花萼 5 深裂，内面基部有腺体 5~10 个；花冠辐状，5 深裂。蓇葖披针形。

(1) *马利筋 Asclepias curassavica L.

多年生直立草本，灌木状，全株有白色乳汁。叶长 6~14cm，宽 1~4cm。聚伞花序顶生或腋生；花冠紫红色，裂片反折；副花冠 5 裂，黄色。蓇葖披针形。

华南、华中、西南等地区有栽培，有时逸为野生。

5. 长春花属 Catharanthus G. Don

叶对生；叶腋内和叶腋间有腺体。花 2~3 朵组成聚伞花序，顶生或腋生；花萼 5 深裂，基部内面无腺体。蓇葖双生，圆筒状具条纹。

(1) *长春花 Catharanthus roseus (L.) G. Don

半灌木；高达 60cm。叶膜质，倒卵状长圆形，顶端浑圆，基部渐狭而成叶柄。聚伞花序腋生或顶生；花浅紫红色。蓇葖双生。

西南、中南及东部地区有栽培。

6. 吊灯花属 Ceropegia L.

茎近肉质，缠绕或直立。叶薄膜质或近肉质。聚伞花序具花序梗或无梗；花萼深5裂。蓇葖圆筒状，平滑。

（1）吊灯花 Ceropegia trichantha Hemsl.

草质藤本，无毛。叶对生，膜质，长圆状披针形，长10~13cm，宽2~3cm。聚伞花序；花紫色；花冠如吊灯状；副花冠2轮。蓇葖长披针形。

华南、西南地区有栽培。

7. 白叶藤属 Cryptolepis R. Br.

叶对生，羽状脉。聚伞花序顶生或腋生；花萼5裂，花萼内面基部有5~10个腺体。蓇葖双生，长圆形或长圆状披针形。

（1）白叶藤 Cryptolepis sinensis (Lour.) Merr.

柔弱木质藤本。具乳汁。叶小，长圆形，长1.5~6cm，宽0.8~2.5cm。聚伞花序顶生或腋生，较叶长。蓇葖长披针形或圆柱状，长达12.5cm。

分布华南、西南地区。

8. 鹅绒藤属 Cynanchum L.

叶对生，稀轮生。聚伞花序多数呈伞形状，多花着生；花萼5深裂，基部内面有小腺5~10个或更多或无。蓇葖双生，长圆形或披针形。

（1）刺瓜 Cynanchum corymbosum Wight

多年生草质藤本。叶卵形。聚伞花序腋外生，着花约20朵；副花冠顶端具10齿，5个圆形齿和5个锐尖齿互生。蓇葖纺锤状，具弯刺。

分布华南、华东、西南地区。

（2）柳叶白前 Cynanchum stauntonii (Decne.) Schltr. ex H. Lév.

直立半灌木；高约1m。叶对生，披针形、长圆状披针形，宽3~5mm。伞形聚伞花序腋生；花序梗长达1cm。蓇葖单生，长达9cm。

分布华东、华中、华南、西南地区。

9. 眼树莲属 Dischidia R. Br.

茎肉质，节上生根。叶对生，稀无叶，肉质。聚伞花序腋生；花序梗极短；花黄白色。蓇葖双生或单生，披针状圆柱形。

（1）眼树莲 Dischidia chinensis Champ. ex Benth.

藤本，常攀附于树上或石上。叶肉质，卵状椭圆形，长约1.5cm，宽约1cm；叶柄极短。聚伞花序腋生。蓇葖披针状圆柱形。

分布华南地区。

10. 天星藤属 Graphistemma Champ. ex Benth.

叶对生，羽状脉，具托叶。单歧或二歧短总状式的聚伞花序，腋生；花萼5裂，内面基部具腺体；花冠近辐状。蓇葖通常单生，披针状。

（1）天星藤 Graphistemma pictum (Champ. ex Benth.) Benth. & Hook. f. ex Maxim.

木质藤本。叶长圆形，基部近心形或圆形，侧脉每边约10条。花萼裂片卵圆形；花冠有黄色的边；果披针状圆柱形，直径3~4cm。

分布华南地区。

11. 匙羹藤属 Gymnema R. Br.

叶对生。聚伞花序伞形状，腋生；花序梗单生或丛生；花萼5裂片，内面基部有腺体。蓇葖双生，披针状圆柱形，渐尖，基部膨大。

（1）匙羹藤 Gymnema sylvestre (Retz.) R.Br. ex Sm.

木质藤本；长达4m。叶倒卵形或卵状长圆形，仅叶脉上被微毛；叶柄长不对及1cm。聚伞花序伞形状。蓇葖卵状披针形。

分布华东、华南、西南地区。

12. 醉魂藤属 Heterostemma Wight & Arn.

叶对生，具长柄，通常在叶基有3~5条脉，有时具羽状脉。伞形状或短总状的聚伞花序腋生；花序梗短或无。蓇葖圆柱状，光滑。

（1）台湾醉魂藤 Heterostemma brownii Hayata

木质藤本；茎和枝条有两列柔毛，具乳汁。叶长圆形，基部心形或浅心形，逐渐成圆形。伞形状聚伞花序腋生。蓇葖双生，长圆状披针形。

分布华南、西南地区。

13. 球兰属 Hoya R. Br.

叶肉质或革质。聚伞花序腋间或腋外生，伞形状，着花多数；花萼短，5深裂；花冠肉质，辐状，5裂。蓇葖细长，先端渐尖。

（1）荷秋藤 Hoya griffithii Hook. f.

多年生草本、附生攀缘灌木。叶长11~14cm，宽2.5~4.5cm；叶柄长1~3cm。伞形状聚伞花序腋生；花白色，直径约3cm。蓇葖狭披针形，长约15cm。

分布广东、广西、云南。

（2）铁草鞋 Hoya pottsii J. Traill

附生攀缘灌木。叶肉质，卵圆形至卵圆状长圆形。聚伞花序伞形状，腋生；花冠白色，心红色。蓇葖线状长圆形，外果皮有黑色斑点。

分布华南、西南地区。

（3）匙叶球兰 Hoya radicalis Tsiang & P. T. Li

附生灌木，除幼嫩部分外，其余无毛；节生气根。叶肉质，匙形或倒披针形。聚伞花序生于腋外，伞形状；花萼5深裂；花冠辐状，有白色紫斑。

分布华南地区。

14. 腰骨藤属 Ichnocarpus R. Br.

叶对生。花多朵组成顶生或腋生的总状聚伞花序；花萼5裂，内面的腺体有或无。蓇葖双生，叉开，近圆箸状，一长一短。

（1）腰骨藤 **Ichnocarpus frutescens** (L.) W. T. Aiton

木质藤本；长达 8m。具乳汁。叶卵圆形或椭圆形，长 5~10cm，宽 3~4cm，侧脉每边 5~7 条。花序长 3~8cm。蓇葖双生，叉开。

分布华南、华东、西南地区。

15. 蕊木属 **Kopsia** Blume

叶对生。聚伞花序顶生，着花 2~3 朵或多朵；总花梗和花梗通常具苞片；花萼 5 深裂。核果双生，倒卵形或椭圆形。

（1）蕊木 **Kopsia arborea** Blume

乔木；高达 15m。叶卵状长圆形，长 8~22cm，宽 4~8.5cm；叶柄长 5~7mm。聚伞花序顶生。核果近椭圆形；种子 1~2 颗。

分布华南地区。

16. 折冠藤属 **Lygisma** Hook. f.

叶对生。聚伞花序腋外生，有时顶生。花萼 5 深裂。蓇葖果椭圆状卵球形或圆柱状披针形；种子顶端具白色绢毛。

（1）折冠藤 **Lygisma inflexum** (Costantin) Kerr

藤本。叶卵形，长 3~6cm，宽 1.5~4cm，基部心形。聚伞花序；花冠白色，钟状。蓇葖单生，线状披针形，长 5~7cm，直径 1cm。

分布华南、西南地区。

17. 山橙属 **Melodinus** J. R. Forst. & G. Forst.

叶对生。三歧圆锥状或假总状的聚伞花序顶生或腋生；花萼 5 深裂，柱头圆锥状，顶端 2 裂。浆果肉质。

（1）尖山橙 **Melodinus fusiformis** Champ. ex Benth.

粗壮木质藤本，具乳汁。叶片长 4.5~12cm，宽 1~5.3cm；叶柄长 4~6mm。聚伞花序生于侧枝的顶端，着花 6~12 朵；花冠白色。浆果橙红色。

分布福建、广西和贵州。

（2）山橙 **Melodinus suaveolens** (Hance) Champ. ex Benth.

攀缘木质藤本；长达10m。叶近革质，椭圆形或卵圆形，长5~9.5cm，宽1.8~4.5cm。聚伞花序顶生和腋生。浆果球形，顶端具钝头。

分布华南地区。

18. 夹竹桃属 Nerium L.

叶轮生，稀对生，羽状脉，侧脉密生而平行。伞房状聚伞花序顶生，具总花梗；花萼5裂，裂片披针形。蓇葖2，离生，长圆形。

（1）*夹竹桃 Nerium oleander L.

常绿直立大灌木；高达5m。叶3~4枚轮生，下枝为对生。花冠为单瓣，微香，花萼裂片广展，花冠筒喉部鳞片顶端多裂。蓇葖2，离生。

全国各地有栽培，以南方为多。

19. 石萝藦属 Pentasachme Wall. ex Wight

茎无毛，常不分枝。叶对生，窄披针形。聚伞花序总状或伞状，花序梗短；花萼5裂，内面基部具腺体。果圆柱状披针形。

（1）石萝藦 Pentasachme caudatum Wall. ex Wight

多年生直立草本。叶膜质，狭披针形，基部急尖。聚伞花序腋生，比叶为短；花冠白色。种子小，顶端具白色绢质种毛。

分布华南、华中地区。

20. 鸡蛋花属 Plumeria L.

枝条粗而带肉质，落叶后具有明显的叶痕。叶互生，羽状脉。聚伞花序顶生，二至三歧。花萼5裂。蓇葖双生，长圆形。

（1）*鸡蛋花 Plumeria rubra 'Acutifolia'

落叶小乔木。枝条粗壮，带肉质，具乳汁。叶长20~40cm，宽7~11cm。聚伞花序顶生；花冠外面白色，内面黄色。蓇葖双生，广歧。

南部地区有栽培。

（2）*红鸡蛋花 Plumeria rubra L.

小乔木；枝具丰富乳汁。叶厚纸质，长圆状倒披针形。聚伞花序顶生；花冠深红色，筒圆筒形。蓇葖双生，长圆形；种子顶端具长圆形膜质的翅。

南部地区有栽培。

21. 帘子藤属 Pottsia Hook. & Arn.

叶对生。圆锥状聚伞花序三至五歧，顶生或腋生；萼片5深裂，内面有腺体。蓇葖双生，线状长圆形，细而长。

（1）帘子藤 Pottsia laxiflora (Blume) Kuntze

常绿攀缘灌木；长达9m。叶薄纸质，卵圆形，长6~12cm，宽3~7cm。总状式聚伞花序。蓇葖双生，线状长圆形，下垂。

分布华南、华中、华东、西南地区。

22. 络石属 Trachelospermum Lem.

叶对生。花序聚伞状，有时呈聚伞圆锥状，顶生、腋生或近腋生，花白色或紫色；花萼5裂。蓇葖双生，长圆状披针形。

（1）络石 Trachelospermum jasminoides (Lindl.) Lem.

常绿木质藤本。叶椭圆形至宽倒卵形，长2~10cm，宽1~4.5cm。雄蕊着生于膨大的花冠筒中部；花蕾顶端圆钝。蓇葖双生，叉开。

分布全国大部分地区。

23. 羊角拗属 Strophanthus DC.

叶对生。聚伞花序顶生；花大，花萼5深裂。蓇葖木质，叉生，长圆形；种子扁平，多数。

（1）羊角拗 Strophanthus divaricatus (Lour.) Hook. & Arn.

灌木。叶椭圆状长圆形，长3~10cm。聚伞花序顶生，花黄色，花冠漏斗状，裂片顶端延长成一长尾。蓇葖果叉生，木质；种子有喙。

分布华东、华南、西南地区。

24. 黄花夹竹桃属 Thevetia L.

叶互生，羽状脉。聚伞花序顶生或腋生；花大，花萼5深裂，裂片三角状披针形，内面基部具腺体。核果的内果皮木质，坚硬，2室。

（1）黄花夹竹桃 Thevetia peruviana (Pers.) K. Schum.

乔木，全株无毛；具乳汁。叶互生，无柄，线形或线状披针形。花大，黄色，具香味，顶生聚伞花序；花冠漏斗状，裂片向左覆盖。核果扁三角状球形。

华南、西南地区有栽培。

25. 弓果藤属 Toxocarpus Wight & Arn.

叶对生，顶端具细尖头，基部双耳形。花序腋生，伞形状聚伞花序；花萼细小，5深裂。蓇葖通常被茸毛；种子具种毛。

（1）弓果藤 Toxocarpus wightianus Hook. & Arn.

攀缘灌木。叶对生，椭圆形或椭圆状长圆形，长2.5~5cm，宽1.5~3cm；叶柄长约1cm。二歧聚伞花序腋生。蓇葖叉开，狭披针形。

分布华南、西南地区。

26. 娃儿藤属 Tylophora R. Br.

叶对生，羽状脉，稀基脉3条。伞形或短总状式的聚伞花序，腋生，稀顶生。蓇葖双生，稀单生，通常平滑，长圆状披针形。

（1）娃儿藤 **Tylophora ovata** (Lindl.) Hook. ex Steud.

攀缘灌木。全株被锈柔毛。叶卵形，长2.5~6cm，宽2~5.5cm，基部浅心形。聚伞花序丛生于叶腋。蓇葖双生，无毛。

分布华中、华南、西南地区。

27. 水壶藤属 **Urceola** Roxb.

叶对生。聚伞花序圆锥状，顶生或腋生，具3分枝；花小；花萼深裂，内面基部具腺体。果圆柱形或窄椭圆形。

（1）杜仲藤 **Urceola micrantha** (Wall. ex G. Don) D. J. Middleton

木质藤本，全株含白色乳汁。叶薄革质，卵状披针形至卵状椭圆形。聚伞花序顶生；总花梗细长；花小，白色；花冠近钟状，5裂。蓇葖双生，线形。

分布华南、西南地区。

（2）酸叶胶藤 **Urceola rosea** (Hook. & Arn.) D. J. Middleton

木质大藤本。叶有酸味，对生，阔椭圆形，两面无毛，背被白粉。聚伞花序圆锥状；花冠近坛状，对称。蓇葖2枚叉开近直线。

分布长江流域以南地区。

28. 倒吊笔属 **Wrightia** R. Br.

叶对生，全缘，具羽状脉；叶腋内具腺体。聚伞花序顶生或近顶生，二歧以上。蓇葖2个离生或黏生；种子线状纺锤形，倒生。

（1）胭木 **Wrightia arborea** (Dennst.) Mabb.

乔木；高达15m。叶椭圆形至阔卵圆形，长6~18cm，宽3.5~8.5cm，叶背被毛。聚伞花序；副花冠分裂为10枚鳞片。蓇葖2个黏生。

分布华南、西南地区。

（2）倒吊笔 **Wrightia pubescens** R. Br.

乔木。每小枝有叶3~6对，长圆状披针形或卵状长圆形，长5~10cm，宽3~6cm。聚伞花序长约5cm。蓇葖2个黏生，线状披针形。

分布西南、华南地区。

（3）个溥 **Wrightia sikkimensis** Gamble

乔木，具乳汁。叶膜质，椭圆形至长圆形或卵圆形。花淡黄色，聚伞花序；花冠辐状或近辐状。蓇葖2个离生，圆柱状，长20~35cm，外果皮被斑点。

分布华南、西南地区。

（一百四十三）紫草科 Boraginaceae

单叶互生，极少对生，全缘或有锯齿，无托叶。花序为聚伞花序或镰状聚伞花序。花两性，辐射对称。果实为含1~4粒种子的核果。

1. 斑种草属 **Bothriospermum** Bunge

叶互生，卵形、椭圆形、长圆形、披针形或倒披针形。花蓝色或白色，排列为具苞片的镰状聚伞花序；花萼5裂，裂片披针形。小坚果4。

（1）柔弱斑种草 Bothriospermum zeylanicum (J. Jacq.) Druce

一年生草本。茎、叶、苞片、花萼被毛。叶椭圆形或狭椭圆形，长1~2.5cm，宽0.5~1cm。花序长10~20cm；花冠蓝色或淡蓝色。小坚果肾形。

分布东北、华东、华南、西北、西南等地区。

2. 基及树属 Carmona Cav.

叶两面均粗糙，上面有白色斑点，叶缘具粗齿，通常在当年生枝条上互生，在短枝上簇生。花生叶腋。核果红色或黄色。

（1）* 基及树 Carmona microphylla (Lam.) G. Don

灌木。叶倒卵形或匙形，长1.5~3.5cm，具粗圆齿。团伞花序开展；花萼被开展的短硬毛；花冠钟状，白色，或稍带红色。核果。

分布华南、西南地区。

3. 破布木属 Cordia L.

叶互生稀对生，全缘或具锯齿。聚伞花序无苞，呈伞房状排列。核果卵球形、圆球形或椭圆形。

（1）破布木 Cordia dichotoma G. Forst.

乔木。叶卵形、宽卵形或椭圆形。聚伞花序生具叶的侧枝顶端，二叉状稀疏分枝，呈伞房状；花二型，无梗；花萼钟状。核果近球形。

分布华南、华东、西南地区。

4. 厚壳树属 Ehretia P. Browne

叶互生，全缘或具锯齿。聚伞花序呈伞房状或圆锥状；花萼小，5裂。核果近圆球形，多为黄色、橘红色或淡红色，无毛。

（1）厚壳树 Ehretia acuminata R. Br.

落叶乔木，具条裂的黑灰色树皮。叶椭圆形、倒卵形或长圆状倒卵形，边缘有整齐的锯齿。聚伞花序圆锥状；花冠钟状。核果黄色或橘黄色。

分布华南、华中、华东、西南地区。

（2）长花厚壳树 Ehretia longiflora Champ. ex Benth.

乔木。叶椭圆形、长圆形或长圆状倒披针形，顶端急尖，全缘，无毛。聚伞花序生侧枝顶端；花冠裂片比管长。核果淡黄色或红色。

分布华南、华东、华中、西南地区。

5. 聚合草属 Symphytum L.

多年生草本，有硬毛或糙伏毛。叶通常宽。镰状聚伞花序在茎的上部集呈圆锥状。小坚果卵形，有时稍偏斜，通常有疣点和网状皱纹。

（1）聚合草 Symphytum officinale L.

多年生草本；高30~90cm。基生叶通常50~80片，带状披针形，长30~60cm，宽10~20cm。花序含多数花。小坚果歪卵形，长3~4mm。

（一百四十四）旋花科 Convolvulaceae

叶互生，螺旋排列，寄生种类无叶或退化成小鳞片，叶常心形或戟形；无托叶。花单生叶腋。

1. 银背藤属 Argyreia Lour.

单叶，形状及大小多变，全缘，被各式毛或无毛。花序腋生，聚伞状，少花至多花，散生或密集成头状。果球形或椭圆形。

（1）头花银背藤 **Argyreia capitiformis** (Poiret) van Ooststroom

攀缘灌木。叶卵形至圆形，稀长圆状披针形，被黄色长硬毛，侧脉13~15对。聚伞花序成头状。果球形；种子卵状三角形。

分布华南、西南地区。

（2）光叶丁公藤 **Erycibe schmidtii** Craib

高大攀缘灌木，幼叶柄、花序、花萼、花瓣被毛。叶长7~12cm，宽2.5~6cm，两面无毛。聚伞花序成圆锥状；花冠白色，芳香，深5裂。浆果球形。

分布华南、西南地区。

2. 菟丝子属 Cuscuta L.

寄生草本，无根，全体不被毛。茎缠绕，线形，黄色或红色，不为绿色，借助吸器固着寄主。无叶，或退化成小的鳞片。

（1）南方菟丝子 **Cuscuta australis** R. Br.

一年生寄生草本。茎缠绕，金黄色，纤细，无叶。花序侧生，少花或多花簇生；花萼杯状；花冠乳白色或淡黄色，杯状，裂片宿存。蒴果扁球形。

分布全国大部分地区。

（2）菟丝子 **Cuscuta chinensis** Lam.

一年生寄生草本。茎细小，黄色。无叶。聚伞花序；雄蕊生于花冠裂口处下；花柱2。蒴果球形，全部被宿存花冠包裹。

分布全国大部分地区。

3. 丁公藤属 Erycibe Roxb.

叶卵形或狭长圆形，渐尖，全缘。总状或圆锥状顶生或腋生；花小；萼片5；花冠白色或黄色深5裂；雄蕊5。

（1）丁公藤 **Erycibe obtusifolia** Benth.

木质藤本。叶椭圆形或倒长卵形，长6.5~9cm，侧脉4~5对。聚伞花序，顶生的成总状；花萼球形，外面被毛。浆果卵状椭圆形。

分布华南地区。

4. 番薯属 Ipomoea L.

叶通常具柄，全缘，或有4各式分裂。花单生或组成腋生聚伞花序或伞形至头状花序；萼片5。蒴果球形或卵形。

（1）* 蕹菜 **Ipomoea aquatica** Forssk.

一年生肉质草本。叶卵形至长卵状披针形，长3.5~17cm，宽0.9~8.5cm。聚伞花序腋生，花序梗长1.5~9cm。蒴果卵球形至球形。

中部及南部地区有栽培。

（2）* 番薯 **Ipomoea batatas** (L.) Lam.

草质藤本。具块根。叶卵形，长 4~13cm，宽 3~13cm，全缘或角状裂。花萼外无毛；花紫色或白色。蒴果卵形或扁圆，4室。

全国大多数地区有栽培。

（3）五爪金龙 Ipomoea cairica (L.) Sweet

多年生缠绕草本。全体无毛，老茎有小瘤体。叶掌状 5~7 全裂，裂片卵状披针形。聚伞花序腋生；花紫色或白色。蒴果近球形。

分布华南、华东、西南地区。

（4）牵牛 Ipomoea nil (L.) Roth

一年生缠绕草本。茎、叶通常被刚毛。叶宽卵形或近圆形，3 裂，叶面多少被刚毛。花腋生。蒴果近球形；种子卵状三棱形。

分布华南、华东、华中、西南、西北地区。

（5）厚藤 Ipomoea pes-caprae (L.) R. Br.

草质藤本。叶较大，长 3.5~9cm，宽 3~10cm，顶端二裂，侧脉 8~10 对；叶柄长 2~10cm。多歧聚伞花序；花萼外无毛。蒴果球形。

分布华南、华东地区。

（6）三裂叶薯 Ipomoea triloba L.

草本。叶宽卵形至圆形，全缘或有粗齿或深 3 裂。1 朵花或成伞形状聚伞花序腋生；花冠漏斗状，淡红色或淡紫红色。蒴果近球形。

分布华南地区。

5. 鱼黄草属 Merremia Dennst. ex Endl.

叶全缘或具齿，分裂或掌状三小叶或鸟足状分裂或复出。花腋生，单生或成腋生少花至多花的具各式分枝的聚伞花序。蒴果 4 瓣裂。

（1）篱栏网 Merremia hederacea (Burm. f.) Hallier f.

草质藤本。叶全缘，卵形，无毛。总花梗长达 7cm；花小，花冠黄色。蒴果扁球形或宽圆锥形，4 瓣裂，果瓣有皱纹；种子 4。

分布华南华东、西南地区。

（2）毛山猪菜 Merremia hirta (L.) Merr.

草质藤本。植株被长硬毛。叶全缘，线形或长圆形。聚伞花序腋生；总花梗长 1~2.5cm；花大，花冠黄色。蒴果 1 室，4 瓣裂。

分布华南、西南地区。

（3）山猪菜 Merremia umbellata (L.) Hall. f. subsp. orientalis (Hall. f.) Ooststr.

草质藤本。叶全缘，被浅灰色短毛。聚伞花序腋生；花冠白、黄或淡红色；纵带被毛。蒴果圆锥状球形，4瓣裂；种子被长硬毛。

分布华南、西南地区。

（4）北鱼黄草 Merremia sibirica (L.) Hall. F.

草质藤本。叶卵状心形，长3~13cm，宽1.7~7.5cm，顶端渐尖，基部心形，全缘或稍波状。花小，紫红色，纵带无毛。蒴果4瓣裂。

分布华南、西南、华东、华中、华北、东北、西北地区。

6. 茑萝属 Quamoclit Mill.

叶心形，或卵形，通常有角或掌状3~5裂，稀羽状深裂。花大多腋生，通常为二歧聚伞花序，稀单生。萼片5。蒴果4室，4瓣裂。

（1）*茑萝松 Quamoclit quamoclit L.

一年生柔弱缠绕草本，无毛。叶羽状深裂至中脉，具10~18对线形至丝状的平展的细裂片。聚伞花序腋生；花冠高脚碟状，深红色，5浅裂。蒴果卵形。

全国大部分地区有栽培。

7. 地旋花属 Xenostegia D. F. Austin & Staples

茎平卧或顶端缠绕。叶线形、长圆状线形、披针状椭圆形、倒披针形或匙形，具齿或全缘；聚伞花序腋生，具1~3花；蒴果4瓣裂。

（1）尖萼鱼黄草（地旋花）Xenostegia tridentata (L.) D.F.Austin & Staples

平卧或攀缘草本。茎具细棱。叶长2.5~6.5cm，宽0.4~1.1cm。聚伞花序腋生；萼片卵状披针形，顶端渐尖成一锐尖的细长尖头。蒴果球形或卵形。

分布华南、西南地区。

（一百四十五）茄科 Solanaceae

单叶全缘、不分裂或分裂，有时为羽状复叶；无托叶。果实为多汁浆果或干浆果，或者为蒴果。

1. 辣椒属 Capsicum L.

单叶互生，全缘或浅波状。花单生、双生或有时数朵簇生于枝腋；花梗直立或俯垂。果实俯垂或直立，浆果无汁。

（1）*辣椒 Capsicum annuum L.

草本。枝常被毛。叶互生，卵形或卵状披针形，长4~13cm，宽1.5~4cm。花单生；俯垂。果单个生，长圆锥形，长3~10cm。

南北各地均有栽培。

2. 夜香树属 Cestrum L.

叶互生，全缘。花序顶生或腋生，伞房式或圆锥式聚伞花序，有时簇生于叶腋。浆果少汁液，球状、卵状或矩圆状。

（1）*夜香树 Cestrum nocturnum L.

灌木；高 2~3m。枝条细长而下垂。叶矩圆状卵形，长 6~15cm，宽 2~4.5cm。伞房式聚伞花序，有极多花。浆果矩圆状；种子 1 颗。

华南、华东、西南地区有栽培。

3. 红丝线属 Lycianthes (Dunal) Hassl.

单叶全缘，较上部叶常假双生。花序无柄，1~7 朵着生于叶腋内；萼杯形。浆果球状，红色或红紫色。

（1）红丝线 Lycianthes biflora (Lour.) Bitter

亚灌木；高 0.5~1.5m。叶阔卵形或椭圆状卵形，长 5~10cm，宽 2~7cm。花序无柄，通常 2~3 朵着生于叶腋内；花萼 10 枚。浆果球形。

分布西南、华南、华东地区。

4. 枸杞属 Lycium L.

单叶互生或因侧枝极度缩短而数枚簇生，条状圆柱形或扁平。花有梗，单生于叶腋或簇生于极度缩短的侧枝上。浆果，具肉质的果皮。

（1）*枸杞 Lycium chinense Mill.

灌木。植株具刺，无毛。叶单生或 2~4 片簇生，长椭圆形，长 2~6cm，宽 1~3cm。花冠淡紫色。浆果椭圆形，长

7~15mm，鲜红色。

分布南北各地。

5. 番茄属 Lycopersicon Mill.

羽状复叶，小叶极不等大，有锯齿或分裂。圆锥式聚伞花序，腋外生。花萼辐状，有 5~6 裂片；花冠辐状，檐部有折襞，5~6 裂。

（1）*番茄 Lycopersicon esculentum Mill.

草本。全体具黏质腺毛。羽状复叶或深裂，长 10~40cm；小叶极不规则，大小不等，常 5~9 枚。花序常 3~7 花。浆果扁球形或卵形。

南北地区广泛栽培。

6. 烟草属 Nicotiana L.

叶互生，叶片不分裂，全缘或稀波状。花序顶生，圆锥式或总状式聚伞花序，或者单生。蒴果 2 裂至中部或近基部。

（1）*烟草 Nicotiana tabacum L.

草本。全体被腺毛。叶矩圆状披针形或卵形，顶端渐尖，基部半抱茎。圆锥状花序；花梗长 5~20mm。蒴果长约等于宿存萼。

南北地区有栽培。

7. 碧冬茄属 Petunia Juss.

草木，常常有腺毛。叶全缘，互生。花单生。花萼 5 深裂或几乎全裂，裂片矩圆形或条形。蒴果 2 瓣裂。

（1）*碧冬茄 Petunia hybrida (Hook.) E. Vilm.

一年生草本，全体生腺毛。叶卵形，长 3~8cm，宽 1.5~4.5cm。花单生于叶腋。花萼 5 深裂，宿存；花冠白色或紫堇色，有各式条纹。蒴果圆锥状。

全国各地有栽培。

8. 酸浆属 Physalis Mill.

叶不分裂或有不规则的深波状牙齿，稀为羽状深裂，互生或在枝上端大小不等二叶双生。花单独生于叶腋或枝腋。浆果球状。

（1）酸浆 Physalis alkekengi Moench

多年生草本。叶长卵形或阔卵形，长 5~15cm，宽 2~8cm。花梗长 6~16mm，开花时直立；花白色。浆果球状；种子肾形，长约 2mm。

分布西南、华中、西南、西北地区。

（2）苦蘵 Physalis angulata L.

一年生草本。茎下部有棱，近无毛。叶卵形或卵状披针形，长 3~6cm，宽 3~4cm。花淡黄色，喉部常有紫色斑纹。浆果直径约 1.2cm。

分布华东、华中、华南、西南地区。

9. 茄属 Solanum L.

叶互生，稀双生，全缘，波状或作各种分裂，稀为复叶。花组成顶生、侧生、腋生、假腋生、腋外生或对叶生的聚伞花序。

（1）少花龙葵 Solanum americanum Mill.

草本。茎披散具棱，无刺。叶卵状椭圆形或卵状披针形，长 6~13cm，宽 2~4cm，被毛。伞形花序，有花 4~6 朵；花冠白色。果球形。

分布华南、华中、华东、华北、西南地区。

（2）牛茄子 Solanum capsicoides All.

直立草本至亚灌木；高 30~60cm，茎及小枝具淡黄色细直刺。叶长 5~10.5cm，宽 4~12cm，5~7 浅裂或半裂边缘浅波状。花冠白色。浆果扁球状，初绿白色，成熟后橙红色。

分布长江流域以南地区。

（3）假烟叶树 Solanum erianthum D. Don

小乔木；高 1.5~10m。叶大而厚，卵状长圆形，长 10~29cm，宽 4~12cm。聚伞花序多花，总花梗长 3~10cm。浆果球状，具宿存萼。

分布华南、华东、西南地区。

（4）毛茄 Solanum lasiocarpum Dunal

直立草本至亚灌木，小枝、叶、花序及果实被毛，具直刺。叶卵形，边缘有 5~11 个三角形波状浅裂。蝎尾状花序腋外生。浆果球状。

分布华南、西南地区。

（5）*乳茄 Solanum mammosum L.

直立草本。小枝、茎被毛及扁刺，侧脉、叶柄被毛及皮刺。叶卵形，常 5 裂。蝎尾状花序腋外生，花冠紫槿色。浆果倒梨状，土黄色，具 5 个乳头状凸起。

原产美洲。南部地区有栽培。

（6）*茄 Solanum melongena L.

灌木。无刺，被星状柔毛。叶卵形，长 8~18cm，宽 5~11cm，边缘波状，基部不对称。蝎尾状聚伞花序。果大，形状各异。

南北地区有种植。

（7）水茄 Solanum torvum Sw.

灌木。有刺，被星状毛。叶卵形或椭圆形，长 6~18cm，宽 5~14cm，背脉、叶柄有时有刺。伞房状聚伞花序。浆果球形；种子盘状。

分布华南、西南、华中地区。

（8）马铃薯 Solanum tuberosum L.

草本。地下茎块状。叶为奇数不相等的羽状复叶，小叶常大小相间，6~8 对，卵形至长圆形。伞房花序，花白色或蓝紫色；花冠辐状，5 裂。浆果圆球状。

南北地区均有栽培。

（9）刺天茄 Solanum violaceum Ortega

披散灌木。有刺，被星状毛。叶卵形，长 5~15cm，宽 2~10cm，边缘 3~7 深裂或浅裂。蝎尾状聚伞花序；花蓝色。果近圆形。

分布华南华东、西南地区。

（一百四十六）木樨科 Oleaceae

叶对生，稀互生或轮生，单叶、三出复叶或羽状复叶，稀羽状分裂，全缘或具齿，无托叶。花辐射对称，通常聚伞花序排列成圆锥花序。

1. 梣属 Fraxinus L.

落叶乔木，稀灌木。叶对生，奇数羽状复叶，稀在枝梢呈3枚轮生状，有小叶3至多枚；叶柄基部常增厚或扩大；小叶叶缘具锯齿或近全缘。圆锥花序顶生或腋生于枝端，或着生于去年生枝上。果为含1枚或偶有2枚种子的坚果。

（1）光蜡树 Fraxinus griffithii C. B. Clarke

半落叶乔木，高 10~20m。羽状复叶；小叶 5~7（~11）枚，长 2~14cm，宽 1~5cm。翅果阔披针状匙形，长 2.5~3cm，宽 4~5mm。

2. 茉莉属 Jasminum L.

小枝圆柱形或具棱角和沟。叶对生或互生，稀轮生，单叶，三出复叶或为奇数羽状复叶，全缘或深裂；叶柄有时具关节，无托叶。

（1）扭肚藤 Jasminum elongatum (Bergius) Willd.

攀缘状灌木。单叶，对生，纸质，长 2.5~7cm。聚伞花序常生于侧枝之顶；花微香；花冠白。果卵状长圆形，熟时黑色。

分布华南、西南地区。

（2）清香藤 Jasminum lanceolarium Roxb.

大型攀缘灌木；高 10~15m。三出复叶；顶生小叶与侧生等

大。聚伞花序圆锥状；花冠白色，高脚碟状，裂片 4~5 枚。果球形或椭圆形。

分布西北、长江流域以南地区。

（3）野迎春 Jasminum mesnyi Hance

亚灌木；高 0.5~5m。叶对生，三出复叶或小枝基部具单叶；叶柄长 0.5~1.5cm。花通常单生叶腋；苞片叶状，长 5~10mm。果椭圆形。

分布西南地区。全国各地均有栽培。

（4）青藤仔 Jasminum nervosum Lour.

攀缘灌木；高 1~5m。单叶对生，卵形、椭圆形或卵状披针形，长 2.5~13cm，宽 0.7~6cm。聚伞花序有花 1~5 朵。果球形或长圆形。

分布华南、西南地区。

（5）厚叶素馨 Jasminum pentaneurum Hand.-Mazz.

攀缘灌木。叶对生，单叶，宽卵形、卵形或椭圆形，叶缘反卷，常具褐色腺点。聚伞花序顶生或腋生。果球形、椭圆形或肾形。

分布华南地区。

（6）*茉莉花 Jasminum sambac (L.) Aiton

灌木。单叶对生，圆形、卵状椭圆形，长 4~12.5cm。聚伞花序顶生，通常有花 3~5 朵；花冠白色，极芳香。果球形，呈紫黑色。

南部地区广泛栽培。

3. 女贞属 Ligustrum L.

单叶对生，全缘；具叶柄。聚伞花序常排列成圆锥花序，多顶生于小枝顶端，稀腋生。果为浆果状核果。

（1）华女贞 Ligustrum lianum P. S. Hsu

灌木或小乔木，高 0.6~7m。叶片长 4~13cm，宽 1.5~5.5cm；叶柄长 0.5~1.5cm，上面具沟，被微柔毛或近无毛。果椭圆形或近球形，呈黑色、黑褐色或红褐色。

分布香港、浙江、江西、福建、湖南、海南、广西、贵州。

（2）小蜡 Ligustrum sinense Lour.

落叶灌木或小乔木。幼枝、叶、叶柄、花序轴及花梗被毛或无；叶纸质或薄革质，长 2~9cm，宽 1~3.5cm。圆锥花序顶生或腋生，塔形。果近球形。

分布华东、华中、华南、西南地区。

4. 木樨属 Osmanthus Lour.

单叶对生，全缘或具锯齿，两面通常具腺点。聚伞花序簇生于叶腋，或再组成腋生或顶生的短小圆锥花序。核果椭圆形或歪斜椭圆形。

（1）*木犀 Osmanthus fragrans (Thunb.) Lour.

常绿乔木或灌木。叶对生，革质，椭圆形、长椭圆形或椭圆状披针形，常上半部具细齿。聚伞花序簇生于叶腋。核果歪斜，长 1~1.5cm。

原产西南地区。各地广泛栽培。

（2）牛矢果 Osmanthus matsumuranus Hayata

常绿灌木或乔木。叶倒披针形，边缘不反卷，边缘上部有小齿，侧脉 10~12 对，两面无毛具腺点。聚伞花序组成圆锥花序。果椭圆形。

分布华东、华南、西南地区。

（一百四十七）苦苣苔科 Gesneriaceae

单叶，对生或轮生，或基生成簇，稀互生。花序通常为双花聚伞花序（有2朵顶生花），或为单歧聚伞花序，稀为总状花序。

1. 辐冠苣苔属 Actinostephanus F.Wen, Y.G.Wei & L.F.Fu, gen. nov

多年生草本。叶全部基生。叶片倒卵形椭圆形，基部通常偏斜。花萼辐射对称，5深裂到基部。花冠碗状，辐射对称；筒浅碗状；瓣片五裂，裂片相等。雄蕊4，分离。蒴果长圆形卵球形，贴伏长柔毛，被宿存萼裂片。

（1）辐冠苣苔 Actinostephanus enpingensis F.Wen, Y.G.Wei & L.F.Fu

叶片长7.5~15.0cm，宽3.5~6.0cm，边缘多数具圆齿。花序二歧，4~8，轴向；小花8~14，很少4~5或偶尔超过14，1~2分枝；花序梗长2.2~4.5cm，密被短糙伏毛。

分布恩平市。

2. 芒毛苣苔属 Aeschynanthus Jack

叶对生，或3~4枚轮生，肉质、革质或纸质，全缘，脉不明显。花1~2朵腋生，或组成聚伞花序。蒴果线形，室背纵裂成2瓣。

（1）芒毛苣苔 Aeschynanthus acuminatus Wall. ex A. DC.

附生小灌木。叶对生，长圆形至狭倒披针形，长4.5~9cm。花序生茎顶叶腋，有花1~3朵。蒴果线形；种子两端各有1条长毛。

分布华南、西南地区。

3. 唇柱苣苔属 Chirita Spreng.

叶为单叶，稀为羽状复叶，对生或簇生，稀互生。聚伞花序腋生，有时多少与叶柄愈合，有少数或多数花。

（1）光萼唇柱苣苔 Chirita anachoreta Hance

一年生草本。茎具2~6节。叶对生，狭卵形或椭圆形，长3~13cm，宽1.5~7.5cm。花序腋生，梗长2.5~4.5cm。蒴果无毛；种子纺锤形。

分布华南、华中、西南地区。

（2）蚂蟥七 Chirita fimbrisepala (Hand.-Mazz.) Y. Z. Wang

多年生草本。叶基生；叶片卵形、宽卵形或近圆形，稍斜，长5~10cm，宽3.5~11cm，边缘有小牙齿，两面疏生长伏毛。花冠紫色。蒴果长达8cm。

（3）钟冠唇柱苣苔 Chirita swinglei (Merr.) Mich. Möller & A. Weber

多年生草本。叶基生，椭圆形或椭圆状卵形，长6~12cm，宽2~5cm，边缘有小齿。苞片2枚，线形，长2~4mm；花冠近钟状。

分布华南地区。

4. 漏斗苣苔属 Didissandra Chun

叶1~4对，密集于茎顶端，或数对散生，每对不等大。聚伞花序不分枝，稀2~3次分枝，腋生，具1~10花。

（1）长筒漏斗苣苔 Didissandra macrosiphon (Hance) B. L. Burtt

草本。茎密被褐色长柔毛。叶基生，卵状椭圆形，大小不等。花萼辐射对称，裂片近等大；能育雄蕊4枚；花药成对合生，横裂。

分布华南地区。

5. 双片苣苔属 Didymostigma W. T. Wang

一年生草本。叶对生，卵形，叶脉羽状。聚伞花序腋生，具梗；苞片对生，小；花中等大。花萼狭钟状，5 裂达基部，裂片狭披针状条形。花冠淡紫色，筒细漏斗状，檐部二唇形，比筒短，上唇 2 浅裂，下唇 3 浅裂。蒴果线形，室背纵裂。

（1）双片苣苔 Didymostigma obtusum (C. B. Clarke) W. T. Wang

茎渐升或近直立，长 12~20cm。叶对生；叶片长 2~10cm，宽 1.4~7cm，叶背常带紫红色，侧脉每侧 5~8 条。花冠淡紫色或白色，长 3.6~5.2cm。蒴果长 4~8cm。

分布香港、福建。

6. 圆唇苣苔属 Gyrocheilos W. T. Wang

叶均基生，具长柄，肾形或心形，边缘有重牙齿，有掌状脉。花序聚伞状，腋生，三至四回分枝，有多数花和 2 苞片；花小。

（1）圆唇苣苔 Gyrocheilos chorisepalum W. T. Wang

草本或亚灌木。叶基生，肾形，顶端圆，叶面被长柔毛。苞片 2 枚，对生；花萼 5 裂；花冠上部二唇形；上方 2 枚雄蕊能育。蒴果线形。

分布华南地区。

7. 半蒴苣苔属 Hemiboea C. B. Clarke

叶对生，具柄。花序假顶生或腋生，二歧聚伞状或合轴式单歧聚伞状，有时简化成单花；总苞球形。蒴果长椭圆状披针形至线形。

（1）贵州半蒴苣苔 Hemiboea cavaleriei H. Lév.

草本。茎具 4~15 节，散生紫斑。叶对生，稍肉质，长圆状披针形，长 5~20cm，宽 2~8cm。聚伞花序具 3~12 朵花。蒴果线状披针形。

分布华东、华中、华南、西南地区。

8. 马铃苣苔属 Oreocharis Benth.

叶全部基生，具柄，稀近无柄。聚伞花序腋生，1 至数条，有 1 至数花；苞片 2，对生，有时无苞片。花萼钟状，5 裂至近基部。

（1）长瓣马铃苣苔 Oreocharis auricula (S. Moore) C. B. Clarke

多年生草本。叶基生，椭圆形或卵圆形，宽 2~6.5 cm，边全缘。聚伞花序；花冠细筒状，喉部略缢缩，基部稍膨大。蒴果。

分布华南、华中、华东、西南地区。

（2）石上莲 Oreocharis benthamii C. B. Clarke var. reticulata Dunn

多年生草本。叶丛生，椭圆形或卵状椭圆形，长 6~12cm；叶柄密被绵毛。聚伞花序 2~4 条，具 8~11 花；花序梗长 10~22cm。蒴果。

分布华南地区。

9. 线柱苣苔属 Rhynchotechum Blume

叶对生，稀互生，长圆形或椭圆形，通常有较多近平行的侧脉。聚伞花序腋生，二至四回分枝，常有多数花。浆果近球形，白色。

（1）异色线柱苣苔 **Rhynchotechum discolor** (Maxim.) B. L. Burtt

小亚灌木。叶互生，纸质或草质，长6.5~16cm，宽2.5~5cm。聚伞花序单生叶腋。花萼5裂达基部。花冠白色；上唇2深裂，下唇3深裂。浆果卵球形。

分布华南、华东地区。

（2）椭圆线柱苣苔 **Rhynchotechum ellipticum** (Wall. ex D. Dietr.) A. DC.

亚灌木。叶对生，倒披针形或椭圆形，长9.5~20cm，宽3~9.5cm，被锈色长毛。聚伞花序2至数个生叶腋。浆果球形，白色。

分布西南、华南、华东地区。

（3）冠萼线柱苣苔 **Rhynchotechum formosanum** Hatus.

亚灌木。叶对生，被黄褐色柔毛，椭圆形或长圆形或狭倒卵形，长13~26cm，宽6.5~12cm。聚伞花序常成对腋生。浆果近球形，白色。

分布华南、西南地区中国台湾。

（一百四十八）车前科 Plantaginaceae

叶螺旋状互生，通常排成莲座状，或于地上茎上互生、对生或轮生。穗状花序狭圆柱状、圆柱状至头状。

1. 毛麝香属 Adenosma R. Br.

草本，有芳香味。叶对生，有锯齿，被腺点。花具短梗或无梗，单生上部叶腋，常集成总状、穗状或头状花序。蒴果卵形或椭圆形。

（1）毛麝香 **Adenosma glutinosum** (L.) Druce

直立草本。叶对生，披针状卵形至宽卵形，边缘具齿或重齿，两面被毛，下面多腺点；有柄。顶生花排成疏散的总状花序。蒴果卵形。

分布华南、西南、华东地区。

2. 假马齿苋属 Bacopa Aublet

叶对生。花单生叶腋或在茎顶端集成总状花序；小苞片1~2枚或没有；萼片5枚。蒴果卵状或球状，有两条沟槽，室背2裂或4裂。

三、被子植物 ANGIOSPERMAE　309

（1）假马齿苋 Bacopa monnieri (L.) Wettst.

直立草本。茎无毛。叶披针形至线形，长 8~20mm，宽 3~6mm。花单生叶腋；花梗短，长约 2mm；花冠长 8~10mm。蒴果长卵状，4 片裂。

分布华南、华东、西南地区。

3. 水马齿属 Callitriche L.

叶螺旋状互生，通常排成莲座状，或于地上茎上互生、对生或轮生。穗状花序狭圆柱状、圆柱状至头状。

（1）沼生水马齿 Callitriche palustris L.

一年生草本。叶互生，在茎顶常密集呈莲座状，浮于水面；茎生叶匙形或线形。花单性，同株，单生叶腋。果倒卵状椭圆形，上部边缘具翅。

分布东北、华东、华南、西南地区。

（2）广东水马齿 Callitriche palustris var. oryzetorum (Petrov) Lansdown

茎粗达 1mm。在水中的叶匙状椭圆形，浮在水面的叶呈莲座状。苞片大而宽，白色，纸质。花柱宿存，果极小，椭圆状圆形，具极短的翅。

分布华南地区。

4. 石龙尾属 Limnophila R. Br.

一年生或多年生草本，揉搓常有香气。花单生叶腋或排列成顶生或腋生的穗状或总状花序；小苞片 2 枚或不存在。蒴果为宿萼所包。

（1）紫苏草 Limnophila aromatica (Lam.) Merr.

一年生或多年生草本，高 30~70cm。叶无柄，对生或三枚轮生，长 10~50mm，宽 3~15mm，具细齿。花冠白色，蓝紫色或粉红色。蒴果卵珠形，长约 6mm。

分布广东、香港、海南、台湾、福建、江西。

（2）石龙尾 Limnophila sessiliflora (Vahl) Blume

多年生两栖草本。沉水叶多裂；裂片细而扁平或毛发状；气生叶全部轮生，密被腺点。花单生于叶腋；花冠紫蓝色或粉红色。蒴果近于球形。

分布华南、华中、华东、西南、东北等地区。

（3）中华石龙尾 Limnophila chinensis (Osbeck) Merr.

草本；高 5~50cm。老茎被长柔毛。叶 1 型，叶对生或 3~4 片轮生。单生或排成圆锥花序；花梗被长柔毛。蒴果宽椭圆形，两侧扁。

分布华南、西南地区。

5. 伏胁花属 Mecardonia Ruiz & Pav.

直立或铺散草本。叶对生。花腋生。花常不整齐；萼下位，常宿存；花冠4~5裂，裂片多少不等或作二唇形；果为蒴果。

（1）伏胁花 Mecardonia procumbens (Mill.) Small

直立或铺散草本。多分枝，茎有棱。叶对生，叶小，边缘具锯齿，具腺点；无柄。总状花序顶生或腋生；小苞片2；花冠黄色。

分布华南地区。

6. 车前属 Plantago L.

叶螺旋状互生，紧缩成莲座状，或在茎上互生、对生或轮生。花序1至多数，出自莲座丛或茎生叶的腋部。

（1）车前 Plantago asiatica L.

草本；植株较小，高小于30cm。叶长4~12cm，宽2.5~6.5cm，两面疏生短柔毛，脉5~7条。花序3~10个。蒴果纺锤状卵形，周裂。

分布南北各地。

（2）大车前 Plantago major L.

草本；植株高大，高30~80cm。叶片草质、薄纸质或纸质，宽卵形至宽椭圆形。穗状花序细圆柱状。蒴果近球形；种子卵形。

分布南北各地。

7. 穗花属 Pseudolysimachion (W. D. J. Koch) Opiz

多年生草本；茎单一或成丛；叶对生或轮生，稀互生；花序顶生，总状或穗状，花密集；花萼4裂；花冠4裂；蒴果近球状。

（1）*爆仗竹 Russelia equisetiformis Schlecht. & Cham.

多分枝丛生亚灌木。叶轮生，卵形或线状披针形，多退化而微小。聚伞花序有花1~3朵，总花梗长达3cm；花管状红色。蒴果。

8. 野甘草属 Scoparia L.

叶对生或轮生，全缘或有齿，常有腺点。花腋生，具细梗，单生或常成对；萼4~5裂，卵形或披针形。蒴果球形或卵圆形。

（1）野甘草 Scoparia dulcis L.

多年生直立草本。枝具棱。叶对生或3片轮生，菱状卵形或菱状披针形，具紫色腺点。花1~5朵腋生；雄蕊4枚。蒴果卵形或球形。

分布华南、西南、华东地区。

一年生或二年生草本；高 10~30cm。叶具 1~7mm 的短柄，叶片卵形至卵状三角形，长 1~4cm，宽 0.7~3cm。花冠白色、粉色或紫红色。蒴果倒心形。

（一百四十九）玄参科 Scrophulariaceae

叶互生、下部对生而上部互生，或全对生，或轮生，无托叶。花序总状、穗状或聚伞状，常合成圆锥花序，向心或更多离心。

1. 醉鱼草属 Buddleja L.

植株通常被腺毛、星状毛或叉状毛。枝条通常对生，圆柱形或四棱形，棱上通常具窄翅。单叶对生，稀互生或簇生，全缘或有锯齿。

（1）白背枫 Buddleja asiatica Lour.

灌木或乔木。幼枝、叶柄和花序均密被灰白色毛。叶对生，狭椭圆形或长披针形。总状花序窄而长；花冠管长 3~4mm。蒴果椭圆状。

9. 离药草属 Stemodia L.

草本。叶对生或轮生，无托叶。花腋生；花常不整齐；萼下位，常宿存，5 基数，少有 4 基数；花冠 4~5 裂，裂片多少不等或作二唇形。

（1）轮叶孪生花 Stemodia verticillata (Mill.) Hassl.

多年生矮小草本。茎外倾或匍匐，被腺毛。叶对生或轮生，卵形，先端尖，表面具腺毛；叶柄具翅。花小，2 朵生于叶腋。蒴果。

分布华南、华东、华中、西南、西北地区。

（2）醉鱼草 Buddleja lindleyana Fortune

灌木；高 1~3m。小枝具四棱，棱上略有窄翅。叶对生，萌芽枝上为互生，长 3~11cm，宽 1~5cm。穗状聚伞花序顶生。蒴果有鳞片。

分布长江流域以南地区。

10. 婆婆纳属 Veronica L.

多年生草本而有根状茎或一、二年生草本而无根状茎。叶多数为对生，少轮生和互生。总状花序顶生或侧生叶腋。花萼深裂，裂片 4 或 5 枚。蒴果形状各式，稍稍侧扁至明显侧扁几乎如片状，两面各有一条沟槽，顶端微凹或明显凹缺，室背 2 裂。

（1）多枝婆婆纳 Veronica javanica Blume

2. 玄参属 Scrophularia L.

叶对生或很少上部的叶互生。花先组成聚伞花序，后者可单生叶腋或可再组成顶生聚伞圆锥花序、穗状花序或近头状花序。

（1）玄参 Scrophularia ningpoensis Hemsl.

多年生大草本。茎四棱。叶大，对生，卵状披针形。花序为顶生的大型圆锥花序，长可达 50cm。蒴果卵圆形，连同短喙长 8~9mm。

分布华南、华东、华中、华北、西南、西北地区。

（一百五十）母草科 Lindemiaceae

花常对生，腋生或在茎枝顶端形成总状花序。雄蕊 4；花柱顶端常膨大，片状 2 裂。蒴果多为球形或圆形。

1. 母草属 Lindernia All.

叶对生，常有齿，稀全缘，脉羽状或掌状。花常对生、稀单生，生于叶腋之中或在茎枝之顶形成疏总状花序。

（1）长蒴母草 Lindernia anagallis (Burm. f.) Pennell

草本；高 10~40cm。茎无毛。叶卵形，长 0.4~2cm，宽 0.7~1.2cm，两面无毛。总状花序；花萼 5 深裂；花冠二唇形。果卵状长圆形。

分布华南、华东、华中、西南地区。

（2）刺齿泥花草 Lindernia ciliata (Colsm.) Pennell

一年生草本；高达 20cm。全株无毛，叶带状长圆形，长 1~4cm，宽 0.3~1.2cm，边缘有芒齿。总状花序顶生；花萼 5 深裂。果柱形。

分布西南、华南、华东地区。

（3）母草 Lindernia crustacea (L.) F. Muell.

草本。茎无毛。叶卵形，长 1~2cm，宽 5~11mm。花常单生兼有顶生总状花序；花萼 5 中裂。果椭圆形或倒卵形，与宿萼近等长。

分布华南、华东、华中、西南地区。

（4）荨麻母草 Lindernia elata (Benth.) Wettst.

一年生直立草本，被毛，茎枝方形，具棱。叶三角状卵形，叶柄具狭翅。腋生总状花序集成圆锥花序；萼齿 5；花冠小，上唇有浅缺，下唇 3 裂。蒴果椭圆形。

分布华南、西南地区。

（5）狭叶母草 Lindernia micrantha D. Don

一年生草本；茎枝有条纹而无毛。叶长 1~4cm，宽 2~8mm，基部有狭翅。花单生于叶腋；萼齿 5；花冠上唇 2 裂，下唇开 3 裂。蒴果条形；种子矩圆形。

分布华南、华中、华东、西南地区。

（6）红骨母草 Lindernia mollis (Benth.) Wettst.

一年生匍匐草本，全株除花冠外均被白色闪光的细刺毛。茎有条纹。叶片大小和形状多变，边缘有齿。花成短总状花序或有时近伞形。蒴果长卵圆形。

分布华南、华中、西南地区。

（7）圆叶母草 Lindernia rotundifolia (L.) Alston

叶宽卵形或近圆形，先端圆钝，基部宽楔形或近心形，边缘有齿。蒴果长椭圆形，顶端渐尖。

（8）旱田草 Lindernia ruellioides (Colsm.) Pennell

草本。全株无毛。叶椭圆形，长 1~4cm，宽 0.6~2cm，边缘有锐锯齿。总状花序顶生；花萼 5 深裂；2 枚雄蕊不育，后方 2 枚能育。果柱形。

分布华南、华东、华中、西南地区。

（9）黏毛母草 Lindernia viscosa (Hornem.) Bold.

下部叶卵状矩圆形，边缘有浅波状齿，两面疏被粗毛；花序总状，有花 6~10 朵；苞片小，披针形；蒴果球形，与宿萼近等长；种子细小，椭圆状长方形。

分布华南、华中、西南地区。

2. 蝴蝶草属 Torenia L.

叶对生，具齿。花具梗，排列成总状或伞形花序，抑或单朵腋生或顶生。蒴果矩圆形，为宿萼所包藏。

（1）长叶蝴蝶草 Torenia asiatica L.

一年生草本，疏被硬毛。茎具棱或狭翅；枝对生或二歧状。叶长 2~3.5cm，宽 1~1.8cm，基部下延。花单生于或排成伞形花序。蒴果长椭圆形。

分布华南、西南地区。

（2）毛叶蝴蝶草 Torenia benthamiana Hance

全体密被白色硬毛，节上生根。叶片卵形或卵心形，两侧具圆齿。通常 3 朵排成伞形花序；花冠上唇先端浅二裂，下唇 3 裂。蒴果长椭圆形。

分布华南地区。

（3）单色蝴蝶草 Torenia concolor Lindl.

匍匐草本；茎具 4 棱。叶片三角状卵形或长卵形，长 1~4cm，宽 0.8~2.5cm，边缘具齿。花单朵腋生或顶生；花冠蓝色或蓝紫色。

分布华南、西南地区。

（4）黄花蝴蝶草 Torenia flava Buch.-Ham. ex Benth.

直立草本。叶卵形或椭圆形，长 3~5cm，宽 1~2cm；叶柄长 0.5~0.8cm。花萼具 5 棱；花冠长 10~12mm，黄色。蒴果狭长椭圆形。

分布华南地区。

（一百五十一）胡麻科 Pedaliaceae

叶对生，最上的有时互生，单叶，全缘或浅裂，无托叶。花出于叶腋，单生或聚伞花序（常具 3 花），柄基部具 1~2 特殊腺体（变形的花）。

1. 胡麻属 Sesamum L.

叶生于下部的对生，其它的互生或近对生，全缘、有齿缺或分裂。花腋生、单生或数朵丛生，具短柄，白色或淡紫色。蒴果矩圆形。

（1）* 芝麻 Sesamum indicum L.

草本。茎 4 棱。叶对生，矩圆形或卵形，长 3~10cm，宽 2.5~4cm，下部叶常掌状 3 裂。花腋生，白色。果长圆形，分裂至 1/2 以上。

分布华南、华东、华中、西南、西北地区。

（一百五十二）爵床科 Acanthaceae

叶对生，稀互生，无托叶。花两性，左右对称，通常组成总状花序、穗状花序、聚伞花序。蒴果室背开裂为 2 果爿。

1. 老鼠簕属 Acanthus L.

叶对生，羽状分裂或浅裂，常有齿及刺。穗状花序，顶生，边缘常具刺。蒴果椭圆形，两侧压扁，有光泽。

（1）老鼠簕 Acanthus ilicifolius L.

灌木；高达 2m。叶长 6~14cm，边缘 4~5 羽状裂锯齿，侧脉 4~7 对。穗状花序顶生；小苞片 2 枚；花冠长 3~4cm。蒴果椭圆形；种子 4 颗。

分布华南、华东地区。

2. 白接骨属 Asystasia Blume

叶蓝色或变化于黄蓝色之间，全缘或稍有齿；花排列成顶生的总状花序，或圆锥花序；蒴果长椭圆形。

（1）* 宽叶十万错 Asystasia gangetica (L.) T. Anderson

多年生草本。叶椭圆形，长 3~12cm，宽 1~4（~6）cm，上面钟乳体点状，总状花序顶生，花序轴 4 棱被毛，花偏向一侧。苞片对生；花萼 5 深裂。蒴果。

分布华南、西南地区。

3. 海榄雌属 Avicennia L.

枝圆柱形，通常有明显的关节。单叶对生，全缘。花序无花瓣状总苞片；花小，黄褐色，对生于花序梗上。蒴果较深 2 瓣裂。

（1）海榄雌 Avicennia marina (Forssk.) Vierh.

灌木。枝条有条纹，小枝四方形。叶革质，长 2~7cm，宽 1~3.5cm。聚伞花序紧密成头状，花小；花萼 5 裂；花冠黄褐色，4 裂。果近球形，有毛。

分布华南地区。

4. 钟花草属 Codonacanthus Nees

叶对生，全缘。花小，组成顶生和腋生的总状花序和圆锥花序；花在花序上互生。蒴果中部以上 2 室。

（1）钟花草 Codonacanthus pauciflorus (Nees) Nees

多年生草本。叶椭圆卵形或狭披针形，长 6~9cm，宽 2~4.5cm，两面被微柔毛。花冠钟状，5 裂，冠檐裂片 5；雄蕊 2 枚；

内藏。

分布华南、华东地区。

5. 狗肝菜属 Dicliptera Juss.

叶通常全缘或明显的浅波状。花序腋生，稀顶生，由数至多个头状花序组成聚伞形或圆锥形式；头状花序具总花梗。蒴果卵形。

（1）狗肝菜 Dicliptera chinensis (L.) Juss.

二年生草本。茎具 6 条钝棱，节膨大。叶卵状椭圆形，长 2~7cm，宽 1.5~3.5cm。聚伞花序；苞片大，阔卵形或近圆形；花粉色。

分布南部和东南地区。

6. 水蓑衣属 Hygrophila R. Br.

叶对生，全缘或具不明显小齿。花无梗，2 至多朵簇生于叶腋。蒴果圆筒状或长圆形，2 室，每室有种子 4 至多粒。

（1）小狮子草 Hygrophila polysperma (Roxb.) T. Anderson

一年生草本，茎匍匐。茎叶矩圆状披针形，不久枯萎，枝上部和下部，椭状长圆形、线形。穗状花序短，花萼中部 5 浅裂。萼果披针形，具 6 沟。

分布华南、西南地区。

（2）水蓑衣 Hygrophila ringens (L.) R. Br. ex Spreng.

草本。茎4棱形。叶纸质，狭披针形，两面无毛或近无毛；近无柄。花簇生叶腋，无梗；花萼5深裂至中部；花小，长约12mm。

分布东部至西南地区。

7. 爵床属 Justicia L.

叶无梗或具叶柄；叶片边缘通常全缘，但有时具深波状或稍有锯齿。花序二歧（有时退化为一朵花）。

（1）爵床 Justicia procumbens L.

草本，高20~50cm。节间膨大。叶小，长1.5~3.5cm，宽1.2~2cm。密集的穗状花序顶生。蒴果长约5mm，上部具4粒种子。

分布华南、华东、华中、西南地区。

（2）*黑叶小驳骨 Justicia ventricosa Wall. ex Hook. f.

多年生草本或亚灌木，除花序外全株无毛。叶长10~17cm，宽3~6cm。穗状花序顶生，密生；苞片大，覆瓦状重叠；花冠白色或粉红色。蒴果被柔毛。

分布华南、西南地区。

8. 鳞花草属 Lepidagathis Willd.

叶通常全缘或有时有圆齿。花无梗，组成顶生或腋生、单生或簇生、通常密花的穗状花序。蒴果长圆形。

（1）鳞花草 Lepidagathis incurva Buch.-Ham. ex D. Don

草本。小枝4棱。叶纸质，长椭圆形至披针形，长4~10cm，基部楔形。穗状花序；苞片顶段具刺状小凸起；花冠白色。蒴果无毛。

分布华南、西南地区。

9. 纤穗爵床属 Leptostachya Nees

穗状花序纤细，花对生，聚集成头状或单生。花萼5深裂，裂片相等。花冠张开。蒴果基部扁，无种子，顶端生4种子。

（1）纤穗爵床 Leptostachya wallichii Nees

草本。叶对生，卵形，长7~11cm，宽2.5~3cm，镰刀状渐尖。穗状花序纤细，花对生，聚集成头状或单生，上部的偏向一侧。

分布华南地区。

10. 山蓝属 Peristrophe Nees

叶通常全缘或稍具齿。由 2 至数个头状花序组成的聚散式或呈伞形花序顶生或腋生；总花梗单生或有时簇生。

（1）九头狮子草 Peristrophe japonica (Thunb.) Bremek.

叶卵状矩圆形，长 5~12cm，宽 2.5~4cm。聚伞花序；花冠粉红色至微紫色，2 唇形，下唇 3 裂。蒴果疏生短柔毛；种子有小疣状突起。

分布华南、华中、西南地区。

11. 灵芝草属 Rhinacanthus Nees

叶全缘或浅波状。花无梗，组成圆锥花序，苞片和小苞片小，钻形，较花萼片短；萼深 5 裂，裂片线状披针形。蒴果棍棒状。

（1）灵枝草 Rhinacanthus nasutus (L.) Kurz

多年生草本或亚灌木；茎、叶、花等被毛。叶长 2~11cm，宽 8~30mm。圆锥花序由小聚伞花序组成；花冠白色，上唇线状披针形，下唇 3 深裂至中部。

华南、西南地区有栽培。

12. 芦莉草属 Ruellia L.

草本。叶对生，近全缘；花排成顶生或腋生的穗状花序或总状花序；苞片叶状或小而不明显；萼片 5；蒴果长椭圆形。

（1）芦莉草 Ruellia tuberosa L.

多年生草本植物，具有块茎根。叶对生，披针形，叶色浓绿，狭长形；短叶柄，具有波状边缘。花密集，粉红色、紫色、白色三种。

13. 叉柱花属 Staurogyne Wall.

叶对生或有时上部的互生，边缘通常全缘，具羽状脉。花序总状或穗状。蒴果延长，先端急尖或稍钝，裂片扁平。

（1）叉柱花 Staurogyne concinnula (Hance) Kuntze

草本。茎极被长柔毛。叶莲座状，长圆形，长 2~7cm，宽 5~15mm，叶面密被粗糙小点。总状花序顶生或近顶腋生。蒴果。

分布华南、华东地区。

14. 马蓝属 Strobilanthes Blume

花序顶生或腋生，疏松或紧缩，头状、穗状或聚伞状，部分单生或完全为圆锥花序或排列成顶生或腋生的总状花序。蒴果椭圆形。

（1）板蓝 Strobilanthes cusia (Nees) Kuntze

叶椭圆形或卵形，长 10~20（~25）cm，宽 4~9cm，边缘有稍粗的锯齿，两面无毛；叶柄长 1.5~2cm。穗状花序直立，长 10~30cm。蒴果长 2~2.2cm，无毛。

分布香港、海南、福建、广西、云南、贵州。

（2）球花马蓝 Strobilanthes dimorphotricha Hance

叶不等大，椭圆形、椭圆状披针形；上部各对一大一小。花序头状。花萼裂片 5。花冠紫红色，冠檐裂片 5。蒴果长圆状棒形。种子 4 粒。

分布长江流域以南地区，西达西藏，东达浙江、台湾。

（3）长苞马蓝 Strobilanthes echinata Nees

嫩枝 4 棱，具沟。叶卵形，基部下延至柄，边缘有圆齿，上面具小而密线形钟乳体。花序穗状；花萼 5 裂；花冠堇色。蒴果纺锤形。

分布华南、西南地区。

（4）南一笼鸡 Strobilanthes henryi Hemsley

多年生草本或半灌木。叶对生，不等大。花冠漏斗状，冠管扭转 180 度，一面膨大，冠檐 2 唇形；能育雄蕊 2 枚。蒴果纺锤形；种子 4 粒。

分布华中、华南、西南地区。

（一百五十三）紫葳科 Bignoniaceae

叶对生、互生或轮生，单叶或羽叶复叶，稀掌状复叶；叶柄基部或脉腋处常有腺体。花两性，左右对称。

1. 风铃木属 Handroanthus Mattos

掌状叶（3）5~9 裂。叶有光泽，深绿色，具粗糙锯齿。小叶具有各种类型毛状体和鳞片。总状花序，花序具二叉分枝。

（1）*黄花风铃木 Handroanthus chrysanthus (Jacq.) S. O. Grose

落叶或半常绿乔木。掌状复叶对生，小叶 4~5 枚，倒卵形，有疏锯齿，被褐色细茸毛。花冠漏斗形，风铃状，花色鲜黄。

华南地区有栽培。

2. 吊瓜树属 Kigelia DC.

叶对生，奇数一回羽状复叶。圆锥花序，下垂，具长柄。花萼钟状；花冠钟状漏斗形；花冠裂片 5，二唇形。果长圆柱形，腊肠状。

（1）*吊灯树 Kigelia africana (Lam.) Benth.

奇数羽状复叶交互对生或轮生，小叶 7~9 枚，长圆形或倒卵形。圆锥花序，轴长 50~100cm；花冠橘黄色或褐红色。果圆柱形，直径 12~15cm。

华南、西南、华东地区有栽培。

3. 猫尾木属 Markhamia Seem. ex Baill.

乔木。奇数一回羽状复叶对生。花黄或黄白色，顶生总状聚伞花序。蒴果扁，被灰黄褐色茸毛。

（1）毛叶猫尾木 Markhamia stipulata (Wall.) Seem. ex K. Schum. var. kerrii Sprague

叶近对生，奇数羽状复叶，幼嫩时叶轴及小叶被毛；小叶 6~7 对，无柄。花大，总状花序。蒴果长 30~60cm，密被褐黄色茸毛。种子具膜质翅。

分布华南、西南地区。

4. 火烧花属 Mayodendron Kurz

叶对生，3 数二回羽状复叶，小叶全缘。短总状花序着生于老茎上或短的侧枝上。蒴果线形，细长，室间开裂，果爿 2。

（1）火烧花 Mayodendron igneum (Kurz) Kurz

常绿乔木。大型奇数二回羽状复叶。短总状花序生于老茎或侧枝；花萼佛焰苞状；花冠橙黄色至金黄色，檐部5裂，反折；花药个字形着生。蒴果长线形。

分布华南、西南地区。

5. 菜豆树属 Radermachera Zoll. & Mor.

叶对生，为一至三回羽状复叶；小叶全缘。聚伞圆锥花序顶生或侧生，但决不生于下部老茎上。蒴果圆柱形，有时旋扭状，有2棱。

（1）美叶菜豆树 Radermachera frondosa Chun & F. C. How

乔木。二回羽状复叶；叶柄、叶轴有槽纹；小叶5~7，阔或狭椭圆形或卵形。花序顶生，尖塔形，直立，三歧分叉；花白色。花冠细筒状。蒴果长20~40cm。

分布华南地区。

（2）* 海南菜豆树 Radermachera hainanensis Merr.

乔木，除花冠筒内面被柔毛外，全株无毛。叶为一至二回羽状复叶或小叶5片。花序腋生或侧生；花萼淡红色，筒状；花冠淡黄色，钟状。蒴果长达40cm。

分布华南、西南地区。

（3）菜豆树 Radermachera sinica (Hance) Hemsl.

落叶乔木。二至三回羽状复叶；小叶卵形，长4~7cm，宽2~3.5cm。花梗长3~5mm；花冠长6~8cm，白色或淡黄色。蒴果长达85cm。

分布华南、西南地区。

6. 火焰树属 Spathodea Beauv.

奇数羽状复叶大型，对生。伞房状总状花序顶生，密集。花萼大，佛焰苞状；花冠阔钟状，橘红色。蒴果，细长圆形，扁平。

（1）* 火焰树 Spathodea campanulata Beauv.

乔木。奇数羽状复叶，对生；小叶13~17枚，椭圆形至倒卵形。总状花序顶生；花萼佛焰苞状，顶端外弯并开裂；花冠一侧膨大，橘红色，具纵褶纹。

华南、西南、华东地区有栽培。

（一百五十四）狸藻科 Lentibulariaceae

仅捕虫堇属和旋刺草属具叶，其余无真叶而具叶器。托叶不存在。花单生或排成总状花序；花序梗直立，稀缠绕。花两性。

1. 狸藻属 Utricularia L.

水生、沼生或附生。无真正的根和叶。茎枝变态成匍匐枝、假根和叶器。蒴果球形、长球形或卵球形。

（1）挖耳草 Utricularia bifida L.

陆生小草本；高4~10cm。叶线形或线状倒披针形，全缘。花序直立；花茎鳞片和苞片狭椭圆形，基部着生；花黄色。果梗弯垂。

分布华南、华东、华中、西南地区。

（2）齿萼挖耳草 Utricularia uliginosa Vahl

陆生小草本；高10~18cm。叶倒卵形或线形，长达4cm，全缘。花茎鳞片和苞片卵形或狭卵形，基部着生；花蓝色或淡紫色。果梗直。

分布华南地区。

（一百五十五）马鞭草科 Verbenaceae

叶对生，很少轮生或互生，单叶或掌状复叶，很少羽状复叶；无托叶。花序顶生或腋生，多数为聚伞、总状、穗状、伞房状聚伞或圆锥花序。

1. 假连翘属 Duranta L.

单叶对生或轮生，全缘或有锯齿。花序总状、穗状或圆锥状，顶生或腋生；花萼顶端有5齿；花冠管顶部5裂；雄蕊4，2长2短。

（1）假连翘 Duranta erecta L.

灌木；枝条有皮刺，幼枝、叶、叶柄有柔毛。叶对生，长2~6.5cm，宽1.5~3.5cm。总状花序排成圆锥状；花冠蓝紫色，5裂。核果球形，熟时红黄色。

南部地区有栽培。

2. 马缨丹属 Lantana L.

茎四方形。单叶对生，边缘有圆或钝齿，表面多皱。花密集成头状，顶生或腋生，有总花梗。

（1）马缨丹 Lantana camara L.

常绿半藤状灌木。茎有刺。单叶对生；叶片卵形至卵状长圆形，顶端急尖或渐尖，基部心形或楔形。头状花序腋生。果实圆球形。

分布华南、西南地区。

3. 假马鞭属 Stachytarpheta Vahl

茎和枝四方形。单叶对生，少有互生，边缘有锯齿。穗状花序顶生，花序轴有凹穴，花单生苞腋内。果藏于宿萼中，长圆形。

（1）假马鞭 Stachytarpheta jamaicensis (L.) Vahl

多年生草本或亚灌木，幼枝近四方形。叶椭圆形，边缘有粗锯齿。穗状花序顶生；花单生于苞腋内，螺旋状着生；花冠深蓝紫色，5裂。果成熟后2瓣裂。

分布华南、西南地区。

4. 马鞭草属 Verbena L.

叶对生，稀轮生或互生，边缘有齿至羽状深裂。花常排成顶生穗状花序。果干燥包藏于萼内，成熟后4瓣裂为4个狭小的分核。

（1）马鞭草 Verbena officinalis L.

多年生草本。叶片卵圆形至倒卵形或长圆状披针形，基生叶边缘常有齿，茎生叶多数3深裂。穗状花序顶生和腋生。果长圆形。

分布华南、华东、华中、西南、西北地区。

（一百五十六）唇形科 Lamiaceae

单叶，全缘至具有各种锯齿，浅裂至深裂，稀为复叶，对生（常交互对生），稀3~8枚轮生，极稀部分互生。花很少单生；花序聚伞式。

1. 筋骨草属 Ajuga L.

茎四棱形。单叶对生，边缘具齿或缺刻；苞叶与茎叶同形。花萼通常具10脉，其中5副脉有时不明显。小坚果通常为倒卵状三棱形。

（1）金疮小草 Ajuga decumbens Thunb.

草本。茎匍匐。叶匙形、倒卵状披针形，长达14cm，宽达5cm。花冠长8~10mm，淡蓝色或淡紫红色。坚果的果脐约占腹面2/3。

分布长江流域以南地区。

2. 广防风属 Anisomeles R. Br.

叶具齿；苞叶叶状，向上渐变小而呈苞片状。轮伞花序多花密集。小坚果近圆球形，黑色，具光泽。

（1）广防风 Anisomeles indica (L.) Kuntze

草本。植株有特殊气味；茎4棱。叶阔卵形，长4~9cm，宽3~6.5cm，顶端急尖，基部心形。轮伞花序排成长穗状花序。小坚果黑色。

分布华南、华东、华中、西南地区。

3. 紫珠属 Callicarpa L.

小枝被毛，稀无毛。叶对生，偶有三叶轮生，有柄或近无柄，边缘有锯齿，稀为全缘，通常被毛和腺点；无托叶。聚伞花序腋生。

（1）尖叶紫珠 Callicarpa acutifolia H. T. Chang

灌木；小枝四棱形，被星状柔毛和稠密的黄色腺点。叶片披针形或长椭圆状披针形，长11~16cm，宽2~5cm，表面有柔毛，背面被星状毛，两面密生黄色腺点。

分布广西。

（2）短柄紫珠 Callicarpa brevipes (Benth.) Hance

灌木；小枝、叶背中脉、叶柄被星状柔毛。叶片披针形或狭披针形；叶柄长约 5mm。聚伞花序 2~3 次分歧；花柄长约 2mm；花冠白色。

分布华南、华中、华东部分地区。

（3）白棠子树 **Callicarpa dichotoma** (Lour.) K. Koch

灌木。叶倒卵形或近椭圆形，长 2~6cm，宽 1~3cm，顶端渐尖或尾状尖，基部楔形，背面密被黄色腺点。聚伞花序。果球形。

分布华南、华东、华中、西南、华北地区。

（4）杜虹花 **Callicarpa formosana** Rolfe

灌木。叶片卵状椭圆形，长 6~14cm，宽 3~5cm，边缘有锯齿，下面密生黄褐色星状毛和透明腺点。聚伞花序。果实光滑。

分布华南、华东、西南地区。

（5）老鸦糊 **Callicarpa giraldii** Hesse ex Rehder

灌木。叶阔椭圆形或披针状长圆形，长 5~15cm，宽 2.5~7cm，顶端渐尖，背面疏被星状毛和黄色小腺点。聚伞花序。果球形。

分布华东、华中、华南、西南、西北地区。

（6）藤紫珠 **Callicarpa integerrima** Champ. ex Benth. var. **chinensis** (C. Pei) S. L. Chen

攀缘状灌木。叶阔卵形或阔椭圆形，长 6~11cm，宽 3~7cm，边缘全缘，背面密被星状毛。聚伞花序宽 6~9cm，6~8 次分歧。果紫色。

分布华东、华中、华南、西南地区。

（7）枇杷叶紫珠 **Callicarpa kochiana** Makino

灌木。叶椭圆形、卵状椭圆形，长 12~22cm，宽 4~8cm，背面密被星状毛和分枝茸毛。花萼管状，檐部深 4 裂，宿萼几全包果实。

分布华南、华东、华中地区。

（8）长叶紫珠 **Callicarpa longifolia** Lam.

灌木。叶长椭圆形或长圆形，长 9~20cm，宽 3~5cm，顶端渐尖或尾状尖，基部楔形，背面密被星状毛，有浅黄腺点。花序腋生。

分布华南、西南地区。

（9）钩毛紫珠 **Callicarpa peichieniana** Chun & S. L. Chen ex H. Ma & W. B. Yu

灌木，高约 2m；小枝圆柱形，密被钩状小糙毛和黄色腺点。

灌木。叶倒卵形或倒卵状椭圆形，长 10~15cm，宽 4~8cm，顶端尖，背面密被星状毛和黄色腺点。聚伞花序；花萼具黄色腺点。

分布西南、南部和东部地区。

4. 肾茶属 Clerodendranthus Kudo

叶具齿。轮伞花序 6~10 花，在主茎或分枝上组成顶生的总状花序。小坚果卵形或长圆形，具皱纹。

（1）肾茶 Clerodendranthus spicatus (Thunb.) C. Y. Wu ex H. W. Li

多年生草本。茎四棱形。叶卵形或卵状长圆形，边缘具齿。轮伞花序 6 花。花冠浅紫或白色，二唇形，上唇外反，3 裂，雄蕊 4，超出花冠 2~4cm。

分布华南、华东、西南地区。

叶菱状卵形或卵状椭圆形，长 2.5~6cm，宽 1~3cm，两面无毛，密被黄色腺点。果实球形，熟时紫红色。

分布广西和湖南。

（10）狭叶红紫珠 Callicarpa rubella f. angustata C. P'ei

灌木。叶披针形至倒披针形，宽 2~4cm，被毛。聚伞花序，花序梗长约 1cm；花萼具黄色腺点。果实紫红色，径约 2mm。

分布西南至南部地区。

（11）钝齿红紫珠 Callicarpa rubella f. crenata C. Pei

灌木。小枝、叶、花序被多细胞毛和腺毛，无星状毛。叶较小。聚伞花序短；花萼具黄色腺点。果实紫红色，径约 2mm。

分布西南、南部至东部地区。

（12）红紫珠 Callicarpa rubella Lindl.

5. 大青属 Clerodendrum L.

单叶对生，少为 3~5 叶轮生，全缘、波状或有各式锯齿。聚伞花序或由聚伞花序组成疏展或紧密的伞房状或圆锥状花序。

（1）灰毛大青 Clerodendrum canescens Wall. ex Walp.

灌木。全株密被灰色长柔毛。叶心形或阔卵形，长

6~18cm，宽4~15cm，边缘粗齿。顶生花序；花冠白色变红色，冠管比萼管倍长。

分布华南、华中、华东、西南地区。

（2）腺茉莉 **Clerodendrum colebrookianum** Walp.

灌木或小乔木；全株除叶外都密被毛。叶长7~27cm，宽6~21cm，基部脉腋有盘状腺体。花冠白色，5裂；雄蕊突出于花冠外。果近球形，蓝绿色。

分布华南、西南地区。

（3）大青 **Clerodendrum cyrtophyllum** Turcz.

灌木。叶椭圆形、卵状椭圆形，长6~17cm，宽3~6cm，边全缘，稀有锯齿。顶生花序；花冠白色，冠管比萼管倍长。核果近球形。

分布华南、华东、华中、西南地区。

（4）白花灯笼 **Clerodendrum fortunatum** L.

灌木。叶长圆形、卵状椭圆形，长5~17cm，宽达5cm，边缘浅波状齿。花萼紫红色；冠白色或淡红色，萼管与冠管等长。果近球形。

分布华南、华东地区。

（5）苦郎树 **Clerodendrum inerme** (L.) Gaertn.

平卧灌木。叶卵形、卵状披针形，长3~7cm，宽1.5~4.5cm，边全缘。花萼檐部仅5小齿。核果倒卵形，直径7~10mm，内有4分核。

分布华南、华东地区。

（6）赪桐 **Clerodendrum japonicum** (Thunb.) Sweet

灌木。枝4棱。叶圆心形或阔卵状心形，长8~35cm，宽6~27cm，基部心形，边有小齿。顶生花序；冠红色，冠管比萼管倍长。

分布华东、华中、华南、西南地区。

（7）尖齿臭茉莉 **Clerodendrum lindleyi** Decne. ex Planch.

灌木；高0.5~3m。叶片纸质，宽卵形或心形，叶缘有不规则锯齿或波状齿；叶柄长2~11cm，被短柔毛。伞房状聚伞花序密集，顶生，花序梗被短柔毛。

分布华南、华中、华东、西南地区。

（8）海通 **Clerodendrum mandarinorum** Diels

乔木。叶卵状椭圆形、卵形或心形，长10~27cm，宽

6~20cm。花序顶生；冠白色或淡紫色，冠管比萼管倍长。核果近球形。

分布华东、华中、华南、西南地区。

（9）重瓣臭茉莉 **Clerodendrum philippinum** Schauer

灌木。叶阔卵形或心形，长 9~22cm，宽 8~21cm，基部心形，边疏粗齿。花序顶生；冠重瓣，白色，萼管与冠管等长。

分布华南、西南、华东地区。

6. 风轮菜属 **Clinopodium** L.

叶具齿。轮伞花序少花或多花，稀疏或密集。小坚果极小，卵球形或近球形。

（1）细风轮菜 **Clinopodium gracile** (Benth.) Matsum.

草本。叶卵形或披针形，长 1.2~3.4cm，宽 1~2.4cm，叶面近无毛。轮伞花序顶生组成总状花序式；苞叶针状。小坚果卵球形。

分布华东、华中、华南、西南、西北地区。

7. 水蜡烛属 **Dysophylla** Blume

叶 3~10 枚轮生，线形至倒披针形，全缘或具疏齿，通常近无毛。小坚果近球形，小，光滑。

（1）齿叶水蜡烛 **Dysophylla sampsonii** Hance

一年生草本。叶 3~4 片轮生或对生，倒卵状长圆形或倒披针形，长 1~6.2cm，宽 4~8mm。穗状花序长 1.2~7cm。小坚果卵形。

分布华南、华中、华东、西南地区。

（2）水蜡烛 **Dysophylla yatabeana** Makino

多年生草本；高 40~60cm。叶 3~4 枚轮生，狭披针形，长 3.5~4.5cm，宽 5~7mm。穗状花序；萼齿 5；雄蕊 4，极伸出。坚果。

分布华东、华中、华南、西南地区。

8. 香薷属 **Elsholtzia** Willd.

草本、半灌木或灌木。叶对生，卵形、长圆状披针形或线状披针形，边缘具锯齿圆齿或钝齿，无柄或具柄。轮伞花序组成穗状或球状花序。花萼钟形、管形或圆柱形，萼齿 5。花冠小，白、淡黄、黄、淡紫、玫瑰红至玫瑰红紫色，外面常被毛及腺点。

（1）紫花香薷 **Elsholtzia argyi** H. Lév.

草本，高 0.5~1m。茎四棱形，具槽，紫色。叶长 2~6cm，宽 1~3cm；叶柄长 0.8~2.5cm，具狭翅。穗状花序长 2~7cm，生

于茎、枝顶端，偏向一侧。

分布香港、福建、江西、安徽、浙江、江苏、湖南、湖北、广西、贵州、四川。

9. 石梓属 Gmelina L.

小枝被茸毛，有时具刺。单叶、对生，通常全缘稀浅裂，基部常有大腺体。花由聚伞花序排列成顶生或腋生的圆锥花序，稀单生于叶腋。

（1）石梓 Gmelina chinensis Benth.

乔木。小枝无刺。叶卵形，长 5~15cm，宽 3~9cm，基部楔形。聚伞花序组成顶生的圆锥花序；萼檐截平或有 4 小齿。核果倒卵形。

分布华南、西南地区。

（2）苦梓 Gmelina hainanensis Oliv.

乔木。叶阔卵形，长 5~16cm，宽 4~8cm，基部楔形。萼檐 5 裂；花黄色或淡紫红色。核果倒卵形，肉质，着生于宿存花萼内。

分布华南、华东地区。

10. 锥花属 Gomphostemma Wall. ex Benth.

茎四棱形，具槽，常被星状毛。叶宽卵形至倒披针形，上面被星状微柔毛或硬毛，下面密被星状茸毛，边缘常具锯齿。

（1）中华锥花 Gomphostemma chinense Oliv.

草本。叶椭圆形或卵状椭圆形，长 4~13cm，宽 2~7cm，叶面被星状毛，背面密被星状茸毛。花序生于茎基部；花柱基生。果脐小。

分布华南、华东地区。

11. 山香属 Hyptis Jacq.

叶对生，具齿缺。花排列成头状花序或稠密的穗状花序，或为疏花的圆锥花序。小坚果卵形或长圆形，光滑或点状粗糙。

（1）短柄吊球草 Hyptis brevipes Poit.

一年生草本。茎四棱形，具槽。叶长 5~7cm，宽 1.5~2cm，边缘锯齿状，叶柄长约 0.5cm。头状花序腋生。花冠白色，二唇形。小坚果卵珠形。

分布华南地区。

(2) 吊球草 Hyptis rhomboidea M. Martens & Galeotti

一年生、直立、粗壮草本。茎四棱形。叶披针形，长8~18cm，宽1.5~4cm，边缘具钝齿，叶背具腺点。花密集成球形小头状花序。小坚果长圆形。

分布华南地区。

(3) 溪黄草 Isodon serra (Maxim.) Kudô

草本。叶卵圆形或卵状披针形，长3.5~10cm，宽1.5~4.5cm，顶端渐尖，基部楔形。萼直立；雄蕊内藏。小坚果具腺点及白色髯毛。

分布华南、华东、华中、西南、西北地区。

12. 香茶菜属 Isodon (Schrad. ex Benth.) Spach

叶具齿。聚伞花序3至多花，排列成多少疏离的总状、狭圆锥状或开展圆锥状花序，稀密集成穗状花序。

(1) 线纹香茶菜 Isodon lophanthoides (Buch.-Ham. ex D. Don) H. Hara

多年生草本。茎高15~100cm，四棱形，具槽。茎叶长1.5~8.8cm，宽0.5~5.3cm。花冠白色或粉红色，具紫色斑点，长6~7mm。

分布香港、福建、江西、浙江、湖南、湖北、广西、云南、贵州、四川、西藏等。

(4) 长叶香茶菜 Isodon walkeri (Arn.) H. Hara

多年生草本。叶狭披针形，长2.5~7.5cm，宽0.6~2.1cm，背面密被黄色腺点。苞片叶状；萼二唇形；雄蕊外伸。小坚果极小，卵形。

分布华南、西南地区。

(2) 细花线纹香茶菜 Isodon lophanthoides (Buch.-Ham. ex D.Don) H. Hara var. graciliflorus (Benth.) H. Hara

草本。茎、叶柄、叶背、花序、花萼等密被黄色腺点。叶披针形，长5~8.5cm，宽1.3~3.5cm。苞片叶状；萼二唇形；雄蕊外伸。坚果。

分布华南、华东地区。

13. 益母草属 Leonurus L.

叶3~5裂，近掌状分裂，上部茎叶及花序上的苞叶渐狭，全缘。轮伞花序多花密集，腋生，多数排列成长穗状花序。小坚果锐三棱形。

(1) 益母草 Leonurus japonicus Houttuyn

直立草本。茎四棱形。叶卵形，二或三回掌状分裂，裂片长圆状线形，长2.5~6cm，宽1.5~4cm。轮伞花序8~15朵，浅紫红色。坚果。

分布南北各地。

14. 薄荷属 Mentha L.

叶片边缘具牙齿、锯齿或圆齿，先端通常锐尖或为钝形，基部楔形、圆形或心形。轮伞花序稀 2~6 花，通常为多花密集，具梗或无梗。

（1）薄荷 Mentha canadensis L.

多年生草本。茎锐四棱形。叶长 3~7cm，宽 0.8~3cm，边缘具齿。轮伞花序腋生。花冠淡紫，4 裂，上裂片先端 2 裂，其余 3 裂片近等大。小坚果卵珠形。

分布南北各地。

15. 凉粉草属 Mesona Blume

叶具齿。轮伞花序多数，组成顶生总状花序；苞片圆形、卵圆形或披针形，先端尾状突尖；花梗细长，被毛。小坚果长圆形或卵圆形，黑色。

（1）凉粉草 Mesona chinensis Benth.

草本。叶狭卵形或阔卵形，长 2~5cm，宽 0.8~2.8cm，两面被柔毛。轮伞花序组成间断的总状花序；雄蕊 4，斜外伸。小坚果长圆形。

分布华南、华东地区。

16. 石荠苎属 Mosla Buch.-Ham. ex Maxim.

叶具齿，下面有明显凹陷腺点。轮伞花序 2 花，在主茎及分枝上组成顶生的总状花序。小坚果近球形，具疏网纹或深穴状雕纹。

（1）小花荠苎 Mosla cavaleriei H. Lév.

草本。叶卵形或卵状披针形，长 2~5cm，宽 1~2.5cm，两面被柔毛，背面有腺点。总状花序；花冠上唇 2 圆裂。小坚果具疏网纹。

分布华东、华中、华南、西南地区。

（2）石香薷 Mosla chinensis Maxim.

草本。叶小，线形或线状披针形，长 1.3~2.8cm，宽 2~4mm，两面被柔毛，背面有腺点。总状花序；萼檐部近相等 5 裂。小坚果球形。

分布华南、华东、华中、西南地区。

（3）小鱼仙草 Mosla dianthera (Buch.-Ham.) Maxim.

草本；茎、枝被短柔毛。叶卵状披针形，长 1.2~3.5cm，宽 0.5~1.8cm。总状花序；花冠为不明显二唇形。小坚果近球形，具网脉。

分布华南、华东、华中、西南地区。

（4）石荠苎 Mosla scabra (Thunb.) C. Y. Wu & H. W. Li

一年生草本。茎、枝均4棱。叶卵形或卵状披针形，长1.5~3.5cm，宽0.9~1.7cm。总状花序；花萼被柔毛。小坚果球形，具深雕纹。

分布东北、西北、华中、华东、华南、西南地区。

17. 罗勒属 Ocimum L.

叶具齿。轮伞花序通常6花，极稀近10花，多数排列成具梗的穗状或总状花序。小坚果卵珠形或近球形，光滑或有具腺穴陷。

（1）罗勒 Ocimum basilicum L.

草本；全株有香味。叶卵形或卵状长圆形，长2.5~5cm，宽1~2.5cm，近无毛。总状花序；后对雄蕊花丝基部有齿状附属物。坚果卵珠形。

分布华南、华东、华中、东北、西南、西北地区。

18. 紫苏属 Perilla L.

茎四棱形，具槽。叶绿色或常带紫色或紫黑色，具齿。轮伞花序2花，组成顶生和腋生、偏向于一侧的总状花序。小坚果近球形。

（1）紫苏 Perilla frutescens (L.) Britton

草本。叶阔卵形或圆形，长7~13cm，宽4.5~10cm，两面绿色或紫色，或仅下面紫色。轮伞花序2花组成总状花序。小坚果近球形。

南北各地均有栽培。

（2）野生紫苏 Perilla frutescens (L.) Britton var. purpurascens (Hayata) H. W. Li

草本；茎、叶、果萼下部疏被柔毛。叶卵形，长4.5~7.5cm，宽2.8~5cm。轮伞花序2花组成总状花序。果萼具腺点；小坚果土黄色，直径1~1.5mm。

分布华南、华中、华东、华北、西南地区。

19. 刺蕊草属 Pogostemon Desf.

叶对生，卵形或狭卵形，稀为线形或镰形，边缘具齿缺，通常多少被毛或被茸毛。轮伞花序多花或少花。小坚果卵球形或球形。

（1）水珍珠菜 Pogostemon auricularius (L.) Hassk.

草本。叶长圆形或卵状长圆形，长 2.5~7cm，宽 1.5~2.5cm，两面被长硬毛。穗状花序披针形，长 6~18cm，直径 1cm。小坚果近球形。

分布华南、华东、西南地区。

20. 豆腐柴属 Premna L.

枝条有黄白色腺状皮孔。单叶对生，全缘或有锯齿，无托叶。花序位于小枝顶端。核果球形、倒卵球形或倒卵状长圆形。

（1）长序臭黄荆 Premna fordii Dunn & Tutcher

灌木；全株被长柔毛。叶卵形、长圆状卵形，长 4~8.5cm，宽 3~4.5cm。圆锥花序塔形；萼不整齐 5 裂，二唇形。核果球形。

分布华南地区。

（2）豆腐柴 Premna microphylla Turcz.

直立灌木；幼枝、花萼及花冠有毛。叶揉之有臭味，长 3~13cm，宽 1.5~6cm，基部下延。聚伞花序组成顶生塔形圆锥花序。核果紫色，球形至倒卵形。

分布华东、中南、华南、西南地区。

（3）狐臭柴 Premna puberula Pamp.

直立或攀缘灌木至小乔木。叶长 2.5~11cm，宽 1.5~5.5cm，全缘或有齿或深裂。组成塔形圆锥花序；花冠 4 裂成二唇形，下唇 3 裂。核果倒卵形。

分布华南、华中、西南、西北地区。

21. 鼠尾草属 Salvia L.

叶为单叶或羽状复叶。轮伞花序 2 至多花，组成总状或总状圆锥或穗状花序。小坚果卵状三棱形或长圆状三棱形，无毛，光滑。

（1）蕨叶鼠尾草 Salvia filicifolia Merr.

草本。三至四回羽状复叶，裂片极多，狭长圆形或线状披针形，长 8~15mm，宽 2~4mm。6~10 朵轮伞花序组成总状花序。小坚果椭圆。

分布华南、华中地区。

22. 黄芩属 Scutellaria L.

茎叶常具齿，或羽状分裂或极全缘。花腋生、对生或上部者有时互生。小坚果扁球形或卵圆形，具瘤，被毛或无毛。

（1）*海南黄芩 Scutellaria hainanensis C. Y. Wu

茎四棱形，具四槽，沿棱较密被余部疏被贴生上曲短柔毛。叶片坚纸质，三角状卵圆形，上面橄榄绿色，下面色较淡。

分布华南地区。

（2）韩信草 Scutellaria indica L.

草本。叶心状卵形，长1.5~2.6cm，宽1.2~2.3cm，顶端圆，基部心形，两面被柔毛。花蓝紫色，长1.4~1.8cm。小坚果；种子横生。

分布华南、华东、华中、西南地区。

23. 水苏属 Stachys L.

茎叶全缘或具齿。轮伞花序2至多花，常多数组成着生于茎及分枝顶端的穗状花序。小坚果卵珠形或长圆形，光滑或具瘤。

（1）地蚕 Stachys geobombycis C. Y. Wu

多年生草本；根茎肉质，肥大，节上生须根。茎四棱形，被刚毛。茎叶长圆状卵圆形。轮伞花序腋生，组成穗状花序。花冠淡紫至紫蓝色，冠檐二唇形。

分布华中、华东、华南地区。

（3）英德黄芩 Scutellaria yingtakensis Y. Z. Sun

多年生草本。茎分枝与枝条均钝四棱形，具槽，被毛。叶宽卵圆形至近圆形，有齿至全缘。花对生，排成总状花序。花冠乳白色；冠檐2唇形。

分布华南、华中、西南地区。

（2）针筒菜 Stachys oblongifolia Wall. ex Benth.

多年生草本。茎锐四棱形。茎叶长圆状披针形，边缘具齿；苞叶披针形。轮伞花序常6花，上部密集成顶生穗状花序。花冠粉红或粉红紫。小坚果卵珠状。

分布华南、华中、西南地区。

24. 柚木属 Tectona L. f.

小枝被星状柔毛。叶对生或轮生，全缘。花序由二歧状聚伞花序组成顶生圆锥花序。核果包藏于宿存增大的花萼内。

（1）*柚木 Tectona grandis L. f.

大乔木。小枝四棱形，具4槽，被毛。叶对生，长15~70cm，宽8~37cm，基部楔形下延，背面被毛。圆锥花序顶生，有香气；花冠白色。核果球形。

华南、西南地区普遍引种。

25. 香科科属 Teucrium L.

草本或半灌木；常具地下茎及逐节生根的匍匐枝。茎基部分枝或不分枝，直立或上升。单叶具柄或几无柄，心形、卵圆形、长圆形以至披针形，具羽状脉。轮伞花序具2~3花，罕具更多的花，于茎及短分枝上部排列成假穗状花序。小坚果倒卵形。

（1）血见愁 Teucrium viscidum Blume

多年生草本；高30~70cm。叶柄长1~3cm，近无毛；叶片卵圆形至卵圆状长圆形，长3~10cm，边缘为带重齿的圆齿。花冠白色、淡红色或淡紫色。

分布香港、台湾、福建、江西、浙江、江苏、湖南、广西、云南、四川、西藏。

26. 假紫珠属 Tsoongia Merr.

幼枝、叶柄、叶背面及花序梗均被锈色茸毛。叶对生，单叶或有时为3小叶（在同枝上），全缘，背面有稀疏小腺点。聚伞花序腋生。

（1）假紫珠 Tsoongia axillariflora Merr.

灌木或小乔木。小枝被锈色茸毛和腺点。单叶对生，卵状椭圆形，长6~15cm，宽3~6.5cm，被毛和腺点。花萼3齿裂。核果疏生腺点。

分布南部至西部地区。

27. 牡荆属 Vitex L.

小枝通常四棱形。叶对生，掌状复叶，小叶3~8，稀单叶，小叶片全缘或有锯齿，浅裂以至深裂。花序顶生或腋生。

（1）黄荆 Vitex negundo L.

灌木。枝4棱。掌状复叶有小叶5枚，叶边缘常全缘，稀有齿。聚伞花序；花序梗被毛；花冠顶端5裂。核果上宿萼接近果的长度。

分布长江流域及以南地区，北达秦岭和淮河。

（2）牡荆 Vitex negundo L. var. cannabifolia (Siebold & Zucc.) Hand.-Mazz.

灌木。掌状复叶有5小叶，长圆状披针形至披针形，边缘有粗齿，叶背密生灰白色茸毛。圆锥花序式顶生；花序梗被毛。核果近球形。

分布华东、华中、华南、西南地区。

（3）山牡荆 **Vitex quinata** (Lour.) F. N. Williams

常绿乔木。掌状复叶有 3~5 小叶，倒卵形至倒卵状椭圆形，两面仅中脉被毛。聚伞花序排成顶生圆锥花序式。核果熟后黑色。

分布华东、华中、华南地区。

（4）蔓荆 **Vitex trifolia** L.

落叶灌木，有香味，被毛；小枝四棱形。三出复叶或侧枝单叶；小叶长 2.5~9cm，宽 1~3cm，小叶无柄或下延成短柄。圆锥花序顶生。核果近圆形。

分布华南、西南地区。

（5）异叶蔓荆 **Vitex trifolia** L. var. **subtrisecta** (Kuntze) Moldenke

直立灌木，有香味，被毛；小枝四棱形。单叶，有时在同一枝条上有单叶和复叶共存。圆锥花序顶生。核果近圆形。

分布华南、西南地区。

（一百五十七）通泉草科 Mazaceae

基生叶莲座状或无基生叶，对生或互生。总状花序；花二唇形，冠筒上部稍扩大，上唇直立，下唇较上唇长而宽，有隆起的褶。

1. 通泉草属 Mazus Lour.

叶以基生为主，多为莲座状或对生，茎上部的多为互生，叶匙形、倒卵状匙形或圆形，边缘有锯齿。总状花序顶生。

（1）通泉草 **Mazus pumilus** (Burm. f.) Steenis

一年生草本；高 3~30cm。茎生叶倒卵状匙形，长超过 2cm，边缘波状疏齿。总状花序通常有花 3~20 朵。蒴果球形；种子多数。

分布华南、华中、西南地区。

（一百五十八）透骨草科 Phrymaceae

茎四棱形。单叶，对生，具齿，无托叶。穗状花序生茎顶及上部叶腋。花两性，左右对称。果为瘦果，狭椭圆形。

1. 小果草属 Microcarpaea R. Br.

叶对生。花单生叶腋。花萼管状钟形，5 棱，具 5 齿；花冠近于钟状。蒴果卵形，有 2 条沟槽。

（1）小果草 **Microcarpaea minima** (Retz.) Merr.

一年生纤细小草本，极多分枝成垫状，全体无毛。叶无柄，半抱茎，长 3~4mm，宽 1~2mm。花腋生或有时互生；萼长约 2.5mm。蒴果比萼短。

分布华南、华东地区。

2. 透骨草属 Phryma L.

茎4棱形。叶为单叶，对生，具齿，无托叶。穗状花序生茎顶及上部叶腋。花两性，左右对称。果为瘦果，狭椭圆形。

（1）透骨草 Phryma leptostachya subsp. asiatica (Hara) Kitamura

多年生草本。茎四棱形。叶对生；草质，长1~16cm，宽1~8cm，中、下部叶常下延，边缘有齿。穗状花序。花萼筒状，5纵棱。瘦果包藏于宿存花萼内。

分布华南、华东、华中、西南、西北、华北、东北地区。

（一百五十九）泡桐科 Paulowniaceae

落叶乔木、半附生假藤本或附生灌木。单叶对生，有时3叶轮生。圆锥花序或总状花序；花萼钟形，被毛；花冠紫色或白色，上唇2裂，下唇3裂；雄蕊4。

1. 泡桐属 Paulownia Siebold & Zucc.

落叶乔木。叶对生，大而有长柄，有时3枚轮生，心脏形至长卵状心脏形，基部心形，全缘、波状或3~5浅裂。花3（1）~5（8）朵成小聚伞花序，具总花梗或无；花冠大，紫色或白色。蒴果卵圆形、卵状椭圆形、椭圆形或长圆形。

（1）白花泡桐 Paulownia fortunei (Seem.) Hemsl.

乔木；高达30m。叶片长达20cm；叶柄长达12cm。小聚伞花序有花3~8朵；花冠管状漏斗形，白色仅背面稍带紫色或浅紫色，长8~12cm。

分布海南、广东、台湾、福建、江西、浙江、安徽、湖南、湖北、香港、广西、贵州、云南、四川等。

（2）南方泡桐 Paulownia taiwaniana T. W. Hu & H. J. Chang

乔木。叶片卵状心脏形，全缘或浅波状而有角，顶端锐尖头，下面密生黏毛或星状茸毛。花冠紫色，管状钟形，腹部稍带白色并有两条明显纵褶，长5~7cm。

分布浙江、福建、湖南、广东。

（一百六十）列当科 Orobanchaceae

叶鳞片状，螺旋状排列，或在茎的基部排列密集成近覆瓦状。花多数，沿茎上部排列成总状或穗状花序，或簇生于茎端成近头状花序。

1. 钟萼草属 Lindenbergia Lehmann

叶对生或上部的互生，有锯齿。花腋生或排成顶生的穗状或总状花序，苞片叶状，无小苞片；花萼钟形，5裂，被毛；花冠2唇形。

（1）钟萼草 Lindenbergia philippensis (Cham. & Schltdl.) Benth.

多年生粗壮、坚挺、直立、灌木状草本，全体被腺毛。叶卵形至卵状披针形，纸质，边缘具尖锯齿。花集成顶生稠密的穗状总状花序。蒴果长卵形。

分布华南、华中、西南地区。

2. 独脚金属 Striga Lour.

草本，常寄生。叶下部的对生，上部的互生。花无梗，单生叶腋或集成穗状花序；花萼管状，具有5~15条明显的纵棱。蒴果矩圆状。

（1）独脚金 Striga asiatica (L.) Kuntze

小草本。叶基部近对生，狭披针形，其余互生条形或鳞片状。花单生叶腋或排成顶生穗状花序；花冠高脚碟状，二唇形。蒴果卵状。

分布华南、华中、西南地区。

（一百六十一）冬青科 Aquifoliaceae

单叶互生，稀对生或假轮生，叶片通常革质、纸质，具锯齿、腺状锯齿或具刺齿，或全缘。花小，辐射对称，排列成腋生。

1. 冬青属 Ilex L.

单叶互生，稀对生，长圆形、椭圆形、卵形或披针形，全缘或具锯齿或具刺。花序为聚伞花序或伞形花序。

（1）秤星树 Ilex asprella (Hook. & Arn.) Champ. ex Benth.

落叶灌木。叶在长枝互生，在缩短枝1~4枚簇生枝顶。雄花序2或3花呈束状或单生于叶腋或鳞片腋内。雌花序单生于叶腋或鳞片腋内。果球形，宿存花萼。

分布华南、华东、华中等地区。

（2）密花冬青 Ilex confertiflora Merr.

常绿灌木或小乔木；高3~8m。叶片厚革质，长6~9cm，宽3~4.3cm，边缘反卷。花淡黄色，4基数。果球形，直径约5mm，果梗长1~2mm。

分布海南。

（3）榕叶冬青 Ilex ficoidea Hemsl.

常绿乔木；高8~12m；叶片革质，长4.5~10cm，宽1.5~3.5cm，边缘具不规则的细圆齿状锯齿，齿尖变黑色。果球形或近球形，直径约5~7mm。

分布香港、海南、安徽、浙江、江西、福建、台湾、湖北、湖南、广西、云南、四川、贵州。

（4）毛冬青 Ilex pubescens Hook. & Arn.

灌木。枝密被硬毛。叶椭圆形，长2~6cm，宽1.5~3cm，两面密被硬毛，有锯齿。花序簇生。果扁球形，直径4mm，6分核。

分布华南、华东、华中、西南地区。

（5）铁冬青 Ilex rotunda Thunb.

乔木。枝具棱。叶椭圆形，长 4~9cm，宽 2~4cm，无毛，全缘，反卷。花序单生；花 4 基数。果椭圆形，直径 4~6mm，5~7 分核。

分布长江流域以南地区。

（6）拟榕叶冬青 Ilex subficoidea S. Y. Hu

常绿乔木；小枝具纵棱。叶长 5~10cm，宽 2~3cm；叶柄具沟及狭翅；托叶三角形。花序簇生于二年生枝的叶腋内；花白色，4 基数。果序簇生；果球形。

分布华南、华中地区。

（7）三花冬青 Ilex triflora Blume

灌木。枝具棱。叶椭圆形，长 2.5~10cm，宽 1~4.5cm，背面有腺点，边有圆齿。雄花序 1~3 朵。果球形，直径 6~7mm，4 分核。

分布华南、华东、华中、西南地区。

（8）绿冬青 Ilex viridis Champ. ex Benth.

灌木。枝具棱。叶倒卵形或椭圆形，长 2.5~7cm，宽 1.5~3cm，背面有腺点，边有圆齿。雄花序 1~5 朵，果球形，直径 6~7mm，4 分核。

分布华南、华东、华中、西南地区。

（一百六十二）桔梗科 Campanulaceae

叶为单叶，互生，少对生或轮生。花常常集成聚伞花序，有时聚伞花序演变为假总状花序，或集成圆锥花序，或缩成头状花序，有时花单生。

1. 金钱豹属 Campanumoea Blume

叶常对生，少互生。花单朵腋生或顶生，或与叶对生，或在枝顶集成有 3 朵花的聚伞花序，花有花梗。花 4~7 数。

（1）大花金钱豹 Campanumoea javanica Blume

草质缠绕藤本，长可达 2m，有乳汁。叶通常对生，长 3~7cm，宽 1.5~6cm，边缘有浅钝齿。花 1~2 朵腋生。浆果近球形，熟时黑紫色，直径 1~2cm。

分布广东、香港、海南、福建、江西、江苏、湖南、湖北、广西、贵州、云南、四川。

（2）金钱豹 Campanumoea javanica Blume subsp. japonica (Makino) D. Y. Hong

草质缠绕藤本。具乳汁。叶对生，心形或心状卵形，长 3~11cm，宽 2~9cm，具长柄。花冠较小，长 1~1.3cm。浆果直径 1~1.2cm。

分布长江流域以南大部分地区。

2. 半边莲属 Lobelia L.

叶互生，排成两行或螺旋状。花单生叶腋（苞腋），或总状花序顶生，或由总状花序再组成圆锥花序。花两性，稀单性。

（1）短柄半边莲 Lobelia alsinoides Lam.

一年生草本。茎无毛，有角棱。叶螺旋状排列，近圆形或阔卵形，两面粗糙。花单生于叶状苞片腋间；花冠淡蓝色，二唇形。蒴果矩圆状。种子三棱状。

分布华南、西南地区。

（2）假半边莲 Lobelia alsinoides Lam. subsp. hancei (H. Hara) Lammers

直立草本。茎四棱状，无毛。叶稀疏地螺旋状排列，下部的卵形，上部的卵状披针形。花在茎的上部呈稀疏的总状花序。蒴果倒卵状球形。种子三棱状。

分布华南、西南地区。

（3）半边莲 Lobelia chinensis Lour.

小草本；高6~15cm。全株无毛。叶互生，线形或披针形，长8~25mm，宽2~6mm。花冠裂片平展于下方，二侧对称。蒴果开裂。

分布长江中下游以南地区。

（4）线萼山梗菜 Lobelia melliana E. Wimm.

草本；高80~150cm。叶互生，卵状长圆形、镰状披针形，长5~15cm，宽2~4cm。花萼裂片线形，长12~22mm。蒴果室背2瓣裂。

分布华东、华南、华中地区。

（5）铜锤玉带草 Lobelia nummularia Lam.

匍匐草本。植株具白色乳汁。叶互生，卵形或卵圆形，长0.8~1.6cm，宽0.6~1.8cm，顶端急尖，基部心形。花单生叶腋。浆果。

分布西南、华南、华东、华中地区。

（6）卵叶半边莲 Lobelia zeylanica L.

小草本。植株被毛。叶螺旋状排列，卵形、阔卵形，长1.5~4cm，宽1~3cm。花冠二唇形，一侧开裂。果为蒴果，室背2瓣裂。

分布华南、华东、西南地区。

3. 蓝花参属 Wahlenbergia Schrad. ex Roth

叶互生，稀对生。花与叶对生，集成疏散的圆锥花序。花萼贴生至子房顶端；花冠钟状，3~5浅裂。蒴果2~5室。种子多数。

（1）蓝花参 Wahlenbergia marginata (Thunb.) A. DC.

多年生草本，有白色乳汁。根细胡萝卜状。叶互生，长1~3cm，宽2~8mm；花冠钟状，蓝色。蒴果倒圆锥状或倒卵状圆锥形。种子矩圆状。

分布长江流域以南地区。

（一百六十三）五膜草科 Pentaphragmataceae

叶互生，大而且基部不对称，因茎短而几乎集成莲座状。花序为聚伞花序，常蝎尾状，单支或2~3支腋生。果为浆果，不裂。

1. 五膜草属 Pentaphragma Wall. ex G. Don

叶互生，大而且基部不对称。花序为聚伞花序，常蝎尾状，单支或2~3支腋生。花具短梗或无梗；花除花萼外各部辐射对称。

（1）直序五膜草 Pentaphragma spicatum Merr.

多年生草本。植株无乳汁、肉质。叶莲座状，斜椭圆形或斜卵形，长10~20cm，宽4~11cm。蝎尾状聚伞花序。浆果，不裂。

分布华南地区。

（一百六十四）花柱草科 Stylidiaceae

单叶互生，无托叶，叶小而常呈禾叶状，茎生，或基生而集成莲座状。花序为总状花序或聚伞花序，或疏穗状花序。

1. 花柱草属 Stylidium Sw. ex Willd.

叶小，互生，茎生或基生而排列成莲座状，单叶而且全缘。聚伞花序或总状花序，或疏穗状花序，顶生；花两性，两侧对称；花萼5裂。

（1）花柱草 Stylidium uliginosum Sw. ex Willd.

一年生小草本。叶基生，卵圆形、卵形至倒卵形，长5~8mm。花序为长的疏穗状花序。花小，无梗；花冠白色。蒴果细柱状。

分布华南地区。

（一百六十五）睡菜科 Menyanthaceae

水生植物。叶常互生，稀对生。花冠裂片在蕾中内向镊合状排列；花粉粒侧扁，稍三棱形，每棱具1个萌发孔；子房1室，无隔膜。

1. 荇菜属 Nymphoides Seg.

多年生水生草本。叶基生或茎生，互生，稀对生，叶片浮于水面。花簇生节上，5数；花萼深裂近基部，萼筒短。蒴果成熟时不开裂。

（1）水皮莲 Nymphoides cristata (Roxb.) Kuntze

叶近草质，宽卵圆形或近圆形，下面密生腺体，基部心形，全缘。花冠裂片腹面无毛，具隆起纵褶。蒴果近球形；种子黄色，粗糙或光滑。

分布华南、华中、华东、西南地区。

（一百六十六）菊科 Compositae

叶互生，稀对生或轮生，全缘或具齿或分裂，无托叶。花少数或多数密集成头状花序或为短穗状花序；花冠常辐射对称，管状。

1. 金钮扣属 Acmella Rich. ex Pers.

叶对生，常具柄，有锯齿或全缘。头状花序单生于茎、枝顶端或上部叶腋，常具长而直的花序梗，异型而辐射状，或同型而盘状。

（1）美形金钮扣 Acmella calva (DC.) R. K. Jansen

多年生疏散草本。茎匍匐或平卧，节上常生次根。叶宽披针形或披针形。头状花序卵状圆锥形，有或无舌状花；花黄色。瘦果长圆形。

分布华南、西南地区。

（2）金钮扣 Acmella paniculata (Wall. ex DC.) R. K. Jansen

一年生草本。茎多分枝。叶卵形或椭圆形，长3~5cm，宽0.6~2（~2.5）cm。头状花序单生，或圆锥状排列。瘦果长圆形，稍扁压。

分布西南、华南地区。

2. 下田菊属 Adenostemma J. R. & G. Forst.

全株被腺毛或光滑无毛。叶对生，三出脉，边缘有锯齿。头状花序中等大小或小，多数或少数在假轴分枝的顶端排列成伞房状或伞房状圆锥花序。

（1）下田菊 Adenostemma lavenia (L.) Kuntze

一年生草本。叶对生，椭圆状披针形，长4~12cm，宽2~5cm，具锯齿。总苞片2层。瘦果倒披针形，长约4mm，宽约1mm，被腺点。

分布西南、华东、华中、华南地区。

3. 藿香蓟属 Ageratum L.

叶对生或上部叶互生。头状花序小，同型，有多数小花，在茎枝顶端排成紧密伞房状花序，少有排成疏散圆锥花序。

（1）藿香蓟 Ageratum conyzoides L.

一年生草本；全部茎被毛。叶对生。中部茎叶长3~8cm，宽2~5cm。头状花序4~18个在茎顶排成通常紧密的伞房状花序；花冠淡紫色。瘦果5棱。

华南、西南地区有栽培，也有归化为野生。

（2）熊耳草 Ageratum houstonianum Mill.

一年生草本；全部茎枝被毛。叶对生或近互生，中部茎叶长2~6cm，宽1.5~3.5cm。头状花序在茎枝顶端排成伞房或复伞房花序。瘦果黑色，有5纵棱。

分布华南地区。

4. 蒿属 Artemisia L.

常有浓烈的挥发性香气。叶互生，一至三回，稀四回羽状分裂，或不分裂，稀近掌状分裂。叶缘或裂片边缘有裂齿或锯齿，稀全缘；叶柄常有假托叶。

（1）艾 Artemisia argyi H. Lév. ex Vaniot

多年生草本；有浓烈的挥发气味。叶卵形，长5~8cm，宽4~7cm，一至二回羽状分裂，有白色小腺点和小凹穴。花序直径2.5~3.5mm。

分布广，除极干旱与高寒地区外，几遍及全国。

（2）五月艾 Artemisia indica Willd.

多年生草本；有浓烈的挥发气味。叶卵形或长卵形，长5~8cm，宽3~5cm，一至二回大头羽状分裂。花序直径2~2.5mm。瘦果长圆形。

分布全国大部分地区。

（3）白苞蒿 Artemisia lactiflora Wall. ex DC.

多年生草本；茎、枝初时有毛。中部叶卵圆形或长卵形，长5.5~14.5cm，宽4.5~12cm，一至二回羽状全裂。头状花序排成密穗状花序或复穗状花序。

分布华南、华中、华东、西南、西北地区。

5. 紫菀属 Aster L.

叶互生，有齿或全缘。头状花序作伞房状或圆锥伞房状排列，或单生。总苞半球状、钟状或倒锥状。瘦果长圆形或倒卵圆形，扁或两面稍凸。

（1）三脉紫菀 Aster ageratoides Turcz. var. ageratoides (Turcz.) Grierson

多年生草本；高40~100cm。叶纸质，上面被短糙毛，下面浅色被短柔毛常有腺点。头状花序径1.5~2cm，排列成伞房或圆锥伞房状，花序梗长0.5~3cm。

（2）马兰 Aster indicus L.

草本。中部叶倒披针形或倒卵状长圆形，长3~6cm，宽0.8~2cm，2~4对浅裂或裂齿。头状花序；舌状花1~2层，浅蓝色。瘦果极扁。

分布华南、西南、西北、华中、华东、东北地区。

（3）东风菜 Aster scaber Thunb.

茎直立，高100~150cm。叶两面被微糙毛。头状花序径18~24mm，圆锥伞房状排列；花序梗长9~30mm。总苞半球形，宽4~5mm。

分布东北、华北、华东、华中、华南地区及陕西、四川、贵州

（4）钻叶紫菀 Aster subulatus Michx.

基生叶在花期凋落；茎生叶披针状线形，极稀狭披针形，边缘通常全缘，两面绿色，光滑无毛；上部叶无柄，近线形。

（5）三基脉紫菀 Aster trinervius Roxb. ex D. Don subsp. ageratoides (Turcz.) Grierson

多年生草本。全部叶上面被糙毛，下面浅色，被毛且有腺点，有三基出脉及 2~4 对侧脉。头状花序排列成伞房或圆锥伞房状；总苞片 3 层。瘦果倒卵圆形。

分布华南、西南地区。

6. 鬼针草属 Bidens L.

叶对生或有时在茎上部互生，很少三枚轮生，全缘或具齿牙、缺刻，或一至三回三出或羽状分裂。果体褐色或黑色。

（1）鬼针草 Bidens pilosa L.

一年生草本，茎钝四棱形。中部叶三出，小叶 3 枚；上部叶小，3 裂或不分裂，条状披针形。头状花序。瘦果黑色，条形，具棱，顶端芒刺 3~4 枚。

分布华东、华中、西南地区。

7. 百能葳属 Blainvillea Cass.

叶对生或上部互生。头状花序小，顶生或腋生，有长总花梗，放射状或近盘状。花冠浅黄色、黄色或少有白色。

（1）百能葳 Blainvillea acmella (L.) Phillipson

一年生草本。茎具细沟纹，被毛。下部茎叶对生，离基三出脉或中脉中有 1~2 对细脉。头状花序腋生和顶生。雌花瘦果 3 棱形，两性花瘦果扁压。

分布华南、西南地区。

8. 艾纳香属 Blumea DC.

常有香气。叶互生，无柄、具柄或沿茎下延成茎翅，边缘有细齿、粗齿、重锯齿，或琴状、羽状分裂，稀全缘。头状花序腋生和顶生。

（1）馥芳艾纳香 Blumea aromatica DC.

高 0.5~3m。下部叶近长 20~22cm，宽 6~8cm；中部叶长 12~18cm，宽 4~5cm。头状花序多数，径 1~1.5cm，无柄或有长 1~1.5cm 的柄。

分布云南、四川、贵州、广西、福建、台湾。

（2）柔毛艾纳香 Blumea axillaris (Lam.) DC.

草本。茎具沟纹，被毛。下部叶有长达 1~2cm 的柄，倒卵形；中部叶具短柄，倒卵形至倒卵状长圆形；上部叶渐小，近无柄。瘦果圆柱形。

分布华南、华中、华东、西南地区。

（3）七里明 Blumea clarkei Hook. f.

多年生草本。下部叶近无柄或有长5mm的短柄；上部叶长圆形，无柄。头状花序簇生排列成狭圆锥花序。瘦果圆柱形，有10条棱。

分布华南地区。

（4）千头艾纳香 Blumea lanceolaria (Roxb.) Druce

高大草本或亚灌木。下部和中部的叶有长达2~3cm的柄，长15~30cm，宽5~8cm；上部叶长7~15cm，宽1~2.5cm。瘦果圆柱形，有5条棱，被毛。

分布华南、西南地区。

（5）东风草 Blumea megacephala (Randeria) C. C. Chang & Y. Q. Tseng

攀缘植物。叶卵形、卵状长圆形或长椭圆形，长7~10cm，宽2.5~4cm。花序少数，直径15~20mm，排成总状式。瘦果圆柱形，有10条棱。

分布西南、华南、华东地区。

（6）长圆叶艾纳香 Blumea oblongifolia Kitam.

多年生草本。叶狭椭圆状长圆形，长9~14cm，宽3.5~5.5cm，顶端急尖，基部楔形。有明显的总花梗；花冠茸毛白色。瘦果。

分布华东、华南地区。

9. 天名精属 Carpesium L.

叶互生，全缘或具不规整的牙齿。头状花序顶生或腋生，有梗或无梗，通常下垂；总苞盘状、钟状或半球形。瘦果细长，有纵条纹。

（1）天名精 Carpesium abrotanoides L.

多年生粗壮草本。茎下部叶广椭圆形或长椭圆形，长8~16cm，宽4~7cm。头状花序腋生，基部有等长的苞叶。瘦果长约3.5mm。

分布华东、华中、西南、西北地区。

10. 石胡荽属 Centipeda Lour.

叶互生楔状倒卵形，有锯齿。头状花序小，单生叶腋；总苞半球形。瘦果四棱形，棱上有毛，无冠状冠毛。

（1）石胡荽 Centipeda minima (L.) A. Br. & Aschers

一年生匍地小草本。叶互生，倒披针形，长7~18mm，宽2~4mm。花序腋生，直径约3mm。瘦果椭圆形，长约1mm，具4棱。

分布全国各地。

11. 粉苞菊属 Chondrilla L.

头状花序同型，舌状，含舌状小花 5~13 枚，集生于枝端。总苞狭圆柱状；总苞片 2~3 层。瘦果近圆柱状，有 5 条高起的纵肋。

（1）粉苞菊 Chondrilla piptocoma Fisch. & Mey.

多年生草本。下部茎叶长 3.5~5cm，宽约 4mm，早枯；中部与上部茎叶长 4~6cm，宽 0.5~2mm。头状花序单生枝端。瘦果狭圆柱状，冠鳞 5 枚。

分布西北地区。

12. 飞机草属 Chromolaena DC.

叶对生，全缘、锯齿或三裂。头状花序小或中等大小，在茎枝顶端排成复伞房花序或单生于长花序梗上。瘦果 5 棱，顶端截形。

（1）飞机草 Chromolaena odorata (L.) R. M. King & H. Rob.

亚灌木。枝粗壮。叶近三角形或卵状三角形，长 4~10cm，宽 1.5~5cm。总苞长筒形；花冠檐部扩大成钟状。瘦果有 5 棱，冠毛刚毛状。

13. 菊属 Chrysanthemum L.

一年生草本。叶互生，叶羽状分裂或边缘锯齿。头状花序异型，单生茎顶，或少数生茎枝顶端，但不形成明显伞房花序；边缘雌花舌状；舌状花黄色，舌片长椭圆形或线形；两性花黄色，下半部狭筒状，上半部扩大成宽钟状，顶端 5 齿。

（1）野菊 Chrysanthemum indicum L.

多年生草本；高 0.25~1m。中部茎叶长 3~7cm，宽 2~4cm。头状花序直径 1.5~2.5cm；舌状花黄色，舌片长 10~13mm，顶端全缘或 2~3 齿。

分布东北、华北、华中、华南、西南各地。

14. 蓟属 Cirsium Mill.

叶无毛至有毛，边缘有针刺。头状花序同型，在茎枝顶端排成伞房花序、伞房圆锥花序、总状花序或集成复头状花序，少有单生茎端。

（1）蓟 Cirsium japonicum DC.

草本。叶卵形，长 8~20cm，宽 4~8cm，羽状裂，6~12 对裂片，不等大，中部裂片二回状，基部扩大半抱茎。头状花序直立。瘦果压扁。

分布华南、华中、华东、西南、西北、华北地区。

15. 野茼蒿属 Crassocephalum Moench.

叶互生。头状花序盘状或辐射状，在花期常下垂。瘦果狭圆柱形，具棱条，顶端和基部具灰白色环带。冠毛多数，白色，绢毛状。

（1）野茼蒿 Crassocephalum crepidioides (Benth.) S. Moore

一年生草本。叶肉质，卵形或长圆状椭圆形，长 5~15cm，宽 2~6cm，基部楔形下延成翅，羽状浅裂。头状花序。瘦果狭圆柱形。

分布华南、华东、华中、西南地区。

16. 鱼眼菊属 Dichrocephala DC.

叶互生或大头羽状分裂。头状花序小，异型，球状或长圆状，在枝端和茎顶排成小圆锥花序或总状花序。瘦果压扁，边缘脉状加厚。

（1）鱼眼草 Dichrocephala integrifolia (L. f.) Kuntze

草本。叶卵形、椭圆形或披针形，具重齿；中下部叶腋常有不发育的叶簇或小枝。头状花序小，球形；中央两性花黄绿色。瘦果压扁。

分布西南、西北、华中、华南、华东地区。

17. 鳢肠属 Eclipta L.

叶对生，全缘或具齿。头状花序常生于枝端或叶腋；瘦果三角形或扁四角形，顶端截形，有 1~3 个刚毛状细齿，两面有粗糙的瘤状突起。

（1）鳢肠 Eclipta prostrata (L.) L.

一年生草本。叶对生，长圆状披针形，长 3~10cm，宽 0.5~2.5cm，两面被粗糙毛。头状花序。瘦果三棱形或扁四棱形。

分布华南、华中、华东、西南、西北地区。

18. 地胆草属 Elephantopus L.

叶互生，无柄，或具短柄，全缘或具锯齿，或少有羽状浅裂，具羽状脉。头状花序多数，密集成团球状复头状花序。瘦果长圆形。

（1）地胆草 Elephantopus scaber L.

多年生草本。植株较小。叶基生莲座状，被长硬毛；茎叶少数而小，倒披针形或长圆状披针形。头状花序多数；花紫红色。瘦果小。

分布华南、华东、华中、西南地区。

（2）白花地胆草 Elephantopus tomentosus L.

多年生草本。植株较高大。叶散生于茎上，非莲座状，被长柔毛。头状花序 12~20 个排成球状，基部有 3 个叶状苞片。瘦果长圆状线形。

分布华南、华东地区。

19. 一点红属 Emilia Cass.

叶互生，通常密集于基部，茎生叶少数，羽状浅裂，基部常抱茎。头状花序盘状，单生或数个排成疏伞房状，具长花序梗，开花前下垂。

（1）黄花紫背草 Emilia praetermissa Milne-Redh.

一年生草本；可达 140cm。叶片宽卵形，长 4~6cm，宽 4.5~6cm。头状花序排成伞房花序，很少单生。瘦果长约 3mm，被短柔毛。

（2）小一点红 Emilia prenanthoidea DC.

一年生草本。叶倒卵形或倒长卵状披针形，长 2~4cm，宽 1.2~2cm，边缘波或具齿。花序梗细纤，长 3~10cm。瘦果圆柱形，具 5 肋。

分布华中、西南、华南、华东地区。

（3）一点红 Emilia sonchifolia (L.) DC.

一年生草本。叶倒卵形、阔卵形或肾形，长 5~10cm，宽 2.5~6.5cm，边缘琴状分裂或不裂。小花粉红色或紫色。瘦果具 5 棱。

分布华南、西南、华中、华东地区。

20. 鹅不食草属（球菊属）Epaltes Cass.

叶互生，全缘，有锯齿或分裂。头状花序小，盘状，单生或排成伞房花序。瘦果近圆柱形，有 5~10 棱，无毛，被疣状突起。

（1）球菊 Epaltes australis Less.

一年生匍匐草本。叶互生，长 1.5~3cm，宽 5~11mm。花序腋生，无总花梗，较大，直径约 6mm。瘦果近圆柱形，有 10 条棱，疣状突起。

分布华南、华东、西南地区。

21. 菊芹属 Erechtites Raf.

叶互生，近全缘具据齿或羽状分裂。头状花序盘状，在茎端排成圆锥状伞房花序，基部具少数外苞片。瘦果近圆柱形，具 10 条细肋。

（1）梁子菜 Erechtites hieraciifolius (L.) Raf. ex DC.

一年生草本；高 40~100cm。茎被疏柔毛。叶披针形至长圆形，长 7~16cm，宽 3~4cm。头状花序较多数。瘦果冠毛丰富，白色。

分布华中、华南、华东、西南地区。

（2）败酱叶菊芹 Erechtites valerianifolius (Link ex Spreng.) DC.

一年生草本。叶长圆形至椭圆形，顶端尖，基部斜楔形，边缘有不规则重锯齿或羽状深裂。总苞圆柱状钟形。瘦果圆柱形。

（3）菊芹 Erechtites valerianaefolia (Wolf.) DC.

茎具纵条纹，近无毛。叶具长柄，边缘有不规则的重锯齿或羽状深裂；裂片 6~8 对，两面无毛；叶柄具狭下延的翅。

分布华南、西南地区。

22. 飞蓬属 Erigeron L.

叶互生，全缘或具锯齿。头状花序辐射状，单生或数个，少有多数排列成总状，伞房状或圆锥状花序。瘦果长圆状披针形。

（1）一年蓬 Erigeron annuus (L.) Pers.

草本。叶互生，下部叶长圆形或倒卵形，长 4~18cm，宽 1.5~4cm，顶端急尖，基部楔形下延翅状柄，边缘粗齿。舌状花 2 层。瘦果。

分布华中、华东、西南、东北地区。

（2）香丝草 Erigeron bonariensis L.

一年生或二年生草本。下部叶倒披针形，长 3~5cm，宽 3~10mm。花序直径 8~10mm；雌花无小舌片。瘦果线状披针形；冠毛1层，淡红褐色。

（3）小蓬草 Erigeron canadensis L.

草本。叶密集，下部叶倒披针形，长 6~10cm，宽 1~1.5cm。头状花序多数，小，径 3~4mm，排成大圆锥花序。瘦果线形；冠毛1层。

（4）短葶飞蓬 Erigeron breviscapus (Vant.) Hand.-Mazz.

多年生草本。基部叶密集，莲座状，具 3 脉；茎叶少数，无柄，上部叶渐小，线形。头状花序单生于茎或分枝的顶端。瘦果狭长圆形；冠毛刚毛状。

分布华南、华中西南地区。

23. 白酒草属 Eschenbachia Moench

叶互生，全缘或具齿，或羽状分裂。头状花序盘状，通常多数或极多数排列成总状、伞房状或圆锥状花序，少有单生。瘦果小长圆形。

（1）白酒草 Eschenbachia japonica (Thunb.) J. Kost.

一或二年生草本，被毛。叶密集于茎较下部，莲座状，基部叶倒卵形或匙形，较下部叶有具宽翅的长柄；中部叶疏生，无柄，上部叶渐小，披针形。

分布华南、华中、华东、西南地区。

24. 泽兰属 Eupatorium L.

叶对生，全缘、锯齿或三裂。头状花序在茎枝顶端排成复伞房花序或单生于长花序梗上。花紫色，红色或白色。瘦果5棱，顶端截形。

（1）多须公 Eupatorium chinense L.

多年生草本，全部茎草质。叶对生；中部茎叶长 4.5~10cm，宽 3~5cm，自中部向上及向下部的茎叶渐小，茎基部叶花期枯萎。瘦果淡椭圆状，有 5 棱。

分布华南、华东、西南地区。

25. 牛膝菊属 Galinsoga Ruiz & Pav.

一年生草本。叶对生，全缘或有锯齿。头状花序小，放射状，顶生或腋生，多数头状花序在茎枝顶端排疏松的伞房花序，有长花梗。舌片开展，全缘或 2~3 齿裂；两性花管状，檐部稍扩大或狭钟状，顶端短或极短的 5 齿。瘦果有棱，倒卵圆状三角形。

（1）牛膝菊 Galinsoga parviflora Cav.

一年生草本，高 10~80cm。叶对生，长 2.5~5.5cm，宽 1.2~3.5cm。头状花序半球形，有长花梗，多数在茎枝顶端排成疏松的伞房花序，花序径约 3cm。

原产南美洲。华中、华南、西南地区逸为野生。

26. 合冠鼠麴草属 Gamochaeta Wedd.

叶互生，两面被茸毛，全缘。头状花序盘状。外部小花紫色，丝状。中心小花两性，紫色。瘦果长圆形，具球状双生毛。

（1）匙叶合冠鼠麴草 Gamochaeta pensylvanica (Willd.) Cabrera

茎被白色棉毛。下部叶无柄，倒披针形或匙形，全缘或微波状，下面密被灰白色棉毛；中部及上部叶倒卵状长圆形或匙状长圆形。瘦果长圆。

分布华南、华东、华中、西南地区。

27. 鼠麴草属 Gnaphalium L.

茎被白色棉毛或茸毛。叶互生，全缘。头状花序排列成聚伞花序或开展的圆锥状伞房花序，顶生或腋生。瘦果无毛或罕有疏短毛或有腺体。

（1）多茎鼠麴草 Gnaphalium polycaulon Pers.

茎密被白色棉毛。下部叶倒披针形，全缘或有时微波状，两面被白色棉毛；中部和上部的叶较小，倒卵状长圆形或匙状长圆形。瘦果圆柱形。

分布华南、华东、西南地区。

28. 田基黄属 Grangea Adans.

叶互生。头状花序顶生或与叶对生。总苞宽钟状。花托突起，半球形或圆锥状，无托毛。瘦果扁或几圆柱形。

（1）田基黄 Grangea maderaspatana (L.) Poir.

一年生草本。叶互生，倒卵形、倒披针形，长 3.5~7.5cm，宽 1.5~2.5cm，琴状羽状半裂或大头羽状深裂。花序常单生枝顶。瘦果扁。

分布华南、西南地区。

29. 三七草属 Gynura Cass

叶互生，具齿或羽状分裂，稀全缘，有柄或无叶柄。头状花序盘状，单生或数个至多数排成伞房状。瘦果圆柱形，具 10 条肋。

（1）* 红凤菜 Gynura bicolor (Roxb. ex Willd.) DC.

多年生草本。全株无毛。叶倒披针形或倒卵形，边缘粗锯齿或琴状裂，背面紫红色。总苞近钟形，2 层。瘦果圆柱形；冠毛绢毛状。

分布西南、华南地区。

（2）白子菜 Gynura divaricata (L.) DC.

多年生草本，高 30~60cm；叶片长 2~15cm，宽 1.5~5cm；叶柄长 0.5~4cm，有短柔毛。头状花序直径 1.5~2cm；花序梗长 1~15cm。

分布香港、澳门、海南、云南。

30. 向日葵属 Helianthus L.

一年或多年生草本，通常高大，被短糙毛或白色硬毛。叶对生，或上部或全部互生，常有离基三出脉。头状花序大或较大，单生或排列成伞房状。舌状花的舌片开展，黄色。瘦果长圆形或倒卵圆形，稍扁或具 4 厚棱。

（1）* 向日葵 Helianthus annuus L.

一年生高大草本。叶互生，心状卵圆形或卵圆形。头状花序极大，径约 10~30cm，单生于茎端或枝端。舌状花多数，黄色、舌片开展。

原产北美洲。各地广泛栽培。

31. 旋覆花属 Inula L.

叶互生或仅生于茎基部，全缘或有齿。头状花序多数，伞房状或圆锥伞房状排列，或单生，或密集于根茎上。瘦果近圆柱形。

（1）羊耳菊 Inula cappa (Buch.-Ham. ex D. Don) Pruski & Anderb.

亚灌木。密被茸毛。叶互生，长圆形，长10~16cm，宽4~7cm，叶面被疣状糙毛，背面被绢质茸毛。舌状花极短小。瘦果；冠毛毛状。

分布西南、华南、华东地区。

32. 苦荬菜属 Ixeris Cass.

基生叶花期生存。头状花序同型，含多数舌状小花（10~26枚），在茎枝顶端排成伞房状花序。瘦果压扁，褐色，纺锤形或椭圆形，无毛。

（1）苦荬菜 Ixeris polycephala Cass. ex DC.

一年生草本。基生叶花期生存；中下部茎叶披针形或线形，基部箭头状半抱茎，向上或最上部的叶渐小，不成箭头状半抱茎。瘦果长椭圆形，有尖翅肋。

分布全国大部分地区。

（2）中华苦荬菜 Ixeris chinensis (Thunb.) Nakai

小草本。植株具白色乳汁。基生叶线状披针形或倒披针形，长7~15cm，宽1~2cm，全缘，稀有羽状浅裂。瘦果顶端具喙。

33. 莴苣属 Lactuca L.

叶分裂或不分裂。头状花序同型，舌状，小，在茎枝顶端排成伞房花序、圆锥花序分枝。总苞果期长卵球形。瘦果褐色。

（1）翅果菊 Lactuca indica L.

多年生草本，根萝卜状。中下部茎叶二回羽状深裂，全部茎叶或中下部茎叶极少一回羽状深裂；向上的茎叶渐小。瘦果椭圆形，有宽翅；冠毛2层，白色。

分布华南、华中、华北、西南地区。

（2）* 莴苣 Lactuca sativa L.

一年生或二年草本。茎直立，单生。基生叶及下部茎叶大，基部心形或箭头状半抱茎，向上的渐小，圆锥花序分枝下部及分枝上的叶极小，卵状心形。

原产地中海。各地广泛栽培。

（3）* 生菜 Lactuca sativa L. var. romana Hort.

一年生或二年草本；高25~100cm。茎细小。叶倒卵形至倒卵状披针形，全缘，质脆。总苞片5层；舌状小花约15枚。瘦果倒披针形。

34. 稻槎菜属 Lapsanastrum Pak & K. Bremer

一年生或多年生草本。叶边缘有锯齿或羽状深裂或全裂。头状花序同型，舌状，小，含8~15枚舌状小花，在茎枝顶裂排列成疏松的伞房状花序或圆锥状花序。总苞圆柱状钟形或钟形。瘦果稍压扁，长椭圆形、长椭圆状披针形或圆柱状。

（1）稻槎菜 Lapsanastrum apogonoides (Maxim.) Pak & K. Bremer

一年生矮小草本；高7~20cm。茎细，自基部发出多数或少数的簇生分枝及莲座状叶丛。基生叶长3~7cm，宽1~2.5cm。瘦果淡黄色，长4.5mm，宽1mm。

分布陕西、江苏、安徽、浙江、福建、江西、湖南、广西、云南。

35. 橐吾属 Ligularia Cass

丛生叶，具长柄，基部膨大成鞘；茎生叶互生，叶柄较短，叶片比丛生叶小。头状花序辐射状或盘状，排列成总状或伞房状花序或单生。

（1）大头橐吾 Ligularia japonica (Thunb.) Less.

多年生草本。丛生叶与茎下部叶叶柄长 20~100cm，叶掌状 3~5 全裂，再作掌状浅裂，小裂片羽状或具齿；最上部叶掌状分裂。瘦果细圆柱形，具纵肋。

分布华南、华中、华东地区。

36. 假泽兰属 Mikania Willd.

叶对生，通常有叶柄。头状花序小或较小，排列成穗状总状伞房状或圆锥状花序。总苞长椭圆状或狭圆柱状。瘦果有 4~5 棱，顶端截形。

（1）微甘菊 Mikania micrantha Kunth

茎圆柱状，有时管状，具棱；叶薄，淡绿色，卵心形或戟形，茎生叶大多箭形或戟形。圆锥花序顶生或侧生，复花序聚伞状分枝。瘦果黑色。

37. 阔苞菊属 Pluchea Cass.

叶互生，有锯齿，稀全缘或羽状分裂。头状花序小，在枝顶作伞房花序排列或近单生。瘦果小，略扁，4~5 棱，无毛或被疏柔毛。

（1）阔苞菊 Pluchea indica (L.) Less.

亚灌木。植株被毛。中部和上部叶倒卵形，长 2.5~4.5cm，宽 1~2cm。头状花序直径 3~5mm；总苞片 5~6 层。瘦果圆柱形，

有 4 棱。

分布华南地区。

（2）翼茎阔苞菊 Pluchea sagittalis (Lam.) Cabrera

一年生草本植物，茎直立，全株被浓密的茸毛。叶为广披针形，上下两面具茸毛，互生，无柄；叶基部向下延伸到茎部的翼。瘦果褐色，圆柱形。

38. 假臭草属 Praxelis Cass.

叶对生或轮生；叶片卵形至椭圆形，近全缘至锐锯齿。小花 25~30；花冠白色，蓝色，或淡紫色。瘦果具 3 肋或 4 肋，疏生刚毛。

（1）假臭草 Praxelis clematidea R. M. King & H. Rob.

一年生草本。叶对生，卵形，长 3~5cm，宽 2.5~4.5cm，边

三、被子植物 ANGIOSPERMAE

缘圆齿，3出脉，被粗毛。头状花序有小花25~30朵。蓝紫色瘦果黑色；冠毛白色。

39. 千里光属 Senecio L.

叶不分裂，基生叶通常具柄，无耳，三角形、提琴形，或羽状分裂；茎生叶通常无柄，羽状分裂，边缘多少具齿，基部常具耳，羽状脉。

（1）千里光 Senecio scandens Buch-Ham. ex D. Don

攀缘草本。叶长三角状或卵形，两面被短柔毛至无毛；有叶柄，基部不抱茎。头状花序排列成顶生复聚伞圆锥花序。瘦果被毛。

分布华南、西南、华中、西北、华东地区。

40. 豨莶属 Sigesbeckia L.

叶对生，边缘有锯齿。头状花序小，排列成疏散的圆锥花序。瘦果倒卵状四棱形或长圆状四棱形，顶端截形，黑褐色。

（1）豨莶 Sigesbeckia orientalis L.

茎中部叶三角状卵圆形或卵状披针形，边缘有不规则浅裂或粗齿；上部叶卵状长圆形，边缘浅波状或全缘。瘦果倒卵圆形，有4棱，顶端有灰褐色环状突起。

分布华南、华中、华东、西南、西北地区。

（2）腺梗豨莶 Sigesbeckia pubescens (Makino) Makino

一年生草本；高30~110cm。基部叶花期枯萎；中部叶长3.5~12cm，宽1.8~6cm。头状花序径约18~22mm，多数生于枝端；瘦果倒卵圆形，4棱。

41. 一枝黄花属 Solidago L.

叶互生。头状花序在茎上部排列成总状花序、圆锥花序或伞房状花序或复头状花序。瘦果近圆柱形，有8~12个纵肋。

（1）一枝黄花 Solidago decurrens Lour.

多年生草本。叶互生，长椭圆形，长2~5cm，宽1~1.5cm。头状花序再排成总状花序式；舌状花黄色。瘦果长3mm，常无毛。

分布华东、华中、华南、西南、西北地区。

42. 裸柱菊属 Soliva Ruiz & Pavon.

叶互生，通常羽状全裂，裂片极细。头状花序无柄。雌花瘦果扁平，边缘有翅，顶端有宿存的花柱。

（1）裸柱菊 Soliva anthemifolia (Juss.) R. Br.

一年生矮小草本。叶互生，有柄，二至三回羽状分裂，裂

片线形，全缘或 3 裂。头状花序近球形，生于茎基部。瘦果倒披针形，有厚翅。

分布华南、华中地区。

43. 苦苣菜属 Sonchus L.

叶互生。头状花序含多数舌状小花，通常 80 朵以上，在茎枝顶端排成伞房花序或伞房圆锥花序。瘦果卵形或椭圆形，极少倒圆锥形。

（1）苦苣菜 Sonchus oleraceus L.

茎下部叶长圆状披针形，羽状深裂；中部叶基部扩大呈尖耳状抱茎。总苞片 3~4 层；舌状小花多数，黄色。瘦果压扁；冠毛长 7mm。

分布华南、华东、华中、西南地区。

44. 蟛蜞菊属 Sphagneticola O. Hoffm.

叶对生、具齿，稀全缘，不分裂。头状花序中等大，少数或较少数，放射状，单生或 2~3 个同出于叶腋或枝端，花黄色。

（1）蟛蜞菊 Sphagneticola calendulacea (L.) Pruski

草本。叶对生，椭圆形，长 3~7cm，宽 0.7~1.3cm；托片顶端渐尖。花序直径 1.5~2cm；总花梗长 3~10cm。果冠毛环具细齿。

分布南部地区。

（2）南美蟛蜞菊 Sphagneticola trilobata (Linnaeus) Pruski

草本。叶明显三裂，下部叶宽 3~4cm。头状花序，多单生；外围雌花 1 层，舌状，顶端 2~3 齿裂，黄色；中央两性花，黄色。瘦果。

在部分地区已逸为野生。

45. 金腰箭属 Synedrella Gaertn.

叶对生，边缘有不整齐的齿刻。头状花序小簇生于叶腋和枝顶，稀单生；花黄色。两性花的瘦果狭，扁平或三角形，无翅。

（1）金腰箭 Synedrella nodiflora (L.) Gaertn.

一年生草本。叶对生，卵形或卵状披针形，长 6~11cm，宽 3.5~6.5cm。舌状花少，小，黄色。瘦果边，边缘有翅；冠毛刺状。

分布华南、西南地区。

46. 万寿菊属 Tagetes L.

一年生草本。茎直立，有分枝，无毛。叶通常对生，少有互生，羽状分裂，具油腺点。头状花序通常单生，少有排列成花序，圆柱形或杯形。

（1）* 万寿菊 Tagetes erecta L.

一年生草本。茎具纵细条棱。叶羽状分裂，长5~10cm，宽4~8cm，边缘具锐锯齿。头状花序单生。瘦果线形；冠毛有长芒和鳞片。

原产墨西哥。各地广泛栽培。

47. 肿柄菊属 Tithonia Desf. ex Juss.

叶互生，全缘或3~5深裂。头状花序有粗壮长棒槌状的花序梗。总苞半球形或宽钟状。瘦果长椭圆形，4纵肋，被柔毛。

（1）*肿柄菊 Tithonia diversifolia (Hemsl.) A. Gray

大草本。叶互生，卵形或卵状三角形，长7~20cm，宽6~18cm，3~5深裂。花序大，直径5~15cm；有舌状花，花黄色。瘦果。

华南、西南地区引种栽培。

48. 羽芒菊属 Tridax L.

叶对生，有缺刻状齿或羽状分裂。头状花序较少，单生于茎、枝顶端，具长柄。瘦果陀螺状或圆柱状，被毛。

（1）羽芒菊 Tridax procumbens L.

多年生铺地草本。中部叶有长柄，叶披针形，基三出脉；上部叶小，卵状披针形至狭披针形，具短柄。头状花序单生。瘦果陀螺形或倒圆锥形。冠毛羽毛状。

分布华南地区、台湾、西沙群岛。

49. 斑鸠菊属 Vernonia Schreb.

叶互生，稀对生，全缘或具齿，羽状脉，稀具近基三出脉，两面或下面常具腺。头状花序排列成圆锥状，伞房状或总状。

（1）夜香牛 Vernonia cinerea (L.) Less.

直立多分枝草本。叶卵形、卵状椭圆形，长2~7cm，宽1~5cm，背面有腺点。头状花序排成伞房状圆锥花序。瘦果无肋。

分布华南、华东、华中、西南地区。

（2）毒根斑鸠菊 Vernonia cumingiana Benth.

攀缘灌木或藤本。叶卵状长圆形或长圆状椭圆形，长7~21cm，宽3~8cm，两面均有腺点。头状花序较多数。瘦果近圆柱形。

分布华南、西南、华东地区。

（3）咸虾花 Vernonia patula (Aiton) Merr.

一年生草本。叶卵形，长2~9cm，下面被灰色绢状柔毛。头状花序通常2~3个生于枝顶端，径8~10mm；总苞扁球状；花淡红紫色。

分布华南、华东、西南地区。

（4）茄叶斑鸠菊 Vernonia solanifolia Benth.

灌木或小乔木。叶卵形、卵状长圆形，长 6~16cm，宽 4~9cm，叶面被短硬毛，背面被柔毛，具腺点。头状花序多数。瘦果无毛。

分布华南、华东、西南地区。

50. 孪花菊属 Wollastonia DC. ex Decne.

多年生草本或弱灌木。叶对生；叶片卵形，离基 3 脉。单生顶生头状花序或圆锥状聚伞花序。瘦果压扁，不明显四角形，基部具刚毛。

（1）山蟛蜞菊 Wollastonia montana (Bl.) DC.

草本，有时呈攀缘状。高 20~80cm 或达 1m。叶片卵形或

卵状披针形，连叶柄长 10~13cm，宽 3~7cm，边缘有不规则的锯齿或重齿，近基出三脉。

分布华南、华中、西南地区。

51. 苍耳属 Xanthium L.

叶互生，全缘或多少分裂。头状花序单性，在叶腋单生或密集成穗状，或成束聚生于茎枝的顶端。瘦果 2，倒卵形。

（1）苍耳 Xanthium strumarium L.

一年生草本。根纺锤状。叶三角状卵形或心形，长 4~9cm，宽 5~10cm，近全缘或有 3~5 不明显浅裂，三基出脉。头状花序。瘦果 2，倒卵形，具刺。

分布东北、华北、华东、西北、西南、华南各地区。

52. 黄鹌菜属 Youngia Cass.

叶羽状分裂或不分裂。头状花序在茎枝顶端或沿茎排成总状花序、伞房花序或圆锥状伞房花序。瘦果纺锤形，向上收窄。

（1）黄鹌菜 Youngia japonica (L.) DC.

一年生直立草本。植株被毛。基生叶多型，大头羽状深裂或全裂；无茎叶或有茎叶 1~2，同型并分裂。花序含 10~20 枚舌状小花。瘦果无喙。

分布华南、华东、华中、华北、西南、西北地区。

（2）* 百日菊 Zinnia violacea Cav.

一年生直立草本；高 30~100cm。叶宽卵圆形或长圆状椭圆形，长 5~10cm，宽 2.5~5cm。头状花序径 5~6.5cm，单生枝端。

全国各地普遍栽培。

53. 拟鼠麹草属 Pseudognaphalium Kirp.

多年生草本。叶互生，全缘，两面被茸毛。伞房花序中的头状花序很多。总苞白色、玫瑰色、黄褐色或带褐色。小花黄色。瘦果长圆形。

（1）拟鼠麹草 Pseudognaphalium affine (D. Don) Anderb.

叶无柄，匙状倒披针形或倒卵状匙形，两面被白色棉毛，上面常较薄。头状花序在枝顶密集成伞房花序，花黄色至淡黄色。瘦果倒卵形或倒卵状圆柱形。

分布华东、华南、华中、华北、西北及西南地区。

（一百六十七）南鼠刺科 Escalloniaceae

小花两性，辐射对称，排成总状花序，稀为雌雄异株或杂性，花瓣4~5。果实为蒴果或浆果。

1. 多香木属 Polyosma Blume

单叶对生或近对生，无托叶，革质或膜质，干时常变黑色，全缘或多少具齿，顶端渐尖。花排成顶生总状花序，4基数。果为浆果。

（1）多香木 Polyosma cambodiana Gagnep.

乔木。叶对生，常密集于枝端，长椭圆形。总状花序顶生；萼筒被毛；花瓣4，白色；子房1室。浆果卵圆形；种子1颗。

分布华南地区。

（一百六十八）五福花科 Adoxaceae

基生叶1~3枚或多达10枚左右；茎生叶2枚，对生，3深裂或一至二回羽状三出复叶。果为核果。

1. 接骨木属 Sambucus L.

单数羽状复叶，对生；托叶叶状或退化成腺体。花序由聚伞合成顶生的复伞式或圆锥式；花白色或黄白色。浆果状核果红黄色或紫黑色。

（1）接骨草 Sambucus chinensis Lindl.

草本或半灌木。羽状复叶有小叶2~3对，狭卵形，长6~13cm，宽2~3cm。聚伞花序排成复伞形花序；具棒杯状不孕花。浆果近圆形。

分布西北、华东、华中。华南、西南地区。

2. 荚蒾属 Viburnum L.

单叶对生，稀3枚轮生，全缘或有锯齿或牙齿，有时掌状分裂。花序由聚伞合成顶生或侧生的伞形式、圆锥式或伞房式。核果卵圆形或圆形。

（1）臭荚蒾 Viburnum foetidum Wall.

落叶灌木；高达4m。叶卵形、椭圆形至矩圆状菱形，长4~10cm，侧脉2~4对；叶柄长5~10mm。复伞形式聚伞花序。果实圆形。

分布广西、陕西、西藏、贵州、江西、湖南、湖北、广东、云南、台湾、四川、河南。

（2）南方荚蒾 **Viburnum fordiae** Hance

灌木或小乔木，高可达 5m。叶宽卵形或菱状卵形，长 4~9cm，边缘常有小尖齿。复伞形式聚伞花序。果实卵圆形，红色。

分布华南、华中、华东、西南地区。

（3）淡黄荚蒾 **Viburnum lutescens** Blume

灌木。枝被簇毛。叶阔椭圆形，长 7~15cm，宽 3~4.5cm，两面无毛或背面嫩时疏被毛，侧脉 5~6 条。聚伞花序复伞形式。核果长 5~6mm。

分布华南地区。

（4）珊瑚树 **Viburnum odoratissimum** Ker Gawl.

常绿灌木或小乔木。叶椭圆形，长 7~20cm，宽 3.5~8cm，背面脉腋有趾蹼状小孔。圆锥花序；总花梗长可达 10cm。果浑圆。

分布华南、华中、华东地区。

（5）大果鳞斑荚蒾 **Viburnum punctatum** var. **lepidotulum** (Merr. & Chun) P. S.Hsu

花和果实都比较大，花冠直径约 8mm，裂片长约 3mm，果实长 14~15（~18）mm，直径约 10mm。

（6）常绿荚蒾 **Viburnum sempervirens** K. Koch

常绿灌木；高可达 4m。叶革质，长 4~12（~16）cm，全缘或上部至近顶部具少数浅齿；叶柄带红紫色，长 5~15mm。果实红色，卵圆形，长约 8mm。

（一百六十九）忍冬科 Caprifoliaceae

叶对生，很少轮生，多为单叶，全缘、具齿或有时羽状或掌状分裂。聚伞或轮伞花序，或由聚伞花序集合成伞房式或圆锥式复花序。

1. 忍冬属 Lonicera L.

叶对生，很少 3（~4）枚轮生，全缘，极少具齿或分裂，无托叶或很少具叶柄间托叶或线状凸起，有时花序下的 1~2 对叶相连成盘状。花通常成对生于腋生的总花梗顶端。

（1）华南忍冬 **Lonicera confusa** DC.

藤本。枝、叶柄、花梗、花萼，密被卷曲短柔毛。叶卵状长圆形，长 3~6cm，宽 2~4cm；叶柄长 2~5mm。雄蕊和花柱伸出花冠外。浆果。

分布华南地区。

（2）菰腺忍冬 **Lonicera hypoglauca** Miq.

藤本。枝、叶柄、花梗被短柔毛和糙毛。叶卵形，长 6~9cm，宽 2.5~3.5cm，背被红色蘑菇状腺体。花冠两侧对称。浆果。

分布华南、西南地区。

（3）忍冬 Lonicera japonica Thunb.

藤本。嫩枝密被开展糙毛。叶卵形或椭圆状卵形，长3~5cm，宽1.3~3.5cm，脉被毛，背面被毛，边缘被长睫毛。苞片大，叶状，长2~3cm。

（4）大花忍冬 Lonicera macrantha (D. Don) Spreng.

半常绿藤本；小枝红褐色或紫红褐色，老枝赭红色。叶长5~10 cm；叶柄长3~10mm。总花梗长1~5 mm；花冠白色，后变黄色。

分布浙江、江西、福建、台湾、湖南、香港、广西、四川、贵州、云南、西藏。

（5）细毡毛忍冬 Lonicera similis Hemsl.

叶纸质，卵形、卵状矩圆形至卵状披针形或披针形，下面被由细短柔毛组成的灰白色或灰黄色细毡毛。双花单生于叶腋或少数集生枝端成总状花序。

分布华南、华东、华中、西南、西北地区。

2. 败酱属 Patrinia Juss.

多年生直立草本。基生叶丛生，花果期常枯萎或脱落，茎生叶对生，常一回或二回奇数羽状分裂或全裂，或不分裂。花序为二歧聚伞花序组成的伞房花序或圆锥花序，具叶状总苞片。果为瘦果；果苞翅状，通常具2~3条主脉。

（1）攀倒甑 Patrinia villosa (Thunb.) Dufr.

多年生草本；高50~100（120）cm。基生叶丛生，叶片长4~10（~25）cm，宽2~5（~18）cm，不分裂或大头羽状深裂；茎生叶对生；叶柄长1~3cm。

（一百七十）海桐科 Pittosporaceae

叶互生或偶为对生，多数革质，全缘。花通常两性，辐射对称，稀为左右对称。单生或为伞形花序、伞房花序或圆锥花序。蒴果沿腹缝裂开。

1. 海桐属 Pittosporum Banks

叶互生，常簇生于枝顶呈对生或假轮生状，全缘或有波状浅齿或皱褶。花单生或排成伞形、伞房或圆锥花序，生于枝顶或枝顶叶腋。

（1）光叶海桐 Pittosporum glabratum Lindl.

常绿灌木。叶聚生枝顶，长圆形或倒披针形。伞形花序1~4枝簇生枝顶叶腋。蒴果长椭圆形，长2~2.5cm，3片开裂；种子长6mm。

分布华南、华中、西南地区。

（2）少花海桐 Pittosporum pauciflorum Hook. & Arn.

灌木。叶散布于嫩枝上，有时呈假轮生状。花3~5朵生于枝顶叶腋内。蒴果椭圆形或卵形，长1~1.2cm，3片开裂；种子长4mm。

分布华东、华南地区。

（3）缝线海桐 Pittosporum perryanum Gowda

灌木。叶常3~5片生枝顶，长8~17cm，宽4~6cm。伞形花序；子房被毛，心皮3~4枚。蒴果长椭圆形，长2~4cm，3~4片裂；种子长6mm。

分布华南、西南地区。

（4）* 海桐 Pittosporum tobira (Thunb.) W. T. Aiton

灌木或小乔木。叶倒卵形或狭倒卵形，长4~9cm，宽2~4cm。伞形花序生于枝顶。蒴果球形，长1~1.2cm，3片开裂；种子长约4mm。

分布长江流域以南地区。

（一百七十一）五加科 Araliaceae

叶互生，稀轮生，单叶、掌状复叶或羽状复叶。花聚生为伞形花序、头状花序、总状花序或穗状花序。果实为浆果或核果。

1. 楤木属 Aralia L.

一至数回羽状复叶；托叶和叶柄基部合生，先端离生。花聚生为伞形花序，稀为头状花序，再组成圆锥花序。果球形，有5棱。

（1）黄毛楤木 Aralia chinensis L.

灌木或乔木。枝、叶、伞梗密被黄色茸毛且具皮刺。二回羽状复叶，小叶革质。伞形花序再组成圆锥花序，二回羽状。果球形。

分布西南、华南、华东地区。

（2）楤木 Aralia elata (Miq.) Seem.

灌木或乔木；枝、叶、伞梗密被黄棕色茸毛。羽状复叶，长60~110cm。伞形花序组成圆锥花序，二至三回羽状。核果有5棱。

分布华南、华中、华东、西南、西北、华北地区。

（3）虎刺楤木 Aralia finlaysoniana (Wall. ex G. Don) Seem.

多刺灌木；高达4m。枝、叶、花梗被刺毛。叶为三回羽状复叶，长60~100cm。伞形花序直径2~4cm，有花多数。果球形，5棱。

分布西南、华南、华东地区。

（4）长刺楤木 Aralia spinifolia Merr.

灌木；高2~3m。枝、叶轴、伞梗有扁长刺，刺长1~10mm，及长1~4mm的刺毛。二回羽状复叶。圆锥花序；花瓣5，卵状三角形。

分布华南、华中、华东地区。

2. 树参属 Dendropanax Decne. & Planch.

叶为单叶，叶片不分裂或有时掌状2~5深裂；常有半透明红棕色或红黄色腺点。伞形花序单生或数个聚生成复伞形花序。果实球形或长圆形。

（1）变叶树参 Dendropanax proteus (Champ. ex Benth.) Benth.

灌木或小乔木。叶片革质、纸质或薄纸质，叶形变异大，不裂至2~5深裂，叶背无腺点。伞形花序单生或2~3个聚生。果实球形。

分布华南、华中、华东地区。

3. 五加属 Eleutherococcus Maxim.

枝有刺，稀无刺。叶为掌状复叶，有小叶3~5。伞形花序或头状花序通常组成复伞形花序或圆锥花序；花梗无关节或有不明显关节。

（1）白簕 Eleutherococcus trifoliatus (L.) S. Y. Hu

小叶3，稀4~5，椭圆状卵形至长圆形，长4~10cm，宽3~6.5cm，边缘有锯齿。伞形花序，稀顶生复伞形花序或圆锥花序，花黄绿色。果实扁球形，黑色。

分布华东、华中、华南、西南地区。

4. 幌伞枫属 Heteropanax Seem.

无刺。三至五回羽状复叶，稀二回羽状复叶，托叶和叶柄基部合生。花杂性，聚生为伞形花序，再组成大圆锥花序，果实侧扁。

（1）短梗幌伞枫 Heteropanax brevipedicellatus H. L. Li

常绿灌木或小乔木，高3~7m。四至五回羽状复叶；小叶长2~9cm，宽1~3cm。圆锥花序顶生；花瓣5，疏被毛。果实扁球形。

分布华南、华东、西南地区。

（2）*幌伞枫 Heteropanax fragrans (Roxb.) Seem.

常绿乔木。叶三至五回羽状复叶，小叶对生，椭圆形，长5.5~13cm，宽3.5~6cm。圆锥花序顶生。果实卵球形，略侧扁，黑色。

分布南部地区。

5. 鹅掌柴属 Schefflera J. R. Forst. & G. Forst.

小枝被星状茸毛或无毛。掌状复叶。花聚生成总状花序、伞形花序或头状花序；花梗无关节。果实球形，近球形或卵球形。

（1）*辐叶鹅掌柴 Schefflera actinophylla (Endl.) Harms

叶为掌状复叶。小叶长椭圆形，先端钝，有短突尖，基部钝；叶缘波状，革质；叶面浓而有光泽，叶背面淡绿色，叶柄红褐色。伞状花序，顶生小花，白色。

（2）*鹅掌藤 Schefflera arboricola (Hayata) Merr.

藤状灌木。羽状复叶，小叶(5~)7~9(~10)枚；小叶椭圆形，顶端圆钝。圆锥花序长20cm以下。果实卵形，5棱，连花盘长4~5mm。

分布华南地区。

（3）穗序鹅掌柴 Schefflera delavayi (Franch.) Harms

乔木或灌木，高3~8m。叶有小叶4~7，形状变化很大，长6~20cm，宽2~8cm。花无梗，密集成穗状花序，再组成长40cm以上的大圆锥花序。

分布华南、华中、西南部分地区。

（4）鹅掌柴 Schefflera heptaphylla (L.) Frodin

乔木。羽状复叶，6~9小叶；小叶长椭圆形；叶柄长15~30cm，疏生星状短柔毛或无毛。圆锥花序顶生，被毛。果实球形，黑色。

分布西南、华南、华东地区。

（一百七十二）伞形科 Apiaceae

叶互生，叶片通常分裂或多裂，一回掌状分裂或一至四回羽状分裂的复叶，或一至二回三出式羽状分裂的复叶，很少为单叶；叶柄的基部有叶鞘。

1. 积雪草属 Centella L.

叶有长柄，圆形、肾形或马蹄形，边缘有钝齿，基部心形，光滑或有柔毛；叶柄基部有鞘。花近无柄，草黄色、白色至紫红色。

（1）积雪草 Centella asiatica (L.) Urb.

多年生匍匐草本。单叶，膜质至草质，圆形、肾形或马蹄形，直径 2~4cm，边缘有钝锯齿。伞形花序聚生于叶腋。果圆球形。

分布西北、华东、华中、华南、西南地区。

2. 芫荽属 Coriandrum L.

叶柄有鞘；叶片膜质，一回或多回羽状分裂。复伞形花序顶生或与叶对生。花白色、玫瑰色或淡紫红色。果实圆球形。

（1）*芫荽 Coriandrum sativum L.

草本；植株有强烈气味。基生叶羽状裂，羽片广卵形或扇形半裂。伞形花序顶生或与叶对生；花白色或带淡紫色。果球形，直径 3mm。

全国各地有栽培。

3. 鸭儿芹属 Cryptotaenia DC.

草本。茎直立，圆柱形，有分枝。叶有柄，柄下部有膜质叶鞘；叶片膜质，三出式分裂，小叶片倒卵状披针形，菱状卵形或近心形，边缘有重锯齿、缺刻或不规则的浅裂。花序为复伞形花序或呈圆锥状，总苞片和小总苞片存在或无；伞辐少数；花瓣白色，倒卵形，顶端内折。

（1）鸭儿芹 Cryptotaenia japonica Hassk.

多年生草本；高 20~100cm。叶片通常为 3 小叶；中间小叶片呈菱状倒卵形或心形，长 2~14cm，宽 1.5~10cm。所有的小叶片边缘有不规则的尖锐重锯齿。

分布长江流域以南地区。

4. 刺芹属 Eryngium L.

一年生或多年生草本，有数条槽纹。单叶全缘或稍有分裂，有时呈羽状或掌状分裂，边缘有刺状锯齿，叶革质，叶脉平行或网状；叶柄有鞘，无托叶。花小，白色或淡绿色，头状花序单生或成聚伞状或总状花序。

（1）刺芹 Eryngium foetidum L.

二年生或多年生草本，高 11~40cm。茎有数条槽纹，上部有 3~5 歧聚伞式的分枝。基生叶不分裂；茎生叶边缘有深锯齿，顶端不分裂或 3~5 深裂。

5. 茴香属 Foeniculum Mill.

叶鞘边缘膜质；叶片多回羽状分裂，末回裂片呈线形。复伞形花序，花序顶生和侧生。果实长圆形，光滑，主棱 5 条。

（1）*茴香 Foeniculum vulgare Mill.

草本。全株被粉霜，有强烈香味。叶三至四回羽状全裂，末回裂片丝状，宽约 0.5mm。总苞及小苞片缺；花黄色。果长圆形，棱明显。

全国各地均有栽培。

6. 天胡荽属 Hydrocotyle Lam.

叶片心形、圆形、肾形或五角形，有裂齿或掌状分裂；叶柄细长，无叶鞘。花序为单伞形花序，密集呈头状；花白色、绿色或淡黄色。

（1）红马蹄草 Hydrocotyle nepalensis Hook.

匍匐草本。茎斜升。叶圆肾形，4~8cm，边缘通常5~7浅裂。头状花序数个簇生；花梗被柔毛；花瓣卵形。果基部心形，两侧扁压。

分布长江流域以南地区。

（2）天胡荽 Hydrocotyle sibthorpioides Lam.

多年生匍匐小草本。叶圆肾形，直径0.5~2cm。头状花序单生于茎节上；花梗无毛；无萼齿，花瓣卵形，镊合状排列。果心形。

分布长江流域以南地区。

（3）* 破铜钱 Hydrocotyle sibthorpioides Lam. var. batrachium (Hance) Hand.-Mazz. ex R. H. Shan

多年生草本。叶圆形或肾圆形，3~5深裂几达基部。伞形花序，花序梗长0.5~3.5cm。果实略呈心形，两侧扁压，中棱在果熟时极为隆起。

分布华东、华南地区。

（4）南美天胡荽 Hydrocotyle verticillata Thunb.

茎细长，分枝，节上生根。叶互生；叶片膜质，圆形或肾形，12~15浅裂。花小，两性；复伞花序单生于节上，长10~30cm；小伞形花序有花4~14朵。

原产欧洲、北美、非洲。华南地区有栽培或逸为野生。

7. 水芹属 Oenanthe L.

叶柄基部有叶鞘；叶片羽状分裂至多回羽状分裂，边缘有锯齿。花序为疏松的复伞形花序，花序顶生与侧生。果实圆卵形至长圆形。

（1）短辐水芹 Oenanthe benghalensis Benth. & Hook. f.

披散草本。一至二回羽状复叶，末回裂片菱状披针形。复伞形花序顶生和侧生，伞辐4~6；总花梗长不到3cm。果椭圆形或筒状长圆形。

分布西南、华南地区。

（2）水芹 Oenanthe javanica (Blume) DC.

披散草本。一至二回羽状复叶，末回裂片卵形或菱形，长2~5cm，宽1~2cm。伞辐6~17；总花梗长3~9cm。果实近于四角状椭圆形。

分布几遍及全国。

中文名索引

A

矮扁莎 95
矮狐尾藻 129
矮莎草 90
矮水竹叶 78
矮桃 263
矮小天仙果 168
艾 341
艾胶算盘子 205
爱地草 278
安达曼血桐 199
桉 211
庵耳柯 180
暗色菝葜 64
凹头苋 246
凹叶红豆 150

B

八角 37
八角 37
八角枫 253
巴豆 197
巴戟天 282
巴西人参 248
巴西野牡丹 217
菝葜 63
白苞蒿 341
白背枫 312
白背黄花稔 232
白背算盘子 206
白背叶 200
白豆蔻 83
白饭树 205
白粉藤 131
白桂木 166
白果香楠 275
白花丹 240
白花地胆草 345
白花灯笼 325
白花苦灯笼 287
白花龙 271
白花泡桐 335
白花蛇舌草 279
白花酸藤果 263
白花悬钩子 161
白花洋紫荆 136
白花油麻藤 149
白酒草 347
白兰 41
白簕 360
白肋翻唇兰 67
白鳞莎草 91
白楸 201
白肉榕 172
白薯莨 60
白树 201
白檀 270

白棠子树 323
白藤 74
白桐树 196
白颜树 165
白羊草 99
白叶瓜馥木 43
白叶藤 292
白子菜 349
百两金 260
百能葳 342
百日菊 355
百日青 34
百越凤尾蕨 14
百足藤 57
柏拉木 214
败酱叶菊芹 346
稗 103
稗荩 116
斑茅 114
斑叶野木瓜 120
板蓝 318
板栗 177
半边莲 338
半边旗 15
半耳箬竹 119
半月形铁线蕨 11
半柱毛兰 66
棒凤仙花 254
棒距虾脊兰 65
棒叶落地生根 128
苞叶木 163
苞子草 117
薄荷 329
薄叶红厚壳 192
薄叶猴耳环 136
薄叶卷柏 3
薄叶润楠 51
薄叶碎米蕨 12
抱石莲 28
抱树石韦 30
爆仗竹 311
杯盖阴石蕨 26
北酸脚杆 215
北鱼黄草 301
北越隐棒花 55
荸荠 91
笔管草 4
笔管榕 171
闭鞘姜 82
蓖麻 201
碧冬茄 303
薜荔 170
萹蓄 243
鞭叶铁线蕨 11
扁担藤 132
扁穗莎草 89
变色山槟榔 75
变叶木 196
变叶榕 172

变叶树参 360
变异鳞毛蕨 24
滨木患 220
滨盐肤木 220
槟榔青冈 179
波边条蕨 26
波罗蜜 166
菠菜 248
舶梨榕 170

C

菜豆树 320
参薯 60
蚕豆 155
苍白秤钩风 121
苍耳 355
糙果茶 266
糙叶水苎麻 174
草胡椒 39
草龙 210
草珊瑚 54
侧柏 35
叉柱花 318
茶 267
茶梨 255
豺皮樟 48
潺槁木姜子 48
长瓣马铃苣苔 308
长苞马蓝 319
长柄杜若 78
长柄鼠李 164
长柄野扁豆 144
长春花 291
长刺楤木 360
长刺酸模 244
长萼堇菜 193
长隔木 278
长花厚壳树 298
长豇豆 156
长节耳草 280
长茎沿阶草 73
长茎羊耳蒜 68
长芒杜英 190
长毛山矾 269
长寿花 128
长萼母草 313
长筒漏斗苣苔 307
长尾毛蕊茶 265
长序臭黄荆 331
长叶冻绿 163
长叶蝴蝶草 314
长叶铁角蕨 18
长叶香茶菜 328
长叶柞木 195
长叶紫珠 323
长圆叶艾纳香 343
长鬃蓼 242
常绿荚蒾 357

常山 252
巢蕨 17
车前 311
车筒竹 119
陈氏南星 55
陈氏异药花 215
赪桐 325
撑篙竹 118
程香仔树 187
橙 223
橙黄玉凤花 67
秤钩风 121
秤星树 336
池杉 35
齿萼挖耳草 321
齿果草 156
齿叶水蜡烛 326
齿缘吊钟花 273
赤苍藤 237
赤车 176
赤豆 155
赤楠 213
赤杨叶 270
翅果菊 350
翅荚决明 152
崇澍蕨 19
椆树桑寄生 239
臭荠蓂 356
触须阔蕊兰 68
穿鞘花 76
垂柳 195
垂盆草 128
垂穗石松 2
垂序商陆 249
垂叶榕 168
垂枝红千层 211
春云实 138
椿叶花椒 225
唇边书带蕨 13
慈姑叶细辛 40
刺齿半边旗 14
刺齿泥花草 313
刺瓜 292
刺果藤 228
刺蕨 23
刺毛柏拉木 215
刺芹 362
刺蒴麻 233
刺天茄 304
刺桐 145
刺苋 246
刺叶桂樱 158
刺芋 56
刺轴桐 75
刺子莞 95
葱 71
楤木 359
粗喙秋海棠 185
粗糠柴 201

粗毛耳草　280
粗毛鸭嘴草　108
粗毛野桐　199
粗毛玉叶金花　283
粗叶地桃花　233
粗叶耳草　280
粗叶卷柏　4
粗叶木　281
粗叶榕　169
粗叶悬钩子　161
簇叶新木姜子　52
翠云草　4

D

打铁树　264
大白茅　107
大苞赤瓟　184
大苞寄生　240
大苞水竹叶　77
大苞鸭跖草　77
大车前　311
大萼木姜子　48
大狗尾草　115
大果巴戟　282
大果菝葜　64
大果鳞斑荚蒾　357
大果南山茶　267
大果卫矛　187
大果油麻藤　149
大花倒地铃　221
大花金钱豹　337
大花马齿苋　251
大花忍冬　358
大花五桠果　125
大花紫薇　209
大画眉草　104
大喙省藤　74
大蕉　80
大罗湾草　111
大芒萁　6
大牛鞭草　107
大片复羽耳蕨　23
大漂　57
大青　325
大沙叶　285
大丝葵　76
大头茶　267
大头橐吾　351
大血藤　120
大叶臭花椒　225
大叶刺篱木　194
大叶东京鱼藤　143
大叶钩藤　287
大叶骨碎补　26
大叶桂樱　159
大叶合欢　136
大叶黑桫椤　8
大叶金牛　156
大叶落地生根　128
大叶千斤拔　145
大叶蛇葡萄　130
大叶仙茅　69
大叶相思　133
大叶新木姜子　53
大叶鱼骨木　276

大猪屎豆　141
带唇兰　69
单毛刺蒴麻　232
单色蝴蝶草　315
单穗擂鼓荔　95
单穗水蜈蚣　94
单叶对囊蕨　19
单叶新月蕨　22
淡黄荚蒾　357
淡竹叶　109
蛋黄果　258
当归藤　262
刀豆　140
倒地铃　221
倒吊笔　297
倒挂铁角蕨　17
稻　110
稻槎菜　350
地蚕　332
地胆草　345
地耳草　192
地花细辛　40
地锦草　197
地菍　215
地毯草　99
地桃花　233
灯心草　86
滇刺枣　164
滇粤山胡椒　47
吊灯花　292
吊灯树　319
吊球草　328
吊钟花　273
吊竹梅　78
丁公藤　299
丁癸草　156
鼎湖巴豆　197
鼎湖钓樟　47
鼎湖耳草　279
鼎湖血桐　200
定心藤　274
东方蕌草　96
东方古柯　191
东方紫金牛　261
东风菜　341
东风草　343
东洋对囊蕨　19
冬瓜　181
豆瓣菜　236
豆腐柴　331
豆薯　150
毒根斑鸠菊　354
独脚金　336
独穗飘拂草　92
独行千里　235
杜虹花　323
杜茎山　264
杜鹃　273
杜鹃叶山茶　265
杜仲藤　297
短柄半边莲　338
短柄吊球草　327
短柄紫珠　322
短萼仪花　147
短辐水芹　363
短梗幌伞枫　360

短豇豆　155
短芒稗　103
短穗鱼尾葵　75
短莛飞蓬　347
短筒水锦树　288
短小蛇根草　285
短序润楠　50
短叶茳芏　90
短叶黍　111
短叶水蜈蚣　94
断节莎　91
断线蕨　29
椴叶山麻杆　196
对叶榕　169
钝齿红紫珠　324
多花勾儿茶　163
多花胡枝子　147
多花黄精　73
多茎鼠麴草　348
多脉莎草　89
多毛茜草树　275
多蕊蛇菰　238
多香木　356
多须公　348
多叶斑叶兰　67
多枝扁莎　95
多枝婆婆纳　312

E

峨眉鼠刺　127
鹅肠菜　245
鹅掌柴　361
鹅掌藤　361
耳草　279
耳稃草　106
耳基卷柏　3
二花珍珠茅　97
二列叶柃　256
二列叶虾脊兰　65
二歧蓼　241
二色波罗蜜　167
二形卷柏　2

F

番木瓜　235
番茄　302
番石榴　212
番薯　299
翻白叶树　231
繁缕　245
饭包草　77
饭甑青冈　179
梵天花　233
飞机草　344
飞龙掌血　225
飞扬草　197
非洲楝　226
分叉露兜　62
芬芳安息香　271
粉苞菊　344
粉背菝葜　63
粉背蕨　11
粉单竹　119
粉葛　152

粉绿狐尾藻　129
粉绿柯　180
粉美人蕉　81
粉叶蕨　13
粉叶轮环藤　121
粪箕笃　122
丰花草　287
风车草　90
风箱树　276
风筝果　192
枫香树　126
蜂斗草　217
凤了蕨　12
凤梨　85
凤眼蓝　79
缝线海桐　359
伏石蕨　28
伏胁花　311
芙兰草　93
佛肚竹　118
佛手　222
佛手瓜　183
浮萍　56
辐冠苣苔　307
辐叶鹅掌柴　361
福建假卫矛　187
福建莲座蕨　5
复序飘拂草　92
傅氏凤尾蕨　14
馥芳艾纳香　342

G

盖裂果　282
甘蓝　236
甘薯　61
甘蔗　115
柑橘　223
橄榄　218
刚莠竹　109
岗柃　256
岗松　210
杠板归　242
高斑叶兰　66
高秆莎草　89
高秆珍珠茅　97
高粱　116
高粱泡　161
高山榕　168
哥伦比亚亚尊距花　208
鸽仔豆　144
割鸡芒　93
革叶算盘子　205
革叶铁榄　259
格木　145
葛　151
葛麻姆　152
个溥　297
弓果黍　101
弓果藤　296
拱网核果木　192
贡甲　223
沟叶结缕草　118
钩毛紫珠　323
钩藤　288
钩吻　290

钩状石斛 65
狗肝菜 316
狗骨柴 277
狗脊 19
狗尾草 116
狗牙根 101
枸杞 302
枸棘 173
构树 167
菰腺忍冬 357
谷精草 86
谷木 216
骨牌蕨 28
牯岭蛇葡萄 129
瓜馥木 43
瓜栗 231
观光木 42
冠萼线柱苣苔 309
冠盖藤 253
管茎凤仙花 254
贯众 23
光萼唇柱苣苔 307
光萼猪屎豆 141
光萼紫金牛 262
光果珍珠茅 97
光荚含羞草 148
光脚金星蕨 21
光蜡树 305
光里白 6
光亮山矾 269
光蓼 241
光头稗 103
光叶丁公藤 299
光叶海桐 358
光叶红豆 150
光叶山矾 269
光叶山黄麻 165
光叶山小橘 223
光叶蛇葡萄 129
光叶子花 249
光叶紫玉盘 44
广东杜丽草 283
广东高秆莎草 91
广东里白 7
广东马尾杉 2
广东毛蕊茶 266
广东润楠 51
广东山胡椒 47
广东蛇葡萄 129
广东水马齿 310
广东丝瓜 183
广东薹草 87
广东新耳草 284
广东绣球 252
广东玉叶金花 283
广东紫薇 208
广防风 322
广防己 40
广寄生 239
广西莪术 84
广西新木姜子 53
广西长筒蕨 5
广州蕗菜 237
广州山柑 235
广州蛇根草 284
广州相思子 132

圭亚那笔花豆 153
龟背竹 56
鬼针草 342
贵州半蒴苣苔 308
贵州连蕊茶 265
贵州木瓜红 270
桂木 167
过山枫 186

H

海刀豆 140
海红豆 134
海金沙 7
海榄雌 316
海南菜豆树 320
海南槽裂木 286
海南红豆 150
海南黄芩 332
海南黄檀 143
海南链珠藤 291
海南三七 84
海南砂仁 83
海南山姜 82
海南崖豆藤 148
海南杨桐 254
海漆 199
海通 325
海桐 359
海芋 54
含笑花 41
含羞草 148
韩信草 332
蕹菜 237
旱田草 314
禾串树 204
禾叶山麦冬 73
合果芋 58
合萌 134
何首乌 240
荷莲豆草 244
荷秋藤 293
褐鳞飘拂草 92
褐叶柄果木 221
鹤顶兰 68
黑顶卷柏 4
黑老虎 38
黑鳞珠珠茅 97
黑桧 256
黑面神 204
黑木姜子 49
黑莎草 93
黑杪椤 9
黑叶小驳骨 317
黑藻 59
黑足鳞毛蕨 24
亨利马唐 102
红背桂 199
红背山麻杆 196
红豆蔻 82
红凤菜 349
红敷地发 217
红骨母草 314
红孩儿 186
红花荷 126
红花檵木 126
红花青藤 45

红花天料木 194
红花羊蹄甲 136
红花酢浆草 189
红鸡蛋花 295
红鳞蒲桃 213
红马蹄草 363
红毛草 109
红楠 51
红皮木姜子 49
红千层 210
红球姜 85
红桑 195
红水盾草 37
红睡莲 37
红丝线 302
红血藤 153
红叶藤 188
红枝蒲桃 214
红锥 178
红紫珠 324
侯钩藤 288
猴耳环 135
猴欢喜 190
厚果崖豆藤 148
厚壳树 298
厚皮菜 247
厚皮香 257
厚藤 300
厚叶红淡比 255
厚叶素馨 305
厚叶算盘子 205
厚叶铁线莲 123
狐臭柴 331
狐尾藻 129
葫芦 182
葫芦茶 154
湖北算盘子 206
湖瓜草 94
槲寄生 240
槲蕨 27
蝴蝶果 196
虎刺楤木 360
虎克鳞盖蕨 16
虎皮楠 127
虎舌红 261
虎尾草 100
虎杖 243
花椒簕 226
花桐木 149
花魔芋 55
花莛薹草 88
花柱草 339
华凤仙 254
华湖瓜草 94
华摇鼓荛 95
华马钱 290
华南赤车 175
华南谷精草 86
华南胡椒 39
华南鳞盖蕨 16
华南毛蕨 20
华南毛柃 256
华南木姜子 49
华南蒲桃 212
华南青皮木 238
华南忍冬 357

华南实蕨 23
华南吴萸 224
华南远志 156
华南云实 138
华南锥 177
华南紫萁 5
华女贞 306
华润楠 50
华山姜 83
华山菱 39
华夏慈姑 58
华腺萼木 284
画眉草 105
黄鹌菜 355
黄菖蒲 70
黄丹木姜子 48
黄独 60
黄瓜 182
黄果厚壳桂 46
黄花草 235
黄花倒水莲 156
黄花风铃木 319
黄花蝴蝶草 315
黄花夹竹桃 296
黄花蔺 58
黄花稔 231
黄花水龙 210
黄花小二仙草 128
黄花紫背草 345
黄槐决明 153
黄金间碧竹 119
黄檀 230
黄荆 333
黄葵 227
黄麻 229
黄毛楤木 359
黄毛猕猴桃 272
黄毛榕 168
黄毛五月茶 203
黄棉木 282
黄牛木 192
黄皮 223
黄杞 181
黄绒润楠 50
黄蜀葵 227
黄桐 197
黄腺羽蕨 25
黄眼草 86
黄叶树 157
黄樟 46
黄珠子草 207
幌伞枫 361
灰莉 289
灰绿耳蕨 24
灰毛大青 324
灰毛豆 154
灰毛鸡血藤 138
灰木莲 41
灰色紫金牛 261
茴香 362
喙果黑面神 204
喙果鸡血藤 139
火烧花 319
火索藤 136
火炭母 241
火焰树 320

藿香蓟 340

J

鸡蛋花 295
鸡冠刺桐 145
鸡冠花 247
鸡桑 173
鸡矢藤 285
鸡心藤 131
鸡眼草 146
鸡眼梅花草 188
鸡眼藤 282
鸡嘴簕 138
积雪草 362
笄石菖 86
姬蕨 16
基及树 298
蕺菜 38
虮子草 108
戟叶堇菜 193
戟叶蓼 243
寄生藤 238
蓟 344
鲫鱼草 105
鲫鱼胆 264
夹竹桃 295
嘉宝果 212
假半边莲 338
假鞭叶铁线蕨 11
假槟榔 74
假臭草 351
假大羽铁角蕨 18
假地豆 143
假地蓝 141
假俭草 106
假九节 286
假蒟 40
假连翘 321
假轮叶虎皮楠 127
假马鞭 321
假马齿苋 310
假芒萁 7
假苹婆 232
假柿木姜子 49
假斜叶榕 172
假烟叶树 304
假鹰爪 42
假玉桂 165
假紫珠 333
尖苞柊叶 81
尖齿臭茉莉 325
尖萼鱼黄草（地旋花） 301
尖连蕊茶 265
尖脉木姜子 48
尖山橙 294
尖尾芋 54
尖叶桂樱 159
尖叶木 288
尖叶长柄山蚂蝗 146
尖叶紫珠 322
菅 117
见萹蓄 243
见血封喉 166
见血青 67
剑叶耳草 279
剑叶凤尾蕨 14

剑叶鳞始蕨 9
剑叶书带蕨 12
剑叶铁角蕨 17
渐尖楼梯草 175
渐尖毛蕨 20
箭叶秋葵 228
江边刺葵 75
江南卷柏 3
茳芏 90
姜 85
姜花 84
豇豆 155
浆果薹草 87
降香 142
蕉芋 81
角花乌蔹莓 130
绞股蓝 182
接骨草 356
节节菜 209
节节草 4
结缕草 118
截裂毛蕨 21
截叶铁扫帚 146
芥菜 236
金草 278
金疮小草 322
金柑 222
金刚纂 198
金瓜 182
金锦香 216
金毛狗 8
金茅 106
金钮扣 340
金蒲桃 214
金钱豹 337
金钱蒲 54
金丝草 114
金线兰 64
金星蕨 21
金腰箭 353
金叶含笑 41
金叶榕 173
金樱子 160
金鱼藻 120
锦地罗 244
锦香草 217
锦绣杜鹃 273
锦绣苋 246
荩草 98
井栏边草 15
静容卫矛 186
镜子薹草 88
九丁榕 170
九节 286
九里香 224
九龙盘 72
九头狮子草 318
韭 71
酒饼簕 222
菊芹 346
矩叶卫矛 187
聚合草 298
聚花草 77
聚石斛 65
绢毛杜英 189
决明 153

蕨 16
蕨叶鼠尾草 331
爵床 317

K

咖啡黄葵 227
开口箭 72
看麦娘 98
糠稷 111
栲 178
榼藤 144
空心泡 162
苦草 59
苦瓜 183
苦苣菜 353
苦郎树 325
苦郎藤 130
苦荬菜 350
苦皮藤 186
苦蘵 303
苦竹 114
苦梓 327
宽叶十万错 316
宽叶线柱兰 69
宽羽毛蕨 21
宽羽线蕨 29
筐条菝葜 63
阔苞菊 351
阔裂叶羊蹄甲 136
阔鳞鳞毛蕨 23
阔片假毛蕨 22
阔托叶耳草 280
阔叶丰花草 287
阔叶猕猴桃 272
阔叶瓦韦 28
阔羽毛蕨 20

L

腊肠树 140
蜡烛果 260
辣椒 301
辣木 234
兰花美人蕉 81
蓝花参 339
狼尾草 113
老鼠艻 116
老鼠簕 315
老鸦糊 323
乐昌含笑 41
簕欓花椒 225
簕竹 118
了哥王 234
雷公连 55
雷公青冈 179
类芦 110
棱果花 214
冷水花 176
狸尾豆 155
离瓣寄生 238
犁头尖 58
篱栏网 300
藜 247
黧豆 149
黧蒴锥 178
李 159

李氏禾 108
鳢肠 345
荔枝 221
荔枝叶红豆 150
栗蕨 15
帘子藤 295
莲 124
莲子草 246
莲座紫金牛 262
镰翅羊耳蒜 67
镰片假毛蕨 22
镰叶铁角蕨 17
镰叶越橘 274
链荚豆 135
链珠藤 291
楝 227
楝叶吴萸 224
凉粉草 329
梁子菜 346
两耳草 112
两广栝楼 184
两广梭罗 231
两广锡兰莲 123
两广杨桐 254
两面针 225
两歧飘拂草 92
两粤黄檀 143
亮叶猴耳环 135
亮叶崖豆藤 139
亮叶杨桐 255
量天尺 251
裂果薯 61
裂叶秋海棠 185
鳞柄毛蕨 20
鳞果星蕨 28
鳞花草 317
鳞片水麻 174
鳞籽莎 94
灵枝草 318
柃叶连蕊茶 266
岭南槭 220
岭南山竹子 191
流苏贝母兰 65
流苏子 277
瘤果槲寄生 240
柳杉 34
柳叶白前 292
柳叶海金沙 8
柳叶毛蕊茶 266
柳叶润楠 51
柳叶箬 107
龙船花 280
龙师草 91
龙须藤 136
龙芽草 157
龙眼 221
龙爪茅 102
窿缘桉 211
芦荟 70
芦莉草 318
芦苇 113
芦竹 99
卤蕨 10
鹿角锥 178
露兜草 61
露兜树 62

露籽草　111
李叶羊蹄甲　137
卵叶半边莲　338
乱草　104
轮叶孪生花　312
轮叶木姜子　49
罗浮粗叶木　281
罗浮柿　259
罗浮锥　177
罗汉松　33
罗勒　330
罗伞树　262
罗星草　289
萝卜　237
裸花水竹叶　78
裸柱菊　352
络石　296
落瓣短柱茶　266
落地生根　128
落萼叶下珠　206
落花生　135
落葵　250
落葵薯　250
落羽杉　35
绿冬青　337
绿豆　155
绿萼凤仙花　254

M

麻楝　226
麻竹　102
马鞭草　321
马㶸儿　185
马齿苋　251
马甲菝葜　64
马甲子　163
马兰　341
马利筋　291
马铃薯　304
马松子　230
马唐　103
马尾杉　2
马尾松　33
马缨丹　321
马占相思　133
蚂蟥七　307
买麻藤　32
满江红　8
满山红　273
蔓草虫豆　138
蔓赤车　176
蔓花生　135
蔓荆　334
蔓九节　286
蔓生莠竹　109
芒　110
芒毛苣苔　307
芒萁　6
杧果　219
猫尾草　154
毛八角枫　253
毛草龙　210
毛刺蒴麻　233
毛冬青　336
毛度量草　289
毛狗骨柴　277

毛果巴豆　197
毛果算盘子　205
毛果珍珠茅　97
毛果枳椇　163
毛花猕猴桃　272
毛节野古草　99
毛蒟　39
毛蕨　20
毛蓼　241
毛鳞省藤　74
毛马齿苋　251
毛苍　216
毛排钱树　151
毛茄　304
毛山矾　269
毛山猪菜　300
毛麝香　309
毛相思子　133
毛杨梅　180
毛叶蝴蝶草　314
毛叶猫尾木　319
毛叶肾蕨　24
毛轴蕨　17
毛轴铁角蕨　17
毛锥　178
茅瓜　183
茅莓　162
玫瑰茄　230
梅　157
美丽胡枝子　147
美丽鸡血藤　139
美丽猕猴桃　272
美丽新木姜子　53
美丽异木棉　228
美脉杜英　190
美人蕉　81
美形金钮扣　340
美叶菜豆树　320
米碎花　256
米仔兰　226
米槠　177
密齿酸藤子　263
密刺苦草　59
密花冬青　336
密花山矾　269
密花树　264
密脉蒲桃　213
密子豆　152
苗仔竹　119
膜叶脚骨脆　194
膜叶星蕨　30
磨盘草　228
茉莉花　306
墨苜蓿　287
母草　313
牡荆　333
木鳖子　183
木豆　138
木防己　121
木芙蓉　229
木荷　268
木姜润楠　51
木蜡树　220
木莲　41
木麻黄　181
木棉　228

木薯　201
木犀　306
木油桐　202
木竹子　191
牧地狼尾草　113

N

南赤瓟　184
南方荚蒾　357
南方碱蓬　249
南方泡桐　335
南方菟丝子　299
南瓜　182
南岭黄檀　142
南美蟛蜞菊　353
南美天胡荽　363
南山茶　267
南蛇棒　54
南酸枣　219
南投万寿竹　62
南洋杉　33
南洋楹　145
南一笼鸡　319
南烛　274
楠木　53
楠藤　283
囊颖草　115
尼泊尔蓼　242
拟二叶飘拂草　92
拟榕叶冬青　337
拟鼠麴草　356
拟蚬壳花椒　225
黏毛母草　314
茑萝松　301
柠檬　222
柠檬桉　211
柠檬草　101
柠檬清风藤　124
牛白藤　279
牛鞭草　107
牛轭草　78
牛耳枫　127
牛筋草　104
牛筋藤　173
牛茄子　303
牛虱草　105
牛矢果　306
牛藤果　120
牛尾菜　64
牛膝菊　348
牛眼马钱　290
扭肚藤　305
钮子瓜　184
糯米团　175

O

欧菱　209
欧洲慈姑　58

P

爬藤榕　171
排钱树　151
攀倒甑　358
旁杞木　190

刨花润楠　51
蟛蜞菊　353
披针骨牌蕨　27
披针穗飘拂草　91
枇杷　158
枇杷叶紫珠　323
平行鳞毛蕨　24
平叶酸藤子　263
平颖柳叶箬　107
苹婆　232
瓶尔小草　5
萍蓬草　37
蘋　8
破布木　298
破布叶　230
破铜钱　363
匍匐大戟　198
菩提树　171
葡萄　132
蒲葵　75
蒲桃　213
朴树　164
普洱茶　267
普通针毛蕨　21
铺地黍　111

Q

七里明　343
七星莲　193
桤叶黄花棯　232
畦畔飘拂草　92
畦畔莎草　89
麒麟叶　56
起绒飘拂草　92
千根草　198
千斤拔　146
千金子　108
千里光　352
千屈菜　209
千头艾纳香　343
牵牛　300
钳唇兰　66
浅裂锈毛莓　162
茜树　275
鞘花　239
茄　304
茄叶斑鸠菊　355
切边膜叶铁角蕨　18
琴叶榕　170
琴叶珊瑚　199
青菜　236
青江藤　186
青皮竹　118
青藤公　170
青藤仔　305
青槠　247
青叶苎麻　174
清香藤　305
秋枫　203
秋茄树　191
球花脚骨脆　194
球花马蓝　318
球菊　346
球穗扁莎　95
球柱草　87
曲轴海金沙　7

全缘火麻树　174
雀稗　113
雀梅藤　164
雀舌草　245
雀舌黄杨　125

R

蘘荷　85
人面子　219
人心果　258
忍冬　358
日本粗叶木　281
日本杜英　189
日本看麦娘　98
日本蛇根草　285
日本薯蓣　60
茸荚红豆　150
绒毛润楠　52
绒毛山胡椒　47
绒毛山蚂蝗　144
榕树　170
榕叶冬青　336
柔瓣美人蕉　81
柔茎蓼　242
柔毛艾纳香　342
柔弱斑种草　298
肉桂　46
肉实树　258
如意草　193
乳茄　304
软荚红豆　150
软皮桂　46
蕊木　294
锐尖山香圆　218
润楠　52
箬竹　119

S

赛葵　230
三白草　38
三叉蕨　25
三点金　144
三花冬青　337
三基脉紫菀　342
三俭草　95
三棱水葱　96
三裂山矾　269
三裂叶薯　300
三裂叶野葛　152
三脉紫菀　341
三桠苦　224
三叶朝天委陵菜　159
三叶崖爬藤　131
三羽新月蕨　22
伞房花耳草　279
伞花马钱　290
散穗弓果黍　102
散穗黑莎草　93
桑　173
桑寄生　239
扫帚菜　248
沙梨　160
沙皮蕨　25
砂仁　83
莎状砖子苗　89

山扁豆　140
山茶　266
山潺　45
山橙　294
山杜英　189
山矾　270
山桂花　193
山黄麻　166
山鸡椒　48
山菅　70
山姜　82
山椒子　44
山蒟　39
山楝　226
山麻杆　195
山麻树　229
山麦冬　73
山莓　161
山牡荆　334
山柰　84
山蟛蜞菊　355
山蒲桃　213
山榄叶泡花树　124
山石榴　276
山乌桕　202
山香圆　218
山小橘　223
山血丹　261
山油柑　222
山油麻　165
山芝麻　229
山猪菜　301
杉木　34
珊瑚姜　84
珊瑚树　357
扇叶铁线蕨　11
鳝藤　291
上思青冈　179
少花海桐　359
少花龙葵　303
少穗飘拂草　92
舌柱麻　173
蛇莓　158
蛇婆子　234
蛇舌兰　66
射干　70
深裂锈毛莓　162
深绿卷柏　3
深绿双盖蕨　19
深山含笑　42
肾茶　324
肾蕨　25
升马唐　103
生菜　350
狮子尾　57
湿地松　33
十字马唐　102
十字薹草　88
石斑木　160
石柑子　57
石胡荽　343
石荠苎　330
石龙尾　310
石萝藦　295
石榕树　167
石上莲　308

石韦　30
石仙桃　68
石香薷　329
石岩枫　201
石梓　327
食用秋海棠　185
食用双盖蕨　19
使君子　207
柿　259
匙羹藤　293
匙叶合冠鼠麹草　348
匙叶茅膏菜　244
匙叶球兰　293
首冠藤　137
绶草　68
书带蕨　13
疏齿木荷　268
疏花蛇菰　238
疏花卫矛　186
疏花长柄山蚂蝗　146
疏穗画眉草　105
疏穗莎草　89
鼠刺　127
鼠妇草　104
鼠尾粟　117
薯莨　60
薯蓣　61
树头菜　235
栓叶安息香　271
双沟卷柏　3
双片苣苔　308
双穗雀稗　112
水东哥　272
水鬼蕉　72
水金京　289
水锦树　288
水蕨　12
水蜡烛　326
水蓼　243
水龙　210
水毛花　96
水皮莲　339
水茄　304
水芹　363
水莎草　91
水虱草　92
水蓑衣　317
水田白　289
水田稗　104
水同木　169
水团花　274
水翁蒲桃　213
水苋菜　208
水油甘　207
水蔗草　98
水珍珠菜　331
水竹叶　78
水苎麻　174
睡莲　37
丝瓜　183
四棱白粉藤　131
四棱豆　151
四棱飘拂草　93
四生臂形草　99
苏里南莎草　91
苏铁　32

粟米草　250
酸豆　154
酸浆　303
酸模　243
酸模芒　100
酸模叶蓼　242
酸藤子　262
酸味子　203
酸叶胶藤　297
蒜　71
算盘子　205
碎米荠　236
碎米莎草　90
穗花杉　35
穗序鹅掌柴　361
桫椤　9
梭鱼草　80

T

台山华仙茅　70
台湾榕　169
台湾相思　133
糖胶树　290
桃　157
桃金娘　212
桃叶珊瑚　274
桃叶石楠　159
藤构　167
藤槐　138
藤黄檀　142
藤金合欢　133
藤麻　177
藤榕　169
藤石松　2
藤紫珠　323
天胡荽　363
天料木　195
天门冬　72
天名精　343
天堂瓜馥木　43
天仙藤　121
天香藤　134
天星藤　293
田葱　79
田基黄　349
田菁　153
甜麻　229
条裂叉蕨　25
条穗薹草　88
贴生石韦　30
铁包金　163
铁草鞋　293
铁冬青　337
铁海棠　198
铁角蕨　18
铁榄　259
铁芒萁　6
铁苋菜　195
通奶草　198
通泉草　334
铜锤玉带草　338
筒轴茅　114
头花银背藤　299
透骨草　335
土沉香　234
土茯苓　63

土荆芥 248
土蜜树 204
土牛膝 245
菟丝子 299
团穗薹草 87
团叶鳞始蕨 10
团羽铁线蕨 10
臀果木 160
椭圆线柱苣苔 309

W

挖耳草 320
娃儿藤 297
弯管花 277
豌豆 151
碗蕨 15
万寿菊 353
王瓜 184
王棕 76
网络鸡血藤 139
网脉琼楠 45
网脉山龙眼 125
望江南 153
威灵仙 123
微甘菊 351
微红新月蕨 21
尾穗苋 246
尾叶桉 211
尾叶那藤 120
文殊兰 71
蕹菜 299
莴苣 350
乌材 259
乌饭树叶山矾 270
乌桕 202
乌蕨 10
乌榄 219
乌蔹莓 130
乌毛蕨 18
乌檀 284
乌药 47
无瓣海桑 209
无瓣蔊菜 237
无刺鳞水蜈蚣 94
无根藤 45
无患子 221
无芒稗 104
吴茱萸 224
蜈蚣草 105
蜈蚣凤尾蕨 15
五节芒 110
五列木 257
五叶薯蓣 61
五月艾 341
五月茶 203
五爪金龙 300
雾水葛 176

X

西瓜 181
西南粗叶木 281
西南木荷 268
锡叶藤 125
溪边假毛蕨 22
溪边九节 286
溪黄草 328
豨莶 352
蘸茅 103
喜旱莲子草 246
细柄百两金 261
细柄草 99
细柄黍 112
细齿叶柃 257
细风轮菜 326
细花线纹香茶菜 328
细基丸 44
细毛鸭嘴草 108
细叶青冈 179
细叶台湾榕 169
细叶野牡丹 216
细圆藤 122
细毡毛忍冬 358
细枝柃 256
细轴荛花 234
虾子菜 59
狭翅铁角蕨 18
狭眼凤尾蕨 14
狭叶红紫珠 324
狭叶楼梯草 175
狭叶母草 314
狭叶山黄麻 165
狭叶山血丹 261
狭叶卫矛 187
狭叶栀子 278
狭叶猪屎豆 141
下田菊 340
夏飘拂草 91
仙湖苏铁 32
纤花耳草 280
纤穗爵床 317
咸虾花 354
显齿蛇葡萄 130
显脉山绿豆 144
显脉新木姜子 53
蚬壳花椒 225
苋 246
线萼山梗菜 338
线蕨 29
线纹香茶菜 328
线柱兰 69
腺柄山矾 268
腺梗豨莶 352
腺茉莉 325
腺叶桂樱 158
相思子 132
香椿 227
香附子 90
香港大沙叶 286
香港带唇兰 69
香港瓜馥木 43
香港黄檀 142
香港木兰 41
香港四照花 253
香港算盘子 206
香港新木姜子 52
香港鹰爪花 42
香瓜 182
香果树 277
香花鸡血藤 139
香花枇杷 158
香蕉 80
香楠 275
香皮树 124
香蒲桃 214
香丝草 347
香叶树 47
响铃豆 141
向日葵 349
象草 113
橡胶树 199
小瓣萼距花 208
小刀豆 140
小二仙草 128
小果菝葜 63
小果草 334
小果葡萄 132
小果山龙眼 124
小果丫蕊花 62
小果野桐 200
小果叶下珠 206
小花灯心草 86
小花吊兰 72
小花荠苎 329
小花露籽草 111
小花青藤 45
小花山小橘 223
小花远志 156
小画眉草 104
小槐花 149
小蜡 306
小藜 247
小丽草 100
小蓼花 242
小盘木 190
小蓬草 347
小狮子草 316
小叶海金沙 7
小叶红叶藤 188
小叶榄仁 207
小叶冷水花 176
小叶罗汉松 34
小叶马蹄香 40
小叶买麻藤 32
小叶爬崖香 40
小叶石楠 159
小一点红 346
小鱼仙草 329
小紫金牛 260
肖菝葜 63
肖蒲桃 212
斜基粗叶木 281
斜脉异萼花 43
斜叶黄檀 143
斜叶榕 172
星蕨 30
星毛冠盖藤 252
星宿菜 264
星粟草 250
熊耳草 340
锈荚藤 137
锈毛莓 162
锈叶新木姜子 52
玄参 313
旋鳞莎草 90
血见愁 333
血散薯 122
血桐 200
荨麻母草 313
蕈树 126

Y

鸭儿芹 362
鸭公树 52
鸭姆草 112
鸭舌草 79
鸭跖草 77
鸭嘴草 108
崖姜 27
雅榕 168
胭木 297
胭脂 167
胭脂掌 251
烟草 302
烟斗柯 179
芫荽 362
岩雪花 275
盐地鼠尾粟 117
盐肤木 219
兖州卷柏 3
眼树莲 292
燕尾叉蕨 25
秧青 142
羊耳菊 349
羊角拗 296
羊角藤 282
羊乳榕 171
羊舌树 269
羊蹄甲 137
阳春山龙眼 125
阳荷 85
阳桃 188
杨梅 180
杨桐 255
洋紫荆 137
腰骨藤 294
椰子 75
野慈姑 58
野灯心草 87
野独活 44
野甘草 311
野蕉 80
野菊 344
野牡丹 216
野木瓜 120
野漆 220
野蔷薇 161
野生紫苏 330
野柿 259
野尚蒿 345
野线麻 174
野鸦椿 218
野迎春 305
野芋头 55
野雉尾金粉蕨 13
叶底红 215
叶下珠 207
叶子花 249
夜花藤 121
夜香牛 354
夜香树 302
一点红 346
一年蓬 347
一品红 198

一枝黄花　352	鱼尾葵　74	樟　46	朱砂根　260
伊斯兰达睡莲　37	鱼眼草　345	掌叶线蕨　29	朱缨花　140
宜昌润楠　50	禺毛茛　123	杖藤　74	珠子草　207
异果鸡血藤　139	愉悦蓼　241	爪哇脚骨脆　194	猪肚木　276
异果毛蕨　20	羽裂星蕨　29	沼生水马齿　310	猪笼草　244
异色猕猴桃　271	羽芒菊　354	折冠藤　294	猪毛草　96
异色山黄麻　166	羽叶金合欢　134	折枝菝葜　64	猪屎豆　141
异色线柱苣苔　309	羽叶蛇葡萄　129	浙江润楠　50	竹柏　33
异形南五味子　38	羽状穗砖子苗　90	鹧鸪草　106	竹节菜　77
异型莎草　89	玉蜀黍　117	针筒菜　332	竹节草　100
异叶地锦　131	玉叶金花　284	珍珠莲　171	竹节树　190
异叶鳞始蕨　10	芋　55	芝麻　315	竹叶草　110
异叶蔓荆　334	郁金　83	知风飘拂草　92	竹叶兰　65
异叶山蚂蝗　144	圆唇苣苔　308	栀子　277	竹叶榕　171
益母草　328	圆果雀稗　113	直序五膜草　339	竹叶眼子菜　60
薏苡　101	圆基长鬃蓼　242	枳椇　163	竹芋　81
翼核果　164	圆叶豺皮樟　49	中国无忧花　152	竹蔗　115
翼茎白粉藤　131	圆叶节节菜　209	中国绣球　252	苎麻　174
翼茎阔苞菊　351	圆叶母草　314	中华杜英　189	柱果铁线莲　123
阴石蕨　26	圆柱叶灯心草　87	中华栝楼　184	砖子苗　89
阴香　46	圆籽荷　265	中华苦荬菜　350	锥　178
银柴　203	缘毛胡椒　40	中华里白　6	子楝树　211
银合欢　147	月季花　160	中华青牛胆　122	子凌蒲桃　213
隐穗薹草　88	越南安息香　271	中华蛇根草　285	紫背天葵　185
印度榕　168	越南山矾　268	中华石龙尾　310	紫花大翼豆　147
印度血桐　200	越南叶下珠　206	中华薹草　88	紫花香薷　326
印度崖豆　148	越南油茶　265	中华卫矛　187	紫荆木　258
英德黄芩　332	粤西绣球　252	中华锥花　327	紫麻　175
萤蔺　96	云和新木姜子　52	中南鱼藤　143	紫茉莉　250
楹树　134	云南银柴　203	中平树　200	紫苜蓿　148
硬壳柯　180	云南越橘　274	中越猕猴桃　272	紫萍　57
幽狗尾草　115	芸苔　236	柊叶　81	紫苏　330
油茶　266		钟萼草　335	紫苏草　310
油茶离瓣寄生　239	**Z**	钟冠唇柱苣苔　307	紫檀　151
油桐　202		钟花草　316	紫薇　208
油棕　75	杂色榕　172	钟花蒲桃　214	紫玉盘　44
疣柄磨芋　54	再力花　82	肿柄菊　354	棕叶狗尾草　115
友水龙骨　27	早熟禾　114	重瓣臭茉莉　326	棕竹　76
有翅星蕨　30	皂帽花　42	重阳木　204	粽叶芦　117
有芒鸭嘴草　107	泽珍珠菜　263	皱果鸡血藤　139	走马胎　261
柚　222	贼小豆　155	皱果苋　247	钻叶紫菀　342
柚木　333	窄基红褐柃　257	皱叶狗尾草　116	醉香含笑　42
鱼骨木　287	窄叶半枫荷　231	朱蕉　73	醉鱼草　312
鱼蓝柯　179	窄叶柃　257	朱槿　229	酢浆草　188
鱼藤　143	粘木　202		

学名索引

A

Abelmoschus esculentus 227
Abelmoschus manihot 227
Abelmoschus moschatus 227
Abelmoschus sagittifolius 228
Abrodictyum obscurum var. siamense 5
Abrus precatorius 132
Abrus pulchellus subsp. cantoniensis 132
Abrus pulchellus subsp. mollis 133
Abutilon indicum 228
Acacia auriculiformis 133
Acacia concinna 133
Acacia confusa 133
Acacia mangium 133
Acacia pennata 134
Acalypha australis 195
Acalypha wilkesiana 195
Acanthus ilicifolius 315
Acer tutcheri 220
Achyranthes aspera 245
Acmella calva 340
Acmella paniculata 340
Acorus gramineus 54
Acronychia pedunculata 222
Acrostichum aureum 10
Actinidia callosa var. discolor 271
Actinidia eriantha 272
Actinidia fulvicoma 272
Actinidia indochinensis 272
Actinidia latifolia 272
Actinidia melliana 272
Actinostephanus enpingensis 307
Adenanthera microsperma 134
Adenosma glutinosum 309
Adenostemma lavenia 340
Adiantum capillus-junonis 10
Adiantum caudatum 11
Adiantum flabellulatum 11
Adiantum malesianum 11
Adiantum philippense 11
Adina pilulifera 274
Adinandra glischroloma 254
Adinandra hainanensis 254
Adinandra millettii 255
Adinandra nitida 255
Aegiceras corniculatum 260
Aeschynanthus acuminatus 307
Aeschynomene indica 134
Ageratum conyzoides 340
Ageratum houstonianum 340
Aglaia odorata 226
Aglaomorpha coronans 27
Agrimonia pilosa 157
Aidia canthioides 275
Aidia cochinchinensis 275
Aidia pycnantha 275

Ajuga decumbens 322
Alangium chinense 253
Alangium kurzii 253
Albizia chinensis 134
Albizia corniculata 134
Alchornea davidii 195
Alchornea tiliifolia 196
Alchornea trewioides 196
Aleuritopteris anceps 11
Alleizettella leucocarpa 275
Allium fistulosum 71
Allium sativum 71
Allium tuberosum 71
Alniphyllum fortunei 270
Alocasia cucullata 54
Alocasia odora 54
Aloe vera 70
Alopecurus aequalis 98
Alopecurus japonicus 98
Alpinia galanga 82
Alpinia hainanensis 82
Alpinia japonica 82
Alpinia oblongifolia 83
Alsophila gigantea 8
Alsophila podophylla 9
Alsophila spinulosa 9
Alstonia scholaris 290
Alternanthera bettzickiana 246
Alternanthera philoxeroides 246
Alternanthera sessilis 246
Altingia chinensis 126
Alysicarpus vaginalis 135
Alyxia odorata 291
Alyxia sinensis 291
Amaranthus blitum 246
Amaranthus caudatus 246
Amaranthus spinosus 246
Amaranthus tricolor 246
Amaranthus viridis 247
Amentotaxus argotaenia 35
Amischotolype hispida 76
Ammannia baccifera 208
Amomum kravanh 83
Amomum longiligulare 83
Amomum villosum 83
Amorphophallus dunnii 54
Amorphophallus konjac 55
Amorphophallus paeoniifolius 54
Ampelopsis cantoniensis 129
Ampelopsis chaffanjonii 129
Ampelopsis glandulosa var. hancei 129
Ampelopsis glandulosa var. kulingensis 129
Ampelopsis grossedentata 130
Ampelopsis megalophylla 130
Amydrium sinense 55
Amygdalus persica 157
Ananas comosus 85

Angiopteris fokiensis 5
Anisomeles indica 322
Anneslea fragrans 255
Anodendron affine 291
Anoectochilus roxburghii 64
Anredera cordifolia 250
Antiaris toxicaria 166
Antidesma bunius 203
Antidesma fordii 203
Antidesma japonicum 203
Aphanamixis polystachya 226
Apluda mutica 98
Aporosa dioica 203
Aporosa yunnanensis 203
Apterosperma oblata 265
Aquilaria sinensis 234
Arachis duranensis 135
Arachis hypogaea 135
Arachniodes cavaleriei 23
Aralia chinensis 359
Aralia elata 359
Aralia finlaysoniana 360
Aralia spinifolia 360
Araucaria cunninghamii 33
Archiboehmeria atrata 173
Archidendron clypearia 135
Archidendron lucidum 135
Archidendron turgidum 136
Archidendron utile 136
Archontophoenix alexandrae 74
Ardisia chinensis 260
Ardisia crenata 260
Ardisia crispa 260
Ardisia crispa var. dielsii 261
Ardisia elliptica 261
Ardisia fordii 261
Ardisia gigantifolia 261
Ardisia lindleyana 261
Ardisia lindleyana var. angustifolia 261
Ardisia mamillata 261
Ardisia omissa 262
Ardisia primulifolia 262
Ardisia quinquegona 262
Argostemma saxatile 275
Argyreia capitiformis 299
Arisaema chenii 55
Aristolochia fangchi 40
Arivela viscosa 235
Armeniaca mume 157
Artabotrys hongkongensis 42
Artemisia argyi 341
Artemisia indica 341
Artemisia lactiflora 341
Arthraxon hispidus 98
Artocarpus hypargyreus 166
Artocarpus macrocarpus 166
Artocarpus nitidus subsp. lingnanensis 167

Artocarpus styracifolius 167
Artocarpus tonkinensis 167
Arundina graminifolia 65
Arundinella barbinodis 99
Arundo donax 99
Arytera littoralis 220
Asarum geophilum 40
Asarum ichangense 40
Asarum sagittarioides 40
Asclepias curassavica 291
Asparagus cochinchinensis 72
Aspidistra lurida 72
Asplenium crinicaule 17
Asplenium ensiforme 17
Asplenium nidus 17
Asplenium normale 17
Asplenium polyodon 17
Asplenium prolongatum 18
Asplenium pseudolaserpitiifolium 18
Asplenium trichomanes 18
Asplenium wrightii 18
Aster ageratoides var. ageratoides 341
Aster indicus 341
Aster scaber 341
Aster subulatus 342
Aster trinervius subsp. ageratoides 342
Asystasia gangetica 316
Atalantia buxifolia 222
Aucuba chinensis 274
Averrhoa carambola 188
Avicennia marina 316
Axonopus compressus 99
Azolla pinnata subsp. asiatica 8

B

Bacopa monnieri 310
Baeckea frutescens 210
Balanophora laxiflora 238
Balanophora polyandra 238
Bambusa blumeana 118
Bambusa chungii 119
Bambusa pervariabilis 118
Bambusa sinospinosa 119
Bambusa textilis 118
Bambusa ventricosa 118
Bambusa vulgaris f. vittata 119
Barthea barthei 214
Basella alba 250
Bauhinia ×blakeana 136
Bauhinia apertilobata 136
Bauhinia aurea 136
Bauhinia championii 136
Bauhinia corymbosa 137
Bauhinia didyma 137
Bauhinia erythropoda 137
Bauhinia purpurea 137
Bauhinia variegata 137
Bauhinia variegata var. candida 136
Begonia edulis 185
Begonia fimbristipula 185
Begonia longifolia 185
Begonia palmata 185
Begonia palmata var. bowringiana 186
Beilschmiedia appendiculata 45

Beilschmiedia tsangii 45
Belamcanda chinensis 70
Benincasa hispida 181
Bennettiodendron leprosipes 193
Berchemia floribunda 163
Berchemia lineata 163
Beta vulgaris var. ciclea 247
Bidens pilosa 342
Bischofia javanica 203
Bischofia polycarpa 204
Blainvillea acmella 342
Blastus cochinchinensis 214
Blastus setulosus 215
Blechnum orientale 18
Blumea aromatica 342
Blumea axillaris 342
Blumea clarkei 343
Blumea lanceolaria 343
Blumea megacephala 343
Blumea oblongifolia 343
Boehmeria japonica 174
Boehmeria macrophylla 174
Boehmeria macrophylla var. scabrella 174
Boehmeria nivea 174
Boehmeria nivea var. tenacissima 174
Bolbitis appendiculata 23
Bolbitis subcordata 23
Bombax ceiba 228
Bothriochloa ischaemum 99
Bothriospermum zeylanicum 298
Bougainvillea glabra 249
Bougainvillea spectabilis 249
Bowringia callicarpa 138
Brachiaria subquadripara 99
Brassica juncea 236
Brassica oleracea var. capitata 236
Brassica rapa var. chinensis 236
Brassica rapa var. oleifera 236
Bredia fordii 215
Breynia fruticosa 204
Breynia rostrata 204
Bridelia balansae 204
Bridelia tomentosa 204
Broussonetia kaempferi var. australis 167
Broussonetia papyrifera 167
Bryophyllum delagoense 128
Bryophyllum pinnatum 128
Buddleja asiatica 312
Buddleja lindleyana 312
Bulbostylis barbata 87
Buxus bodinieri 125
Byttneria grandifolia 228

C

Cabomba furcata 37
Caesalpinia crista 138
Caesalpinia sinensis 138
Caesalpinia vernalis 138
Cajanus cajan 138
Cajanus scarabaeoides 138
Calamus macrorrhynchus 74
Calamus rhabdocladus 74

Calamus tetradactylus 74
Calamus thysanolepis 74
Calanthe clavata 65
Calanthe speciosa 65
Callerya cinerea 138
Callerya dielsiana 139
Callerya dielsiana var. heterocarpa 139
Callerya nitida 139
Callerya oosperma 139
Callerya reticulata 139
Callerya speciosa 139
Callerya tsui 139
Calliandra haematocephala 140
Callicarpa acutifolia 322
Callicarpa brevipes 322
Callicarpa dichotoma 323
Callicarpa formosana 323
Callicarpa giraldii 323
Callicarpa integerrima var. chinensis 323
Callicarpa kochiana 323
Callicarpa longifolia 323
Callicarpa peichieniana 323
Callicarpa rubella 324
Callicarpa rubella f. angustata 324
Callicarpa rubella f. crenata 324
Callistemon rigidus 210
Callistemon viminalis 211
Callitriche palustris 310
Callitriche palustris var. oryzetorum 310
Calophyllum membranaceum 192
Camellia azalea 265
Camellia caudata 265
Camellia costei 265
Camellia cuspidata 265
Camellia drupifera 265
Camellia euryoides 266
Camellia furfuracea 266
Camellia japonica 266
Camellia kissi 266
Camellia melliana 266
Camellia oleifera 266
Camellia salicifolia 266
Camellia semiserrata 267
Camellia semiserrata var. magnocarpa 267
Camellia sinensis 267
Camellia sinensis var. assamica 267
Campanumoea javanica 337
Campanumoea javanica subsp. japonica 337
Campylandra chinensis 72
Canarium album 218
Canarium pimela 219
Canavalia cathartica 140
Canavalia gladiata 140
Canavalia maritima 140
Canna edulis 81
Canna flaccida 81
Canna glauca 81
Canna indica 81
Canna orchioides 81
Canscora andrographioides 289
Canthium horridum 276

Canthium simile 276
Capillipedium parviflorum 99
Capparis acutifolia 235
Capparis cantoniensis 235
Capsicum annuum 301
Carallia brachiata 190
Carallia pectinifolia 191
Cardamine hirsuta 236
Cardiospermum grandiflorum 221
Cardiospermum halicacabum 221
Carex adrienii 87
Carex agglomerata 87
Carex baccans 87
Carex chinensis 88
Carex cruciata 88
Carex cryptostachys 88
Carex nemostachys 88
Carex phacota 88
Carex scaposa 88
Carica papaya 235
Carmona microphylla 298
Carpesium abrotanoides 343
Caryota maxima 74
Caryota mitis 75
Casearia glomerata 194
Casearia membranacea 194
Casearia velutina 194
Cassia fistula 140
Cassytha filiformis 45
Castanea mollissima 177
Castanopsis carlesii 177
Castanopsis chinensis 178
Castanopsis concinna 177
Castanopsis fabri 177
Castanopsis fargesii 178
Castanopsis fissa 178
Castanopsis fordii 178
Castanopsis hystrix 178
Castanopsis lamontii 178
Casuarina equisetifolia 181
Catharanthus roseus 291
Catunaregam spinosa 276
Cayratia corniculata 130
Cayratia japonica 130
Ceiba speciosa 228
Celastrus aculeatus 186
Celastrus angulatus 186
Celastrus hindsii 186
Celosia argentea 247
Celosia cristata 247
Celtis sinensis 164
Celtis timorensis 165
Centella asiatica 362
Centipeda minima 343
Centotheca lappacea 100
Cephalanthus tetrandrus 276
Ceratophyllum demersum 120
Ceratopteris thalictroides 12
Ceropegia trichantha 292
Cestrum nocturnum 302
Chamaecrista mimosoides 140
Chassalia curviflora 277
Cheilanthes tenuifolia 12
Chenopodium album 247
Chenopodium ficifolium 247

Chirita anachoreta 307
Chirita fimbrisepala 307
Chirita swinglei 307
Chloris virgata 100
Chlorophytum laxum 72
Choerospondias axillaris 219
Chondrilla piptocoma 344
Chromolaena odorata 344
Chrysanthemum indicum 344
Chrysopogon aciculatus 100
Chukrasia tabularis 226
Cibotium barometz 8
Cinnamomum burmannii 46
Cinnamomum camphora 46
Cinnamomum cassia 46
Cinnamomum liangii 46
Cinnamomum parthenoxylon 46
Cirsium japonicum 344
Cissus assamica 130
Cissus kerrii 131
Cissus pteroclada 131
Cissus repens 131
Cissus subtetragona 131
Citrullus lanatus 181
Citrus ×limon 222
Citrus japonica 222
Citrus maxima 222
Citrus medica var. sarcodactylis 222
Citrus reticulata 223
Citrus sinensis 223
Claoxylon indicum 196
Clausena lansium 223
Cleidiocarpon cavaleriei 196
Clematis chinensis 123
Clematis crassifolia 123
Clematis uncinata 123
Clerodendranthus spicatus 324
Clerodendrum canescens 324
Clerodendrum colebrookianum 325
Clerodendrum cyrtophyllum 325
Clerodendrum fortunatum 325
Clerodendrum inerme 325
Clerodendrum japonicum 325
Clerodendrum lindleyi 325
Clerodendrum mandarinorum 325
Clerodendrum philippinum 326
Cleyera pachyphylla 255
Clinopodium gracile 326
Cocculus orbiculatus 121
Cocos nucifera 75
Codiaeum variegatum 196
Codonacanthus pauciflorus 316
Coelachne simpliciuscula 100
Coelogyne fimbriata 65
Coix lacryma-jobi 101
Colocasia esculenta 55
Colocasia esculenta var. antiquorum 55
Commelina benghalensis 77
Commelina communis 77
Commelina diffusa 77
Commelina paludosa 77
Commersonia bartramia 229
Coniogramme japonica 12
Coptosapelta diffusa 277

Corchorus aestuans 229
Corchorus capsularis 229
Cordia dichotoma 298
Cordyline fruticosa 73
Coriandrum sativum 362
Cornus hongkongensis 253
Costus speciosus 82
Crassocephalum crepidioides 345
Crateva unilocularis 235
Cratoxylum cochinchinense 192
Crinum asiaticum var. sinicum 71
Crotalaria albida 141
Crotalaria assamica 141
Crotalaria ferruginea 141
Crotalaria ochroleuca 141
Crotalaria pallida 141
Crotalaria trichotoma 141
Croton dinghuensis 197
Croton lachnocarpus 197
Croton tiglium 197
Cryptocarya concinna 46
Cryptocoryne crispatula var. tonkinensis 55
Cryptolepis sinensis 292
Cryptomeria fortunei 34
Cryptotaenia japonica 362
Cucumis melo var. makuwa 182
Cucumis sativus 182
Cucurbita moschata 182
Cunninghamia lanceolata 34
Cuphea carthagenensis 208
Cuphea micropetala 208
Curculigo capitulata 69
Curcuma aromatica 83
Curcuma kwangsiensis 84
Cuscuta australis 299
Cuscuta chinensis 299
Cycas revoluta 32
Cycas szechuanensis 32
Cyclea hypoglauca 121
Cyclobalanopsis bella 179
Cyclobalanopsis delicatula 179
Cyclobalanopsis fleuryi 179
Cyclobalanopsis gracilis 179
Cyclobalanopsis hui 179
Cyclosorus acuminatus 20
Cyclosorus crinipes 20
Cyclosorus heterocarpus 20
Cyclosorus interruptus 20
Cyclosorus latipinnus 21
Cyclosorus macrophyllus 20
Cyclosorus parasiticus 20
Cyclosorus truncatus 21
Cymbopogon citratus 101
Cynanchum corymbosum 292
Cynanchum stauntonii 292
Cynodon dactylon 101
Cyperus compressus 89
Cyperus cyperinus 89
Cyperus cyperoides 89
Cyperus difformis 89
Cyperus diffusus 89
Cyperus distans 89
Cyperus exaltatus 89
Cyperus exaltatus var. tenuispicatus 91

Cyperus haspan 89
Cyperus involucratus 90
Cyperus iria 90
Cyperus javanicus 90
Cyperus malaccensis 90
Cyperus malaccensis subsp. monophyllus 90
Cyperus michelianus 90
Cyperus nipponicus 91
Cyperus odoratus 91
Cyperus pygmaeus 90
Cyperus rotundus 90
Cyperus serotinus 91
Cyperus surinamensis 91
Cyrtococcum patens 101
Cyrtococcum patens var. latifolium 102
Cyrtomium fortunei 23

D

Dactyloctenium aegyptium 102
Dalbergia assamica 142
Dalbergia balansae 142
Dalbergia benthamii 143
Dalbergia hainanensis 143
Dalbergia hancei 142
Dalbergia millettii 142
Dalbergia odorifera 142
Dalbergia pinnata 143
Daphniphyllum calycinum 127
Daphniphyllum oldhamii 127
Daphniphyllum subverticillatum 127
Dasymaschalon trichophorum 42
Davallia divaricata 26
Davallia griffithiana 26
Debregeasia squamata 174
Decaspermum gracilentum 211
Dendrobium aduncum 65
Dendrobium lindleyi 65
Dendrocalamus latiflorus 102
Dendrocnide sinuata 174
Dendropanax proteus 360
Dendrotrophe varians 238
Dennstaedtia scabra 15
Deparia japonica 19
Deparia lancea 19
Derris fordii 143
Derris tonkinensis var. compacta 143
Derris trifoliata 143
Desmodium heterocarpon 143
Desmodium heterophyllum 144
Desmodium reticulatum 144
Desmodium triflorum 144
Desmodium vellutinum 144
Desmos chinensis 42
Dianella ensifolia 70
Dichroa febrifuga 252
Dichrocephala integrifolia 345
Dicliptera chinensis 316
Dicranopteris ampla 6
Dicranopteris linearis 6
Dicranopteris pedata 6
Didissandra macrosiphon 307
Didymostigma obtusum 308
Digitaria ciliaris 103

Digitaria cruciata 102
Digitaria henryi 102
Digitaria sanguinalis 103
Dillenia turbinata 125
Dimeria ornithopoda 103
Dimocarpus longan 221
Dioscorea alata 60
Dioscorea bulbifera 60
Dioscorea cirrhosa 60
Dioscorea esculenta 61
Dioscorea hispida 60
Dioscorea japonica 60
Dioscorea pentaphylla 61
Dioscorea polystachya 61
Diospyros eriantha 259
Diospyros kaki 259
Diospyros kaki var. silvestris 259
Diospyros morrisiana 259
Diplazium esculentum 19
Diplazium viridissimum 19
Diploclisia affinis 121
Diploclisia glaucescens 121
Diploprora championi 66
Diplopterygium cantonense 7
Diplopterygium chinense 6
Diplopterygium laevissimum 6
Diplospora dubia 277
Diplospora fruticosa 277
Dischidia chinensis 292
Disepalum plagioneurum 43
Disporum nantouense 62
Dracontomelon duperreanum 219
Drosera burmanni 244
Drosera spatulata 244
Drymaria cordata 244
Drynaria roosii 27
Dryopteris championii 23
Dryopteris fuscipes 24
Dryopteris indusiata 24
Dryopteris varia 24
Drypetes arcuatinervia 192
Duchesnea indica 158
Dunbaria henryi 144
Dunbaria podocarpa 144
Duranta erecta 321
Dysophylla sampsonii 326
Dysophylla yatabeana 326
Dysphania ambrosioides 248

E

Echinochloa colona 103
Echinochloa crusgalli 103
Echinochloa crusgalli var. breviseta 103
Echinochloa crusgalli var. mitis 104
Echinochloa oryzoides 104
Eclipta prostrata 345
Ehretia acuminata 298
Ehretia longiflora 298
Eichhornia crassipes 79
Elaeis guineensis 75
Elaeocarpus apiculatus 190
Elaeocarpus chinensis 189
Elaeocarpus japonicus 189

Elaeocarpus nitentifolius 189
Elaeocarpus sylvestris 189
Elaeocarpus varunua 190
Elatostema acuminatum 175
Elatostema lineolatum 175
Eleocharis dulcis 91
Eleocharis tetraquetra 91
Elephantopus scaber 345
Elephantopus tomentosus 345
Eleusine indica 104
Eleutherococcus trifoliatus 360
Elsholtzia argyi 326
Embelia laeta 262
Embelia parviflora 262
Embelia ribes 263
Embelia undulata 263
Embelia vestita 263
Emilia praetermissa 345
Emilia prenanthoidea 346
Emilia sonchifolia 346
Emmenopterys henryi 277
Endospermum chinense 197
Engelhardia roxburghiana 181
Enkianthus quinqueflorus 273
Enkianthus serrulatus 273
Entada phaseoloides 144
Epaltes australis 346
Epipremnum pinnatum 56
Equisetum ramosissimum 4
Equisetum ramosissimum subsp. debile 4
Eragrostis atrovirens 104
Eragrostis cilianensis 104
Eragrostis japonica 104
Eragrostis minor 104
Eragrostis perlaxa 105
Eragrostis pilosa 105
Eragrostis tenella 105
Eragrostis unioloides 105
Erechtites hieraciifolius 346
Erechtites valerianaefolia 346
Erechtites valerianifolius 346
Eremochloa ciliaris 105
Eremochloa ophiuroides 106
Eria corneri 66
Eriachne pallescens 106
Erigeron annuus 347
Erigeron bonariensis 347
Erigeron breviscapus 347
Erigeron canadensis 347
Eriobotrya fragrans 158
Eriobotrya japonica 158
Eriocaulon buergerianum 86
Eriocaulon sexangulare 86
Erycibe obtusifolia 299
Erycibe schmidtii 299
Eryngium foetidum 362
Erythrina crista-galli 145
Erythrina variegata 145
Erythrodes blumei 66
Erythropalum scandens 237
Erythrophleum fordii 145
Erythroxylum sinense 191
Eschenbachia japonica 347
Eucalyptus citriodora 211

Eucalyptus exserta 211
Eucalyptus robusta 211
Eucalyptus urophylla 211
Eulalia speciosa 106
Euonymus chengii 186
Euonymus laxiflorus 186
Euonymus myrianthus 187
Euonymus nitidus 187
Euonymus oblongifolius 187
Euonymus tsoi 187
Eupatorium chinense 348
Euphorbia hirta 197
Euphorbia humifusa 197
Euphorbia hypericifolia 198
Euphorbia milii 198
Euphorbia neriifolia 198
Euphorbia prostrata 198
Euphorbia pulcherrima 198
Euphorbia thymifolia 198
Eurya chinensis 256
Eurya ciliata 256
Eurya distichophylla 256
Eurya groffii 256
Eurya loquaiana 256
Eurya macartneyi 256
Eurya nitida 257
Eurya rubiginosa var. attenuata 257
Eurya stenophylla 257
Euscaphis japonica 218
Excoecaria agallocha 199
Excoecaria cochinchinensis 199

F

Fagraea ceilanica 289
Falcataria moluccana 145
Fallopia multiflora 240
Fibraurea recisa 121
Ficus abelii 167
Ficus altissima 168
Ficus benjamina 168
Ficus concinna 168
Ficus elastica 168
Ficus erecta 168
Ficus esquiroliana 168
Ficus fistulosa 169
Ficus formosana 169
Ficus formosana f. shimadai 169
Ficus hederacea 169
Ficus hirta 169
Ficus hispida 169
Ficus langkokensis 170
Ficus microcarpa 170
Ficus nervosa 170
Ficus pandurata 170
Ficus pumila 170
Ficus pyriformis 170
Ficus religiosa 171
Ficus sagittata 171
Ficus sarmentosa var. henryi 171
Ficus sarmentosa var. impressa 171
Ficus stenophylla 171
Ficus subpisocarpa 171
Ficus subulata 172
Ficus thonningii 173

Ficus tinctoria subsp. gibbosa 172
Ficus variegata 172
Ficus variolosa 172
Ficus vasculosa 172
Fimbristylis acuminata 91
Fimbristylis aestivalis 91
Fimbristylis bisumbellata 92
Fimbristylis dichotoma 92
Fimbristylis diphylloides 92
Fimbristylis dipsacea 92
Fimbristylis eragrostis 92
Fimbristylis littoralis 92
Fimbristylis nigrobrunnea 92
Fimbristylis ovata 92
Fimbristylis schoenoides 92
Fimbristylis squarrosa 92
Fimbristylis tetragona 93
Fissistigma glaucescens 43
Fissistigma oldhamii 43
Fissistigma tientangense 43
Fissistigma uonicum 43
Flacourtia rukam 194
Flemingia macrophylla 145
Flemingia prostrata 146
Floscopa scandens 77
Flueggea virosa 205
Foeniculum vulgare 362
Fordiophyton chenii 215
Fraxinus griffithii 305
Fuirena umbellata 93

G

Gahnia baniensis 93
Gahnia tristis 93
Galinsoga parviflora 348
Gamochaeta pensylvanica 348
Garcinia multiflora 191
Garcinia oblongifolia 191
Gardenia jasminoides 277
Gardenia stenophylla 278
Garnotia patula 106
Gelsemium elegans 290
Geophila repens 278
Gironniera subaequalis 165
Glinus lotoides 250
Glochidion daltonii 205
Glochidion eriocarpum 205
Glochidion hirsutum 205
Glochidion lanceolarium 205
Glochidion puberum 205
Glochidion wilsonii 206
Glochidion wrightii 206
Glochidion zeylanicum 206
Glycosmis craibii var. glabra 223
Glycosmis parviflora 223
Glycosmis pentaphylla 223
Gmelina chinensis 327
Gmelina hainanensis 327
Gnaphalium polycaulon 348
Gnetum montanum 32
Gnetum parvifolium 32
Gomphostemma chinense 327
Goniophlebium amoenum 27
Gonocarpus chinensis 128

Gonocarpus micranthus 128
Gonostegia hirta 175
Goodyera foliosa 67
Goodyera procera 66
Grangea maderaspatana 349
Graphistemma pictum 293
Gymnema sylvestre 293
Gymnopetalum chinense 182
Gynostemma pentaphyllum 182
Gynura bicolor 349
Gynura divaricata 349
Gyrocheilos chorisepalum 308

H

Habenaria rhodocheila 67
Hamelia patens 278
Hancea hookeriana 199
Handroanthus chrysanthus 319
Haplopteris amboinensis 12
Haplopteris elongata 13
Haplopteris flexuosa 13
Hedychium coronarium 84
Hedyotis acutangula 278
Hedyotis auricularia 279
Hedyotis caudatifolia 279
Hedyotis corymbosa 279
Hedyotis diffusa 279
Hedyotis effusa 279
Hedyotis hedyotidea 279
Hedyotis mellii 280
Hedyotis platystipula 280
Hedyotis tenelliflora 280
Hedyotis uncinella 280
Hedyotis verticillata 280
Helianthus annuus 349
Helicia cochinchinensis 124
Helicia reticulata 125
Helicia yangchunensis 125
Helicteres angustifolia 229
Helixanthera parasitica 238
Helixanthera sampsoni 239
Hemarthria altissima 107
Hemarthria sibirica 107
Hemiboea cavaleriei 308
Hetaeria cristata 67
Heteropanax brevipedicellatus 360
Heteropanax fragrans 361
Hevea brasiliensis 199
Hibiscus mutabilis 229
Hibiscus rosa-sinensis 229
Hibiscus sabdariffa 230
Hibiscus tiliaceus 230
Hiptage benghalensis 192
Histiopteris incisa 15
Homalium ceylanicum 194
Homalium cochinchinense 195
Houttuynia cordata 38
Hovenia acerba 163
Hovenia trichocarpa 163
Hoya griffithii 293
Hoya pottsii 293
Hoya radicalis 293
Humata repens 26
Hydrangea chinensis 252

Hydrangea kwangsiensis 252
Hydrangea kwangtungensis 252
Hydrilla verticillata 59
Hydrocotyle nepalensis 363
Hydrocotyle sibthorpioides 363
Hydrocotyle sibthorpioides var. **batrachium** 363
Hydrocotyle verticillata 363
Hygrophila polysperma 316
Hygrophila ringens 317
Hylocereus undatus 251
Hylodesmum laxum 146
Hylodesmum podocarpum subsp. **oxyphyllum** 146
Hymenasplenium excisum 18
Hymenocallis littoralis 72
Hypericum japonicum 192
Hypolepis punctata 16
Hypolytrum nemorum 93
Hypserpa nitida 121
Hyptis brevipes 327
Hyptis rhomboidea 328

I

Ichnocarpus frutescens 294
Ilex asprella 336
Ilex confertiflora 336
Ilex ficoidea 336
Ilex pubescens 336
Ilex rotunda 337
Ilex subficoidea 337
Ilex triflora 337
Ilex viridis 337
Illicium verum 37
Illigera parviflora 45
Illigera rhodantha 45
Impatiens chinensis 254
Impatiens chlorosepala 254
Impatiens claviger 254
Impatiens tubulosa 254
Imperata cylindrica var. **major** 107
Indocalamus semifalcatus 119
Indocalamus tessellatus 119
Inula cappa 349
Ipomoea aquatica 299
Ipomoea batatas 299
Ipomoea cairica 300
Ipomoea nil 300
Ipomoea pes-caprae 300
Ipomoea triloba 300
Iris pseudacorus 70
Isachne globosa 107
Isachne truncata 107
Ischaemum aristatum 107
Ischaemum aristatum var. **glaucum** 108
Ischaemum barbatum 108
Ischaemum indicum 108
Isodon lophanthoides 328
Isodon lophanthoides var. **graciliflorus** 328
Isodon serra 328
Isodon walkeri 328

Itea chinensis 127
Itea omeiensis 127
Ixeris chinensis 350
Ixeris polycephala 350
Ixonanthes reticulata 202
Ixora chinensis 280

J

Jasminum elongatum 305
Jasminum lanceolarium 305
Jasminum mesnyi 305
Jasminum nervosum 305
Jasminum pentaneurum 305
Jasminum sambac 306
Jatropha integerrima 199
Juncus articulatus 86
Juncus effusus 86
Juncus prismatocarpus 86
Juncus prismatocarpus subsp. **teretifolius** 87
Juncus setchuensis 87
Justicia procumbens 317
Justicia ventricosa 317

K

Kadsura coccinea 38
Kadsura heteroclita 38
Kaempferia galanga 84
Kaempferia rotunda 84
Kalanchoe blossfeldiana 128
Kalanchoe daigremontiana 128
Kandelia obovata 191
Khaya senegalensis 226
Kigelia africana 319
Kochia scoparia f. **trichophylla** 248
Kopsia arborea 294
Kummerowia striata 146
Kyllinga brevifolia 94
Kyllinga brevifolia var. **leiolepis** 94
Kyllinga nemoralis 94

L

Lactuca indica 350
Lactuca sativa 350
Lactuca sativa var. **romana** 350
Lagenaria siceraria 182
Lagerstroemia fordii 208
Lagerstroemia indica 208
Lagerstroemia speciosa 209
Lantana camara 321
Lapsanastrum apogonoides 350
Lasia spinosa 56
Lasianthus attenuatus 281
Lasianthus chinensis 281
Lasianthus fordii 281
Lasianthus henryi 281
Lasianthus japonicus 281
Laurocerasus phaeosticta 158
Laurocerasus spinulosa 158
Laurocerasus undulata 159
Laurocerasus zippeliana 159
Leersia hexandra 108
Lemmaphyllum diversum 27

Lemmaphyllum drymoglossoides 28
Lemmaphyllum microphyllum 28
Lemmaphyllum rostratum 28
Lemna minor 56
Leonurus japonicus 328
Lepidagathis incurva 317
Lepidomicrosorium buergerianum 28
Lepidosperma chinense 94
Lepisorus tosaensis 28
Leptochilus digitatus 29
Leptochilus ellipticus 29
Leptochilus ellipticus var. **pothifolius** 29
Leptochilus hemionitideus 29
Leptochloa chinensis 108
Leptochloa panicea 108
Leptostachya wallichii 317
Lespedeza cuneata 146
Lespedeza floribunda 147
Lespedeza thunbergii subsp. **formosa** 147
Leucaena leucocephala 147
Licuala spinosa 75
Ligularia japonica 351
Ligustrum lianum 306
Ligustrum sinense 306
Limnocharis flava 58
Limnophila aromatica 310
Limnophila chinensis 310
Limnophila sessiliflora 310
Lindenbergia philippensis 335
Lindera aggregata 47
Lindera chunii 47
Lindera communis 47
Lindera kwangtungensis 47
Lindera metcalfiana 47
Lindera nacusua 47
Lindernia anagallis 313
Lindernia ciliata 313
Lindernia crustacea 313
Lindernia elata 313
Lindernia micrantha 314
Lindernia mollis 314
Lindernia rotundifolia 314
Lindernia ruellioides 314
Lindernia viscosa 314
Lindsaea ensifolia 9
Lindsaea heterophylla 10
Lindsaea orbiculata 10
Liparis bootanensis 67
Liparis nervosa 67
Liparis viridiflora 68
Lipocarpha chinensis 94
Lipocarpha microcephala 94
Liquidambar formosana 126
Lirianthe championii 41
Liriope graminifolia 73
Liriope spicata 73
Litchi chinensis 221
Lithocarpus corneus 179
Lithocarpus cyrtocarpus 179
Lithocarpus glaucus 180
Lithocarpus haipinii 180
Lithocarpus hancei 180
Litsea acutivena 48
Litsea baviensis 48

Litsea coreana var. sinensis　48
Litsea cubeba　48
Litsea elongata　48
Litsea glutinosa　48
Litsea greenmaniana　49
Litsea monopetala　49
Litsea pedunculata　49
Litsea rotundifolia　49
Litsea salicifolia　49
Litsea verticillata　49
Livistona chinensis　75
Lobelia alsinoides　338
Lobelia alsinoides subsp. hancei　338
Lobelia chinensis　338
Lobelia melliana　338
Lobelia nummularia　338
Lobelia zeylanica　338
Loeseneriella concinna　187
Lonicera confusa　357
Lonicera hypoglauca　357
Lonicera japonica　358
Lonicera macrantha　358
Lonicera similis　358
Lophatherum gracile　109
Loranthus delavayi　239
Loropetalum chinense var. rubrum　126
Ludwigia adscendens　210
Ludwigia hyssopifolia　210
Ludwigia octovalvis　210
Ludwigia peploides subsp. stipulacea　210
Luffa acutangula　183
Luffa aegyptiaca　183
Lycianthes biflora　302
Lycium chinense　302
Lycopersicon esculentum　302
Lycopodiastrum casuarinoides　2
Lycopodium cernuum　2
Lygisma inflexum　294
Lygodium flexuosum　7
Lygodium japonicum　7
Lygodium microphyllum　7
Lygodium salicifolium　8
Lysidice brevicalyx　147
Lysimachia candida　263
Lysimachia clethroides　263
Lysimachia fortunei　264
Lythrum salicaria　209

M

Macaranga andamanica　199
Macaranga denticulata　200
Macaranga indica　200
Macaranga sampsonii　200
Macaranga tanarius var. tomentosa　200
Machilus breviflora　50
Machilus chekiangensis　50
Machilus chinensis　50
Machilus grijsii　50
Machilus ichangensis　50
Machilus kwangtungensis　51
Machilus leptophylla　51
Machilus litseifolia　51
Machilus nanmu　52

Machilus pauhoi　51
Machilus salicina　51
Machilus thunbergii　51
Machilus velutina　52
Maclura cochinchinensis　173
Maclurodendron oligophlebium　223
Macroptilium atropurpureum　147
Macrosolen cochinchinensis　239
Macrothelypteris torresiana　21
Madhuca pasquieri　258
Maesa japonica　264
Maesa perlarius　264
Malaisia scandens　173
Mallotus apelta　200
Mallotus microcarpus　200
Mallotus paniculatus　201
Mallotus philippensis　201
Mallotus repandus　201
Malvastrum coromandelianum　230
Mangifera indica　219
Manglietia fordiana　41
Manglietia glauca　41
Manihot esculenta　201
Manilkara zapota　258
Mapania silhetensis　95
Mapania wallichii　95
Mappianthus iodoides　274
Maranta arundinacea　81
Markhamia stipulata var. kerrii　319
Marsilea quadrifolia　8
Mayodendron igneum　319
Mazus pumilus　334
Mecardonia procumbens　311
Medicago sativa　148
Medinilla septentrionalis　215
Melastoma dodecandrum　215
Melastoma intermedium　216
Melastoma malabathricum　216
Melastoma sanguineum　216
Melia azedarach　227
Melicope pteleifolia　224
Melinis repens　109
Meliosma fordii　124
Meliosma thorelii　124
Melochia corchorifolia　230
Melodinus fusiformis　294
Melodinus suaveolens　294
Memecylon ligustrifolium　216
Mentha canadensis　329
Merremia hederacea　300
Merremia hirta　300
Merremia sibirica　301
Merremia umbellata subsp. orientalis　301
Mesona chinensis　329
Metadina trichotoma　282
Michelia × alba　41
Michelia chapensis　41
Michelia figo　41
Michelia foveolata　41
Michelia maclurei　42
Michelia maudiae　42
Michelia odora　42
Microcarpaea minima　334
Microcos paniculata　230

Microdesmis caseariifolia　190
Microlepia hancei　16
Microlepia hookeriana　16
Microsorum insigne　29
Microsorum membranaceum　30
Microsorum pteropus　30
Microsorum punctatum　30
Microstegium ciliatum　109
Microstegium fasciculatum　109
Microtropis fokienensis　187
Mikania micrantha　351
Miliusa balansae　44
Millettia pachycarpa　148
Millettia pachyloba　148
Millettia pulchra　148
Mimosa bimucronata　148
Mimosa pudica　148
Mirabilis jalapa　250
Miscanthus floridulus　110
Miscanthus sinensis　110
Mischocarpus pentapetalus　221
Mitracarpus hirtus　282
Mitrasacme pygmaea　289
Mitreola pedicellata　289
Mollugo stricta　250
Momordica charantia　183
Momordica cochinchinensis　183
Monochoria vaginalis　79
Monstera deliciosa　56
Morinda cochinchinensis　282
Morinda officinalis　282
Morinda parvifolia　282
Morinda umbellata subsp. obovata　282
Moringa oleifera　234
Morus alba　173
Morus australis　173
Mosla cavaleriei　329
Mosla chinensis　329
Mosla dianthera　329
Mosla scabra　330
Mouretia inaequalis　283
Mucuna birdwoodiana　149
Mucuna macrocarpa　149
Mucuna pruriens var. utilis　149
Murdannia bracteata　77
Murdannia loriformis　78
Murdannia nudiflora　78
Murdannia spirata　78
Murdannia triquetra　78
Murraya exotica　224
Musa × paradisiaca　80
Musa acuminata　80
Musa balbisiana　80
Mussaenda erosa　283
Mussaenda hirsutula　283
Mussaenda kwangtungensis　283
Mussaenda pubescens　284
Mycetia sinensis　284
Myosoton aquaticum　245
Myrica esculenta　180
Myrica rubra　180
Myriophyllum aquaticum　129
Myriophyllum humile　129
Myriophyllum verticillatum　129
Myrsine linearis　264

Myrsine seguinii 264

N

Nageia nagi 33
Naravelia pilulifera 123
Nasturtium officinale 236
Nauclea officinalis 284
Neanotis kwangtungensis 284
Nechamandra alternifolia 59
Nelumbo nucifera 124
Neolitsea aurata var. paraciculata 52
Neolitsea cambodiana 52
Neolitsea cambodiana var. glabra 52
Neolitsea chui 52
Neolitsea confertifolia 52
Neolitsea kwangsiensis 53
Neolitsea levinei 53
Neolitsea phanerophlebia 53
Neolitsea pulchella 53
Nepenthes mirabilis 244
Nephrolepis brownii 24
Nephrolepis cordifolia 25
Nerium oleander 295
Neyraudia reynaudiana 110
Nicotiana tabacum 302
Nuphar pumila 37
Nymphaea alba var. rubra 37
Nymphaea 'Islamorada' 37
Nymphaea tetragona 37
Nymphoides cristata 339

O

Ocimum basilicum 330
Odontosoria chinensis 10
Oenanthe benghalensis 363
Oenanthe javanica 363
Ohwia caudata 149
Oleandra undulata 26
Onychium japonicum 13
Ophioglossum vulgatum 5
Ophiopogon chingii 73
Ophiorrhiza cantonensis 284
Ophiorrhiza chinensis 285
Ophiorrhiza japonica 285
Ophiorrhiza pumila 285
Oplismenus compositus 110
Opuntia cochenillifera 251
Oreocharis auricula 308
Oreocharis benthamii var. reticulata 308
Oreocnide frutescens 175
Ormosia emarginata 150
Ormosia glaberrima 150
Ormosia henryi 149
Ormosia pachycarpa 150
Ormosia pinnata 150
Ormosia semicastrata 150
Ormosia semicastrata f. litchiifolia 150
Oryza sativa 110
Osbeckia chinensis 216
Osmanthus fragrans 306
Osmanthus matsumuranus 306
Osmunda vachellii 5

Ottochloa nodosa 111
Ottochloa nodosa var. micrantha 111
Oxalis corniculata 188
Oxalis corymbosa 189

P

Pachira aquatica 231
Pachyrhizus erosus 150
Paederia foetida 285
Paliurus ramosissimus 163
Pandanus austrosinensis 61
Pandanus tectorius 62
Pandanus urophyllus 62
Panicum bisulcatum 111
Panicum brevifolium 111
Panicum luzonense 111
Panicum repens 111
Panicum sumatrense 112
Parathelypteris glanduligera 21
Parathelypteris japonica 21
Parnassia wightiana 188
Parthenocissus dalzielii 131
Paspalum conjugatum 112
Paspalum distichum 112
Paspalum scrobiculatum 112
Paspalum scrobiculatum var. orbiculare 113
Paspalum thunbergii 113
Patrinia villosa 358
Paulownia fortunei 335
Paulownia taiwaniana 335
Pavetta arenosa 285
Pavetta hongkongensis 286
Pellionia grijsii 175
Pellionia radicans 176
Pellionia scabra 176
Pennisetum alopecuroides 113
Pennisetum polystachion 113
Pennisetum purpureum 113
Pentaphragma spicatum 339
Pentaphylax euryoides 257
Pentasachme caudatum 295
Peperomia pellucida 39
Pericampylus glaucus 122
Perilla frutescens 330
Perilla frutescens var. purpurascens 330
Peristrophe japonica 318
Peristylus tentaculatus 68
Pertusadina metcalfii 286
Petunia hybrida 303
Pfaffia Brazilian 248
Phaius tancarvilleae 68
Philydrum lanuginosum 79
Phlegmariurus guangdongensis 2
Phlegmariurus phlegmaria 2
Phoebe zhennan 53
Phoenix roebelenii 75
Pholidota chinensis 68
Photinia parvifolia 159
Photinia prunifolia 159
Phragmites australis 113
Phryma leptostachya subsp. asiatica 335

Phrynium placentarium 81
Phrynium rheedei 81
Phyllagathis cavaleriei 217
Phyllagathis elattandra 217
Phyllanthus cochinchinensis 206
Phyllanthus flexuosus 206
Phyllanthus microcarpus 206
Phyllanthus niruri 207
Phyllanthus rheophyticus 207
Phyllanthus urinaria 207
Phyllanthus virgatus 207
Phyllodium elegans 151
Phyllodium pulchellum 151
Physalis alkekengi 303
Physalis angulata 303
Phytolacca americana 249
Pilea microphylla 176
Pilea notata 176
Pileostegia tomentella 252
Pileostegia viburnoides 253
Pinanga baviensis 75
Pinus elliottii 33
Pinus massoniana 33
Piper austrosinense 39
Piper cathayanum 39
Piper hancei 39
Piper hongkongense 39
Piper sarmentosum 40
Piper semiimmersum 40
Piper sintenense 40
Pistia stratiotes 57
Pisum sativum 151
Pittosporum glabratum 358
Pittosporum pauciflorum 359
Pittosporum perryanum 359
Pittosporum tobira 359
Pityrogramma calomelanos 13
Plantago asiatica 311
Plantago major 311
Platycladus orientalis 35
Pleioblastus amarus 114
Pleocnemia winitii 25
Plinia cauliflora 212
Pluchea indica 351
Pluchea sagittalis 351
Plumbago zeylanica 240
Plumeria rubra 295
Plumeria rubra 'Acutifolia' 295
Poa annua 114
Podocarpus macrophyllus 33
Podocarpus neriifolius 34
Podocarpus wangii 34
Pogonatherum crinitum 114
Pogostemon auricularius 331
Pollia siamensis 78
Polyalthia cerasoides 44
Polygala chinensis 156
Polygala fallax 156
Polygala latouchei 156
Polygala polifolia 156
Polygonatum cyrtonema 73
Polygonum aviculare 243
Polygonum barbatum 241
Polygonum chinense 241
Polygonum dichotomum 241

Polygonum glabrum   241
Polygonum hydropiper   243
Polygonum jucundum   241
Polygonum kawagoeanum   242
Polygonum lapathifolium   242
Polygonum longisetum   242
Polygonum longisetum var. rotundatum   242
Polygonum muricatum   242
Polygonum nepalensis   242
Polygonum perfoliatum   242
Polygonum plebeium   243
Polygonum thunbergii   243
Polyosma cambodiana   356
Polyspora axillaris   267
Polystichum scariosum   24
Pontederia cordata   80
Portulaca grandiflora   251
Portulaca oleracea   251
Portulaca pilosa   251
Potamogeton wrightii   60
Potentilla supina var. ternata   159
Pothos chinensis   57
Pothos repens   57
Pottsia laxiflora   295
Pouteria campechiana   258
Pouzolzia zeylanica   176
Praxelis clematidea   351
Premna fordii   331
Premna microphylla   331
Premna puberula   331
Procris crenata   177
Pronephrium megacuspe   21
Pronephrium simplex   22
Pronephrium triphyllum   22
Prunus salicina   159
Pseudocyclosorus ciliatus   22
Pseudocyclosorus falcilobus   22
Pseudocyclosorus latilobus   22
Pseudognaphalium affine   356
Psidium guajava   212
Psophocarpus tetragonolobus   151
Psychotria asiatica   286
Psychotria fluviatilis   286
Psychotria serpens   286
Psychotria tutcheri   286
Psydrax dicocca   287
Pteridium aquilinum var. latiusculum   16
Pteridium revolutum   17
Pteris biaurita   14
Pteris dispar   14
Pteris ensiformis   14
Pteris fauriei   14
Pteris fauriei var. chinensis   14
Pteris multifida   15
Pteris semipinnata   15
Pteris vittata   15
Pterocarpus indicus   151
Pterospermum heterophyllum   231
Pterospermum lanceifolium   231
Pueraria montana   151
Pueraria montana var. lobata   152
Pueraria montana var. thomsonii   152
Pueraria phaseoloides   152

Pycnospora lutescens   152
Pycreus flavidus   95
Pycreus polystachyos   95
Pycreus pumilus   95
Pygeum topengii   160
Pyrrosia adnascens   30
Pyrrosia lingua   30
Pyrrosia piloselloides   30
Pyrus pyrifolia   160

Q

Quamoclit quamoclit   301
Quisqualis indica   207

R

Radermachera frondosa   320
Radermachera hainanensis   320
Radermachera sinica   320
Ranunculus cantoniensis   123
Raphanus sativus   237
Reevesia thyrsoidea   231
Rehderodendron kweichowense   270
Reynoutria japonica   243
Rhamnella rubrinervis   163
Rhamnus crenata   163
Rhamnus longipes   164
Rhaphidophora hongkongensis   57
Rhaphiolepis indica   160
Rhapis excelsa   76
Rhinacanthus nasutus   318
Rhododendron × pulchrum   273
Rhododendron mariesii   273
Rhododendron simsii   273
Rhodoleia championii   126
Rhodomyrtus tomentosa   212
Rhus chinensis   219
Rhus chinensis var. roxburghii   220
Rhynchospora corymbosa   95
Rhynchospora rubra   95
Rhynchotechum discolor   309
Rhynchotechum ellipticum   309
Rhynchotechum formosanum   309
Richardia scabra   287
Ricinus communis   201
Rorippa cantoniensis   237
Rorippa dubia   237
Rorippa indica   237
Rosa chinensis   160
Rosa laevigata   160
Rosa multiflora   161
Rotala indica   209
Rotala rotundifolia   209
Rottboellia cochinchinensis   114
Rourea microphylla   188
Rourea minor   188
Roystonea regia   76
Rubus alceifolius   161
Rubus corchorifolius   161
Rubus lambertianus   161
Rubus leucanthus   161
Rubus parvifolius   162
Rubus reflexus   162
Rubus reflexus var. hui   162

Rubus reflexus var. lanceolobus   162
Rubus rosifolius   162
Ruellia tuberosa   318
Rumex acetosa   243
Rumex trisetifer   244
Russelia equisetiformis   311

S

Sabia limoniacea   124
Saccharum arundinaceum   114
Saccharum officinarum   115
Saccharum sinense   115
Sacciolepis indica   115
Sageretia thea   164
Sagittaria sagittifolia   58
Sagittaria trifolia   58
Sagittaria trifolia subsp. leucopetala   58
Salix babylonica   195
Salomonia cantoniensis   156
Salvia filicifolia   331
Sambucus chinensis   356
Sapindus saponaria   221
Saraca dives   152
Sarcandra glabra   54
Sarcosperma laurinum   258
Sargentodoxa cuneata   120
Saurauia tristyla   272
Saururus chinensis   38
Schefflera actinophylla   361
Schefflera arboricola   361
Schefflera delavayi   361
Schefflera heptaphylla   361
Schima remotiserrata   268
Schima superba   268
Schima wallichii   268
Schizocapsa plantaginea   61
Schizostachyum dumetorum   119
Schoenoplectus juncoides   96
Schoenoplectus mucronatus subsp. robustus   96
Schoenoplectus triqueter   96
Schoenoplectus wallichii   96
Schoepfia chinensis   238
Scirpus orientalis   96
Scleria biflora   97
Scleria hookeriana   97
Scleria levis   97
Scleria radula   97
Scleria terrestris   97
Scoparia dulcis   311
Scrophularia ningpoensis   313
Scutellaria hainanensis   332
Scutellaria indica   332
Scutellaria yingtakensis   332
Sechium edule   183
Sedum sarmentosum   128
Selaginella biformis   2
Selaginella bisulcata   3
Selaginella delicatula   3
Selaginella doederleinii   3
Selaginella involvens   3
Selaginella limbata   3
Selaginella moellendorffii   3
Selaginella picta   4

Selaginella trachyphylla 4
Selaginella uncinata 4
Senecio scandens 352
Senna alata 152
Senna occidentalis 153
Senna surattensis 153
Senna tora 153
Sesamum indicum 315
Sesbania cannabina 153
Setaria faberi 115
Setaria palmifolia 115
Setaria parviflora 115
Setaria plicata 116
Setaria viridis 116
Sida acuta 231
Sida alnifolia 232
Sida rhombifolia 232
Sigesbeckia orientalis 352
Sigesbeckia pubescens 352
Sinocurculigo taishanica 70
Sinosideroxylon pedunculatum 259
Sinosideroxylon wightianum 259
Sloanea sinensis 190
Smilax china 63
Smilax corbularia 63
Smilax davidiana 63
Smilax glabra 63
Smilax hypoglauca 63
Smilax japonica 63
Smilax lanceifolia 64
Smilax lanceifolia var. elongata 64
Smilax lanceifolia var. opaca 64
Smilax megacarpa 64
Smilax riparia 64
Solanum americanum 303
Solanum capsicoides 303
Solanum erianthum 304
Solanum lasiocarpum 304
Solanum mammosum 304
Solanum melongena 304
Solanum torvum 304
Solanum tuberosum 304
Solanum violaceum 304
Solena heterophylla 183
Solidago decurrens 352
Soliva anthemifolia 352
Sonchus oleraceus 353
Sonerila cantonensis 217
Sonneratia apetala 209
Sorghum bicolor 116
Spathodea campanulata 320
Spatholobus sinensis 153
Spermacoce alata 287
Spermacoce pusilla 287
Sphaerocaryum malaccense 116
Sphagneticola calendulacea 353
Sphagneticola trilobata 353
Spinacia oleracea 248
Spinifex littoreus 116
Spiranthes sinensis 68
Spirodela polyrhiza 57
Sporobolus fertilis 117
Sporobolus virginicus 117
Stachys geobombycis 332
Stachys oblongifolia 332

Stachytarpheta jamaicensis 321
Stauntonia chinensis 120
Stauntonia elliptica 120
Stauntonia maculata 120
Stauntonia obovatifoliola subsp. urophylla 120
Staurogyne concinnula 318
Stellaria alsine 245
Stellaria media 245
Stemodia verticillata 312
Stephania dielsiana 122
Stephania longa 122
Sterculia lanceolata 232
Sterculia monosperma 232
Sticherus truncatus 7
Striga asiatica 336
Strobilanthes cusia 318
Strobilanthes dimorphotricha 318
Strobilanthes echinata 319
Strobilanthes henryi 319
Strophanthus divaricatus 296
Strychnos angustiflora 290
Strychnos cathayensis 290
Strychnos umbellata 290
Stylidium uliginosum 339
Stylosanthes guianensis 153
Styrax faberi 271
Styrax odoratissimus 271
Styrax suberifolius 271
Styrax tonkinensis 271
Suaeda australis 249
Suregada multiflora 201
Symphytum officinale 298
Symplocos adenopus 268
Symplocos cochinchinensis 268
Symplocos congesta 269
Symplocos dolichotricha 269
Symplocos fordii 269
Symplocos glauca 269
Symplocos groffii 269
Symplocos lancifolia 269
Symplocos lucida 269
Symplocos paniculata 270
Symplocos sumuntia 270
Symplocos vacciniifolia 270
Synedrella nodiflora 353
Syngonium podophyllum 58
Syzygium acuminatissimum 212
Syzygium austrosinense 212
Syzygium buxifolium 213
Syzygium campanulatum 214
Syzygium championii 213
Syzygium chunianum 213
Syzygium hancei 213
Syzygium jambos 213
Syzygium levinei 213
Syzygium nervosum 213
Syzygium odoratum 214
Syzygium rehderianum 214

T

Tadehagi triquetrum 154
Tagetes erecta 353
Tainia dunnii 69

Tainia hongkongensis 69
Tamarindus indica 154
Tarenna mollissima 287
Taxillus chinensis 239
Taxillus sutchuenensis 239
Taxodium distichum 35
Taxodium distichum var. imbricatum 35
Tectaria harlandii 25
Tectaria phaeocaulis 25
Tectaria simonsii 25
Tectaria subtriphylla 25
Tectona grandis 333
Tephrosia purpurea 154
Terminalia mantaly 207
Ternstroemia gymnanthera 257
Tetracera sarmentosa 125
Tetradium austrosinense 224
Tetradium glabrifolium 224
Tetradium ruticarpum 224
Tetrastigma hemsleyanum 131
Tetrastigma planicaule 132
Teucrium viscidum 333
Thalia dealbata 82
Themeda caudata 117
Themeda villosa 117
Thevetia peruviana 296
Thladiantha cordifolia 184
Thladiantha nudiflora 184
Thysanolaena latifolia 117
Tibouchina semidecandra 217
Tinospora sinensis 122
Tithonia diversifolia 354
Toddalia asiatica 225
Tolypanthus maclurei 240
Toona sinensis 227
Torenia asiatica 314
Torenia benthamiana 314
Torenia concolor 315
Torenia flava 315
Toxicodendron succedaneum 220
Toxicodendron sylvestre 220
Toxocarpus wightianus 296
Trachelospermum jasminoides 296
Tradescantia zebrina 78
Trapa natans 209
Trema angustifolia 165
Trema cannabina 165
Trema cannabina var. dielsiana 165
Trema orientalis 166
Trema tomentosa 166
Triadica cochinchinensis 202
Triadica sebifera 202
Trichosanthes cucumeroides 184
Trichosanthes reticulinervis 184
Trichosanthes rosthornii 184
Tridax procumbens 354
Triumfetta annua 232
Triumfetta cana 233
Triumfetta rhomboidea 233
Tsoongia axillariflora 333
Turpinia arguta 218
Turpinia montana 218
Tylophora ovata 297
Typhonium blumei 58

U

Uncaria macrophylla 287
Uncaria rhynchophylla 288
Uncaria rhynchophylloides 288
Uraria crinita 154
Uraria lagopodioides 155
Urceola micrantha 297
Urceola rosea 297
Urena lobata 233
Urena lobata var. glauca 233
Urena procumbens 233
Urophyllum chinense 288
Utricularia bifida 320
Utricularia uliginosa 321
Uvaria boniana 44
Uvaria grandiflora 44
Uvaria macrophylla 44

V

Vaccinium bracteatum 274
Vaccinium duclouxii 274
Vaccinium subfalcatum 274
Vallisneria denseserrulata 59
Vallisneria natans 59
Ventilago leiocarpa 164
Verbena officinalis 321
Vernicia fordii 202
Vernicia montana 202
Vernonia cinerea 354
Vernonia cumingiana 354
Vernonia patula 354
Vernonia solanifolia 355
Veronica javanica 312
Viburnum foetidum 356
Viburnum fordiae 357
Viburnum lutescens 357
Viburnum odoratissimum 357
Viburnum punctatum var. lepidotulum 357
Viburnum sempervirens 357
Vicia faba 155
Vigna angularis 155
Vigna minima 155
Vigna radiata 155
Vigna unguiculata 155
Vigna unguiculata subsp. cylindrica 155
Vigna unguiculata subsp. sesquipedalis 156
Viola arcuata 193
Viola betonicifolia 193
Viola diffusa 193
Viola inconspicua 193
Viscum coloratum 240
Viscum ovalifolium 240
Vitex negundo 333
Vitex negundo var. cannabifolia 333
Vitex quinata 334
Vitex trifolia 334
Vitex trifolia var. subtrisecta 334
Vitis balansana 132
Vitis vinifera 132

W

Wahlenbergia marginata 339
Waltheria indica 234
Washingtonia robusta 76
Wendlandia brevituba 288
Wendlandia formosana 289
Wendlandia uvariifolia 288
Wikstroemia indica 234
Wikstroemia nutans 234
Wollastonia montana 355
Woodwardia harlandii 19
Woodwardia japonica 19
Wrightia arborea 297
Wrightia pubescens 297
Wrightia sikkimensis 297

X

Xanthium strumarium 355
Xanthophyllum hainanense 157
Xanthostemon chrysanthus 214
Xenostegia tridentata 301
Xylosma longifolia 195
Xyris indica 86

Y

Youngia japonica 355
Ypsilandra cavaleriei 62

Z

Zanthoxylum ailanthoides 225
Zanthoxylum avicennae 225
Zanthoxylum dissitum 225
Zanthoxylum laetum 225
Zanthoxylum myriacanthum 225
Zanthoxylum nitidum 225
Zanthoxylum scandens 226
Zea mays 117
Zehneria bodinieri 184
Zehneria japonica 185
Zeuxine affinis 69
Zeuxine strateumatica 69
Zingiber corallinum 84
Zingiber mioga 85
Zingiber officinale 85
Zingiber striolatum 85
Zingiber zerumbet 85
Zinnia violacea 355
Ziziphus mauritiana 164
Zornia gibbosa 156
Zoysia japonica 118
Zoysia matrella 118